网络新技术系列丛书

加密流量测量和分析

Encrypted Traffic Measurement and Analysis

程　光　胡　莹　潘吴斌

吴　桦　郭春生　蒋山青　编著

U0380196

东南大学出版社

SOUTHEAST UNIVERSITY PRESS

·南京·

内 容 摘 要

近年来,用户对隐私数据保护的需求不断增加,使得网络中加密流量的比例不断提高。传统面向非加密流量的测量分析技术难以识别和处理加密流量,因此实现有效的加密流量的测量和分析是网络安全与管理的重要保障。本书针对加密流量测量和分析的问题,介绍了加密流量识别、分类相关的研究方法。具体内容包括加密协议分析、加密与非加密流量识别、加密流量精细化识别的基础研究,以及加密流量应用服务分类、TLS加密流量分类、HTTPS加密流量分类、加密视频流量参数识别、加密恶意流量识别的研究工作。本书的内容对深入研究网络加密流量测量和分析方法具有重要的借鉴意义,为网络管理、流量分析、网络信息安全等提供了参考。本书可供网络空间安全、计算机科学、信息科学、网络工程及流量工程等学科的科研人员、大学教师和相关专业的研究生和本科生使用,以及从事网络安全、网络工程及网络测量的技术人员阅读参考。

图书在版编目(CIP)数据

加密流量测量和分析 / 程光等编著. —南京 : 东南大学出版社,2018.12(2022.11重印)

网络新技术系列丛书

ISBN 978 - 7 - 5641 - 8195 - 6

Ⅰ.①加… Ⅱ.①程… Ⅲ.①计算机网络-流量-加密技术-研究 Ⅳ.①TP393

中国版本图书馆 CIP 数据核字(2018)第 291935 号

加密流量测量和分析　Jiami Liuliang Celiang He Fenxi

编 著 者	程光等
出版发行	东南大学出版社
出 版 人	江建中
社　　址	南京市四牌楼 2 号
邮　　编	210096
经　　销	全国各地新华书店
印　　刷	江苏凤凰数码印务有限公司
开　　本	787 mm×1092 mm　1/16
印　　张	21　彩插:8 面
字　　数	535 千字
版　　次	2018 年 12 月第 1 版
印　　次	2022 年 11 月第 2 次印刷
书　　号	ISBN 978 - 7 - 5641 - 8195 - 6
定　　价	70.00 元

(本社图书若有印装质量问题,请直接与营销部联系。电话:025 - 83791830)

前　　言

近年来,随着网络技术的不断发展,网络应用日益丰富,骨干网中的网络流量也趋于复杂化和多样化。用户对隐私数据保护的需求不断增加,使得网络中加密流量的比例不断提高。传统面向非加密流量的识别技术难以识别和处理加密流量,因此实现有效的加密流量的测量和分析是网络安全与管理的重要保障。而当前加密流量分析存在准确率低、鲁棒性差的特点,如何从高速网络流量中提取反映加密流量内在规律的特征信息,实现加密流量的精细化测量和分析是值得重点关注的问题。

本书针对加密流量测量和分析的问题,主要介绍了加密流量识别、分类相关的研究方法。主要包括了加密协议分析、加密与非加密流量识别两方面的加密流量精细化识别的基础研究,以及加密流量应用服务分类、TLS 加密流量分类、HTTPS 加密流量分类、加密视频流量参数识别、加密恶意流量识别的研究工作。具体各章内容介绍如下:

第一章介绍了加密流量研究现状。首先介绍本书的研究背景和研究意义,再介绍了加密流量分类的评价指标,以及目前加密流量的大致研究目标和内容。

第二章介绍了加密流量识别的相关研究背景。首先分析了流量识别中的流量加密问题、识别粒度和识别方法,然后阐述了加密流量精细化分类的影响因素,最后分别概述了加密网络流特征变化、SSL/TLS 加密应用分类和 SSL/TLS 加密视频 QoE 参数识别的相关研究工作。

第三章介绍加密流量测量和分析中常用的数学理论方法。主要介绍了流量特征选择上的测度信息熵、NIST 随机性测度,以及特征学习模型方面的决策树算法、深度学习网络理论方法。

第四章分析现有主要的几种加密协议。其中包括 IPSec、TLS、HTTPS、QUIC 四种典型的网络加密协议,对加密协议的报文格式、组成原理和相关子协议以及报文交换过程进行了分析;在恶意软件加密协议分析方面,介绍了勒索软件 WannaCry 解密方法。

第五章介绍了加密与未加密流量的测量分析方法。主要介绍了基于多元组熵及累加和检验的加密流量识别方法,并基于该方法对 CERNET 华东(北)地区网络中心主干网络流量中的加密流量进行了识别和统计分析。

第六章介绍了加密流量应用服务识别的特征选择方法和分类方法。包括了基于选择性集成的嵌入式特征选择方法、基于加权集成学习的自适应分类方法、基于深度学习的分类方法、基于熵的加密协议指纹识别方法、non-VPN 和 VPN 加密流量分类方法。

第七章介绍了 TLS 加密流量的分类方法。包括了基于马尔可夫链(Morkov Chain)和集成学习的 SSL/TLS 加密应用精细化分类方法,鉴于 SSL/TLS 协议握手过程的独有特性,选用 SSL/TLS 交互消息类型和报文大小二维特征作为指纹特征建立二阶马尔可夫模型,同时根据相邻报文大小改进 HMM 发射概率建立 HMM 模型,最后采用加权集成策略获得加权分类器。此外还介绍了基于 TLS 流量长期被动测量的 Tor 行为分析。

第八章介绍了 HTTPS 加密流量分类方法。包括 HTTPS 加密流量中对用户操作系统、浏览器和应用识别方法、HTTPS 协议语义推断的方法、HTTPS 拦截的安全影响等研究。

第九章介绍了加密视频流量参数识别的方法。首先介绍了 SSL/TLS 加密视频流量 QoE 参数识别方法以及加密视频的 QoE 评估方法;在视频清晰度方面,介绍了加密 HTTP 自适应视频流的实时视频清晰度质量分类方法。

第十章介绍了加密恶意流量的识别方法。主要包括了基于深度学习的恶意流量检测方法,以及利用 TLS/SSL 握手过程的明文参数信息的恶意流量识别、利用背景流量的恶意流量检测的研究方法。

本书是作者对加密流量测量和分析领域长期研究成果的总结,包括了作者培养的研究生参与的科研项目中的部分相关科研成果和论文。在本书撰写过程中,胡晓艳博士、杨望博士,方敏之、郭帅、李峻辰、吴秋艳、冯子玄、孔攀宇等研究生给予了支持,参与了本书部分章节的编写工作以及本书的整编、校验,全书由程光统稿。

作者编著于东南大学九龙湖

2018 年 11 月 18 日

目　录

1 加密流量研究现状

1.1 研究背景

据 Cisco(思科)可视化网络指数预测[1]研究报告表明,全球 IP 流量在 2016 年已超过 ZB 阈值,达到 1.2 ZB,到 2021 年全球 IP 流量将达到 3.3 ZB。全球 IP 流量将在 5 年内增长近两倍,从 2016 年到 2021 年复合年均增长率将达到 24%。据第 41 次《中国互联网发展状况统计报告》[2]表明,截至 2017 年 12 月,中国国际出口宽带为 7 320 180 Mbps,年增长率为 10.2%。图 1.1 给出了 2011—2017 年我国国际出口带宽及增长率。从互联网普及率来看,截至 2017 年 12 月,我国网民规模达 7.72 亿,普及率达到 55.8%,超过全球平均水平 (51.7%)4.1 个百分点,超过亚洲平均水平(46.7%)9.1 个百分点。我国网民规模继续保持平稳增长,互联网模式不断创新、线上线下服务融合加速以及公共服务线上化步伐加快,这也成为网民规模增长的推动力。图 1.2 给出了 2007—2017 年我国网民规模和互联网普及率。

图 1.1 2011—2017 年中国国际出口带宽及增长率

图 1.2 2007—2017 年中国网民规模和互联网普及率

2017年,互联网应用保持快速发展,各类应用用户规模均呈上升趋势,其中网上外卖用户增长显著,年增长率达到64.6%[2]。应用使用率分布发生了较大的变化,流量识别模型需要不断更新。表1.1描述了2016—2017年中国网民各类互联网应用的使用率。

表1.1　2016—2017年中国网民各类互联网应用的使用率

应用	2017.12		2016.12		全年增长率
	用户规模(万)	网民使用率	用户规模(万)	网民使用率	
即时通信	72 023	93.3%	66 628	91.1%	8.1%
搜索引擎	63 956	82.8%	60 238	82.4%	6.2%
网络新闻	64 689	83.8%	61 390	84.0%	5.4%
网络视频	57 892	75.0%	54 455	74.5%	6.3%
网络音乐	54 809	71.0%	50 313	68.8%	8.9%
网上支付	53 110	68.8%	47 450	64.9%	11.9%
网络购物	53 332	69.1%	46 670	63.8%	14.3%
网络游戏	44 161	57.2%	41 704	57.0%	5.9%
网上银行	39 911	51.7%	36 552	50.0%	9.2%
网络文学	37 774	48.9%	33 319	45.6%	13.4%
旅行预订	37 578	48.7%	29 922	40.9%	25.6%
电子邮件	28 422	36.8%	24 815	33.9%	14.5%
互联网理财	12 881	16.7%	9 890	13.5%	30.2%
网上炒股	6 730	8.7%	6 276	8.6%	7.2%
微博	31 601	40.9%	27 143	37.1%	16.4%
地图查询	49 247	63.8%	46 166	63.1%	6.7%
网上订外卖	34 338	44.5%	20 856	28.5%	64.6%
在线教育	15 518	20.1%	13 764	18.8%	12.7%

不可否认的是,随着大众网络安全意识的稳步提升,对于数据保护的意识也愈加强烈。根据最新统计报告[3],截至2017年2月,半数的在线流量均被加密。对于特定类型的流量,加密甚至已成为法律的强制性要求,数据加密俨然已经成为保护隐私的重要手段之一。Gartner预测到2019年,超过80%的企业网络流量将被加密。NSS实验室预测到2019年,75%的网络流量将被加密[4]。Barac预测到2020年,83%的流量将被加密[5],如图1.3所示。

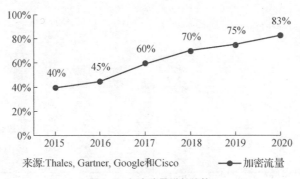

来源:Thales, Gartner, Google和Cisco　　●—加密流量

图1.3　加密流量增长趋势

Google 经过多年在网络上呼吁"HTTPS Everywhere"并鼓励网站默认使用 HTTPS。这一努力已经开始取得成效。2016 年 10 月底发布的数据显示,Chrome 浏览器加载的所有页面中,超过 50% 流量通过 HTTPS 提供服务。Google 一直强烈支持在整个网络上增加使用 SSL 加密的原因是为了保护用户免受窃听和避免数据被盗窃。因为互联网通信容易被黑客和其他知道如何操纵网络的人拦截。但是,如果这些通信使用 HTTPS 进行加密,那么即使它们被拦截,黑客也无法破译它们并窃取有关数据。Google 已经将 HTTPS 作为其主要服务(包括 Gmail 和搜索)的默认连接选项,2014 年开始使用 HTTPS 作为其搜索结果的排名参考,迫使其他网站也采用 HTTPS 作为其默认连接选项。根据 Sandvine 2012 年下半年的全球互联网现象报告[6],到 2018 年,SSL 流量预计将比 2012 年增长 16 倍,如图 1.4 所示,这给服务器处理并发会话带来了更大的压力。

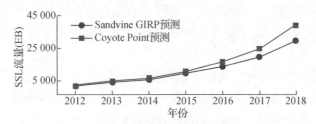

图 1.4　SSL 加密流量增长趋势

虽然加密技术对于重视隐私的用户来说是一个福音,但 IT 团队将会面临大量不解密就无法检测的流量的挑战。面对大量涌入的流量,如果没有解密技术,IT 团队将无法查看流量内包含的信息。这意味着加密是一把双刃剑,保护隐私的同时也让不法分子有了可乘之机,加密能够像隐藏其他信息一样隐藏恶意流量,从而带来一系列蠕虫、木马和病毒。Gartner 认为:随着 HTTPS 的使用量超过 HTTP,通过加密网络通道传递的恶意流量将变得越来越多。80% 的安全系统不能识别或防范 SSL 流量中的威胁,这使得加密的恶意流量成为当前业界最大的威胁。直到现在,处理此问题的常见方法仍然是解密流量,NSS 实验室对下一代防火墙的研究发现,在所有测试的供应商中,SSL 解密会导致平均 81% 的性能损失。供应商主张增加硬件来处理 SSL 检测工作,但是这种方法耗时长,成本非常高。不幸的是,根据统计数据,如果忽略 SSL 检测这个问题,网络安全风险将大大提高。

网上诈骗、木马和病毒、账号被盗,以及信息泄露,使得网民上网体验严重下降,同时,隐私安全和财产安全受到严重威胁。在"互联网+"时代,网络安全问题是影响网民使用互联网支付相关服务的重要因素,网上诈骗、账号被盗以及信息泄露等问题不断出现使得网民对"互联网+"服务产生抵制心理,从而进入对"互联网+"服务不信任—不使用—不信任的恶性循环。

安全可靠便捷的网络消费环境是传统服务业向"互联网+"转型升级的重要保障,也是用户积极参与线上交易、电子钱包支付的重要支持。实现加密流量有效监管是互联网流量识别和监管的重要组成部分。加密流量识别和管理可以有效防范恶意流量,实现加密流量精细化管理,保障计算机和终端设备安全运行,维护健康绿色的网络环境。

1.2　研究意义

文献[7-9]综述了当前流量识别的研究进展,虽然取得了不少研究成果,但这些成果大多针对非加密流量识别研究。实际流量识别过程中,加密流量识别与非加密流量识别存在不少差异,主要表现为:① 由于加密后流量特征发生了较大变化,部分非加密流量识别方法很难适用于加密流量,如 DPI 方法[10];② 加密协议常伴随着流量伪装技术(如协议混淆和协议变种[11]),把流量特征伪装成常见应用的流量特征;③ 由于加密协议的加密处理方式和封装格式也存在较大的差异,识别特定的加密协议需要采用针对性的识别方法,或采用多种识别策略集成的方法;④ 当前加密流量识别研究成果主要集中在特定加密应用的识别,实现加密应用精细化识别还存在一定的难度[12];⑤ 恶意流量常采用加密技术来隐藏,恶意流量的有效识别事关网络安全。由于缺乏有效的加密流量分析和管理技术,给网络管理与安全带来巨大的挑战,主要表现在以下几个方面。

第一,流量分析和网络管理需要精细化分类加密流量[13]。大多数公司工作时间不允许玩游戏、观看视频和刷微博等娱乐活动。然而,一些员工通过使用加密和隧道技术突破限制。因此,有必要识别加密和隧道协议下运行的具体应用。另外,SSL 协议下运行着各种以 Web 访问为基础的应用,协议下具体运行的应用需要精细化识别,如网页浏览、银行业务、视频观看或社交网络服务。

第二,加密流量实时识别。加密流量识别不仅要识别出具体的应用或服务,还应该具有较好的时效性[14]。比如 P2P 下载和流媒体,实时识别后 ISP 可以提高流媒体的优先级,同时降低 P2P 下载的优先级。

第三,加密通道严重威胁信息安全。恶意软件通过加密和隧道技术绕过防火墙和入侵检测系统[15]将机密信息发送到外网,如僵尸网络[16]、木马和 APT 攻击[17]。

流量识别是提升网络管理水平、改善服务质量的基础[18]。自“棱镜”监控项目曝光以来,全球的加密网络流量持续飙升。加密流量快速增长存在多方面原因:① 用户隐私保护和网络安全意识的增强,SSL、SSH、VPN 和匿名通信(如 Tor[19])等技术广泛应用,以满足用户网络安全需求;② 网络服务商对 P2P 应用[20]的肆意封堵以及一些公司对即时通信和流媒体(如 YouTube[21])等应用的限制,越来越多的应用使用加密和隧道技术应对 DPI 检测,以突破这些限制;③ 加密协议良好的兼容性和可扩展性[22],采用加密技术变得越来越简单,如现有的 Web 应用可以无缝地迁移到 HTTPS,且 SSL 协议除了能跟 HTTP 搭配,还能跟其他应用层协议搭配(如 FTP、SMTP、POP),以提高这些应用层协议的安全性;④ 随着终端设备的计算能力快速增长,个人计算机或移动设备可以很容易地运行复杂的加密和解密运算,从而为加密应用提供了必要条件;⑤ 采用 HTTPS 加密协议有利于搜索引擎排名,Google 把是否使用 HTTPS 作为搜索引擎排名的一项参考因素[23],同等情况下,HTTPS 站点能比 HTTP 站点获得更好的搜索排名。

加密流量分类对于服务质量保证、网络规划建设和网络异常检测均具有重要意义,是进行流量工程、实施 QoS 保障的基础;此外,网络负载建模、流量整形等问题的解决也依赖于有效的加密流量分类。当前网络安全和隐私保护意识的不断提高,加密协议应用越来越广泛,加密流量呈爆炸式增长,加密流量分类已成为当前网络管理的巨大挑战。基于当前加密流量给网络管理与安全带来的新挑战体现在:

(1) 加密流量精细化分类是艰巨的任务。加密技术广泛应用使得加密流量爆发式增长,给流量分类带来新挑战。DPI方法具有稳定的识别率在实际流量分类应用中被工业界广泛采用[24-25]。但DPI方法很难识别加密流量,只能借助DFI等不受加密影响的技术。另外,识别流量是否加密这是远远不够的,因为实际网络管理中需要分类加密协议下的不同应用以及采用隧道传输的应用层协议。加密流量精细化分类的挑战主要包括以下几个方面:第一,加密流量很难实现细粒度实时识别以满足QoS要求,如P2P下载和在线视频。第二,企业信息安全受到加密通道的挑战。恶意软件使用加密技术绕过防火墙和入侵检测系统传送机密信息发送到外部网络,如僵尸网络、木马和APT攻击。第三,细粒度的网络行为管理需要准确的加密流量识别。许多公司工作时间是禁止玩游戏、观看视频和浏览新闻的,然而,一些员工试图使用加密隧道打破限制。因此,有必要知道加密隧道中正运行哪些应用。另外,随着HTTP/2.0标准的发布,SSL协议应用将更广泛,SSL协议下运行的具体应用需要精确识别,如网页浏览、视频或即时通信。

(2) 近年来,基于机器学习的分类方法是加密流量分类最常用的技术,也取得不少成果[26-29],但基于流特征的机器学习分类方法会因为不同时间段以及不同地域的流量所承载的业务分布差异,使得根据先前流量训练的分类器对新样本空间的适用性逐渐变弱,导致分类模型的识别精度下降[30]。针对分类模型更新主要存在以下问题:第一,只在新的流量上训练新的分类器将导致一些历史知识丢失,而且重新标记样本耗费大量人力物力。第二,结合不同时期收集的所有流量训练分类器会导致性能问题。此外,如果某个特定时期具有较大的数据量,将对流量分类起主导作用。第三,频繁更新分类器付出较多的时空资源代价,如何及时发现网络流分布变化有利于分类器及时有效地更新。第四,随着网页浏览和流媒体中新业务的不断出现,无法收集和分析完整的训练样本,训练样本的数量及质量对识别准确率具有较大的影响。

1.3　评价指标

加密流量识别主要从以下几个方面进行评估:

(1) 实时性:反映流量识别方法可以在线地、快速地识别网络应用的能力。为了及时识别应用,可以根据部分数据包的特征进行识别,无需等到整条流结束。

(2) 准确性:反映流量分类识别方法识别网络应用的能力。

(3) 计算复杂性:反映流量识别方法准确识别网络应用所需的开销。复杂的识别特征需要耗费大量的存储空间和计算能力,严重影响骨干网的流量分析。

(4) 方向性:反映流量识别方法传输方向相关的识别能力。IP流根据传输方向可以分为上行流和下行流,假如第一个数据包产生丢包,无法判断上行和下行方向。

(5) 兼容性:反映流量识别技术用于不同网络环境的识别能力。

（6）稳健性：反映流量识别技术长时间维持高识别率的能力。

目前，对这些评估指标进行量化还存在一些问题。为了能够有效地评价加密流量识别方法的性能，本文主要介绍准确率（accuracy）、查准率（precision）、查全率（recall）、综合评价（F-Measure）、完整性（completeness）和未识别率（unrecognized）。

假设 n 为流量样本数，m 为应用类型数。n_{ij} 表示实际类型为 i 的应用被标记为类型 j 的样本数。真正 TP 代表实际类型为 i 的样本中被正确标记的样本数，$TP_i = n_{ii}$。假正 FP 代表实际类型为非 i 的样本中被误标识为类型 i 的样本数，$FP_i = \sum_{j \neq i} n_{ji}$。

$$查准率：precision = TP_i / (TP_i + FP_i) \tag{1.1}$$

假负 FN 代表实际类型为 i 的样本中被误标识为其他类型的样本数，$FN_i = \sum n_{ij}$。真负 TN 代表实际类型为非 i 的样本中被标识为非 i 的样本数，$TN_i = n_{jj}$。

$$查全率：recall = TP_i / (TP_i + FN_i) \tag{1.2}$$

查准率和查全率体现了识别方法在每个单独协议类别上的识别效果。特别是当样本类别分布不均匀时，查全率和查准率可以准确获知每个类别的分类情况。准确率体现了识别方法的总体识别性能，好的算法应该同时具有较高的准确率、查准率和查全率。

$$准确率：accuracy = \sum_{i=1}^{m} (TP_i + TN_i) / \sum_{i=1}^{m} (TP_i + TN_i + FP_i + FN_i) \tag{1.3}$$

F-Measure 是综合查准率和查全率得到的评价指标，F-Measure 值越高表明算法在各个类型的分类性能越好。

$$综合评价：F\text{-}Measure = \frac{2 \cdot precision \cdot recall}{precision + recall} \tag{1.4}$$

完整性是指被标识为 i 的样本与实际类型为 i 的样本的比值，相当于查准率和查全率的比值，取值范围可能超过 1。完整性体现了识别方法的识别覆盖率。

$$完整性：completeness = \frac{recall}{precision} \tag{1.5}$$

未识别率表示不属于已知流量类型的流量占总流量的比率。

$$未识别率：unrecognized = \frac{total\ traffic - known\ traffic}{total\ traffic} \tag{1.6}$$

1.4　相关研究目标与内容

在海量网络大数据背景下，实现对加密流的测量和分析，其中最为基础的研究工作包括加密协议的分析（即对协议的格式、交互行为等内容的分析）以及加密与非加密流量的识别；实时检测出隐藏在加密流量中的报文交互序列/交互块序列特征，实现快速准确的加密应用精细化分类，另外，针对网络流特征和分布随时间和网络环境变化的问题，需要在网络流变化检测、分类器自适应更新以及特征选择方面进行探索,以解决基于机器学习的加密流量分类模型适应能力随时间和网络环境变化而下降的问题,为加密流量分类模型长时间保持稳定且较高的分类精度提供一种有效解决方案;针对具体应用场景下的加密流量,存在不同的流量分析内容,如 TLS 应用服务分类、HTTPS 语义推断、加密视频 QoE 参数识别、加密恶意流量识别等。

1)加密协议分析

网络安全加密协议就是使用数据加密技术和访问控制技术提供机密性、完整性、真实性等安全服务的网络协议。网络安全加密协议是营造网络安全环境的基础,是构建安全网络的关键技术。设计并保证网络安全协议的安全性和正确性能够从基础上保证网络安全,避免因网络安全等级不够而导致网络数据信息丢失或文件损坏等信息泄露问题。在计算机网络应用中,人们对计算机通信的安全协议进行了大量的研究,以提高网络信息传输的安全性。

网络安全加密协议按照网络中层次的划分,分为链路层安全协议、网络层安全协议、传输层安全协议和应用层安全协议。IPSec 是 IETF 制定的为保证在互联网上传送数据的安全保密性能的网络层隧道加密协议。IPSec 是应用于 IP 层上网络数据安全的一整套体系结构,它包括报文首部认证协议 AH、封装安全荷载协议 ESP、互联网间密钥交换协议 IKE 和一些用于网络认证及加密的算法等。TLS 是建立在传输层 TCP 协议之上的加密协议,它的前身是 SSL,它实现了将应用层的报文进行加密后再交由 TCP 进行传输的功能。HTTPS 安全超文本传输协议是位于应用层的安全加密协议,使用 TLS 或 SSL 进行加密,该协议也被称为 HTTP over TLS 或 HTTP over SSL。QUIC 是 Google 制定的一种基于 UDP 的低时延的传输层加密协议,QUIC 融合了包括 TCP、TLS、HTTP/2.0 等协议的特性,具有低延时和多路复用等特性。不同的加密协议在协议封装格式和报文交换流程上有很大的差别,但它们的共性都包含了身份认证、密钥协商、握手连接等基本的加密协议操作过程。

2)加密与非加密流量识别

随着网络加密流量的比例不断提升,传统的基于端口的方法、基于有效负载的方法、基于主机行为的方法对网络流量分类适用性大大降低。由于加密过程将原始数据转换为伪随机格式,加密数据几乎不包含任何内容可识别的模式特征。为了实现网络流量的精细化分类,则需要首先从网络流量中区分出加密流量。

加密与非加密流量的识别主要是从负载的随机性考虑,应用最为广泛的是信息熵。但由于压缩数据在随机性上往往体现出和加密数据相似的特征,因此在对加密流量进行识别的过程中需要重点考虑。针对该问题,可以在多个随机性特征的基础上利用机器学习的方法对加密进行识别。在实际网络环境中对加密流量的测量方法也是对网络流量测量的研究工作之一。

3)加密网络流特征选择

毫无疑问,好的特征属性训练获得的分类器性能更好,但是如何选择好的特征属性确是一个难题。传统的机器学习识别问题的特征是保持稳定的,在网络流量识别过程中,选择最佳特征属性需要将时间因素考虑在内,特征属性随着时间的变化而变化。所以,特征选择的策略是一个相当有深度的课题。

当前,基于流特征的加密流量分类方法是最常用的,采集流量的外部特征属性通过机器学习方法进行分类,尽管该方法可以克服基于端口和深度包检测方法的不足,但特征属性中包含的冗余和不相关特征会增加模型复杂度、降低模型可信度,导致分类效果和效率同时下降。然而,特征选择方法可以有效地消除冗余和不相关特征,选取最优特征子集。当前,借助单一特征选择方法还存在一定的局限性:① 网络流变化使得特征选择结果很难保持稳定,特征属性及其数目随之改变。② 不同的特征选择方法缺少统一的评价指标。当前特征子集的好坏主要由分类精度来评价,而各个特征子集的分类精度不稳定,有时会出现极个别分类精度较低的现象。因此,通过多种度量来综合选取高泛化能力的特征子集不失为一个有效的解决途径。

4) 加密流量自适应分类方法

尽管加密流量分类取得了不少成果,但研究人员很少关注到网络流特征和分布会随时间和网络环境改变而变化这个问题。虽然数据挖掘领域对数据流分类过程中存在的数据流变化问题已有不少研究,但是面对真实网络环境下的大规模、高速网络数据包流量,怎样才能更快发现不同类型的网络流变化、如何解决这些网络流变化问题是急需深入研究的。对于稳定的网络流量,其各个协议类别是大致服从同一概率函数分布的。但是,如果存在网络流变化现象,网络协议类别的分布概率会发生改变。因此,通过观察协议类别的概率分布变化来检测网络流是否发生变化则不失为一个恰当稳妥的办法。

网络流变化导致分类模型适用性和精度下降,频繁更新分类器又是耗时耗力的。因此,需要建立一种自适应分类器,能及时检测网络流变化,并有效更新分类器。在传统的监督学习分类方法中,学习器通过对大量有标记的训练样本进行学习,从而建立模型用于识别未标记样本。然而,收集大量未标记样本是相对容易的,获取大量有标记样本则相对困难。显然,如果只使用少量的有标记样本,那么利用它们所训练出的分类模型往往很难具有强泛化能力;另一方面,如果仅使用少量"昂贵的"有标记样本而不利用大量"廉价的"未标记样本,则是对数据资源的极大浪费。鉴于每个分类器都有各自的偏向,一个分类器不能正确标记的样本可能会被另一个分类器正确标记,如果两个分类器的差异性很大,随着相互学习过程的进行,两个分类器的差异性逐渐变小,最终可以学得自适应分类器。因此,通过多分类器协同学习不失为解决分类器自动更新的好方法。

5) SSL/TLS 加密应用的精细化识别

很多以 Web 访问为基础的网络应用为了保证自身通信过程的安全,都积极使用 SSL/TLS 协议对应用数据进行加密。由于网络应用采用 SSL/TLS 加密方式,并且可能使用相同的端口号(如基于 SSL/TLS 协议之上的网络应用都使用 443 端口),传统的基于端口和基于载荷的方法无法实现对该类网络应用的精细化识别。

在正常的网络应用中当数据流未被完全随机性加密的情况下,由于数据流的每个数据包之间会带有某些相同的属性,所以数据包的某些字节或者某些位可能不具有随机特性。

若每个应用协议中某些字节或位的随机性不相同,那么数据流的随机性便可以用来作为流的一个识别特征。针对 SSL/TLS 加密流可用信息有限的问题,可以利用 SSL/TLS 流本身特征(如支持的加密算法)、上下文特征(DNS、HTTP 流量)和流统计特征,实现 SSL/TLS 加密应用的有效识别。

6) HTTPS 加密流量识别

为了解决 HTTP 协议的传输安全问题,HTTPS 目前已成为网络中应用最多的 Web 安全协议之一。传统的网络流量识别方法在流量加密的情况下难以完成对 HTTPS 加密流量的识别分类,无法获知流量的传输内容与意图对网络流量的监管带来了较大的困难,也带来了一定的安全隐患。

目前已有较多研究工作涉及推断加密流量的内容,这些研究往往不直接针对加密流量本身,其中也有一些与协议无关的网络威胁检测方法对于加密流量意图的推测也能够得到较为合理的结果。已有的方法通常依赖于网络数据流的行为特征、协议相关的交互特征等,从而实现对 HTTPS 加密流量中相关参数、协议字段等内容的推测和识别。另一方面,也有研究者针对目前防护软件对 HTTPS 的拦截问题进行了相关研究。

7) 加密视频 QoE 参数识别

随着视频业务的应用越来越广泛,视频流量占比不断增加,视频体验质量评估对 ISP 提高 QoS 具有重要意义。YouTube 作为最常用的视频网络,90% 以上 YouTube 流量采用 SSL/TLS 加密传输。非加密场景下,基于 DPI 技术可以获取视频大小、可播放时长、码率等信息;而在加密场景下,原来的方法都失效了,急需 DFI 等可以应用于加密场景的技术,解决业务识别、关联、视频码率和清晰度获取的问题。因此,SSL/TLS 加密视频码率和清晰度识别研究对视频 QoE 评估具有重要意义。

由于 iOS 和 Android 平台与 YouTube 服务器的交互各不相同,且同一平台上 App 和 Web 端与服务器的交互也不相同。因此,很难将这些 YouTube 加密流量采用单一的分类模型或方法进行视频码率或清晰度识别,容易造成相互间的误判。在 SSL/TLS 加密 YouTube 视频 QoE 参数识别中,不同视频块的特征存在一定的差异,可以根据视频块特征进行视频 QoE 参数识别。采用黑白盒对比分析 SSL/TLS 加密视频流的行为特征,建立基于交互块序列特征的识别模型精确推算加密视频的 QoE 参数,这种识别方法运行在网络层之上并不对数据包负载进行分析,体现出较强的适用性和有效性。

8) 加密恶意流量识别

通过对流量的加密能够较好地保护用户的隐私,但同时也使得恶意软件能够利用加密流量进行通信以躲避安全软件的检测。因此在加密流量识别和分类上,有效识别其中的恶意流量也是其中一个重要的研究内容。

目前的研究工作中,研究者对加密流量提取连接记录、数据包的有效负载、流行为等组成的高维特征,利用深度学习网络训练流量分类模型以区分恶意流量,得到了较好的分类结果。也有研究者针对 TLS/SSL 的流量,利用协议的握手过程中的明文特征对恶意流量在协议参数的特征上进行分析,或是在此基础上结合与 TLS/SSL 流相关联的 DNS、HTTP 的背景流量的明文特征进行分析,对恶意软件对加密流量的使用总结了一些规律并得到了较好的识别效果。

1.5　未来研究方向

在互联网规模不断扩大、网民数量不断增加、"互联网＋"服务不断盛行的背景之下,研究解决加密流量识别和管理,对于保护用户隐私安全,免受网络安全事件影响,实施网络业务全面管控,维护网络安全高效运行具有重要意义。在本书介绍的研究内容之外,今后还可从如下方面展开科研工作。

1)基于大数据的加密流量精细化识别

随着流量分析需求的提高,为了加强流量管控,识别流量是否加密是远远不够的,因为实际网络管理中需要识别加密协议或隧道协议下的应用或服务。另外,加密协议在保护用户隐私的同时隐藏着大量的异常流量。要实现加密应用精细化识别和异常流量识别这一目标,通过黑白盒对比获取元数据、DNS 和 HTTP 等侧信道差异,融合多阶段逐步精细化识别和混合识别方法是较好的解决思路,在各个阶段中完成不同的识别任务,或结合不同的算法和侧信道特征进行大数据分析,实现加密应用的精细化识别。

2)基于深度学习的层叠加密流量识别

针对层叠加密的流量应用,如 VPN ＋App 模式,以及类似的逃逸检测行为,VPN 作为一种利用公共网络提供数据安全服务的技术得到广泛使用,但是由于传统网络设备缺乏对常用 VPN 隧道识别的相关支持以及 VPN 本身采用隧道传输的加密特性造成了传统协议识别方式无法过滤网络中的 VPN 流量,网络管理和安全难以保障。针对层叠加密流量识别问题,根据相同协议和相同应用的网络流量的相似性、数据包之间的关联性和数据流具有灰度图像的局部相关性特点,采用深度学习策略识别出加密流量中的层叠加密流量。

3)基于增量集成学习的协议变化自适应分类

由于应用协议的改进和优化会随时间不断推出新版本,为阻碍流量识别也会频繁发布新版本,随之签名和行为特征发生改变,因此,原有的识别方法需要周期性更新。另外,机器学习分类方法因其不受加密影响是最常用的加密流量识别方法,但基于机器学习的识别方法会因为不同时间段以及不同地域的流量所承载的业务分布差异而引起网络流变化问题。大多数算法在一个或两个场景下表现良好,不同算法在不同场景的识别能力各有不同。根据不同场景的流量训练的分类器对新样本空间的适用性逐渐变弱,导致分类模型的识别能力下降。如果能够准确地识别网络流变化,就可以采用增量集成学习及时有效地更新分类器,从而避免频繁更新分类器。

4)基于区块链的伪装流量识别

基于流特征的机器学习识别方法是加密流量识别最常用的方法,然而,相应的流量模式伪装技术也在不断发展,如流量填充、流量规范化和流量掩饰,通过伪装技术将一种流量的特征伪装成另一种流量的特征,达到模糊流量以降低流量识别精度。未来流量伪装技术将集成流量填充、流量规范化和流量掩饰等多种手段应对流量分析,且流量伪装的多样性和自适应能力将大大增强,因此,可以采用区块链技术建立去中心化的信任机制,为信息安全领域的一些难题提供新思路。

参 考 文 献

[1] Cisco. White paper:The Zettabyte Era:Trends and Analysis [EB/OL]. [2018-03-03]. https://www. cisco. com/c/en/us/solutions/collateral/service-provider/visual-networking-index-vni/vni-hyperconnectivity-wp. ht ml#_Toc484556829.

[2] 中国互联网络信息中心. 第 41 次《中国互联网络发展状况统计报告》[EB/OL]. [2018-03-03]. http://www. cnnic. net. cn/hlwfzyj/hlwxzbg/hlwtjbg/201803/P02018030540987 0339136. pdf.

[3] The encryption that protects your online data can also hide malware. Detecting these harmful threats has been a problem…until now[EB/OL]. [2018-03-03]. https://newsroom. cisco. com/feature-content? type = webcontent &articleId =1853370.

[4] NSS Labs Predicts 75% of Web Traffic Will Be Encrypted by 2019. http://www. marketwired. com/press-release/nss-labs-predicts-75-of-web-traffic-will-be-encrypted-by-2 019-2174170. htm.

[5] Barac White Paper[EB/OL]. [2018-03-03]. http://barac. io/white_paper_encrypted_traffic/.

[6] Global Internet Phenomena Spotlight—Encrypted Internet Traffic [EB/OL]. [2018-03-03]. https://www. sandvine. com/hubfs/downloads/archive/global-internet-phenomena-spotlight-encrypted-internet-traffic. pdf.

[7] Nguyen T T T,Armitage G. A survey of techniques for internet traffic classification using machine learning [J]. Communications Surveys & Tutorials, IEEE, 2008,10(4):56 - 76.

[8] Namdev N, Agrawal S, Silkari S. Recent Advancement in Machine Learning Based Internet Traffic Classification [J]. Procedia Computer Science, 2015,60:784 - 791.

[9] Dainotti A, Pescape A, Claffy K C. Issues and future directions in traffic classification [J]. Network, IEEE, 2012, 26(1):35 - 40.

[10] Bujlow T, Carela-Español V, Barlet-Ros P. Independent comparison of popular DPI tools for traffic classification [J]. Computer Networks, 2015, 76:75 - 89.

[11] Wright C V, Coull S E, Monrose F. Traffic Morphing:An Efficient Defense Against Statistical Traffic Analysis [C]//NDSS, 2009.

[12] Velan P, Čermak M, Čeleda P, et al. A survey of methods for encrypted traffic

classification and analysis [J]. International Journal of Network Management, 2015, 25(5):355 – 374.

[13] Park B, Hong J W K, Won Y J. Toward fine-grained traffic classification [J]. Communications Magazine, IEEE, 2011, 49(7):104 – 111.

[14] Bernaille L, Teixeira R, Akodkenou I, et al. Traffic classification on the fly [J]. ACM SIGCOMM Computer Communication Review, 2006, 36(2):23 – 26.

[15] Fadlullah Z M, Taleb T, Vasilakos A V, et al. DTRAB:combating against attacks on encrypted protocols through traffic-feature analysis [J]. IEEE/ACM Transactions on Networking(TON), 2010, 18(4):1234 – 1247.

[16] Gu G, Zhang J, Lee W. BotSniffer:Detecting botnet command and control channels in network traffic [C]. Proceeding of the Network and Distributed System Security Symposium, NDSS, 2008.

[17] Tankard C. Advanced Persistent threats and how to monitor and deter them [J]. Network security, 2011, 2011(8):16 – 19.

[18] Roughan M, Sen S, Spatscheck O, et al. Class-of-service mapping for QoS: a statistical signature-based approach to IP traffic classification [C]//Proceedings of the 4th ACM SIGCOMM conference on Internet measurement. ACM, 2004: 135 – 148.

[19] Dingledine R, Mathewson N, Syverson P. Tor:The second-generation onion router [R]. Naval Research Lab Washington DC, 2004.

[20] Gomes J V, Inacio P R M, Pereira M, et al. Detection and classification of peer-to-peer traffic:A survey [J]. ACM Computing Surveys(CSUR), 2013, 45 (3):30.

[21] Gill P, Arlitt M, Li Z, et al. Youtube traffic characterization:a view from the edge [C]//Proceedings of the 7th ACM SIGCOMM conference on Internet measurement. ACM, 2007:15 – 28.

[22] Zhang X B, Lam S S, Lee D Y, et al. Protocol design for scalable and reliable group rekeying [J]. Networking, IEEE/ACM Transactions, 2003, 11(6):908 – 922.

[23] Google Starts Giving A Ranking Boost To Secure HTTPS/SSL Sites [EB/OL]. [2018-03-03]. http://searchengineland. com/google-starts-giving-ranking-boost-secure-httpsssl-sites-199446.

[24] Finsterbusch M, Richter C, Rocha E, et al. A Survey of Payload-Based Traffic Classification Approaches [J]. Communications Surveys & Tutorials, IEEE, 2014, 16(2):1135 – 1156.

[25] Bujlow T, Carela-Español V, Barl et-Ros P. Independent comparison of popu-

lar DPI tools for traffic classification [J]. Computer Networks, 2015, 76:75 – 89.

[26] Nguyen T T T, Armitage G. A survey of techniques for internet traffic classification using machine learning [J]. Communications Surveys & Tutorials, IEEE, 2008, 10(4):56 – 76.

[27] Grimaudo L, Mellia M, Baralis E, et al. Self-learning classifier for Internet traffic[C]//Proceedings of the IEEE INFOCOM 2013. Turin, Italy, 2013: 3381 – 3386.

[28] Dainotti A, Pescape A, Claffy K C. Issues and future directions in traffic classification [J]. Network, IEEE, 2012, 26(1):35 – 40.

[29] Jin Y, Duffield N, et al. A modular machine learning system for flow-level traffic classification in large networks[J]. ACM Transactions on Knowledge Discovery from Data, 2012,6(1):4.

[30] Cao Z, Xiong G, Zhao Y, et al. A Survey on Encrypted Traffic Classification [M]//Applications and Techniques in Information Security. Springer Berlin Heidelberg, 2014:73 – 81.

2 研究背景

2.1 加密流量分类概述

广义上说,加密流量是由加密算法生成的流量。实际上,加密流量主要是指在通信过程中所传送的被加密过的实际明文内容。若用明文 HTTP 协议下载一个加密文件,这种流量不能作为加密流量,因为协议本身是不加密的。当前,加密流量识别研究取得了一些成果[1],加密流量识别的首要任务是根据应用需求确定识别对象及识别粒度,根据识别对象及粒度才能选取合适的识别方法。加密流量识别研究内容如图 2.1 所示。加密流量识别方法主要包括六类:基于负载随机性检测的方法、基于有效负载的分类方法、基于数据包分布的分类方法、基于机器学习的分类方法、基于主机行为的分类方法,以及多种策略相结合的混合方法[2]。

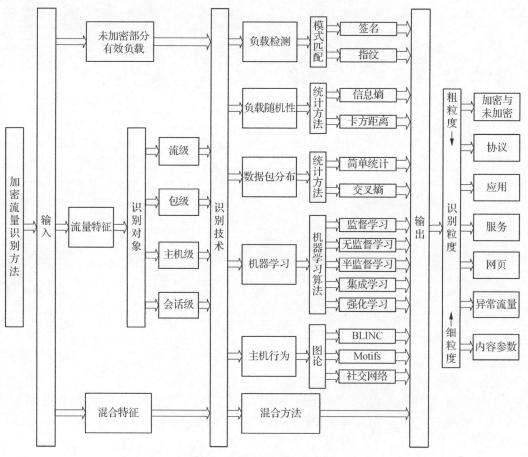

图 2.1 加密流量识别研究内容

识别对象是指识别过程中的输入形式,包括流级、包级、主机级和会话级,识别对象中流级和包级识别对象使用最广泛,具体描述如下:

(1) 流级:主要关注流的特征及到达过程,IP 流根据传输方向可以分为单向流和双向流。单向流的分组来自同一方向,双向流包含来自两个方向的分组,该连接不一定正常结束,如流超时。有时双向流要求两主机之间从发出 SYN 包开始到第一个 FIN 包发起结束的完整连接。流级特征包括流持续时间、流字节数等。

(2) 包级:主要关注数据包的特征及到达过程,包级特征包括包大小分布及包到达时间间隔分布等。

(3) 主机级:主要关注主机间的连接模式,如与主机通信的所有流量,或与主机的某个 IP 和端口通信的所有流量。主机级特征包括连接度、端口数等。

(4) 会话级:主要关注会话的特征及到达过程,如响应视频请求的数据量较大,针对一个请求会分多个会话传输,特征包括会话字节数和会话持续时间等。

2.2 加密流量识别粒度相关研究

加密流量识别粒度是指识别结果的输出形式,加密流量根据协议、应用、服务等属性逐步精细化识别,最终根据应用需求实现协议识别、应用识别、异常流量识别及内容参数识别等。加密流量识别粒度主要包括以下类型:① 加密与未加密流量,识别出哪些流量属于加密的,剩余则是未加密的。② 协议识别就是识别加密流量所采用的加密协议,如 QUIC,SSL,SSH,IPSec。③ 应用识别就是识别流量所属的应用程序,如 Skype、BitTorrent 和 YouTube。这些应用还可以进一步精细化分类,如 Skype 可以分为即时消息、语音通话、视频通话和文件传输[3]。④ 服务识别就是识别加密流量所属的服务类型,如网页浏览、流媒体、即时通信、网络存储。⑤ 网页识别就是识别 HTTPS 协议下的网页浏览,如 Facebook、YouTube、Google 搜索、淘宝网、凤凰网或中国银行等。⑥ 异常流量识别就是识别出 DDoS、APT、Botnet 等恶意流量。⑦ 内容参数识别就是对应用流量从内容信息上进一步分类,如视频清晰度、图片格式。

从以上识别结果的输出类型来看,有些流量可能属于一个或多个类型。例如,BitTorrent 使用 BitTorrent 协议作为 BitTorrent 网络应用,YouTube 应用产生的流量又属于服务识别中的流媒体服务。

2.2.1 加密与未加密流量分类

加密流量识别的首要工作是将加密流量与未加密流量区分开,再逐步精细化识别加密流量,防止加密应用被误识别为非加密应用。另外,一些恶意软件通过加密技术绕过防火墙和入侵检测系统,识别出加密流量是异常流量检测的首要工作。Dorfinger[4]提出了一种加密流量实时识别方法 RT-ETD 来识别加密与未加密流量。分类器能够实时识别是因为只需要处理每条流中的第一个数据包,通过第一个数据包的有效载荷的熵估计进行识别。实验结果表明该方法识别准确率超过 94%,加密流量包括 Skype 和加密 eDonkey,未加密流量的识别准确率高于 99.9%,包括 SMTP、HTTP、POP3 和 FTP,该方法可以识别高速网络中的加密流量。Lotfollahi[5]提出一种基于深度学习的方法 Deep Packet(深度包),将特征提取和分类阶段集成到一个系统中,该方案可以处理网络流量分类为主要类别(如 FTP 和 P2P)以及识别最终用户的应用(如 BitTorrent 和 Skype),与目前大多数方法相反,Deep Packet 可以识别加密流量,并区分 VPN 和非 VPN 流量,经过数据的初始预处理阶段后,数据包被送入 Deep Packet 的堆叠自动编码器 SAE 和卷积神经网络 CNN 算法对网络流量进行分类,CNN 深度学习分类模型在应用识别任务中获得 0.95 的 F1-score,并在业务识别任务中实现 0.97 的 F1-score。

2.2.2　加密协议识别

加密协议识别由于各协议封装格式不同需要了解协议的交互过程[6],找出交互过程中的可用于区分不同应用的特征及规律,才有可能总结出网络流量中各应用协议的最佳特征属性[7],最终为提高总体流识别的粒度与精度奠定基础。加密协议交互过程大体可以分为两个阶段,第一阶段是建立安全连接,包括握手、认证和密钥交换。在该过程中通信双方协商支持的加密算法,互相认证并生成密钥;第二阶段采用第一阶段产生的密钥加密传输数据,如图 2.2 所示。目前主流的加密协议包括 IPSec、SSH、SSL。

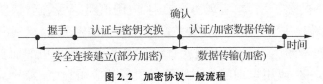

图 2.2　加密协议一般流程

1) IPSec 安全协议

IPSec 协议是一组确保 IP 层通信安全的协议栈[8],保护 TCP/IP 通信免遭窃听和篡改,保护数据的完整性和机密性,有效抵御网络攻击。IPSec 协议主要包括网络认证协议 AH(认证头)、ESP(封装安全载荷)和 IKE(密钥交换协议)。AH 协议为 IP 数据包提供数据完整性保证、数据源身份认证和防重放攻击;ESP 协议定义了加密和可选认证的应用方法,除了提供 AH 已有的服务,还提供数据包加密和数据流加密以保证数据机密性。IPSec 有隧道和传输两种工作模式:隧道模式中,整个 IP 数据包被用来计算 AH 或 ESP 报头,AH 或 ESP 报头以及 ESP 加密的数据被封装在一个新的 IP 数据包中,隧道模式的数据封装形式如图 2.3 所示。

图 2.3　IPSec 安全协议隧道模式的数据封装格式

由于延迟敏感应用(如 VoIP 和视频)需要及时识别继而提高优先级,使得流量识别变得极为重要。由于非标准端口,隧道和加密技术的应用,基于报头和负载检测的方法无法提供足够的信息来识别应用类型。Yildirim[9]提出一种基于流统计行为的方法识别 IPSec 隧道的 VoIP 流量,由于 VoIP 应用流量需要及时传输使得介于 60～150 字节的数据包较多,实验结果表明该方法可以有效识别 IPSec 隧道中的 VoIP 流量并阻止非 VoIP 流量,从而改善 VoIP 服务质量。

2) SSL/TLS 安全协议

安全套接层协议 SSL 提供应用层和传输层之间的数据安全性机制[10],在客户端和服务器之间建立安全通道,对数据进行加密和隐藏,确保数据在传输过程中不被改变。SSL 协议在应用层协议通信之前就已经完成加密算法和密钥的协商,在此之后所传送的数据都会被加密,从而保证通信的私密性。SSL 协议本身分为两层,上层为 SSL 握手协议、SSL 改变密码规则协议和 SSL 警告协议;底层为 SSL 记录协议。SSL 协议分层及数据封装如图 2.4 所示。

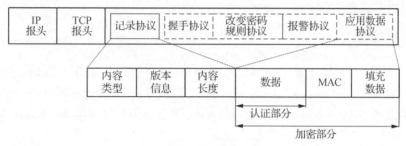

图 2.4 SSL 安全协议数据封装格式

由于 SSL 加密协议良好的易用性和兼容性被广泛应用。Bernaille[11]提出一种针对 SSL 加密应用的识别方法,该方法通过前几个数据包的大小实现 SSL 流量的早期识别,该方法先分析报文以验证连接是否使用 SSL 并确定版本,根据 SSL 握手期间每个 SSL 记录开始时发送的未加密 SSL 头部中后跟的 SSL 配置选项或加密应用负载。在 SSLv2 头部的前两个位总是 1 和 0,后跟 14 位包含 SSL 记录的大小,第三个字节是消息类型(1 为"ClientHello",2 为"ServerHello")。SSLv3.0 或 TLS 分组的第一个字节是内容类型(22 用于记录配置,23 用于有效载荷),第二和第三个字节表示主要和次要版本(3 和 0 代表 SSLv3.0 或 1 为 TLS)。实验结果表明该方法可以达到 85% 的识别准确率。

3) SSH 加密协议

SSH 安全外壳协议是一种在不安全网络上提供安全远程登录及其他安全网络服务的协议[12]。SSH 在通信双方之间建立加密通道,保证传输的数据不被窃听,并使用密钥交换算法保证密钥本身的安全。SSH 主要包括传输层协议、用户认证协议和连接协议。传输层协议用于协商和数据处理,提供服务器认证,数据机密性和完整性保护;用户认证协议规定了服务器认证的流程和报文内容;连接协议将加密的安全通道复用成多个逻辑通道,各种高层应用通过连接协议使用 SSH 的安全机制。SSH 协议分层及数据封装如图 2.5 所示。

图 2.5　SSH 安全协议数据封装格式

为了有效管理不同类型的服务(如 VoIP、Video、ERP),需要有效的识别服务类型。Maiolini[13]提出一种 SSH 实时识别方法,通过分析 SSH 连接的第一个 IP 数据包的统计特征(如到达时间、方向和长度)进行识别。首先识别属于 SSH 协议的流量,然后通过 K-means 聚类分析前 4 个数据包的统计特征(如数据包长度、到达时间和方向)分类 SSH 协议承载的服务(如 SCP、SFTP 和 HTTP)。实验结果表明该方法 SSH 识别准确率达到 99.2%,SSH 协议下应用的识别准确率达到 99.8%。

2.2.3　服务识别

服务识别就是识别加密流量所属的应用类型,如流媒体包括 YouTube、Hulu、Youku、Tudou 等,SNS 包括 Facebook、Twitter、Weibo 等,P2P 包括 Skype、BitTorrent、PPlive 等。另外,还可以将应用进一步精细化识别,如 Skype 可以分为即时消息、语音通话、视频通话和文件传输。

随着 P2P 应用的不断发展,P2P 应用流量占据当今互联网流量较大的份额。目前的 P2P 应用使用多种混淆技术,如动态端口号、端口跳变、HTTP 伪装、分块文件传输和加密有效载荷,需要有效的方法来识别 P2P 流量。Madhukar[14]比较了三种 P2P 流量分类方法,包括基于端口、应用层签名和传输层分析。实验结果表明基于端口的分析无法识别 30%~70% 的流量。应用层签名方法准确性较高,但可能因法律或技术原因无法使用。传输层分析方法可以达到 70% 的识别率。BitTorrent 是常用的 P2P 文件共享协议,占 P2P 流量相当大的比例。Le[15]使用统计分类技术识别 BitTorrent 流量与其他类型的流量(如类似功能的FTP),结果表明该方法可以有效地实时识别 BitTorrent 流量。Skype 由于出色的声音质量和易用性被看作最好的 VoIP 软件,引起了研究界和网络运营商的广泛关注。由于封闭源代码和专有设计,Skype 的协议和算法是未知的,且强大的加密机制使得识别难度大。Adami[16]提出了一种名为 Skype-hunter 的方法实时识别 Skype 流量,该方法通过基于签名和流统计特征相结合的策略,能够有效识别信令业务以及数据业务(语音、视频和文件传输)。

P2P-TV 应用提供较低的成本在互联网上观看实时视频,无论用户数还是所产生的流量都是互联网上增长最快的应用。但大部分 P2P-TV 应用是基于专有的和未知的协议,这使得 P2P-TV 流量很难识别。文献[17,18]提出一种新方法来识别 P2P-TV 应用。该方法根据较小的时间窗口与其他主机交换的报文数和字节来识别,这两种特征包含了应用和内部运作多方面的有用信息,如信令行为和视频块大小。实验结果表明该方法采用支持向量机算法可以准确地识别 P2P-TV 和其他应用类型,通过简单地计算数据包还可以有效地识别不同的 P2P-TV 应用(如 PPLive、SopCast、TVAnts 和 Joost)。实验结果表明通过简单统计报文数和字节数均可有效识别 P2P-TV 应用,准确率均高于 81%。

2.2.4 异常流量识别

基于信息熵的异常检测方法比传统的流量分析提供更细粒度的识别。虽然以前的工作已经证明基于熵的方法在异常检测的优势,但还未采用多种流量分布相结合的熵检测能力。Lakhina[19]采用数据包的特征(IP 地址和端口)分布检测和识别大范围的异常流量。使用熵识别方法可以非常快速有效地检测大规模异常流量,还可以通过无监督学习自动识别异常流量。实验结果显示聚类方法可以有效地将正常流量和异常流量分为不同的聚类,还可以用来发现新的异常流量。关于异常流量识别,Soule[20]采用流量矩阵综合 4 种策略识别异常流量,首先采用卡尔曼过滤器识别出正常流量,然后采用 4 种不同方法(阈值,方差,小波变换和广义似然比)识别剩余的异常流量。实验结果表明这些方法能达到误报和漏报的充分平衡。Cisco 的研究人员扩展现有的异常检测方法提出一种新的思路 dataomnia[21],该方法不需要对加密的恶意流量进行解密,就能检测到采用 TLS 连接的恶意程序。首先,分析百万级的正常流量和恶意流量中 TLS 流、DNS 流和 HTTP 流的不同之处,具体包括未加密的TLS 握手信息、TLS 流中与目的 IP 地址相关的 DNS 响应信息、相同源 IP 地址 5min 窗口内HTTP 流的头部信息;然后,选取具有明显区分度的特征集来训练检测模型,从而识别加密恶意流量。

2.2.5 内容参数识别

内容参数识别就是对加密应用流量从内容属性上进一步识别,如视频清晰度及图片格式。Khakpour[22]首次提出内容参数识别方法 Iustitia,可以实时识别文本流、二进制流和加密流。该方法主要针对文本流熵值最低,加密流熵值最高,以及二进制流熵值处于中间的特性。文中进一步扩展 Iustitia 方法使之精细化识别二进制流,这样就可以区分不同类型的二进制流(如图像、视频和可执行文件),甚至用以二进制流传输的文件类型(如 JPEG 和 GIF图像,MPEG 和 AVI 视频)。Iustitia 的基本思路是统计特定数量的连续字节的熵再采用机器学习方法进行识别。实验结果表明该方法可以实现较高的效果和效率。实验结果显示使用 1K 大小缓存的识别精度可以达到 88.27%,且 91.2% 的流的识别时间不超过 10% 的报文到达时间间隔。

2.3 加密流量精细化分类方法相关研究

虽然传统流量识别研究取得了不少成果[23,24],但有些识别方法很难适用于加密流量。流量识别的前提是针对不同的应用或协议有明显的区分特征,加密流量识别和未加密流量识别的本质区别在于由于加密使得用于区分的特征发生了改变,流量加密后的变化可以概括如下:首先,IP 报文的明文内容更改为密文。第二,流量加密后有效载荷的统计特征(如随机性或熵)发生改变。第三,流量加密后流统计特性发生改变,如报文长度、报文到达时间间隔和包数。这些变化使得有些传统识别方法无法或很难适用,如端口和有效负载方法。

传统的端口号识别方法只需知道端口信息,识别速度快。但是 P2P 等应用使用随机的或动态的端口号,且端口识别是粗粒度的。最重要的是,传输层或 IP 数据包的加密会隐藏端口号。端口识别方法正在慢慢被取代或整合[25]。下面详细介绍加密流量识别方法。

2.3.1　基于有效负载的识别方法

基于有效负载的识别方法[26]通过分析数据包的有效负载来识别流量,该方法识别准确率高,但识别复杂度也高。由于解析数据包负载触犯隐私逐渐被取代。另外,该方法在处理私有协议或加密协议时可能很难实现,且应用协议发生变化时必须同步更新。有些加密协议在握手阶段未加密或部分加密,基于负载的方法可以根据未加密部分使用有效载荷的签名确定协议,一般用于特定的应用层协议。另外,很多加密协议的报头未加密,可以根据报头结构提取有用的信息构成流量指纹,再整合机器学习方法进行识别。

基于有效负载的识别方法是沿用原有的 DPI 方法从未加密部分检测出少量信息再结合统计方法识别。鉴于很多加密协议在加密之前或进行密钥的协商,协商过程中数据流是不加密的,可以从这部分数据流中提取有用的信息结合统计方法来识别应用或服务。Bonfiglio[27]提出一种通过两个互补方法来实时识别 Skype 流量的框架。虽然数据分组的整个数据流被加密,但数据分组中的协议报头未加密,统计分析协议报头 4 个字节的卡方可以发现差异。据统计,通过协议数据流的已知和未知的 Skype 的报头可以有效地匹配,以确定数据流的具体协议,甚至可以根据 Skype 流量的随机特征(报文到达速率和报文长度)采用贝叶斯分类器分析出该协议所运行的应用类型(文件传输,音频和视频等)。Korczynski[28]提出采用基于马尔可夫链的随机指纹方法识别 SSL/TLS 会话的应用,该方法采用嵌入在 SSL/TLS 头部的信息创建会话的统计指纹识别应用,文中指纹对应于反映 SSL/TLS 会话动态的一阶马尔可夫链,马尔可夫链状态对应用从服务器到客户端 SSL/TLS 的消息序列进行建模。该方法是基于有效载荷和使用 SSL/TLS 协议头部的统计信息。文中采用该方法对 SSL/TLS 的 12 种代表性应用进行识别,如 Twitter、Skype 和 Dropbox。数据集标记信息通过检查 SSL/TLS 流量的域名获得。实验结果发现,许多 SSL/TLS 协议实现没有遵循RFC 规范,指纹需要适当地调整。

2.3.2　数据包负载随机性检测

但网络应用的数据流并不是完全随机加密,由于每个分组会携带一些相同的特征字段,所以分组的这些字节可能不是随机的,因此,可以根据数据流的特定字节的随机性来识别。赵博等[29]提出一种基于加权累积和检验的加密流量盲识别方法,该方法利用加密流量的随机性,对负载进行累积和检验,根据报文长度加权综合,最终实现在线普适识别。该方法无需解密操作,也无需匹配特定内容。还可以动态调整报文的检测数量,以达到时延和准确率的平衡,实现在线识别。实验结果表明对公开和未公开的加密流量识别率均可达到 90% 以上。Khakpour 提出的 Iustitia 识别方法主要针对文本流熵值最低,加密流熵值最高,以及二进制流熵值处于中间的特性,使之精细化识别不同的二进制流(如图像、视频和可执行文件),以及二进制流传输的文件类型(如 JPEG 和 GIF 图像,MPEG 和 AVI 视频)。实验结果表明该方法可以实现较高的准确率和效率。

2.3.3　基于机器学习的识别方法

基于机器学习的识别方法[30,31]只需处理传输层以下的内容,加密技术一般只对载荷信息进行加密而不是对流量特征进行处理,该方法受加密影响较小。基于机器学习的流量识别方法首先对网络应用类型进行标注,提取网络应用的特征属性,如报文的间隔时间、报文大小、流持续时间等。Okada[32]在分析流量加密导致特征变化的基础上提出一种特征估计方法 EFM,采用 PPTP 和 IPSec 两种隧道加密流量,通过计算未加密流量与加密流量的相关性从 49 种特征中选取 29 种未加密与加密流量强相关的特征,并根据相关性特征采用机器学习分类方法识别加密与未加密流量,并比较三种不同机器学习算法(SVM、NaiveBayes 和 C4.5)的性能,发现 EFM 采用 SVM 在加密流量上取得 97.2% 的识别准确率。Alsham-mari[33]使用多种监督学习分类方法(如 C4.5、AdaBoost、GP、SVM、RIPPER 和 Naive-Bayes)识别 SSH 和非 SSH 流量,以及 Skype 和非 Skype 流量,该方法无需端口号、IP 地址和有效载荷,可以很好地适用于多种网络环境。

Korczyński[34]提出针对 Skype 流量的统计识别方法以确定通信类型(语音通话、视频会议、聊天、文件上传和下载)。使用前向选择方法选取 9 种流特征,可以有效地提高识别精度。使用私有和人工产生的 Skype 流量数据集用来测试该方法的稳健性,背景流量包括SSL、SSH、HTTP、SCP、SFTP 的 VoIP、BitTorrent。尽管语音和视频流量之间的识别仍是一个难题,实验结果表明该方法具有较高的精度。Erman[35]首次将半监督学习分类方法用于网络流量识别,分类器可以不断迭代学习,该方法可以识别未知应用和行为有变化的应用,但该方法采用的聚类方法本身分类准确率低。Williams[36]比较了五种机器学习算法的识别性能,结果表明除了朴素贝叶斯核算法,其他四种算法的识别准确率都达到 90%,包括离散朴素贝叶斯、C4.5 决策树、贝叶斯网络和贝叶斯算法,但识别效率相差较大,C4.5 算法速度最快。Xie[37]使用子空间聚类仅采用与应用相关的特征子集来单独识别每种应用,而不是采用统一的特征子集来识别应用。He[38]提出一种针对 Tor 应用的识别方法,该方法首先要选择一些应用行为的代表性流特征,如爆发量和流方向,并采用机器学习算法来模拟不同的应用,如隐马尔可夫模型,然后,使用建立的模型对 Tor 流量进行识别,实验结果表明该方法具有较好的识别效果。

2.3.4　基于行为的识别方法

基于行为的识别方法[39]首先是从主机的角度来分析不同应用的行为特征,识别结果通常是粗粒度的,如 P2P 和 Web;其次,对于传输层加密无能为力;最后,使用网络地址转换和非对称路由等技术会因为不完整的连接信息而影响其识别精度。基于行为的识别方法是一种常用的加密流量识别方法,尤其在识别 P2P 应用程序尤为有效。行为大致可以分为主机行为和应用行为。基于主机行为的方法是粗粒度的[40,41],该方法针对加密协议更新和新协议鲁棒性高,可以有效地在骨干网实时粗粒度识别。基于应用行为的方法依靠应用周期性的操作和通信模式,可以有效地实现精细化识别。Karagiannis 提出了一种基于主机行为的方法来识别流量。该方法是一个对未知流量进行识别的启发式技术,称为 BLINC,它尝试获得主机的参数,一旦这些主机的连接被建立,连接到已知主机上的流量可以被简单地标注为已知主机正在使用的应用。Schatzmann[42]利用主机和协议的相关性,以及周期行为特点从 HTTPS 流量中检测加密的 Web 邮件。Bermolen[43]将主机间时间窗口内交互数据包的数量和字节数用于 P2P-TV 应用精细化识别。Xiong[44]提出一种基于主机行为关联的加密 P2P 流量实时识别方法。基于某些先验知识,P2P 的节点与节点之间的连接,节点和服务器之间的连接等通信模式。虽然基于应用行为的方法能有效地进行精细化识别,但实际上只有一小部分加密应用可以采用该方法。因此,基于应用行为的方法对加密流量精细化识别仍有待探索。

2.3.5　基于数据包大小分布的识别方法

在实际网络环境中,为提高用户体验,服务提供商会针对不同的业务类型对数据流中的数据包大小进行处理,如流媒体的数据包不宜过大,否则网络拥塞时影响播放流畅度,而文件下载的数据包可以以最大报文段长度传输。因此,不同的业务类型数据包大小的分布也有一些差异,可以根据数据包大小分布进行识别。该方法不受加密影响,具有较好的适用性。Qin[45]提出一种基于数据包大小分布签名的新方法,在减少数据包处理量的同时实现 P2P 和 VoIP 应用的准确识别。首先,采用双向流模型将流量包聚集成双向流,从而可以捕捉到不同终端之间的交互行为特征。然后,使用报文大小分布的签名捕获流动态性,即双向流中包的有效载荷大小分布概率。其次,收集 P2P 和 VoIP 应用的报文大小分布,因为不同应用的报文大小分布不同。最后,采用 Renyi 交叉熵通过计算双向流与具体应用的报文大小分布之间的相似性来进行识别。

2.3.6　混合方法

由于很多识别方法只对特定协议有效,因此可以将多种加密流量识别方法集成实现高效的加密流量识别。Sun[46]提出一种结合签名方法和统计分析的混合方法来进行加密流量识别。首先采用特征匹配方法识别 SSL/TLS 流量,然后应用统计分析确定具体的应用协议。实验结果表明该方法能够识别超过 99% 的 SSL/TLS 流量,协议识别的 F-score 达到94.52%。Shen[47]对该方法进行了改进,引入 Certificate 分组大小增加 Markov 状态多样性,并建立二阶 Markov 链模型对 HTTPS 应用进行分类。He[48]提出了一种 P2P 流量细粒度识别的新方法,该方法仅依赖于统计经常出现在特定 P2P 应用中的特定流量,与现有方法相比,该方法利用流的几个通用特性可以达到较高的识别准确率,而不需要复杂的特征或技术,即使待识别的应用与其他高带宽消耗应用混杂也可以很好地执行,表现优于大多数现有的主机方法,主机方法很难应对上述情况,实验结果表明 P2P 应用识别的真阳性大于 97.22%,假阳性率低于 2.78%。Callado[49]结合多个分类算法提出一种流量识别的混合方法,通过四种不同的组合机制在四个不同的网络场景下进行验证,实验结果表明混合方法具有较好的识别效果,因为混合方法在不同场景下具有更好的稳健性。

2.3.7　加密流量识别方法综合对比

表 2.1 概述了本章加密流量识别方法,大多数识别方法使用报头特征和流相关特征作为输入。Alshammari[50]比较了报头特征(如签名、指纹)和流统计特征所获得的识别结果,结果中选择性集成的特征子集可以获得更快和更准确的识别性能。然而,使用所有可用的特征并不会获得最好的识别性能[51]。在上述的流量识别方法中,大部分方法只适用于特定的环境,因此,很难采用一种方法识别所有的加密流量,表 2.2 对上述方法中典型的加密流量识别方法进行深入分析和对比。

表 2.1　加密流量识别方法研究概述

文献	识别粒度	特征	识别方法	算法	数据集	标记
Ref. [22]	加密与未加密、不同加密算法	字符随机性	负载随机性	熵矩阵估计	Campus	签名
Ref. [28]	SSL 协议下应用	指纹	混合方法	指纹,HMM	私有	签名
Ref. [33]	SSH 与 non-SSH、Skype 与 non-Skype	报头特征、流特征	机器学习	C4.5、AdaBoost、GP	MAWI、DARPA99	端口、PacketShaper
Ref. [52]	SSH,SSL 及非加密应用	流特征	机器学习	改进的 K-means	Campus,公共	L7-filter、端口
Ref. [53]	SSH 协议下应用	分组大小、方向	机器学习	GMM、SVM	私有	SSHgate
Ref. [54]	BitTorrent 与非加密应用	流特征	机器学习	K-means 和 KNN 混合	私有	CiscoSCE2020box
Ref. [55]	SSH、HTTPS 及非加密应用	分组大小、到达时间间隔、方向	机器学习	ProfileHMM	GMU	端口
Ref. [39]	Edonkey、MSN、SSH	行为特征	主机行为	启发式算法	GN、UN1,2	签名
Ref. [56]	SSH 及非加密应用	行为特征	主机行为	图论	LBL,GMU	端口
Ref. [45]	P2P、VoIP	数据包大小	包大小分布	Renyi 交叉熵	CERNET	手动标记
Ref. [42]	Https、Tor、Oscar 等	签名、流特征	混合方法	匹配算法、NB	DARPA、私有	已知
Ref. [57]	Skype	指纹、流特征	混合方法	Chi-square、NB	Campus、ISP	已知

表 2.2　加密流量识别方法对比

方法	负载随机性	有效负载	机器学习	行为	数据包大小	混合方法
检测内容	部分负载	负载	流统计特征	主机行为	数据包大小	多种特征
成本代价	★★★★★	★★★★★	★★☆☆☆	★★★☆☆	★★☆☆☆	★★★☆☆
识别速度	★★☆☆☆	★★☆☆☆	★★★★★	★★★★☆	★★★★★	★★★☆☆
实时性	★☆☆☆☆	★☆☆☆☆	★★★★☆	★★★☆☆	★★★★☆	★★★☆☆
识别粒度	★★★☆☆	★★★☆☆	★★★★☆	★★★★☆	★★★★☆	★★★★★
准确性	★★☆☆☆	★★★★★	★★★★☆	★★★☆☆	★★★★☆	★★★★★

注:★表示一分,☆表示 0 分,全五颗★表示最高 5 分,全五颗☆表示 0 分,分值越高,表示方法的识别性能越好。

2.4　加密流量精细化分类的影响因素

2.4.1　隧道技术

　　隧道技术常用于在不安全的网络上建立安全通道,将不同协议的数据包封装在负载部分然后通过隧道发送,识别隧道协议相对容易,关键在于如何识别隧道协议下承载的应用。因此,加密流量识别要考虑隧道技术的影响。隧道技术的数据包格式主要由传输协议、封装协议和乘客协议组成。乘客协议就是用户数据包必须遵守内网的协议,而隧道协议用于封装乘客协议及负载隧道的建立、保持和断开。常见的隧道协议有基于 IPSec 的第二层隧道协议(L2TP)或基于 SSL 的安全套接字隧道协议(SSTP)。

　　L2TP 依靠 IPSec 协议的传输模式来提供加密服务,L2TP 和 IPSec 的组合称为 L2TP/IPSec。L2TP/IPSec 数据包的封装分为两层:第一层为 L2TP 封装,PPP 帧(IP 数据包)使用 L2TP 报头和 UDP 报头封装。第二层为 IPSec 封装,使用 IPSec 封装安全有效负载 ESP 报头和尾端、提供消息完整性和身份验证的 IPSec 身份验证尾部以及最终的 IP 报头来封装生成的 L2TP 消息,L2TP 协议数据封装如图 2.6(a)所示。SSTP 安全套接字隧道协议提供了一种用于封装 SSL 通道传输的 PPP 通信机制。SSL 提供密钥协商、加密和完整性检查,确保传输安全性。客户端尝试建立基于 SSTP 的 VPN 连接时,SSTP 首先与 SSTP 服务器建立双向 HTTPS 层。通过此 HTTPS 层,协议数据包作为有效负载传输。SSTP 将 PPP 帧封装在 IP 数据包中,SSTP 协议数据封装如图 2.6(b)所示。

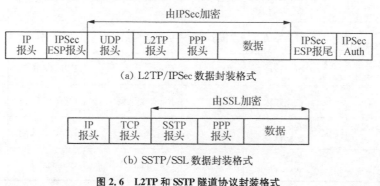

(a) L2TP/IPSec 数据封装格式

(b) SSTP/SSL 数据封装格式

图 2.6　L2TP 和 SSTP 隧道协议封装格式

2.4.2　代理技术

　　加密流量识别还要克服代理技术带来的影响。数据压缩代理技术可以有效减少带宽使用,但对流量识别技术产生较大的影响。如 Chrome 浏览器采用数据压缩代理技术,能够有效提高网页加载速度,并节省网络流量。当用户使用代理功能时,Google 服务器会对 Web 请求的内容进行压缩和优化处理,由于 Chrome 浏览器与服务器之间采用 SPDY 协议,该协议会对内容进一步优化处理,使用数据压缩代理技术可以节约用户 50% 的数据流量。然而,数据压缩使得流统计特征发生较大的改变,使得基于流统计特征的识别方法识别精度下降,如何维持该识别方法的稳健性还需要进一步研究。

2.4.3 流量伪装技术

流量伪装技术(如协议混淆、流量变种)将一种流量的特征伪装成另一种流量(如 HTTP)的特征,阻止基于流统计特征的识别方法的准确识别,木马蠕虫等恶意程序越来越多地采用流量伪装技术进行恶意攻击和隐蔽通信。Qu[58]提出一种网络流量变种技术干扰流量识别,其目的是模糊流量降低流量识别的性能。Wright[59]提出了一种实时修改数据包的凸优化方法,将一种流量的包大小分布伪装成另一类流量的包大小分布,进而有效防范基于统计特征的流量识别,变换后的流量可以有效地躲避 VoIP 和 Web 等流量分类器的识别,最终降低识别准确率。

另外,还有一种称为匿名通信的流量伪装技术,用于隐藏网络通信中发送方与接收方的身份信息(如 IP 地址)以及双方通信关系,通过多次转发和改变报文的样式消除报文间的对应关系,从而为网络用户提供隐私保护。Tor 是目前应用最广泛的匿名通信系统,使用 Tor 系统时,客户端会选择一系列的结点建立 Tor 链路,链路中的结点只知道其前继结点和后继结点,不知道链路中的其他结点信息,这样保证了坏结点存在对链路匿名性的破坏。链路中的数据流是以 Cell(信元)数据包的形式进行传输的。Cell 数据包的负载由原点出发被多层加密,传输过程中被层层解密;而由出口结点返回的数据在传输过程中层层加密,到原点后由原点一次性解密。加解密过程中使用的密钥由 Tor 协议机制协商生成。另外,Tor 会对每个 TLS 报文增加一个空的 TLS 记录[60],最终的 Tor 封装格式如图 2.7 所示。

图 2.7　Tor TLS 数据封装格式

2.4.4 HTTP/2.0 及 QUIC 协议

为了降低延迟和提高安全性,Google 推出 SPDY 协议替代 HTTP 协议。SPDY 协议采用多路复用技术,可在一个 TCP 连接上传送多个资源,且优先级高的资源优先传送,并强制采用 TLS 协议提高安全性。Google 为了支持 IETF 提出的 HTTP/2.0 协议成为标准弃用 SPDY 协议,HTTP/2.0 协议实际上是以 SPDY 协议为基础,采用 SPDY 类似的技术,如多路复用技术和 TLS 加密技术。

由于 HTTP/2.0 协议基于 TCP 仍然存在时延问题,Google 提出一种基于 UDP 的传输层协议 QUIC。QUIC 协议结合 TCP 和 UDP 协议两者的优势,解决基于 TCP 的 SPDY 协议存在的瓶颈,实现低延时、高可靠性和安全性。该协议分为两层,高层类似于 SPDY 协议,低层在 UDP 上增加拥塞控制和自动重传等功能实现高可靠性,并加入加密和认证机制,如图 2.8 所示。不久的将来,HTTP/2.0 和 QUIC 协议将被广泛应用,如何识别协议下承载的应用面临新的挑战。

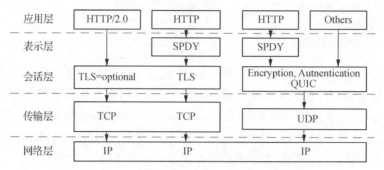

图 2.8　HTTP/2.0、SPDY 及 QUIC 协议层次化结构

2.5　加密网络流特征变化相关研究

在特征选择方面,目前基于统计特征的机器学习流量分类方法研究广泛[61-63],但很少有研究人员关注分类过程中存在的类别不平衡性和概念漂移问题[64],一般情况下,类别不平衡性主要通过重取样、特征选择和改进分类算法来解决,但当特征维数较高时,重取样和改进算法作用不明显[65]。所谓概念漂移就是类别分布随时间发生变化,使得分类模型很难保持较高的分类准确率。这些影响使得基于统计特征的机器学习方法很难获得较高的分类效果和效率。特征选择方法可以很好地解决维数灾难问题,但现有的单个特征选择方法[66]未考虑特征属性与应用间的内在关联,仅从单一度量指标评估特征,泛化能力和稳定性不高,存在一定的局限性。Li[67]考虑到不同时间域和空间域对流量分类效果的影响,采用 FCBF和对称不确定性度量选择特征子集,由于单个 FCBF 特征选择方法对于多个数据集很难保持较高的分类性能,没有很好地解决概念漂移问题。张宏莉等[68]提出了基于 Bagging 集成学习的分类方法。虽然 Bagging 集成学习可以提高总体分类精度,但会使实例较少的类别分类准确性降低,类不平衡问题仍然存在。他们提出了一种采用加权对称不确定性和 ROC曲线下面积度量的混合特征选择算法,不需要改变类别分布就能提高少数类的查全率和查准率以及分类的字节准确率,有效解决类别不平衡性,但没有解决动态数据流引起的概念漂移。Fahad[69]提出一种多种特征选择方法集成的混合式特征选择方法,该方法有利于简化分类模型,减少模型建立和分类时间,但是该方法耗费时间长,且没有考虑类不平衡性和概念漂移问题。

研究人员对概念漂移问题进行了大量研究,并取得了一定的成果[70-72]。Zhong[73]在CVFDT[74]的基础上提出了解决 P2P 流量概念漂移问题的算法 iCVFDT,该算法在发生概念漂移时生成一棵新子树,新子树构建完成后替换原来的子树,从而解决概念漂移带来的性能下降,但该方法并未考虑多种应用情况下的概念漂移。Gama[75]提出根据分类错误率检测概念漂移的方法 DDM,该方法持续地监视分类错误率,如果分类错误率低于阈值就报告发生概念漂移,该方法对于突变式的概念漂移表现优越,但不善于检测渐变式的概念漂移。Nishida[76]提出了基于统计的检测方法 STEPD,该方法与 DDM 具有相似的架构,但该方法采用统计检验来检测概念漂移,通过比较全局准确性和近期准确性来识别概念漂移,该方法

的缺点是需要预先给出一个滑动窗口的大小。如果大小不合适,容易产生误报或漏报。上述方法采用样本的局部信息,延缓了概念漂移的识别。针对这个问题,Bifet[77]用一个可变的滑动窗口来检测随时间变化的数据流的方法 ADWIN,滑动窗口将分类结果作为输入,且窗口大小持续增长。无论新样本何时进入,ADWIN 都将窗口分裂成两个子窗口,并比较 $|u_1-u_2|$(u_1 和 u_2 是两个子窗口的平均值)和 Hoeffding 界,当 $|u_1-u_2|$ 超过 Hoeffding 界时表示发生概念漂移。当概念漂移被发现时,窗口收缩,该方法缺点是窗口增长所需的时间长。Du[78]使用滑动窗口的信息熵来检测概念漂移,滑动窗口大小动态地从 Hoeffding 界获取,该方法只利用正确和不正确分类的类别属性,不适用于多类问题。

2.6 SSL/TLS 加密应用分类相关研究

分类 HTTPS 加密流量给网络管理带来了新的挑战,急需面向 SSL/TLS 应用的有效分类方法。近年来,加密流量识别研究取得了不少成果[79-81],但大多数都基于粗粒度的加密流量识别,当前网络管理要求高,需要精细化分类加密流量。Kim[82]提出了一种从 SSL/TLS 有效载荷中自动生成服务签名的方法。利用 SSL/TLS 握手时证书交换记录中的证书发布信息字段作为服务签名。Bernaille[83]提出了一种基于 SSL 连接的前几个数据包大小的方法,应用的早期识别精度达到 85% 以上。Sun[84]提出一种使用签名和流统计分析相结合的方案来识别 SSL/TLS 加密应用。

Shbair[85]提出了一种方法用来精确识别 HTTPS 连接中运行的服务,而不依赖于特定的头部字段,为 HTTPS 流量识别定义了具体特征作为基于机器学习的多级识别框架的输入。Korczyński 提出一种采用基于马尔可夫链的随机指纹方法来识别 SSL/TLS 应用。该方法采用嵌入在 SSL/TLS 头部的消息类型创建会话的统计指纹分类应用。指纹对应于反映 SSL/TLS 会话序列的一阶马尔可夫链。该方法基于 SSL/TLS 协议头部的消息类型序列特征。文中采用该方法对 SSL/TLS 的 12 种代表性应用进行分类,如 Twitter,Skype 和 Dropbox,实验结果表明许多 SSL/TLS 协议未严格遵循 RFC 规范,分类时需要适当地调整指纹。Shen[86]提出了基于二阶马尔可夫链的 SSL/TLS 加密流量分类方法。为了增加应用指纹的多样性,将 Certificate 包长度聚类引入二阶马尔可夫链中。结果表明该方法识别准确率平均提高 30%。但是在某些情况下,由于应用证书的数据包长度容易聚类到相同聚类,该方法有时仍然会失效。

2.7 SSL/TLS 加密视频 QoE 参数识别相关研究

近年来,视频 QoE 评估被广泛研究[87-89]。文献[90-92]表明卡顿和初始缓冲时延是 QoE 评估的关键性能指标,初始缓冲时延能被大部分用户接受,而卡顿对用户体验影响较大,少量的短时间卡顿都会导致 QoE 严重下降。Nam[92]对移动网络下 YouTube 和 NetFlix 视频流量进行了研究,发现网络带宽和 CPU 计算能力也是影响视频 QoE 的重要因素,通过不同设备及网络状况下的丢包率来评估 YouTube 视频 QoE。Seufert[93,94]研究了自适应码流技术在 HTTP 视频服务中的应用,比较了不同网络状况下自适应码流与 HTTP 下载式传输模式的 QoE,自适应码流可以根据网络状况选择合适清晰度的视频块来改善视频 QoE,特别是网络性能差的情况下自适应码流传输模式明显优于 HTTP 下载式传输模式。Nam[95]通过网页插件 YouSlow 检测卡顿时长来评估视频 QoE,插件收集了 40 个国家 20 000 个卡顿事件来分析研究卡顿对 QoE 的影响。Seufert[96,97] 开发客户端应用 Yo-MoApp,通过调用 YouTube API 监控多个视频服务质量的关键性能指标,如播放状态、视频质量等级和初始缓冲等。然而,该评估方法需要安装客户端 App,且需要将性能参数返回服务器,侵犯用户隐私。Casas[98] 提出的评估方法 YOUQMON,该方法只需网络层统计特征,无需解析数据包,根据卡顿因素在线评估视频服务质量。但是该方法只能处理未加密视频流,且未考虑视频源质量等其他 KPIs 指标对 QoE 评估的影响。由于自适应码流会根据网络状况动态切换视频清晰度,不仅要识别出具体的视频应用(如 YouTube、NetFlix 和 Vimeo),还要对每个视频块进行识别,识别出每个视频块的 QoE 参数,如码率和清晰度。Dubin[99] 提出一种 Safari 浏览器下 YouTube 视频清晰度识别方法,准确率达到 97.18%,但当前网络视频主流是基于自适应码流的传输模式,针对固定清晰度的识别方法意义有限。

2.8　小结

　　加密流量识别是当前流量识别领域最具挑战性的问题之一。本章首先介绍加密流量识别的研究背景及意义。然后,阐述加密流量识别对象及识别粒度,加密流量识别是从加密与未加密识别逐渐精细化的过程,包括协议识别、应用类型识别和内容参数识别,该过程是逐渐精细化的识别过程。接着,综述当前加密流量识别方法并对比分析,从中可以看出多阶段多方法集成的混合方法是未来的研究热点。最后,从加密网络流特征变化、SSL/TLS 加密应用分类以及 SSL/TLS 加密视频 QoE 参数识别方面分别介绍各领域当前最新的研究成果。

参 考 文 献

[1]　Cao Z, Xiong G, Zhao Y, et al. A Survey on Encrypted Traffic Classification [M]//Applications and Techniques in Information Security. Springer Berlin Heidelberg, 2014:73 - 81.

[2]　Grimaudo L, Mellia M, Baralis E. Hierarchical learning for fine grained internet traffic classification[C]//Wireless Communications and Mobile Computing Conference(IWCMC), 2012 8th International. IEEE, 2012:463 - 468.

[3]　Rossi D, Valenti S. Fine-grained traffic classification with netflow data[C]// Proceedings of the 6th international wireless communications and mobile computing conference. ACM, 2010:479 - 483.

[4]　Dorfinger P, Panholzer G, John W. Entropy estimation for real-time encrypted

traffic identification(short paper)[M]. Springer Berlin Heidelberg，2011.

[5] Lotfollahi M，Shirali R，Siavoshani M J，et al. Deep Packet：A Novel Approach For Encrypted Traffic Classification Using Deep Learning[J]. arXiv preprint arXiv：1709.02656，2017.

[6] Bellovin S M，Merritt M. Cryptographic protocol for secure communications：U. S. Patent 5，241，599[P]. 1993-8-31.

[7] Fahad A，Tari Z，Khalil I，et al. Toward an efficient and scalable feature selection approach for internet traffic classification[J]. Computer Networks，2013，57(9)：2040-2057.

[8] Kent S. Security Architecture for the Internet Protocol[EB/OL]. [2018-03-03]. https：//tools.ietf.org/html/rfc4301.

[9] Yildirim T，Radcliffe P J. VoIP traffic classification in IPSec tunnels[C]//Electronics and Information Engineering(ICEIE)，2010 International Conference On. IEEE，2010，1：151-157.

[10] Dierks T. The Transport Layer Security(TLS)Protocol Version 1.2[EB/OL]. [2018-3-3]. https：//tools.ietf.org/html/rfc5246.

[11] Bernaille L，Teixeira R. Early recognition of encrypted applications[M]//Passive and Active Network Measurement. Springer Berlin Heidelberg，2007：165-175.

[12] Ylonen T. The Secure Shell(SSH)Transport Layer Protocol[EB/OL]. [2018-03-03]. https：//tools.ietf.org/html/rfc4253.

[13] Maiolini G，Baiocchi A，et al. Real time identification of SSH encrypted application flows by using cluster analysis techniques[M]//NETWORKING 2009. Springer Berlin Heidelberg，2009：182-194.

[14] Madhukar A，Williamson C. A longitudinal study of P2P traffic classification [C]//Modeling，Analysis，and Simulation of Computer and Telecommunication Systems，2006. MASCOTS 2006. 14th IEEE International Symposium on IEEE，2006：179-188.

[15] Le T M，But J. BitTorrent traffic classification[R]. Centre for Advanced Internet Architectures. Technical Report A，91022.

[16] Adami D，Callegari C，et al. Skype-Hunter：A real-time system for the detection and classification of Skype traffic[J]. International Journal of Communication Systems，2012，25(3)：386-403.

[17] Valenti S，Rossi D，et al. Accurate，fine-grained classification of P2P-TV applications by simply counting packets[M]//Traffic Monitoring and Analysis. Springer Berlin Heidelberg，2009：84-92.

[18] Bermolen P，Mellia M，Meo M，et al. Abacus：Accurate behavioral classification of P2P-TV traffic[J]. Computer Networks，2011，55(6)：1394-1411.

[19] Lakhina A, Crovella M, Diot C. Mining anomalies using traffic feature distributions [C]//ACM SIGCOMM Computer Communication Review. ACM, 2005, 35(4):217 - 228.

[20] Soule A, Salamatian K, Taft N. Combining filtering and statistical methods for anomaly detection[C]//Proceedings of the 5th ACM SIGCOMM conference on Internet Measurement. USENIX Association, 2005:31 - 31.

[21] Anderson B, McGrew D. Identifying encrypted malware traffic with contextual flow data[C]//Proceedings of the 2016 ACM Workshop on Artificial Intelligence and Security. ACM, 2016:35 - 46.

[22] Khakpour A R, Liu A X. An information-theoretical approach to high-speed flow nature identification [J]. IEEE/ACM Transactions on Networking (TON), 2013, 21(4):1076 - 1089.

[23] Callado A, Kamienski C, Szabó G, et al. A survey on internet traffic identification[J]. Communications Surveys & Tutorials, IEEE, 2009, 11(3):37 - 52.

[24] Anderson B, McGrew D. Machine learning for encrypted malware traffic classification:accounting for noisy labels and non-stationarity[C]//Proceedings of the 23rd ACM SIGKDD International Conference on Knowledge Discovery and Data Mining. ACM, 2017:1723 - 1732.

[25] Kim H, Claffy K C, Fomenkov M, et al. Internet traffic classification demystified:myths, caveats, and the best practices[C]//Proceedings of the 2008 ACM CoNEXT conference. ACM, 2008:11.

[26] Finsterbusch M, Richter C, Rocha E, et al. A survey of payload-based traffic classification approaches[J]. Communications Surveys & Tutorials, IEEE, 2014, 16(2):1135 - 1156.

[27] Bonfiglio D, Mellia M, Meo M, et al. Revealing skype traffic:when randomness plays with you[J]. ACM SIGCOMM Computer Communication Review, 2007, 37(4):37 - 48.

[28] Korczynski M, Duda A. Markov chain fingerprinting to classify encrypted traffic[C]// Proceedings of the 2014 INFOCOM. Toronto, ON, Canada, 2014:781 - 789.

[29] 赵博,郭虹,刘勤让,等. 基于加权累积和检验的加密流量盲识别算法[J]. 软件学报,2013,24(6):1334 - 1345.

[30] Moore A W, Zuev D. Internet traffic classification using bayesian analysis techniques[C]//ACM SIGMETRICS Performance Evaluation Review. ACM, 2005, 33(1):50 - 60.

[31] Perera P, Tian Y C, Fidge C, et al. A Comparison of Supervised Machine Learning Algorithms for Classification of Communications Network Traffic

[C]//International Conference on Neural Information Processing. Springer, Cham, 2017:445 - 454.

[32] Okada Y, Ata S, Nakamura N, et al. Comparisons of machine learning algorithms for application identification of encrypted traffic[C]//Machine Learning and Applications and Workshops(ICMLA), 2011 10th International Conference on. IEEE, 2011, 2:358 - 361.

[33] Alshammari R, Zincir-Heywood A N. Can encrypted traffic be identified without port numbers, IP addresses and payload inspection? [J]. Computer networks, 2011, 55(6):1326 - 1350.

[34] Korczyński M, Duda A. Classifying service flows in the encrypted Skype traffic [C]//Communications(ICC), 2012 IEEE International Conference on. IEEE, 2012:1064 - 1068.

[35] Erman J, Mahanti A, Arlitt M, et al. Semi-supervised network traffic classification[C]//ACM SIGMETRICS Performance Evaluation Review. ACM, 2007, 35(1):369 - 370.

[36] Williams N, Zander S, Armitage G. A preliminary performance comparison of five machine learning algorithms for practical IP traffic flow classification[J]. ACM SIGCOMM Computer Communication Review, 2006, 36(5):5 - 16.

[37] Xie G, Iliofotou M, Keralapura R, et al. SubFlow:towards practical flow-level traffic classification[C]//INFOCOM, 2012 Proceedings IEEE. IEEE, 2012: 2541 - 2545.

[38] He G, Yang M, Luo J, et al. A novel application classification attack against Tor[J]. Concurrency and Computation:Practice and Experience, 2015.

[39] Karagiannis T, Papagiannaki K, Faloutsos M. BLINC:multilevel traffic classification in the dark[C]//ACM SIGCOMM Computer Communication Review. ACM, 2005, 35(4):229 - 240.

[40] Li B, Ma M, Jin Z. A VoIP traffic identification scheme based on host and flow behavior analysis[J]. Journal of Network and Systems Management, 2011, 19 (1):111 - 129.

[41] Hurley J, Garcia-Palacios E, Sezer S. Host-based P2P flow identification and use in real-time[J]. ACM Transactions on the Web(TWEB), 2011, 5(2):7.

[42] Schatzmann D, Mühlbauer W, Spyropoulos T, et al. Digging into HTTPS: flow-based classification of webmail traffic[C]//Proceedings of the 10th ACM SIGCOMM conference on Internet measurement. ACM, 2010:322 - 327.

[43] Bermolen P, Mellia M, Meo M, et al. Abacus:Accurate behavioral classification of P2P-TV traffic[J]. Computer Networks, 2011, 55(6):1394 - 1411.

[44] Xiong G, Huang W, Zhao Y, et al. Real-time detection of encrypted thunder

traffic based on trustworthy behavior association[M]//Trustworthy Computing and Services. Springer Berlin Heidelberg, 2013:132 - 139.

[45] Qin T, Wang L, Liu Z, et al. Robust application identification methods for P2P and VoIP traffic classification in backbone networks[J]. Knowledge-Based Systems, 2015, 82:152 - 162.

[46] Sun G L, Xue Y, Dong Y, et al. An novel hybrid method for effectively classifying encrypted traffic[C]//Global Telecommunications Conference (GLOBECOM 2010). IEEE, 2010:1 - 5.

[47] Shen M, Wei M, Zhu L, et al. Classification of encrypted traffic with second-order Markov chains and application attribute bigrams[J]. IEEE Transactions on Information Forensics and Security, 2017, 12(8):1830 - 1843.

[48] He J, Yang Y, Qiao Y, et al. Fine-grained P2P traffic classification by simply counting flows[J]. Frontiers of Information Technology & Electronic Engineering, 2015, 16:391 - 403.

[49] Callado A, Kelner J, Sadok D, et al. Better network traffic identification through the independent combination of techniques[J]. Journal of Network and Computer Applications, 2010, 33(4):433 - 446.

[50] Alshammari R, Zincir-Heywood A N. A preliminary performance comparison of two feature sets for encrypted traffic classification[C]//Proceedings of the International Workshop on Computational Intelligence in Security for Information Systems CISIS'08. Springer Berlin Heidelberg, 2009:203 - 210.

[51] 潘吴斌,程光,郭晓军,等. 基于选择性集成策略的嵌入式网络流特征选择[J]. 计算机学报,2014,37(10):2128 - 2138.

[52] Zhang M, Zhang H, Zhang B, et al. Encrypted traffic classification based on an improved clustering algorithm[M]//Trustworthy Computing and Services. Springer Berlin Heidelberg, 2013:124 - 131.

[53] Dusi M, Este A, Gringoli F, et al. Using GMM and SVM-based techniques for the classification of SSH-Encrypted traffic [C]//Communications, 2009. ICC'09. IEEE International Conference on. IEEE, 2009:1 - 6.

[54] Bar-Yanai R, Langberg M, Peleg D, et al. Realtime classification for encrypted traffic[M]//Experimental Algorithms. Springer Berlin Heidelberg, 2010:373 - 385.

[55] Wright C V, Monrose F, Masson G M. On inferring application protocol behaviors in encrypted network traffic[J]. The Journal of Machine Learning Research, 2006, 7:2745 - 2769.

[56] Wright C V, Monrose F. Using visual motifs to classify encrypted traffic[C]// Proceedings of the 3rd international workshop on Visualization for computer se-

curity. ACM，2006:41-50.

[57] Bonfiglio D，Mellia M，Meo M，et al. Revealing skype traffic:when random-ness plays with you[J]. ACM SIGCOMM Computer Communication Review，2007，37(4):37-48.

[58] Qu B，Zhang Z，Zhu X，et al. An empirical study of morphing on behavior-based network traffic classification[J]. Security and Communication Networks，2015，8(1):68-79.

[59] Wright C V，Coull S E，Monrose F. Traffic Morphing:An Efficient Defense Against Statistical Traffic Analysis[C]//NDSS，2009.

[60] 何高峰，杨明，罗军舟，等. Tor 匿名通信流量在线识别方法[J].软件学报，2013，24(3):540-556.

[61] Jin Y，Duffield N，Erman J，et al. A modular machine learning system for flow-level traffic classification in large networks[J]. ACM Transactions on Knowledge Discovery from Data(TKDD)，2012，6(1):4.

[62] Xie G，Iliofotou M，Keralapura R，et al. Subflow:Towards practical flow-level traffic classification[C]//Proceedings of IEEE INFOCOM 2012. Orlando，Florida USA，2012:2541-2545.

[63] Lee S，Kim H，Barman D，et al. Netramark:a network traffic classification benchmark[J]. ACM SIGCOMM Computer Communication Review，2011，41(1):22-30.

[64] Zhang H，Lu G，Qassrawi M T，et al. Feature selection for optimizing traffic classification[J]. Computer Communications，2012，35(12):1457-1471.

[65] Chen X，Wasikowski M. Fast:a roc-based feature selection metric for small samples and imbalanced data classification problems[C]//Proceedings of the 14th ACM SIGKDD international conference on Knowledge discovery and data mining. Las Vegas，NV，USA，2008:124-132.

[66] Nguyen T T T，Armitage G. A survey of techniques for internet traffic classi-fication using machine learning[J]. IEEE Communications Surveys & Tutori-als，2008，10(4):56-76.

[67] Li W，Canini M，Moore A W，et al. Efficient application identification and the temporal and spatial stability of classification schema[J]. Computer Networks，2009，53(6):790-809.

[68] 张宏莉，鲁刚.分类不平衡协议流的机器学习算法评估与比较[J].软件学报，2012，23(6):1500-1516.

[69] Fahad A，Tari Z，Khalil I，et al. Toward an efficient and scalable feature se-lection approach for internet traffic classification[J]. Computer Networks，2013，57(9):2040-2057.

[70] Gama J, Žliobaité I, Bifet A, et al. A survey on concept drift adaptation[J]. ACM Computing Surveys, 2014, 46(4):44.

[71] Shi H, Li H, Zhang D, et al. An Efficient Feature Generation Approach based on Deep Learning and Feature Selection Techniques for traffic classification[J]. Computer Networks, 2018, 132:81 - 98.

[72] Tennant M, Stahl F, Rana O, et al. Scalable real-time classification of data streams with concept drift[J]. Future Generation Computer Systems, 2017, 75:187 - 199.

[73] Zhong W, Raahemi B, Liu J. Classifying peer-to-peer applications using imbalanced concept-adapting very fast decision tree on IP data stream[J]. Peer-to-Peer Networking and Applications, 2013, 6(3):233 - 246.

[74] Hulten G, Spencer L, Domingos P. Mining time-changing data streams[C]// Proceedings of the seventh ACM SIGKDD international conference on Knowledge discovery and data mining. San Francisco, CA, USA, 2001:97 - 106.

[75] Gama J, Medas P, et al. Learning with drift detection[C]//Proceedings of the 20th Brazilian Symposium on Artificial Intelligence Artificial Intelligence. Sao Luis, Maranhao, Brazil, 2004: 66 - 112.

[76] Nishida K, Yamauchi K. Detecting concept drift using statistical testing[C]// Proceedings of the 10th International Conference Discovery Science. Sendai, Japan, 2007: 264 - 269.

[77] Bifet A, Gavalda R. Learning from time-changing data with adaptive windowing[C]//Proceedings of the SIAM International Conference on Data Mining. Minneapolis, Minnesota, 2007: 443 - 448.

[78] Du L, Song Q, Jia X. Detecting concept drift: An information entropy based method using an adaptive sliding window[J]. Intelligent Data Analysis, 2014, 18(3):337 - 364.

[79] PAN W, CHENG G, GUO X, et al. Review and perspective on encrypted traffic identification research[J]. Journal on Communications, 2016, 37(9):154 - 167.

[80] Wang W, Zhu M, Wang J, et al. End-to-end encrypted traffic classification with one-dimensional convolution neural networks[C]//Intelligence and Security Informatics(ISI), IEEE International Conference on. IEEE, 2017:43 - 48.

[81] Taylor V F, Spolaor R, Conti M, et al. Robust smartphone app identification via encrypted network traffic analysis[J]. IEEE Transactions on Information Forensics and Security, 2018, 13(1):63 - 78.

[82] Kim SM, Goo YH, Kim MS, et al. A method for service identification of SSL/TLS encrypted traffic with the relation of session ID and Server IP[C]// Network Operations and Management Symposium(APNOMS), 2015 17th Asia-pa-

cific IEEE, 2015:487 - 490.

[83] Bernaille L, Teixeira R. Early recognition of encrypted applications[C]//International Conference on Passive and Active Network Measurement. Springer Berlin Heidelberg, 2007:165 - 175.

[84] Sun G L, Xue Y, et al. An novel hybrid method for effectively classifying encrypted traffic [C]//Global Telecommunications Conference (GLOBECOM 2010). IEEE, 2010:1 - 5.

[85] Shbair WM, Cholez T, François J, et al A Multi-level framework to identify HTTPS services[C]// IEEE / IFIP Network Operations and Management Symposium 2016:9.

[86] Shen M, Wei M, Zhu L, et al. Certificate-aware encrypted traffic classification using Second-Order Markov Chain[C]//Quality of Service (IWQoS), 2016 IEEE/ACM 24th International Symposium on. IEEE, 2016:1 - 10.

[87] Kua J, Armitage G, Branch P. A survey of rate adaptation techniques for dynamic adaptive streaming over HTTP[J]. IEEE Communications Surveys & Tutorials, 2017, 19(3):1842 - 1866.

[88] Ayad I, Im Y, Keller E, et al. A Practical Evaluation of Rate Adaptation Algorithms in HTTP-based Adaptive Streaming[J]. Computer Networks, 2018, 133:90 - 103.

[89] Tsilimantos D, Karagkioules T, Valentin S. Classifying flows and buffer state for YouTube's HTTP adaptive streaming service in mobile networks[J]. arXiv preprint arXiv:1803.00303, 2018.

[90] Hoßfeld T, Seufert M, Hirth M, et al. Quantification of YouTube QoE via crowdsourcing[C]// Proceedings of the Multimedia(ISM), 2011 IEEE International Symposium on. IEEE. Dana Point CA, USA, 2011:494 - 499.

[91] Mok R K P, Chan E W W, Luo X, et al. Inferring the QoE of HTTP video streaming from user-viewing activities[C]//Proceedings of the first ACM SIGCOMM workshop on Measurements up the stack. Toronto, Canada, 2011:31 - 36.

[92] Nam H, Kim B H, Calin D, et al. Mobile video is inefficient:A traffic analysis [J]. Nexus, 2013(1):1 - 5.

[93] Seufert M, Wamser F, Casas P, et al. YouTube QoE on mobile devices:Subjective analysis of classical vs. adaptive video streaming[C]//Proceedings of the 2015 International Wireless Communications and Mobile Computing Conference(IWCMC). Dubrovnik, Croatia, 2015:43 - 48.

[94] Seufert M, Egger S, Slanina M, et al. A survey on quality of experience of HTTP adaptive streaming[J]. Communications Surveys & Tutorials, 2014, 17

(1):469 - 492.

[95] Nam H, Kim K H, et al. YouSlow:a performance analysis tool for adaptive bi-trate video streaming[C]//Proceedings of the 2014 ACM conference on SIG-COMM. Chicago, USA, 2014:111 - 112.

[96] Seufert M, Wamser F, Casas P, et al. Demo:On the monitoring of YouTube QoE in cellular networks from End-devices[C]//Proceedings of the 2015 Work-shop on Wireless of the Students, by the Students, &- for the Students. Paris, France, 2015:23 - 23.

[97] Wamser F, Seufert M, Casas P, et al. YoMoApp:A tool for analyzing QoE of YouTube HTTP adaptive streaming in mobile networks[C]// Proceedings of the 2015 European Conference on Networks and Communications(EuCNC). Paris, France, 2015:239 - 243.

[98] Casas P, Seufert M, Schatz R. YOUQMON:A system for on-line monitoring of YouTube QoE in operational 3G networks[J]. ACM SIGMETRICS Per-formance Evaluation Review, 2013, 41(2):44 - 46.

[99] Dubin R, Dvir A, Pele O, et al. Real Time Video Quality Representation Clas-sification of Encrypted HTTP Adaptive Video Streaming—the Case of Safari [J]. arXiv preprint arXiv:1602. 00489, 2016.

3 数学理论方法

本章主要介绍加密流量测量和分析方法中常用的数学理论方法,主要用于加密流量分类中的特征选择、模型训练,包括了信息熵、随机性测度及机器学习方法中的 C4.5 决策树算法和深度学习方法等。

3.1 信息熵

加密后的流量数据呈现均匀随机分布的特点,大多数研究工作都是采用了基于负载随机性检测的识别方法,应用最为广泛的是信息熵(香农熵)。熵原是由 Shannon 引入的用于衡量接收前丢失的信息量。在密码学的背景下,它被用作随机性(或不确定性)的度量,更高的熵等同于更高的随机性。

设 X 是任意分布 P 下的离散随机变量 $\Sigma=\{x_1,x_2,\cdots,x_N\}$,其中 N 为 X 中包含的离散变量的个数,$p(x_i)$ 表示元素 x_i 在 X 中出现的概率。通常 x_k 为特定长度的比特串或字符串。X 的信息熵计算公式如式(3.1)。当所有 $p(x_i)$ 相等,即均匀分布时,熵 $H(X)$ 达到最大值。

$$H(X) = -\sum_{i=1}^{N} p(x_i) \log_2 p(x_i) \tag{3.1}$$

为了能够更加合理地比较熵估计,定义标准熵为:

$$H_N(X) = -\frac{\sum_{i=1}^{N} p(x_i) \log_2 p(x_i)}{\log_2 N} \tag{3.2}$$

标准熵的取值范围为 $[0,1]$。

示例 设有长度为 10 字节的序列 $X=abcbcaaacb$:

• 当选取 x_k 为 1 B 长度的子序列时,$\Sigma_1=\{a,b,c\}$,$N_1=3$,则可计算得 $H_1(X)=$
$-(p(a)\log_2 p(a)+p(b)\log_2 p(b)+p(c)\log_2 p(c))=-\left(\frac{4}{10}\log_2\frac{4}{10}+\frac{3}{10}\log_2\frac{3}{10}+\frac{3}{10}\log_2\frac{3}{10}\right)$
≈ 1.570951,$H_{N1}(X)=\frac{H_1(X)}{\log_2 N_1}\approx 0.991$。

• 当选取 x_k 为 2B 长度的子序列时,$\Sigma_2=\{ab,bc,cb,ca,aa,ac\}$,$N_2=6$,则可计算得 $H_2(X)=-(p(ab)\log_2 p(ab)+p(bc)\log_2 p(bc)+p(cb)\log_2 p(cb)+p(ca)\log_2 p(ca)+p(aa)\log_2 p(aa)+p(ac)\log_2 p(ac))=-\left(\frac{1}{9}\log_2\frac{1}{9}+\frac{2}{9}\log_2\frac{2}{9}+\frac{2}{9}\log_2\frac{2}{9}+\frac{1}{9}\log_2\frac{1}{9}+\right.$
$\left.\frac{2}{9}\log_2\frac{2}{9}+\frac{1}{9}\log_2\frac{1}{9}\right)\approx 2.503258$,$H_{N2}(X)=\frac{H_2(X)}{\log_2 N_2}\approx 0.968$。

3.2　随机性测度

NIST 随机数测试标准是美国国家标准与技术研究院（National Institute of Standards and Technology，NIST）认为可以用于检测二元比特序列与随机序列之间的偏差（即检测二元比特序列的随机程度）的方法集。这个标准重点在于测试随机数和伪随机数生成器是否能够满足特定加密应用的需求，如密钥生成。利用加密与非加密数据在随机性上的差异，研究者通常在 NIST 随机数测试方法的基础上设计加密数据的检测方法。表 3.1 是 NIST 随机数测试标准包含 15 种测试方法的简要介绍。

表 3.1　检验方法

序号	方法名称	简介
1	单比特频数检验	检验目标序列中 0 和 1 的比例是否与随机序列的预期值大致相同，随机序列中 0 和 1 的频数应大致相等
2	块内频数检验	将目标序列分为定长的若干子块，检验每一块中 0 和 1 的比例是否大致相等
3	游程检验	检验目标序列中 0 或 1 的连续状态以及交替状态，确定序列中 0 和 1 之间交替的频率是否符合随机序列的性质
4	最大 1 游程检验	将目标序列分为定长的若干子块，检验子块中 1 的最长游程是否符合随机性
5	二元矩阵秩检验	检验目标序列中定长字串之间的线性相关性是否符合随机性
6	离散傅里叶变换检验	检验目标序列的离散傅里叶变换的峰值高度，测试序列中的周期性特征与随机性假设的偏差
7	非重叠匹配检验	检验目标序列中预设的特定子串出现频率，在匹配时，窗口跳过已匹配的数据序列开始重新搜索
8	重叠匹配检验	检验目标序列中预设的特定子串出现频率，但与非重叠匹配不同，无论是否匹配，数据统计窗口后移一位开始重新搜索
9	全局通用检验	检验目标序列是否可以在不丢失信息的情况下可被压缩的程度，能够被显著压缩的序列被认为是非随机的
10	线性复杂度检验	检验目标序列是否有足够长的线性反馈移位寄存器（LFSR），足够长则认为目标序列具有随机性
11	串行检验	检验目标序列中所有不同定长比特字串出现的频率是否满足随机序列的一致性（即每个字串出现频率大致相等）
12	近似熵检验	检验目标序列中所有不同长度为 m 和 $m+1$ 的子串出现的频率是否满足随机序列的性质
13	累加和检验	将目标序列中比特位 $(0,1)$ 调整为 $(-1,1)$ 后，检验目标序列中部分序列的累加和是否相对于随机序列的期望值过大或过小，随机序列的随机游走累加和应趋于 0
14	随机偏移检验	在累加和检验的基础上，检验目标序列中一个周期内特定状态的访问次数与随机序列的偏差
15	随机偏移变量检验	检验目标序列中对特定状态的访问次数的总数与随机序列的偏差

随机性是一种概率属性，也就是说，序列的随机性可以通过概率的方式来表征和描述。对于本节中所提到的方法的检测目的，检测中的零假设（H_0）指被测序列是随机的，而与该零假设相关联的是备择假设（H_a），即被测序列为非随机的。对于每一种检测方法，最终得出的结论是接收或拒绝 H_0 的结论，即被测序列是随机或非随机。

对于每个测试方法,必须选择相关的随机统计量用于决定接受或拒绝 H_0。在随机性的假设下,这个统计量应该能够表示测试结果的可能值的分布。零假设下该统计量的理论参考分布由数学方法确定。根据该参考分布,确定临界值(通常该值在分布的尾部,例如在99%点处)。在对目标序列进行测试时,将该测试统计值与该统计量(临界值)进行比较。如果检验统计值超过临界值,则拒绝随机性的零假设;否则,接受零假设(随机性假设)。

实际上,统计假设检验有效的原因是参考分布和临界值是依赖于随机性的暂定假设并在其下生成的。如果随机性的假设对于当前的数据是真实的,那么对这些数据进行检验得到的统计值超过临界值的概率非常低(例如 0.01%)。

另一方面,如果计算的检验统计值确实是超过临界值(如果低概率事件确实发生),那么从统计假设检验的角度来看,低概率事件是不应该发生的。

如果数据实际上是随机的,则拒绝零假设的结论(即数据是非随机的)可能在小部分情况下发生,这个结论称为 Ⅰ 型错误;如果数据实际上是非随机的,则接受零假设的结论(即数据实际上是随机的)被称为 Ⅱ 型错误;当数据非随机时接受 H_0,或当数据是非随机时拒绝 H_0 的结论,这两个结论都是正确的。具体可见表 3.2。

表 3.2　检验结论

真实情况	检测结果	
	接受假设 H_0	接受假设 H_a(拒绝假设 H_0)
随机(假设 H_0 成立)	正确	Ⅰ 型错误
非随机(假设 H_a 成立)	Ⅱ 型错误	正确

Ⅰ 型错误的概率通常称为检验的显著性水平。该概率可以在测试之前设置并且表示为 α。在检测时,α 表示检测真实的随机序列时得出该序列为非随机的概率。密码学中 α 的常见值约为 0.01。

Ⅱ 型错误的概率表示为 β。在检测时,α 表示检测真实的非随机序列时得出该序列为随机的概率。与 α 不同,β 不是固定值。β 可以采用许多不同的值,因为数据流可以由无限多种方式产生,并且每种不同的方式会导致不同的 β。由于非随机性存在很多的类型,Ⅱ 型误差 β 的计算比 α 的计算更困难。

每个检测方法都基于计算的测试统计值,检测过程实际上是待测序列的一个函数。如果检验统计值为 S 且临界值为 t,则 Ⅰ 类错误概率为 $P(S>t \mid H_0 \text{ is true})=P(\text{reject } H_0 \mid H_0 \text{ is true})$,且 Ⅱ 型错误概率为 $P(S \leqslant t \mid H_0 \text{ is false})=P(\text{accept } H_0 \mid H_0 \text{ is false})$。检验统计量用于计算 P-value 来证明其与零假设的接近程度。若确定测试的 P-value 等于 1,则序列似乎是具有完美的随机性。P-value 为 0 表示序列看起来完全是非随机的。可以为测试选择显著性水平(α)。若 P-value $\geqslant \alpha$,则接受零假设,即序列表现为随机的;若 P-value $<\alpha$,则拒绝零假设,即序列表现为非随机的。参数 α 表示 Ⅰ 类错误的概率。通常 α 的选择范围为 $[0.001, 0.01]$:

• $\alpha=0.001$ 表示如果序列是随机的,则可以预期 1 000 个序列中的 1 个序列被测试拒绝。对于 P-value $\geqslant 0.001$,序列将被认为是随机的,置信度为 99.9%。对于 P-value <0.001,序列将被认为是非随机的,置信度为 99.9%。

• $\alpha=0.01$ 表示可以预期 100 个序列中的 1 个序列被拒绝。P-value$\geqslant0.01$ 意味着该序列被认为是随机的,置信度为 99%。P-value<0.01 意味着该序列是非随机的,置信度为 99%。

在本节的具体检验方法的描述中,选取 $\alpha=0.01$ 为示例用于说明检验目的。因此在决策规则上,若 P-value<0.01 则认为序列是非随机的,反之则为随机的。需要注意的是,在许多情况下,示例中的参数可能并不符合最佳值设定。

本节下面的内容将重点介绍以上这些方法中较为常见的用于加密数据识别的几种检验方法。

3.2.1　块内频数检验

检验目的是将目标序列切分成若干 M-bit 子块,块内频数检验的重点在于 M-bit 块中 1 的比例。检验在 M-bit 块中 1 的频数是否接近 $\frac{M}{2}$(即随机序列的期望值)。当 $M=1$ 时即为单比特频数检验。

1）相关变量

BlockFrequency(M,n)

M:每个比特块的长度;

n:待测序列的长度;

ε:待测序列 $\varepsilon=\varepsilon_1,\varepsilon_2,\cdots,\varepsilon_n$。

2）统计量和参照分布

$\chi^2(obs)$:表示在一个给定 M-bit 块中 1 的比例匹配期望值 1/2 程度的测度,统计量的参照分布符合 χ^2 分布。

3）检验步骤描述

(1) 将待测序列切分成 $N=\left|\dfrac{n}{M}\right|$ 大小为 M 的非重叠的子块,并丢弃剩余的比特位。例如,若 $n=10,M=3,\varepsilon=0110011010$,将产生 3 个($N=3$)比特块:011,001,101,末尾剩余的 0 则被丢弃。

(2) 计算在每个 M-bit 块中 1 的出现频率 $\pi_i=\dfrac{\sum\limits_{j=1}^{M}\varepsilon_{(i-1)M+j}}{M}$,$1\leqslant i\leqslant N$。在上例中可计算得到 $\pi_1=\dfrac{2}{3},\pi_2=\dfrac{1}{3},\pi_3=\dfrac{2}{3}$。

(3) 计算 χ^2 统计量:$\chi^2(obs)=4M\sum\limits_{i=1}^{N}\left(\pi_i-\dfrac{1}{2}\right)^2$。在上例中可计算得到 $\chi^2(obs)=4\times3\times\left[\left(\dfrac{2}{3}-\dfrac{1}{2}\right)^2+\left(\dfrac{1}{3}-\dfrac{1}{2}\right)^2+\left(\dfrac{2}{3}-\dfrac{1}{2}\right)^2\right]=1$。

(4) 计算 P-value$=\mathbf{igmac}\left(\dfrac{N}{2},\dfrac{\chi^2(obs)}{2}\right)$,其中 $\mathbf{igmac}$ 是不完全伽马函数。在上例中可计

算得到 $P\text{-value}=\mathbf{igmac}\left(\dfrac{3}{2},\dfrac{1}{2}\right)=0.801\ 252$。

4）结论说明

上例中的待测序列的 $P\text{-value}=0.801\ 252\geqslant0.01$，因此该序列是随机的。

需要注意的是，较小的 $P\text{-value}(<0.01)$意味着至少在某一个字块中 0 和 1 的比例与 1∶1 的比值相差较大。

5）输入大小建议

待测序列长度至少为 100 bit$(n\geqslant100)$，且有 $n\geqslant MN$，其中 M 应该满足 $M\geqslant20$，$M\geqslant0.01N$，$N<100$。

6）示例

（输入）　　$\varepsilon=$11001001000011111101101010100010001000010110100011
　　　　　　　　00001000110100110001001100011001100010100010111000

（输入）　　$n=100$

（输入）　　$M=10$

（处理）　　$N=10$

（处理）　　$\chi^2=7.2$

（输出）　　$P\text{-value}=0.706\ 438$

（结论）　　$P\text{-value}\geqslant0.01$，接受序列 ε 为随机

3.2.2　游程检验

1）检验目的

游程检验的重点是目标序列的游程总数。一个长度为 k 的游程是由 k 个相同的比特（全 0 或全 1）组成的子序列，且该序列在目标序列中的前一位和后一位是与其相反的比特。检验 0 和 1 的游程长度和数量是否符合随机序列的期望值，同时也检测序列中 0 和 1 的振荡速度是否过慢或过快。

2）相关变量

Runs(n)

n：待测序列的长度；

ε：待测序列 $\varepsilon=\varepsilon_1,\varepsilon_2,\cdots,\varepsilon_n$。

3）统计量和参照分布

$V_n(obs)$：待测序列中 0 和 1 的游程总数；统计量的参照分布符合 χ^2 分布。

4）检验步骤描述

（1）计算待测序列中 1 的比例：$\pi=\dfrac{\sum_j\varepsilon_j}{n}$。例如，若 $\varepsilon=1001101011$，$n=10$，则 $\pi=\dfrac{6}{10}$。

（2）判断前提条件"单比特频数检验"是否满足 $\left|\pi-\dfrac{1}{2}\right|\geqslant\tau$，其中 $\tau=\dfrac{2}{\sqrt{n}}$。若该步骤满足

条件,则将 P-value 设为 0,无需进行以下步骤。在上例中,$\tau=\dfrac{2}{\sqrt{10}}\approx0.632\ 46$,$\left|\pi-\dfrac{1}{2}\right|=$ $\left|\dfrac{6}{10}-\dfrac{1}{2}\right|=0.1<\tau$,因此继续进行以下步骤。

(3) 计算检验统计量 $V_n(obs)=\sum\limits_{k=1}^{n-1}r(k)+1$,其中若 $\varepsilon_k=\varepsilon_{k+1}$,则 $r(k)=0$;若 $\varepsilon_k\neq\varepsilon_{k+1}$,则 $r(k)=1$。在上例中,有 $V_{10}(obs)=(1+0+1+0+1+1+1+1+0)+1=7$。

(4) 计算 P-value$=\mathbf{erfc}\left(\dfrac{|V_n(obs)-2n\pi(1-\pi)|}{2\sqrt{2n}\pi(1-\pi)}\right)$,其中 $\mathbf{erfc}$ 是互补误差函数。在上例

中可计算得到 P-value$=\mathbf{erfc}\left(\dfrac{\left|7-\left(2\cdot10\cdot\dfrac{3}{5}\left(1-\dfrac{3}{5}\right)\right)\right|}{2\cdot\sqrt{2\cdot10}\cdot\dfrac{3}{5}\left(1-\dfrac{3}{5}\right)}\right)=0.147\ 232$。

5) 结论说明

上例中的待测序列的 P-value$=0.147\ 232\geqslant0.01$,因此该序列是随机的。

需要注意的是,当 $V_n(obs)$ 较大则表示序列中 0 和 1 振荡速度过快,例如 010101010 每一比特位都在振荡;而 $V_n(obs)$ 较小则表示振荡速度较慢。具有较慢振荡速度的比特流中的游程数相对于理想随机序列的游程数要少得多。

6) 输入大小建议

待测序列长度至少为 100 bit$(n\geqslant100)$。

7) 示例

(输入)	$\varepsilon=1100100100001111110110101010001000100001011010100011$
	$0000100011010011000100110001100110010101000100111000$
(输入)	$n=100$
(输入)	$\tau=0.02$
(处理)	$\pi=0.42$
(处理)	$V_n(obs)=52$
(输出)	P-value$=0.500\ 798$
(结论)	P-value$\geqslant0.01$,接受序列 ε 为随机

3.2.3 近似熵检验

近似熵检验的重点在于目标序列中所有不同的 m-bit 的子序列出现的频率。检验长度分别为 m-bit 和 $(m+1)$-bit 的子序列频率分布是否与随机序列的期望值一致。

1) 相关变量

ApproximateEntropy(m,n)

m:定义的子序列的长度(块长),在该检测中实际存在两个块长的值,m 和 $m+1$;

n:待测序列的长度;

ε:待测序列 $\varepsilon=\varepsilon_1,\varepsilon_2,\cdots,\varepsilon_n$。

2）统计量和参照分布

$\chi^2(obs)$：表明 $ApEn(m)$ 的观测值是否与期望值相符的一个测度；统计量的参照分布符合 χ^2 分布。

3）检验步骤描述

（1）将 n-bit 的待测序列 ε 补全为 $\varepsilon_1,\varepsilon_2,\cdots,\varepsilon_n,\varepsilon_1,\varepsilon_2,\cdots,\varepsilon_{m-1}$ 的形式，并以滑动窗口的方式划分成 n 个 m-bit 子序列。例如，若 $\varepsilon = 0100110101$，$m = 3$，则补全后的序列为 010011010101。

（2）计算 n 个 m-bit 子序列在待测序列中出现的频数。在上例中，这 n 个子序列分别为 010,100,001,011,110,101,010,101,010,101，而所有可能的 m-bit 子序列情况共有 $2^m = 2^3 = 8$ 种，对应本例中所有可能的子序列的频数为：

$$\#000 = 0, \#001 = 1, \#010 = 3, \#011 = 1,$$
$$\#100 = 1, \#101 = 3, \#110 = 1, \#111 = 0$$

（3）对于每个可能的子序列计算 $C_i^m = \dfrac{\#i}{n}$。在上例中，计算可得：

$$C_{000}^3 = 0, C_{001}^3 = 0.1, C_{010}^3 = 0.3, C_{011}^3 = 0.1,$$
$$C_{100}^3 = 0.1, C_{101}^3 = 0.3, C_{110}^3 = 0.1, C_{111}^3 = 0$$

（4）计算 $\varphi^{(m)} = \displaystyle\sum_{i=0}^{2^m-1} \pi_i \ln(\pi_i)$，其中 $\pi_i = C_i^m$。在上例中，计算可得：

$$\varphi^{(3)} = 0(\ln 0) + 0.1(\ln 0.1) + 0.3(\ln 0.3) + 0.1(\ln 0.1) + 0.1(\ln 0.1) +$$
$$0.3(\ln 0.3) + 0.1(\ln 0.1) = -1.643\ 417\ 72$$

（5）将 m 替换为 $m+1$ 后，重复（1）～（4）步骤。在上例中最后可得 $\varphi^{(4)} = -1.834\ 371\ 97$。

（6）计算检验统计量 $\chi^2(obs) = 2n[\ln 2 - ApEn(m)]$，其中 $ApEn(m) = \varphi^{(m)} - \varphi^{(m+1)}$。在上例中，$ApEn(3) = -1.643\ 418 - (-1.834\ 372) = 0.190\ 954$，$\chi^2(obs) = 2 \times 10 \times (0.693\ 147 - 0.190\ 954) = 10.043\ 8$。

（7）计算 $P\text{-value} = \mathbf{igamc}\left(2^{m-1}, \dfrac{\chi^2}{2}\right)$。在上例中，$P\text{-value} = \mathbf{igamc}\left(2^{3-1}, \dfrac{10.043\ 8}{2}\right) = 0.411\ 658$。

4）结论说明

上例中的待测序列的 $P\text{-value} = 0.411\ 658 \geqslant 0.01$，因此该序列是随机的。

需要注意的是，$ApEn(m)$ 的值较小时则表明序列有较明显的规律，值较大时则表示序列表现为抖动的或者不规律的。

5）输入大小建议

待测序列长度 n 和子序列长度 m 间需满足 $m < \lfloor \log_2 n \rfloor - 5$。

6）示例

（输入）　　ε＝1100100100001111110110101010001000100001011010001100001000110100110001001100011001100010100010111000

（输入）　　$m＝2,n＝100$

（处理）　　$ApEn(m)＝0.665\ 393$

（处理）　　$\chi^2(obs)＝5.550\ 792$

（输出）　　$P\text{-value}＝0.235\ 301$

（结论）　　$P\text{-value}\geqslant0.01$，接受序列 ε 为随机

3.2.4　累加和检验

检验目的：累加和检验的重点在于将目标序列的比特位(0,1)调整为(−1,+1)后累加和定义的随机游走的最大偏移。检验在被测序列中部分子序列的累加和相对于随机序列的预期值是否过大或过小。累加和可以看作是随机游走。对于随机序列，随机游走的偏移应接近 0；对于非随机序列，随机游走的偏移应较大偏离 0。

1）相关变量

CumulativeSums(mode,n)

n：待测序列的长度；

ε：待测序列 $\varepsilon＝\varepsilon_1,\varepsilon_2,\cdots,\varepsilon_n$；

mode：检验的模式，分为前序遍历序列(mode＝0)和后序遍历序列(mode＝1)两种模式。

2）统计量和参照分布

z 调整为(−1,+1)后序列中的累加和的最大偏移；统计量的参照分布符合标准正态分布。

3）检验步骤描述

(1) 将比特序列 ε 调整为(−1,1)的形式的序列 $X＝X_1,X_2,\cdots,X_n$，其中 $X_i＝2\varepsilon_i−1$。例如，若 ε＝1011010111，则 $X＝1,(−1),1,1,(−1),1,(−1),1,1,1$。

(2) 计算从 $X_1(mode＝0)$ 或 $X_n(mode＝1)$ 开始的连续序列的部分和 S_i，如下表：

$mode＝0$	$mode＝1$
$S_1＝X_1$	$S_1＝X_n$
$S_2＝X_1+X_2$	$S_2＝X_n+X_{n-1}$
...	...
$S_k＝X_1+X_2+\cdots+X_k$	$S_k＝X_n+X_{n-1}+\cdots+X_{n-k+1}$
...	...
$S_n＝X_1+X_2+\cdots+X_k+\cdots+X_n$	$S_n＝X_n+X_{n-1}+\cdots+X_{n-k+1}+\cdots+X_1$

当 $mode＝0$ 时，$S_k＝S_{k-1}+X_k$；当 $mode＝1$ 时，$S_k＝S_{k-1}+X_{n-k+1}$。在上例中，当 $mode＝0$ 时：

$$S_1 = 1$$
$$S_2 = 1 + (-1) = 0$$
$$S_3 = 1 + (-1) + 1 = 1$$
$$S_4 = 1 + (-1) + 1 + 1 = 2$$
$$S_5 = 1 + (-1) + 1 + 1 + (-1) = 1$$
$$S_6 = 1 + (-1) + 1 + 1 + (-1) + 1 = 2$$
$$S_7 = 1 + (-1) + 1 + 1 + (-1) + 1 + (-1) = 1$$
$$S_8 = 1 + (-1) + 1 + 1 + (-1) + 1 + (-1) + 1 = 2$$
$$S_9 = 1 + (-1) + 1 + 1 + (-1) + 1 + (-1) + 1 + 1 = 3$$
$$S_{10} = 1 + (-1) + 1 + 1 + (-1) + 1 + (-1) + 1 + 1 + 1 = 4$$

(3) 计算检验统计量 $z = \max\limits_{1 \leqslant k \leqslant n} |S_k|$，$\max\limits_{1 \leqslant k \leqslant n} |S_k|$ 是部分和 S_k 绝对值的最大值。在上例中，$z = 4$。

(4) 计算 $P\text{-value} = 1 - \sum\limits_{k=\frac{\frac{-n}{z}+1}{4}}^{\frac{\frac{n}{z}-1}{4}} \left[\phi\left(\frac{(4k+1)z}{\sqrt{n}}\right) - \phi\left(\frac{(4k-1)z}{\sqrt{n}}\right) \right] + \sum\limits_{k=\frac{\frac{-n}{z}-3}{4}}^{\frac{\frac{n}{z}-1}{4}} \left[\phi\left(\frac{(4k+3)z}{\sqrt{n}}\right) - \phi\left(\frac{(4k+1)z}{\sqrt{n}}\right) \right]$，其中 ϕ 表示标准正态分布函数。在上例中，$P\text{-value} = 0.411\ 658\ 8$。

4）结论说明

上例中的待测序列的 $P\text{-value} = 0.411\ 658\ 8 \geqslant 0.01$，因此该序列是随机的。

需要注意的是，当 $mode = 0$ 时，统计量的值较大则表明在序列的开始有较多的 0 或 1；当 $mode = 1$ 时，计量的值较大则表明在序列的尾部有较多的 0 或 1。统计量值较小则表明序列中 0 和 1 是均匀混杂的。

5）输入大小建议

待测序列长度至少为 100 bit。

6）示例

（输入）　　$\varepsilon = 1100100100001111110110101010001000100001011010 0011$
　　　　　　$0000100011010011000100110001100110001 01000010111000$

（输入）　　$n = 100$

（输入）　　$mode = 0$（正向）$\parallel$ $mode = 1$（反向）

（处理）　　$z = 1.6$（正向）$\parallel$ $z = 1.9$（反向）

（输出）　　$P\text{-value} = 0.219\ 194$（正向）$\parallel$ $P\text{-value} = 0.114\ 866$（反向）

（结论）　　$P\text{-value} \geqslant 0.01$，接受序列 ε 为随机

3.3　C4.5 决策树

3.3.1　决策树的概念

决策树(decision tree)又称为分类树(classification tree),决策树是目前最为广泛的归纳推理算法之一,处理类别型或连续型变量的分类预测问题,可以用图形和 if－then 的规则表示模型,可读性较高。决策树模型通过不断地划分数据,使依赖变量的差别最大,最终目的是将数据分类到不同的组织或不同的分枝,在依赖变量的值上建立最强的归类。

分类树的目标是针对类别应变量加以预测或解释反映结果,就具体决策树而论,其分析技术与判别分析、区集分析、无字母统计、非线性估计所提供的功能是一样的,分类树具有的弹性,使得人们在分析数据时更多采用分类树,但并非是说许多传统方法就会被排除在外。实际应用上,当数据本身符合传统方法的理论条件与分配假说,这些方法或许是较佳的,但是站在探索数据技术的角度或当传统方法的设定条件不足,分类树对于研究者来说,是较佳的选择。

决策树是一种监督式的学习方法,产生一种类似流程图的树结构。决策树对数据进行处理是利用归纳算法产生分类规则和决策树,再对新数据进行预测分析。树的终端节点"叶子节点(leaf nodes)"表示分类结果的类别(class),每个内部节点表示一个变量的测试,分枝(branch)为测试输出,代表变量的一个可能数值。为达到分类目的,变量值在数据上测试,每一条路径代表一个分类规则。

决策树是用来处理分类问题,适用目标变量属于类别型的变量,目前已扩展到可以处理连续型变量,如 CART 模型;不同的决策树算法,对于数据类型有不同的需求和限制。

决策树在 Data Ming 领域应用非常广泛,尤其在分类问题上是很有效的方法。除具备图形化分析结果易于了解的优点外,决策树具有以下优点:

(1) 决策树模型可以用图形或规则表示,而且这些规则容易解释和理解,易于使用,且很有效。

(2) 可以处理连续型或类别型的变量。以最大信息增益选择分割变量,模型显示变量的相对重要性。

(3) 面对大的数据集也可以处理得很好,此外因为树的大小和数据库大小无关,计算量较小。当有很多变量输入模型时,决策树依然可以建构。

3.3.2　C4.5 算法

C4.5 是 Ross Quinlan 于 1993 年在 ID3 的基础上改进而提出的。区别于 ID3,C4.5 通过信息增益率选择分裂属性,克服了 ID3 算法中通过信息增益倾向于选择拥有多个属性值的属性作为分裂属性的不足;能够处理离散型和连续型的属性类型,即将连续型的属性进行离散化处理;构造决策树之后进行剪枝操作;能够处理具有缺失属性值的训练数据。

C4.5 算法的主要描述如下:

设数据集表示为 $T=\{C_1,C_2,\cdots,C_k\}$，其中 C_j 为标签是同一类的样本集。选择一个属性 v 将 T 分为若干个子集，其中 $v=\{v_1,v_2,\cdots,v_n\}$ 是属性 v 的 n 个不重复的属性值 V 的集合。根据 V 可以将 T 分为子集 $T_1,T_2,\cdots,T_n$，每一个子集 T_i 种元素的属性 v 的值均为 v_i。令 $|T|$ 为 T 中子集的个数，$|T_i|$ 为 T_i 中元素个数，即属性值为 v_i 的样本个数。$|C_{jv}|$ 是类别 C_j 中满足属性 $V=v_i$ 的集合中样本个数。信息增益率的计算过程如下：

(1) C_j 中同一类样本在数据集 T 中出现的概率：$P(C_j)=\dfrac{|C_j|}{|T|}=freq(C_j,T)$；

(2) $V=v_i$ 的样本在数据集 T 中出现的概率：$P(v_i)=\dfrac{|T_i|}{|T|}$；

(3) 在 $V=v_i$ 的前提下 C_j 的条件概率，$P(C_j|v_i)=\dfrac{|C_{jv}|}{|T_i|}$；

(4) 数据集 T 中按数据标签类型的信息熵计算公式为：$H(C)=-\sum\limits_{j}P(C_j)\cdot$
$\log P(C_j)=-\sum\limits_{j=1}^{k}\dfrac{freq(C,T)}{|T|}\log\dfrac{freq(C,T)}{|T|}=Info(T)$；

(5) 条件概率，$H(C/V)=-\sum\limits_{j}P(v_j)\sum\limits_{i}P\Big(\dfrac{C_j}{v_i}\Big)\log P\Big(\dfrac{C_j}{v_i}\Big)=-\sum\limits_{i=1}^{n}\dfrac{|T_i|}{|T|}Info(T_i)=$
$Info_v(T)$；

(6) 信息增益：$I(C,V)=H(C)-H\Big(\dfrac{C}{V}\Big)=Info(T)-Info_v(T)=gain(v)$；

(7) 属性的信息熵：$H(V)=-\sum\limits_{j}P(v_j)\cdot\log P(v_j)=-\sum\limits_{i=1}^{n}\dfrac{|T_i|}{|T|}\log\dfrac{|T_i|}{|T|}=$
$split\_Info(v)$；

(8) 信息增益率：$gain\_ratio(v)=\dfrac{I(C,V)}{H(V)}=\dfrac{gain(v)}{split\_Info(v)}$。

通过 C4.5 算法构造决策树时，信息增益率最大的属性即为当前节点的分裂属性，随着递归计算，被计算的属性的信息增益率会变得越来越小，到后期则选择相对比较大的信息增益率的属性作为分裂属性。

决策树的建立完全依赖于训练样本，理论上能够产生完美的拟合效果。但这样的决策树对于测试样本来说过于庞大且复杂，可能会产生较高的分类错误率，这种现象就称为过拟合。因此为了尽可能表明过拟合的问题，还需要对决策树进行简化，即剪枝。

剪枝方法分为先剪枝和后剪枝。先剪枝是在构建决策树的过程中，提前终止决策树的生长，从而避免过多的节点产生。先剪枝方法虽然简单但实用性不强，因为很难精确地判断何时终止树的生长。后剪枝是在决策树构建完成之后，对那些置信度不达标的节点子树用叶子节点代替，该叶子节点的类标号用该节点子树中频率最高的类标记。后剪枝方法又分为两种：一类是把训练数据集分成树的生长集和剪枝集；另一类算法则是使用同一数据集进行决策树生长和剪枝。

C4.5 算法采用的是后剪枝的 PEP(Pessimistic Error Pruning)方法。PEP 剪枝法由 Quinlan 提出，是一种自上而下的剪枝法，根据剪枝前后的错误率来判定是否进行子树的修剪,因此不需要单独的剪枝数据集。PEE 剪枝的具体流程在本书不做详细介绍。

　　C4.5 算法仍存在一些不足之处:算法的计算效率较低,特别是针对含有连续属性值的训练样本时表现得尤为突出;此外,算法在选择分裂属性时没有考虑到条件属性间的相关性,只计算数据集中每一个条件属性与决策属性之间的期望信息,有可能影响到属性选择的正确性。

3.4　深度学习网络

　　神经网络(Neural Network, NN)是由一些简单的、高度互联的处理元件组成的计算系统,其通过对外部输入的动态响应来处理信息。实际上,这些网络通常由大量的节点(或称神经元)构成,它们通过一些链路相互连接。这些链路称为连接,并且每个链路都与权重值相关联。在训练过程中,神经网络接收大量数据样本为输入,通过广泛使用的学习算法(反向传播)训练网络并调整权重以使得神经网络得到期望的输出。深度学习框架可以被视为具有许多(隐藏)层的特定类型的神经网络。如今,随着计算能力的快速增长和图形处理单元(GPU)的可用性,深度神经网络的训练已经变得更加合理。因此,来自不同科学领域的研究人员都考虑在各自的研究领域中使用深度学习框架。本节将简要介绍在加密流量识别的相关研究中两个较为常用的深度神经网络,包括卷积神经网络、自编码器。

3.4.1　CNN

　　卷积神经网络(Convolution Neural Network, CNN)是一种类型的深度学习模型,其使用由卷积运算组成的层来完成对输入数据的特征提取。卷积网络的构建是受到生物体视觉结构的启发。CNN 的基本构建块是如下所述的卷积层:设想一个卷积层,包括 $N \times N$ 的方形神经元层作为输入和 $m \times m$ 的滤波器,该层输出 z_1 的大小为 $(N-m+1) \times (N-m+1)$ 并且计算如下:

$$z_{ij}^{l} = f\Big(\sum_{a=0}^{m-1}\sum_{b=0}^{m-1} \omega_{ab}\, z_{(i+a)(j+b)}^{l-1}\Big) \tag{3.3}$$

　　如上述公式所示,通常是将非线性函数 f(如整流线性单元(ReLU))应用于卷积输出以从数据中学习更复杂的特征。在某些应用程序中,还应用了池化层。使用池化层的主要目的是聚合邻域中的多个低级特征以获得局部不变性。此外,池化还有助于降低训练和测试阶段的网络计算成本。

　　目前 CNN 已成功应用于不同领域,包括自然语言处理、计算生物学和机器视觉等。人脸识别便是 CNN 最有趣的应用之一,其是使用了连续的卷积层用于从每个图像中提取特征。据观察,浅层中提取的特征是边缘和曲线等简单概念,而较深层网络中的提取的特征比浅层中的特征更为抽象。然而,值得一提的是,在网络的中间层中观察提取的特征并不总是会像在面部识别任务中观察到的那样有意义。例如,在对网络流量进行分类的一维 CNN(1D-CNN)中,在浅层中提取的特征向量可能只是一些对于人直接观察来说并没有意义的实数。

1D-CNN 是网络流量分类任务的理想选择,这是因为 1D-CNN 可以捕获网络分组中相邻字节之间的空间依赖性,这些依赖关系则提供了每类协议/应用的判别模式,并因此准确地分类流量。

3.4.2 自编码器

自编码是一个非监督的学习框架,使用反向传播算法来训练网络在输出时重建输入数据,并尽可能减小重建错误(根据某些标准)。设想一个训练集 $\{x^1, x^2, \cdots, x^n\}$ 且有 $x^i \in \mathfrak{R}^n$,自编码器的目的是使得当 $i \in \{1,2,\cdots,n\}$ 时 $y^i = x^i$,即使网络的输出等于输入。考虑到这个目标函数,自编码器将试图学习该数据集的压缩表示,即近似地学习一个恒等函数 $F_{W,b}(x) \simeq x$,其中 W 和 b 是整个网络的权重和偏差向量。自编码器的损失函数的一般形式为:

$$\mathcal{L}(W,b) = \| x - F_{W,b}(x) \|^2 \tag{3.4}$$

自编码器主要是用于自动特征提取的一种无监督技术。更确切地说,编码器的输出部分在分类任务中通常被看作是高阶的有区分度的特征用语。图 3.1 是具有 n 个输入和 n 个输出的典型自编码器。

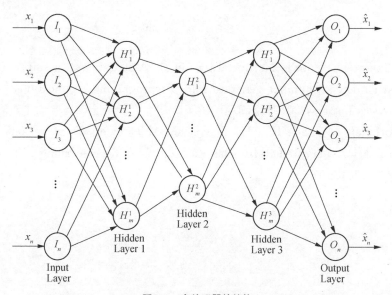

图 3.1　自编码器的结构

在实践中,为了获得更好的性能,研究者提出了一种更复杂的架构和训练过程,称为堆叠自编码器(SAE)。该方案建议以每个输出为连续层的输入的方式堆叠若干自编码器,其中连续层本身是自动编码器。堆叠自编码器的训练过程是以贪婪的分层方式完成的。首先,在训练网络的每一层时,保持其他层的权重不变。在训练所有层之后,为了获得更准确的结果,对整个神经网络进行微调。在微调阶段,反向传播算法用于调整所有层的权重。此外,对于分类任务,可以将额外的 softmax 层应用于最后一层。图 3.2 是堆叠自编码器的训练过程。

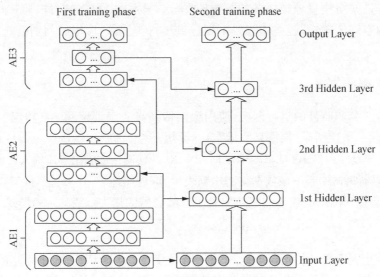

图 3.2　贪婪的逐层堆叠自编码器训练过程

参 考 文 献

［1］ Rukhin A L，Soto J，Nechvatal J R，et al. A statistical test suite for random and pseudorandom number generators for cryptographic Applications ［J］. Applied Physics Letters，2010，22(7)：1645－179.

［2］ Lotfollahi M，Zade R S H，Siavoshani M J，et al. Deep packet：A novel approach for encrypted traffic classification using deep learning ［J］. arXiv：1709. 02656，2017.

4 加密协议分析

本章介绍了四种典型的网络加密协议,包括 IPSec、TLS、HTTPS、QUIC,其中 IPSec 是网络层加密协议,TLS 是传输层加密协议,HTTPS 和 QUIC 是应用层加密协议。每节首先介绍各加密协议的报文格式、组成原理和相关子协议,然后对各加密协议的报文交换过程进行实例分析,使协议的工作流程更加清晰化,最后针对采集的各加密协议流量进行特征分析,以期发现各加密协议下的流量特征。最后一节介绍了基于 API HOOK 的勒索软件 WannaCry 的解密方法。

4.1 IPSec 安全协议

IPSec(IP Security)是 IETF 制定的为保证在 Internet 上传送数据的安全保密性能的三层隧道加密协议。IPSec 是应用于 IP 层上网络数据安全的一整套体系结构,它包括报文首部认证协议(Authentication Header,AH)、封装安全荷载协议(Encapsulating Security Payload,ESP)、互联网间密钥交换协议(Internet Key Exchange,IKE)和一些用于网络认证及加密的算法等。IPSec 协议本身定义了如何在 IP 数据包中增加字段来保证 IP 包的完整性、私有性和真实性,以及如何加密数据包。使用 IPSec,数据就可以安全地在公网上传输。IPSec 能够用于在一对主机之间、一对安全网关之间或安全网关和主机之间保护一条或多条"路径"。

AH 提供数据完整性校验和身份认证功能,此外还可以用于规避伪源/目的地址的访问以及对于超时消息的重放攻击等。ESP 除可提供以上功能外,还提供对 IP 报文的加密功能,ESP 的封装形式相对于 AH 更加复杂,不但有 ESP 报头部分,而且还有 ESP 报尾部分,负载部分处于 ESP 的报头部分以及报尾部分的中间。IKE 主要用于为 IPSec 安全隧道建立过程中数据认证以及协商提供支持,其最终目的是创建 IPSec 安全联盟(SA),使通信实体之间拥有一个私有的通信信道。

IPSec 有传输(transport)和隧道(tunnel)两种工作方式。

在传输工作方式中,在 IP 报头和高层协议报头之间插入一个 IPSec 报头。传输模式不会修改 IP 报头中的目的地址,源 IP 地址也保持明文状态。对于该工作模式来说,只能够为 IP 层以上的协议提供安全性保障,因此这种模式适用于主机之间建立 IPSec 安全传输。

在隧道工作方式中,报文的源 IP 地址以及数据被封装成一个新的 IP 报文,并在内部和外部报头之间插入一个 IPSec 报头,原来的 IP 地址作为需要进行安全业务处理的一部分来提供安全保护,而且该模式还可以对整个 IP 报文进行加密操作,进一步增强了传输过程的安全性。该模式更适合网关之间的通信,常用来实现虚拟专用网 VPN。

4.1.1　IPSec 相关概念

下面介绍与 IPSec 协议相关的名词概念。

1）数据流

数据流为一组具有某些共同特征的数据的集合,由源地址/掩码、目的地址/掩码、IP 报文中封装上层协议的协议号、源端口号、目的端口号等来规定。一条数据流可以是两台主机之间单一的 TCP 连接,也可以是两个子网之间所有的数据流量。IPSec 能够对不同的数据流施加不同的安全保护,例如对不同的数据流使用不同的安全协议、算法或密钥。

2）安全联盟(SA)

IPSec 对数据流提供的安全服务通过安全联盟 SA 来实现,它包括协议、算法、密钥等内容,具体确定了如何对 IP 报文进行处理。一个 SA 就是两个 IPSec 系统之间从源点到终点的单向逻辑连接,如果需要进行双向的安全通信,则需要建立两个方向的安全关联。安全联盟(SA)由一个三元组(安全参数索引(SPI)、IP 目的地址、安全协议号(AH 或 ESP))来唯一标识。发送一个 IPSec 数据包文就可能需要多个安全联盟(SA),此时就需要一个安全联盟数据库(SAD)来存放这些安全联盟(SA)。当主机要发送 IPSec 数据包文或者接收 IPSec 数据包文时,就需要在 SAD 中查找相应的 SA 来对 IPSec 数据包文进行处理。

安全联盟可通过手工配置和自动协商两种方式建立。手工建立安全联盟的方式是指用户通过在两端手工设置一些参数,在两端参数匹配和协商通过后建立安全联盟。自动协商方式由 IKE 生成和维护,通信双方基于各自的安全策略库经过匹配和协商,最终建立安全联盟而不需要用户的干预。

3）安全参数索引(SPI)

SPI 是一个 32 比特的数值,在每一个 IPSec 报文中都携带该值。在手工配置安全联盟时,需要手工指定 SPI 的取值。必须使用不同的 SPI 配置 SA 来保证 SA 的唯一性。使用 IKE 协商生成 SA 时,SPI 随机生成。

4）安全策略

主机发送的数据并非都必须进行加密,很多信息使用明文发送即可。这时就需要另一个数据库——安全策略数据库(SPD)。SPD 规定对什么样的数据流采用什么样的安全措施。对数据流的定义是通过在一个访问控制列表中配置多条规则来实现,在安全策略中引用这个访问控制列表来确定需要进行保护的数据流。一条安全策略由"名字"和"顺序号"共同唯一确定。

4.1.2　报文首部认证协议(AH)

AH[2]可对整个数据包(IP 报头与数据包中的数据负载)提供身份验证、完整性与抗重播保护。但是它不提供保密性,即它不对数据进行加密。数据可以读取,但是禁止修改。① 数据完整性验证,通过使用 Hash 函数(如 MD5)产生的验证码来实现;② 身份认证,通过数据完整性时加入一个通信双方共同约定的会话密钥来实现;③ 防重放攻击,在 AH 报头中加入序列号可以防止重放攻击。

　　AH 协议是被 IP 协议封装的协议之一,如果 IP 协议头部的"下一个头"字段是 51,则 IP 包的载荷就是 AH 协议,在 IP 报头后面跟的就是 AH 协议头部。

　　AH 协议:

IP 报头	IP 数据

　　传输模式:

IP 报头	AH 报头	IP 数据

　　隧道模式:

新 IP 报头	AH 报头	原 IP 报头	IP 数据

　　IP 数据即为传输层数据包,包括:传输层协议头(TCP、DUP)和传输层数据。

　　AH 报头格式:

0—7	8—15	16—31
下一个头	有效载荷长度	保留字段
安全参数索引(SPI)		
序列号		
验证数据(可变长度)		

　　(1) 下一个头(8 位):表示紧跟在 AH 头部后面的协议类型。在传输模式下,该字段是处于保护中的传输层协议的值,如 6(TCP),17(UDP)或 50(ESP)[3]。在隧道模式下,AH 保护整个 IP 包,该值是 4,表示 IP-in-IP 协议。

　　(2) 有效载荷长度(8 位):AH 协议头的有效长度。

　　(3) 保留字段(16 位):准备将来对 AH 协议扩展时使用,目前协议规定这个字段应该被置为 0。

　　(4) 安全参数索引 SPI(32 位):用来标识发送方在处理 IP 数据包时使用的安全策略,接收方根据这个字段来决定如何处理收到的 IPSec 包。

　　(5) 序列号(32 位):一个单调递增的计数器,为每个 AH 包赋予一个序号。当通信双方建立 SA 时,初始化为 0。SA 是单向的,每发送/接收一个包,外出/进入 SA 的计数器增 1。该字段可用于抗重放攻击。

　　(6) 验证数据:可变长度,取决于采用何种消息验证算法,包含完整性验证码,称为 ICV。ICV 是利用 IP 报头(除了可变字段之外的不变部分)、AH 报头与 IP 数据来计算的。接收方计算 ICV 值并对照发送方计算的值校验它,以验证完整性。

　　在使用 AH 协议时,AH 协议首先在原数据前生成一个 AH 报文头,报头中包括一个递增的序列号与验证字段(空)、安全参数索引(SPI)等。AH 协议将对新的数据包进行离散运算,生成一个验证字段(authentication data),填入 AH 头的验证字段。AH 协议使用 MD5 和 SHA-1 两种散列算法对整个数据包进行认证,协议双方先约定好密钥,MD5 密钥 128 bit,SHA-1 密钥 160 bit。在传输模式下,AH 协议验证 IP 报文的数据部分和 IP 头中的不变部分;在隧道模式下,AH 协议验证全部的内部 IP 报文和外部 IP 头中的不变部分。

4.1.3 封装安全荷载协议(ESP)

ESP 协议提供数据完整性验证和数据源身份认证的原理和 AH 一样,只是和 AH 比 ESP 的验证范围要小些。ESP 加密采用的是对称加密算法,它规定了所有 IPSec 系统必须实现的加密算法是 DES 和 NULL,使用 NULL 是指实际上不进行加密或验证。

ESP 协议是被 IP 协议封装的协议之一。如果 IP 协议头部的"下一个头"字段是 50,IP 包的载荷就是 ESP 协议,在 IP 报头后面跟的就是 ESP 协议头部。

ESP 协议:

IP 报头	IP 数据

传输模式:

IP 报头	ESP 头部	IP 数据	ESP 尾部	ESP 验证

隧道模式:

新 IP 报头	ESP 头部	原 IP 报头	IP 数据	ESP 尾部	ESP 验证

IP 数据即为传输层数据包,包括传输层协议头(TCP、DUP)和传输层数据。

ESP 报头格式:

0—7	8—15	16—31
安全参数索引(SPI)		
序列号		
报文有效载荷(长度可变)		
填充项(可选)(长度可变)		
填充字段长度		下一个头
验证数据(可选)		

(1) 安全参数索引 SPI(32 位):用来标识发送方在处理 IP 数据包时使用的安全策略,接收方根据这个字段来决定如何处理收到的 IPSec 包。

(2) 序列号(32 位):一个单调递增的计数器,为每个 ESP 包赋予一个序号。当通信双方建立 SA 时,初始化为 0。SA 是单向的,每发送/接收一个包,外出/进入 SA 的计数器增 1。该字段可用于抗重放攻击。

(3) 报文有效载荷:是变长的字段,如果 SA 采用加密,该部分是加密后的密文;如果没有加密,该部分就是明文。

(4) 填充项:是可选的字段,为了对齐待加密数据而根据需要将其填充到 4 字节边界。

(5) 填充长度:以字节为单位指示填充项长度,范围为 0~255。保证加密数据的长度适应分组加密算法的长度,也可以用以掩饰载荷的真实长度对抗流量分析。

(6) 下一个头:表示紧跟在 ESP 头部后面的协议,其中值为 6 表示后面封装的是 TCP。

(7) 验证数据:是变长字段,只有选择了验证服务时才需要有该字段。在两种工作模式下,认证的范围均是 ESP 头部至 ESP 尾部这段范围。

在 ESP 协议方式下,可以通过散列算法获得验证数据字段,可选的算法同样是 MD5 和

SHA-1。ESP 协议还可以使用加密算法,常见的是 DES、3DES 等加密算法,加密算法要从 SA 中获得密钥,对参加 ESP 加密的整个数据的内容进行加密运算,得到一段新的"数据"。完成之后,ESP 将在新的"数据"前面加上 SPI 字段、序列号字段,在数据后面加上一个验证字段和填充字段等。在传输模式下,ESP 协议加密范围是 IP 数据至 ESP 尾部;在隧道模式下,ESP 协议加密范围是:原 IP 报头至 ESP 尾部。

4.1.4　互联网间密钥交换协议(IKE)

IKE 是 IPSec 的信令协议,为 IPSec 提供了自动协商交换密钥、建立安全联盟的服务,能够简化 IPSec 的使用和管理,大大简化 IPSec 的配置和维护工作。IKE 不是在网络上直接传送密钥,而是通过一系列数据的交换,最终计算出双方共享的密钥,并且即使第三方截获了双方用于计算密钥的所有交换数据,也不足以计算出真正的密钥。IKE 具有一套自己的保护机制,可以在不安全网络上安全地分发密钥、验证身份,建立 IPSec 安全联盟。

IKE 是一个混合协议,由 Internet 安全关联和密钥管理协议(ISAKMP)和两种密钥交换协议 OAKLEY 与 SKEME 组成。IKE 和 ISAKMP 的不同之处在于:IKE 真正定义了一个密钥交换的过程,而 ISAKMP 只是定义了一个通用的可以被任何密钥交换协议使用的框架。ISAKMP 协议是一种协议框架,它使用 TCP 和 UDP 的 500 端口,一般情况下使用 UDP。ISAKMP 没有定义任何密钥交换协议的细节,也没有定义任何具体的加密算法、密钥生成技术或者认证机制。这个通用的框架是与密钥交换独立的,可以被不同的密钥交换协议使用。

IKE 定义了四种模式:主模式、积极模式、快速模式和新组模式。前面三个用于协商 SA,最后一个用于协商新的 Diffie-Hellman 组。主模式和积极模式用于第一阶段;快速模式用于第二阶段;新组模式用于在第一个阶段后协商新的 Diffie-Hellman 组。

4.1.5　IPSec 协议实例分析

IPSec 主要包括两部分协议,分别是 ISAKMP 协议和 ESP 协议,因此使用 Wireshark 采集到的报文主要应用了以上两个协议。

1) ISAKMP 协议交换过程

采集到的 ISAKMP 协议报文如图 4.1 所示,图中的前 4 个报文为连接 VPN 时的交换报文,后面 4 个报文为断开 VPN 时的交换报文。前两个报文格式如图 4.2 所示,后六个报文如图 4.3 所示。由图 4.2 可知,抓到的 ISAKMP 报文封装了三层,第一层是以太帧,第二层是 IP 层,第三层是 UDP 层,此处使用的是 UPD 的 500 端口,第四层才是 ISAKMP 报文。由图 4.3 可知,抓到的 ISAKMP 报文多了一个 UDP Encapsulation of IPSec Packets 字段,表示非 ESP 标记。同时注意,此处使用的是 UDP 的 4500 端口。

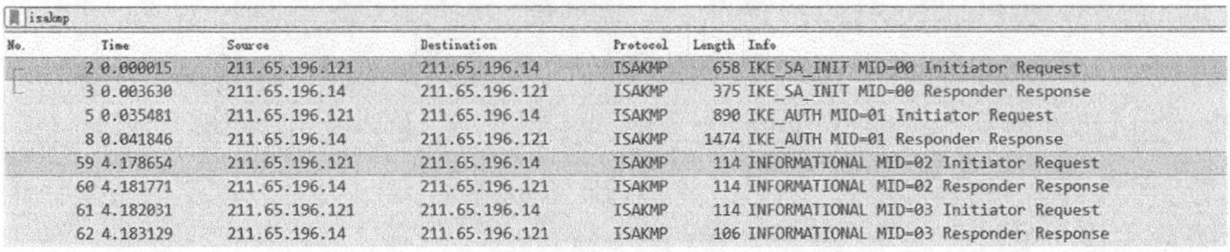

图 4.1　ISAKMP 协议报文

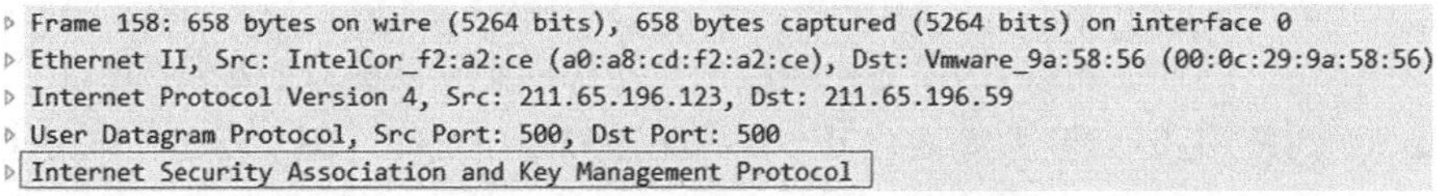

图 4.2　ISAKMP 协议前两个报文封装格式

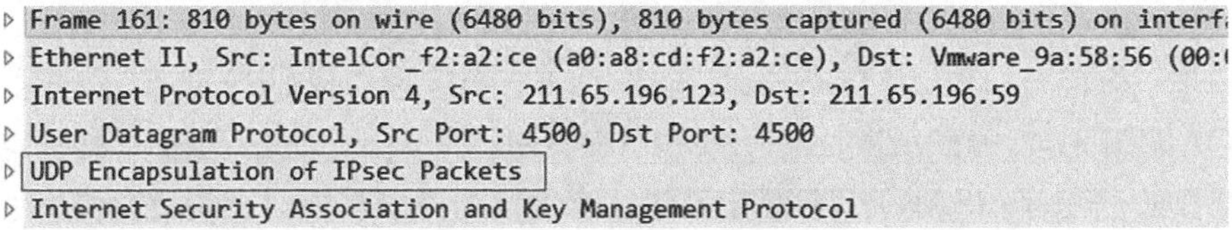

图 4.3　ISAKMP 协议后六个报文封装格式

（1）请求方发起连接请求 IKE_SA_INIT Initiator Request 报文♯2

请求方发起的第一个请求报文如图 4.4 所示,本报文由请求方发起,所以自身的 SPI 已创建,后面紧跟的是响应方的 SPI,即下一个负载地址。使用的 IKE 版本是 2.0,本报文的类型是 IKE_SA_INIT,用于协商创建安全关联。之后紧跟标识字段 Flags、Message ID、Length 字段,标识字段表示本报文的类型,Message ID(MID)字段表示本次使用 IPSec 通信过程中第几个协商报文对,Length 字段表示本 ISAKMP 报文的长度。之后即为跟随的负载字段 Payload。

分析图 4.4 中的第一个负载(Payload:Security Association)的内容,如图 4.5 所示。展开该负载,这里的 Security Association 负载包括了 6 个 Proposal 负载,即为发起方提供的用于创建安全关联的可选项,响应方可以选择其中的一个作为双方的通信协商规则。

由于这 6 个 Proposal 负载的格式一致,这里选择第一个 Proposal 负载做解释,将其展开后如图 4.6 所示。Proposal 负载除了包括基础字段(下一个负载位置、协议 ID、负载长度等),又包括 4 个 transform 负载,每个 transform 中规定了具体使用的算法(加密算法、完整性验证算法、伪随机函数、Diffie-Hellman Group)。

（2）响应方回复请求 IKE_SA_INIT Responder Response 报文♯3

当响应方收到来自请求方的请求报文之后,选择相关的协商安全关联算法,将相关信息返回给请求方,如图 4.7 所示。注意到,此时响应方也生成 SPI 并填写在相应的位置,返回给请求方。因为安全关联(SA)由一个三元组[安全参数索引(SPI)、IP 目的地址、安全协议号(AH 或 ESP)]来唯一标识,所以 SPI 是必需的。从随后的 SA 负载可以看到,响应方选择的是 1 号 Proposal 负载,因此,通信双方按照 1 号 Proposal 负载中规定的算法进行通信。

```
▲ Internet Security Association and Key Management Protocol
    Initiator SPI: 113e605bb3feac40
    Responder SPI: 0000000000000000
    Next payload: Security Association (33)
  ▲ Version: 2.0
      0010 .... = MjVer: 0x2
      .... 0000 = MnVer: 0x0
    Exchange type: IKE_SA_INIT (34)

  ▲ Flags: 0x08 (Initiator, No higher version, Request)
      .... 1... = Initiator: Initiator
      ...0 .... = Version: No higher version
      ..0. .... = Response: Request
    Message ID: 0x00000000
    Length: 616

  ▷ Payload: Security Association (33)
  ▷ Payload: Key Exchange (34)
  ▷ Payload: Nonce (40)
  ▷ Payload: Notify (41) - NAT_DETECTION_SOURCE_IP
  ▷ Payload: Notify (41) - NAT_DETECTION_DESTINATION_IP
  ▷ Payload: Vendor ID (43) : MS NT5 ISAKMPOAKLEY
  ▷ Payload: Vendor ID (43) : MS-Negotiation Discovery Capable
  ▷ Payload: Vendor ID (43) : Microsoft Vid-Initial-Contact
  ▷ Payload: Vendor ID (43) : Unknown Vendor ID
```

图 4.4　ISAKMP 协议请求报文

```
  ▲ Payload: Security Association (33)
      Next payload: Key Exchange (34)
      0... .... = Critical Bit: Not Critical
      .000 0000 = Reserved: 0x00
      Payload length: 256
    ▷ Payload: Proposal (2) # 1
    ▷ Payload: Proposal (2) # 2
    ▷ Payload: Proposal (2) # 3
    ▷ Payload: Proposal (2) # 4
    ▷ Payload: Proposal (2) # 5
    ▷ Payload: Proposal (2) # 6
```

图 4.5　ISAKMP 协议请求报文的第一个负载 Security Association

```
▲ Payload: Proposal (2) # 1
    Next payload: Proposal (2)
    0... .... = Critical Bit: Not Critical
    .000 0000 = Reserved: 0x00
    Payload length: 40
    Proposal number: 1
    Protocol ID: IKE (1)
    SPI Size: 0
    Proposal transforms: 4
  ▷ Payload: Transform (3)
  ▷ Payload: Transform (3)
  ▷ Payload: Transform (3)
  ▷ Payload: Transform (3)
```

图 4.6　负载 Security Association 下的第一个 Proposal 负载

```
▲ Internet Security Association and Key Management Protocol
    Initiator SPI: 113e605bb3feac40
    Responder SPI: 83411a78182432fb
    Next payload: Security Association (33)
  ▷ Version: 2.0
    Exchange type: IKE_SA_INIT (34)
  ▷ Flags: 0x20 (Responder, No higher version, Response)
    Message ID: 0x00000000
    Length: 333
▲ Payload: Security Association (33)
    Next payload: Key Exchange (34)
    0... .... = Critical Bit: Not Critical
    .000 0000 = Reserved: 0x00
    Payload length: 44
  ▷ Payload: Proposal (2) # 1
```

图 4.7　ISAKMP 协议响应报文

如图 4.8 所示,响应方也将自己生成密钥所必需的数据放在负载中发送给请求方,以便双方使用 Diffie-Hellman 算法生成数据加密认证的密钥,响应方也附加一个随机数来防止重放攻击,同时请求了验证证书。

至此,通信双方可以根据互相发送的密钥数据计算出密钥,使用双方协商的加密算法对数据进行加密,使用双方协商的认证算法对双方的身份进行认证。

(3) IKE_AUTH Initiator Request 报文 #5

如图 4.9 所示,这些报文的类型是认证数据,MID 为 01。报文内的数据都是使用前两个报文通过信息协商决定的加密算法、密钥、认证函数处理过的数据,所以并不能知道具体是什么信息。

```
▲ Payload: Key Exchange (34)
    Next payload: Nonce (40)
    0... .... = Critical Bit: Not Critical
    .000 0000 = Reserved: 0x00
    Payload length: 136
    DH Group #: Alternate 1024-bit MODP group (2)
    Reserved: 0000
    Key Exchange Data: fb7108ecf61da32c80602be177d1fdd1bef5a18da8f2b978...
▲ Payload: Certificate Request (38)
    Next payload: Notify (41)
    0... .... = Critical Bit: Not Critical
    .000 0000 = Reserved: 0x00
    Payload length: 25
    Certificate Type: X.509 Certificate - Signature (4)
    Certificate Authority Data: 42595696a1fd2cc4646b40b5e520efedf819a356
```

图 4.8 ISAKMP 协议响应报文

```
▲ Internet Security Association and Key Management Protocol
    Initiator SPI: 113e605bb3feac40
    Responder SPI: 83411a78182432fb
    Next payload: Encrypted and Authenticated (46)
  ▷ Version: 2.0
    Exchange type: IKE_AUTH (35)
  ▷ Flags: 0x08 (Initiator, No higher version, Request)
    Message ID: 0x00000001
    Length: 2244
  ▷ Payload: Encrypted and Authenticated (46)
```

```
01a0  e5 04 fc f7 aa b0 7f 4e  af c9 f6 7a 75 48 e7 55   ·······N ···zuH·U
01b0  9b f7 08 ca 9f a3 58 ca  52 10 98 f3 41 01 fb 5a   ·····X· R···A··Z
01c0  9d 6d 4f 20 f9 24 0c d4  07 ba 94 5d b0 6a f0 98   ·mO ·$·· ···].·j·
01d0  ea 75 25 d3 8b 49 18 89  52 5c 68 c3 a0 e2 74 78   ·u%··I·· R\h··tx
01e0  0e 15 17 33 89 f8 16 6c  62 93 4a e9 39 06 28 f8   ···3···l b·J·9·(·
01f0  5e fd fe 5f 32 0b 02 7e  ce 1f 9a 7a 8f a9 f1 8f   ^··_2··~ ···z··
0200  23 5c fe f9 a4 9a dd 04  62 94 06 ca 3f 88 24 5f   #\····· b··?·$_
0210  4d 31 62 29 55 ed 2f 70  21 d7 46 2b 0d 4d c2 c7   M1b)U·/p !·F+·M··
0220  49 9e 92 71 cc ba 58 ff  2a 0b 18 a7 df e3 fe 68   I··q··X· *····h
0230  14 32 e3 3a ac a0 58 05  b6 85 ab a2 03 4b 51 3f   ·2·:··X· ·····KQ?
0240  dc ae f2 62 41 01 e9 d0  7c 20 83 de bc d5 eb 16   ···bA··· | ······
0250  f9 39 ba 2e c7 77 a2 7c  c7 97 09 89 65 76 d6 39   ·9···w·| ····ev·9
0260  40 db 69 a9 2c 46 d6 69  79 5d bb f6 01 4b 5e 24   @·i·,F·i y]···K^$
```

图 4.9 ISAKMP 的 IKE_AUTH Initiator Request 报文

（4）ISAKMP 协议断开连接

当需要断开连接时,由客户端发起请求,断开 VPN 连接。此阶段需要 2 组 ISAKMP 报文(包括 Initiator 和 Responder)的交换,一共产生了 4 个 INFORMATIONAL 报文,两组报文交换的 MID 分别为 02 和 03。以第 1 组的 Initiator 报文为例,如图 4.10 所示。此报文内的负载数据也是使用之前约定的密钥、加密算法、认证算法处理过的加密数据。经过 4 个报文交换之后,通信双方完成断开连接操作。

```
▲ Internet Security Association and Key Management Protocol
      Initiator SPI: 113e605bb3feac40
      Responder SPI: 83411a78182432fb
      Next payload: Encrypted and Authenticated (46)
    ▷ Version: 2.0
      Exchange type: INFORMATIONAL (37)
    ▷ Flags: 0x08 (Initiator, No higher version, Request)
      Message ID: 0x00000002
      Length: 68
    ▷ Payload: Encrypted and Authenticated (46)
```

```
0000  00 0c 29 9a 58 56 a0 a8  cd f2 a2 ce 08 00 45 00   ··)·XV·· ······E·
0010  00 64 53 89 00 00 40 11  f7 c5 d3 41 c4 7b d3 41   ·dS···@· ···A·{·A
0020  c4 3b 11 94 11 94 00 50  a9 52 00 00 00 00 11 3e   ·;·····P ·R·····>
0030  60 5b b3 fe ac 40 83 41  1a 78 18 24 32 fb 2e 20   `[···@·A ·x·$2·.
0040  25 08 00 00 00 02 00 00  00 44 2a 00 00 28 97 b8   %······· ·D*··(··
0050  9e 16 ab b6 41 aa 25 6a  df e2 a7 09 2f 70 38 5d   ··A·%j ····/p8]
0060  4d 62 e1 55 a1 5f 85 93  6a 62 32 b1 68 ba e1 4d   Mb·U·_·· jb2·h··M
0070  57 35                                              W5
```

图 4.10　ISAKMP 断开连接时第 1 个 Initiator Request 报文

2) ESP 协议交换过程

由于 ESP 流量的特殊性质,每次只有一对交互的客户端和服务端,而且每一次交互均在一对 ISAKMP 连接之间。使用 Wireshark 抓取得到的 ESP 协议报文如图 4.11 所示。

No.	Time	Source	Destination	Protocol	Length	Info
15	3.371848	211.65.196.121	211.65.196.14	ESP	406	ESP (SPI=0xcdfe54ef)
16	3.514364	211.65.196.121	211.65.196.14	ESP	150	ESP (SPI=0xcdfe54ef)
18	3.584078	211.65.196.121	211.65.196.14	ESP	134	ESP (SPI=0xcdfe54ef)
20	3.699560	211.65.196.121	211.65.196.14	ESP	182	ESP (SPI=0xcdfe54ef)
21	3.699785	211.65.196.121	211.65.196.14	ESP	182	ESP (SPI=0xcdfe54ef)
22	3.699973	211.65.196.121	211.65.196.14	ESP	182	ESP (SPI=0xcdfe54ef)
26	3.745580	211.65.196.121	211.65.196.14	ESP	118	ESP (SPI=0xcdfe54ef)
27	3.752907	211.65.196.121	211.65.196.14	ESP	118	ESP (SPI=0xcdfe54ef)
28	3.861679	211.65.196.121	211.65.196.14	ESP	118	ESP (SPI=0xcdfe54ef)
30	3.918017	211.65.196.14	211.65.196.121	ESP	198	ESP (SPI=0x8a9ed29e)
32	3.920633	211.65.196.14	211.65.196.121	ESP	246	ESP (SPI=0x8a9ed29e)
33	3.921651	211.65.196.121	211.65.196.14	ESP	134	ESP (SPI=0xcdfe54ef)

图 4.11　ESP 协议报文

图 4.12 上下分别为本地机到服务器、服务器到本地机的两个报文格式,因为 IPSec 协议要求通信双方建立单工的安全联盟,所以两个 SPI 分别标识了两个方向的通信报文。在 ESP 报文前会有一个新的 IP 头,其中标志 IP 版本号、源地址和目的地址。而 ESP 的负载部分,就是利用之前约定好的加密算法、密钥、认证算法处理过的加密数据,无法查看其中的内容。

图 4.13(见彩插 1)是 ESP 封装后的流量与未封装的普通流量的对比,图中有两条线,绿色表示 ESP 流量,红色表示普通流量。两条线基本上处于重叠的位置,因此差异并不明显,仔细观察可以发现,ESP 的比特率略高于普通流量的比特率,这是由 ESP 的报文封装格式造成的。

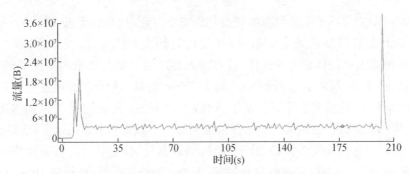

图 4.12 ESP 协议通信时两个方向的报文

```
▷ Frame 20: 182 bytes on wire (1456 bits), 182 bytes captured (1456 bits) on interface 0
▷ Ethernet II, Src: IntelCor_f2:a2:ce (a0:a8:cd:f2:a2:ce), Dst: Vmware_86:44:c4 (00:0c:29:86:44:c4)
▷ Internet Protocol Version 4, Src: 211.65.196.121, Dst: 211.65.196.14
◢ Encapsulating Security Payload
    ESP SPI: 0xcdfe54ef (3455997167)
    ESP Sequence: 4

▷ Frame 66: 150 bytes on wire (1200 bits), 150 bytes captured (1200 bits) on interface 0
▷ Ethernet II, Src: IntelCor_f2:a2:ce (a0:a8:cd:f2:a2:ce), Dst: IntelCor_f2:a2:ce (a0:a8:cd:f2:a2:ce)
▷ Internet Protocol Version 4, Src: 211.65.196.14, Dst: 211.65.196.121
◢ Encapsulating Security Payload
    ESP SPI: 0x8a9ed29e (2325664414)
    ESP Sequence: 9
```

图 4.13　采集直播视频产生的 ESP 流量与普通流量的对比

4.1.6　IPSec 流量特征分析

采集 IPSec 流量下的 pcap 数据文件,并对数据进行处理分析,分析过程中主要采用基于报文大小的统计特征与基于时间的统计特征对 IPSec 流量进行描述,具体包括报文传输速率(数据包量与字节量)、报文大小与到达时间间隔直方分布、报文大小与到达时间间隔统计特征(最大值、最小值、分位数、均值等)。

由于 IPSec 协议的特性,整个会话过程只存在两个对向的 ESP 流,但是其真实流量组成复杂,可能包含大量 IP、TCP 或 UDP 会话流,无法通过统一的标准将它们划分到正向流量与反向流量两个分类。因此在统计报文数和到达时间间隔时,不区分正向流与反向流。实验采用 pyshark 对 pcap 文件进行解析,基于 pandas 对解析得到的数据进行统计分析,并最终通过 matplotlib 生成图表,所有原始数据以 CSV 格式保存在本地。

1) 报文到达速率

图 4.14(见彩插 2)是一组报文到达速率的折线图,分别以报文个数和字节量为样本进行统计,图 4.14(a)为报文到达速率,图 4.14(b)为字节到达速率。通过这一组折线图,可以非常容易地观察到 IPSec 流量与原始流量之间的关系。

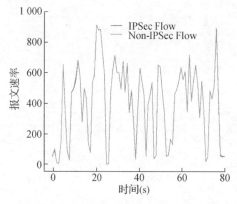

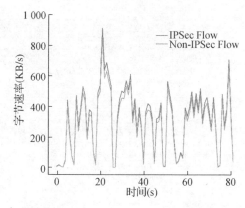

（a）报文到达速率（每秒报文数）：网页浏览流量♯1　　　（b）字节到达速率（每秒千字节数）：网页浏览流量♯1

图 4.14　IPSec 流量报文到达速率折线图

　　在图 4.14(a)中 IPSec 流量与原始流量几乎完全重合，这符合 ESP 协议的特性，即一一对应，一条 ESP 报文封装一条原始报文，然后进行转发。图 4.14(a)中折线的重合说明 IPSec 不会对原始流量进行分片等操作，且自身不会产生大量与传输内容无关的流量，它在得到一条原始报文后，仅对其进行加密并加上 IPSec 头部，然后忠实地发送到目的地。在图 4.14(b)中，IPSec 流量与原始流量基本重合，但是 IPSec 流量的字节数到达速率在每个峰值处均比原始流量高。这说明 IPSec 每条报文的大小都要大于原始报文，这符合 IPSec 协议的封装特征。加密与完整性保护会产生额外的数据开销，同时无论在隧道模式还是传输模式下，IPSec 协议都会对报文进行重新封装，再加上额外的头部，使得经 IPSec 处理后的报文数据量大于原始报文。

　　2）频率/频数分布直方图

　　图 4.15（见彩插 3）是一组报文大小与报文到达间隔时间分布的直方图。

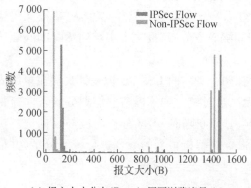

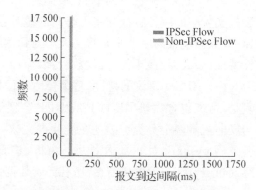

（a）报文大小分布（Bytes）：网页浏览流量♯2　　　（b）报文到达间隔分布（双向）：网页浏览流量♯2

图 4.15　IPSec 流量报文大小与到达间隔分布直方图

　　图 4.15(a)为报文大小分布直方图，其横坐标范围为 0～1 500 Bytes，正好是默认 MTU 大小。首先从总体来看，不论是 IPSec 流还是原始流量，其报文大小分布都是 U 形，即报文大小多集中在 0～200 字节与 1 400～1 500 字节之间，尤其是 1 400～1 500 的部分，而 200～1 400 字节的报文数量明显较少。U 形分布原因有以下几点：① 有大量数据正在进行

传输;② 网络状况理想,TCP 链路极少阻塞,可以持续以较大的发送窗口传输数据;③ 左边部分为大量的 ACK 报文与相关协议的控制报文,以及数据量较小的报文。然后再对比 IPSec 流量与原始流量,可以观察到其报文大小分布模式极其相似,原始流量相较 IPSec 流量整体左偏,说明原始流量的报文较 IPSec 流量更小,这与分析折线图时的结论一致。

图 4.15(b)为报文到达间隔时间分布直方图,可以看到其横坐标范围较大,甚至从 0 ms 到 1 750 ms。这与流量采集的方法与环境有关,偶发性的网络阻塞,可能瞬间将报文到达间隔提升到千毫秒级;同时由于采集数据是人工进行操作的,那么每个操作的间隙也会将报文到达间隔提升到千毫秒级。除了以上两种情况,还有很多原因会导致报文到达间隔时间发生异常,因此报文到达间隔时间是一种很不稳定的特征。通过直方图也可以观察到,大部分的到达间隔时间都分布在左侧开始处,更往右的部分可以忽略不计,说明大部分的到达间隔时间极小。同时也可以看到,IPSec 流量与原始流量的到达间隔时间分布同样极其相似。

3）箱型图

图 4.16 是一组报文大小与报文到达间隔时间箱型图。

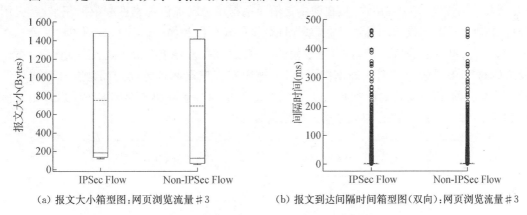

（a）报文大小箱型图:网页浏览流量♯3　　（b）报文到达间隔时间箱型图（双向）:网页浏览流量♯3

图 4.16　IPSec 流量报文大小与到达间隔箱型图

图 4.16(a)为报文大小箱型图,其结果体现了与以上折线图、直方图的高度一致性。首先可以观察到,无论是 IPSec 流量还是原始流量,其上下界与上四分位数、下四分位数极其接近或重合,这代表数据集在上界与下界附近聚集,即直方图中体现的大部分报文分布在 0～200 字节与 1 400～1 500 字节两个区间。同时,IPSec 流量较原始流量在箱体大小相似的情况下整体上移,这与直方图中的整体左移原因相同,即 IPSec 流量的报文整体比原始流量大。

图 4.16(b)为报文到达间隔时间箱型图,可以看到箱体几乎消失,而且有大量的黑点。这些黑点就是所谓的"异常值",其广义的定义是"异常值是一个数据集中明显偏离整体特征的样本"。这是由于网络偶发性阻塞和人工操作造成的长间隔过多,因此报文到达间隔时间是一种很不稳定的特征。

4.1.7　小结

IPSec 协议族作为一种位于第三层的数据加密安全解决方案,其主要功能就是在某一网段上搭建一条加密数据传输隧道,可以让上层协议通过该隧道安全地传输,保证数据不被窃取、篡改。作为传输隧道,IPSec 尽可能地将网络带宽资源留给被传输的数据,除了加密、完整性校验与额外报文头等必要开销外,其余开销很小。因此,IPSec 的职责就是忠实地加密与转发原始流量,这决定了 IPSec 不是一个独立的协议,它依附于其他协议而存在。IPSec 流量所体现的特征就是其原始流量本来的特征,且 IPSec 对其影响非常小,这点在折线图的重合上可以清晰地观察到。通过分析,报文到达间隔时间是一种鲁棒性较弱的流量特征,其样本值可能根据网络情况和数据采集方式大幅波动,使整个数据集变得不可用。

4.2　TLS 安全协议

TLS[4] 是安全传输层协议,用在两个通信应用程序之间提供保密性和数据完整性,应用层可以利用 TLS 协议传输各种数据,来保证数据的安全性和保密性。TLS 简单地说就是在 TCP 层之上再封装了 SSL 层,将双方通信的内容进行加密,防止偷听者截获通信内容。SSL 及之后的 TLS 是较为成熟的通信加密协议,被用在客户端和服务器之间建立加密通信通道。截至目前 TLS 协议的版本有 1.0、1.1、1.2、1.3,它主要由两层协议组成:TLS 记录协议和 TLS 握手协议。TSL 协议分层及数据封装如图 4.17 所示。

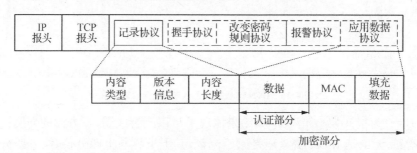

图 4.17　TLS 安全协议数据封装格式

该协议采用自顶向下分层抽象的方法,主要分握手协议和记录协议。SSL1.2 协议的结构如表 4.1 所示。

表 4.1　SSL1.2 协议结构

SSL 握手协议	SSL 改变密码规则协议 (TSL 1.3 已删除)	SSL 报警协议	HTTP (应用数据协议)
SSL 记录协议			
TCP			
IP			

4.2.1 Handshake 协议

Handshake 协议：其中由三种协议分装，包括 Change Cipher Spec Protocol，Alert Protocol，Handshake Protocol。该协议用于协商安全参数，被封装到 TLS 文本中来进行处理和传输，最后提供给 TLS record 层。图 4.18 描述了 TLS1.2 的握手流程。

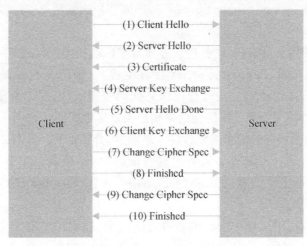

图 4.18　TLS1.2 握手流程

在整个通信过程中，为实现 TLS 的安全连接，服务端与客户端要经历如下阶段：

（1）Client 端发起握手请求，会向服务器发送一个 Client Hello 消息，该消息包括其所支持的 SSL/TLS 版本、Cipher Suite 加密算法列表（告知服务器自己支持哪些加密算法）、sessionID、随机数等内容。

（2）服务器收到请求后会向 Client 端发送 Server Hello 消息，其中包括：

SSL/TLS 版本；session ID，因为是首次连接会新生成一个 session ID 发给 Client；Cipher Suite，Sever 端从 Client Hello 消息中的 Cipher Suite 加密算法列表中选择使用的加密算法；Random 随机数。

（3）经过 Server Hello 消息确定 TLS 协议版本和选择加密算法之后，就可以开始发送证书给 Client 端了。证书中包含公钥、签名、证书机构等信息。

（4）服务器向 Client 发送 Server Key Exchange 消息，消息中包含了服务器这边的 EC Diffie-Hellman 算法相关参数。此消息一般只在选择使用 DHE 和 DH_anon 等加密算法组合时才会由服务器发出。

（5）Server 端发送 Server Hello Done 消息，表明服务器端握手消息已经发送完成了。

（6）Client 端收到 Server 发来的证书，会去验证证书，当认为证书可信之后，会向 Server 发送 Client Key Exchange 消息，消息中包含客户端这边的 EC Diffie-Hellman 算法相关参数，然后服务器和客户端都可根据接收到的对方参数和自身参数运算出 Premaster secret，为生成会话密钥做准备。

（7）此时 Client 端和 Server 端都可以根据之前通信内容计算出 Master Secret（加密传输所使用的对称加密秘钥），Client 端通过发送此消息告知 Server 端开始使用加密方式发送消息。

（8）客户端使用之前握手过程中获得的服务器随机数、客户端随机数、Premaster secret 计算生成会话密钥 Master secret，然后使用该会话密钥加密之前所有收发握手消息的 Hash 和 MAC 值，发送给服务器，以验证加密通信是否可用。服务器将使用相同的方法生成相同的会话密钥以解密此消息，校验其中的 Hash 和 MAC 值。

（9）服务器发送 Change Cipher Spec 消息，通知客户端此消息以后服务器会以加密方式发送数据。

（10）Sever 端使用会话密钥加密（生成方式与客户端相同，使用握手过程中获得的服务器随机数、客户端随机数、Premaster secret 计算生成）之前所有收发握手消息的 Hash 和 MAC 值，发送给客户端去校验。若客户端服务器都校验成功，握手阶段完成，双方将按照 SSL 记录协议的规范使用协商生成的会话密钥加密发送数据。

TLS1.2 在传输层协议的消息主要包含 8 条消息，分别是 Client Hello 版本协商、Server Hello 版本协商、Server Certificate 证书消息、Hello Done 接收结束标识、Client Key Exchange 即 Client 交换密钥消息、Client 的 Finished 消息、Certificate Veri 验证证书消息、Server 的 Finished 消息。

客户端使用之前握手过程中获得的服务器随机数、客户端随机数、Premaster secret 计算生成对称会话密钥 Master secret。Premaster 的产生有两种，分别为：① RSA 方式：客户端生成 48 Byte 的 pre_master 密钥（由 2 Byte 的协议版本号＋46 Byte 的随机数组成），然后使用 Server 证书中的公钥加密后通过 Client Key Exchange 发送给 Server。② Diffie-Hellman 方式：双方通过 Client Key Exchange 和 Server Key Exchange（如果 Server 证书中已包含必要参数，可不发送该消息）交换 DH 算法计算对称密钥的参数，各自根据算法生成 pre_master 密钥。整个握手阶段都不加密（也没法加密），都是明文的。因此，如果有人窃听通信，他可以知道双方选择的加密方法，以及三个随机数中的两个。整个通话的安全，只取决于第三个随机数（Premaster secret）能不能被破解。

然后使用该会话密钥加密之前所有收发握手消息的 Hash 和 MAC 值，发送给服务器，以验证加密通信是否可用。服务器将使用相同的方法生成相同的会话密钥以解密此消息，校验其中的 Hash 和 MAC 值。

4.2.2　Record 协议

Record 协议是一种对称加密传输的分层协议，位于 TCP 协议之上，每一层的信息可能包含长度、描述和内容等字段。记录协议支持信息传输、将数据分段到可处理块，压缩数据、应用 MAC、加密以及传输结果等，并对接收到的数据进行解密、校验、解压缩、重组，然后将它们传送到高层客户机。图 4.19 描述了 TLS record 协议操作流程。

TLS 记录层从高层接收任意大小不间断的连续数据，密钥计算：该协议通过算法从握手协议提供的安全参数中产生密钥，IV 和 MAC 密钥。TLS 握手协议由三个子协议组成，允许对等双方在记录层的安全参数上达成一致、自我认证、协商安全参数、互相报告出错条件。

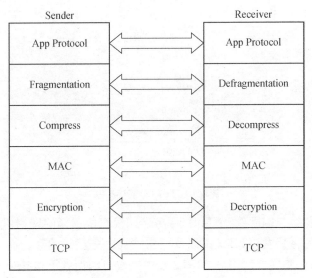

图 4.19　TLS Record 协议操作流程

（1）分片，逆向是重组；

（2）生成序列号，为每个数据块生成唯一编号，防止被重放或被重排序；

（3）压缩，可选步骤，使用握手协议协商出的压缩算法做压缩（但是因为压缩导致 2012 年爆发的 CRIME 攻击、BREACH 攻击，所以一定要禁用）；

（4）加密，使用握手协议协商出来的 key 做加密/解密；

（5）对数据计算 HMAC，并且验证收到的数据包的 HMAC 正确性；

（6）发给 TCP/IP，把数据发送给 TCP/IP 做传输（或其他 ipc 机制）。

4.2.3　TLS 相关子协议

Alert 协议是 TLS 提供警报内容类型以指示关闭信息和错误的协议。警报分为两类：关闭警报和错误警报。"close_notify"警报用于指示连接的一个方向的有序关闭。收到这样的警报后，TLS 实现应该指示应用程序的数据结束。错误警报表明连接中断。收到错误警报后，TLS 实现应该向应用程序指示错误，并且不允许在连接上接收任何进一步的数据。而 application data 协议是把 http、smtp 等协议封装的数据流传入 record 层做处理并传输。

4.2.4　TLS1.3 与 TLS1.2 的区别

1）握手流程

TLS 1.3 握手过程相比 TLS 1.2 只涉及一次往返，这无疑降低了延迟。图 4.20 描述了 TLS1.3 握手流程。

第 1 步：与 TLS 1.2 握手类似，TLS 1.3 握手从"客户问候"消息开始，并包含一个重大变化。客户端发送支持的密码套件列表并猜测服务器可能选择的密钥协议。客户端还发送其特定密钥协议的密钥份额。

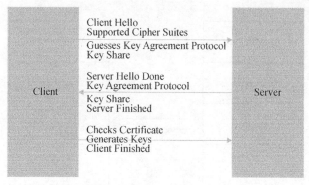

图 4.20　TLS 1.3 握手流程

第 2 步：在回复"客户端问候"消息时，服务器回复它所选择的密钥协议。"服务器问候"消息还包含服务器的密钥共享，其证书以及"服务器已完成"的消息。而 TLS 1.2 握手过程的"服务器完成"消息，将在 TLS 1.3 的第 2 步中完成。因而省了整整一个 RTT。

第 3 步：客户端检查服务器证书，生成密钥并发送"客户端已完成"的消息。至此，数据的加密开始了。

通过这个方法，TLS 1.3 握手节省了整个通信往返以及数百毫秒的时间。这个数字或许听起来不大，但人们对于网页延迟的耐性其实相当有限。据 2006 年的一则调查报告显示，延迟半秒会导致网站流量下降 20%。

2）0-RTT 恢复

0-RTT 恢复：TLS 1.3 的另一个里程碑是添加了 0-RTT 恢复。也就是说，如果客户端之前连接过某服务器，TLS 1.3 将允许 0 次握手。这是通过储存先前会话的秘密信息来实现的。

然而，很少有人会注意到 0-RTT 恢复会话中的安全问题。首先是缺乏充分的前向保密。这意味着如果这些会话票据密钥受到攻击，攻击者可以解密客户端在第一次握手上发送的 0-RTT 数据。当然，通过定期轮换会话密钥可以轻松避免这种情况。但考虑到 TLS 1.2 完全不支持完全向前保密，TLS 1.3 绝对是一种改进。

当谈到 TLS 1.3 0-RTT 时，第二个安全问题是它不能保证连接之间不重播。如果攻击者以某种方式管理你的 0-RTT 加密数据，它可以欺骗服务器认为请求来自服务器，因为它无法知道数据来自哪里。如果攻击者多次发送这个请求，就称为"重放攻击"。当然，它并不像听起来那么容易，有一些机制可以阻止这种攻击。

3）加密套件

新的加密套件只能在 TLS 1.3 中使用，旧的加密套件不能用于 TLS 1.3 连接；废除了静态的 RSA（不提供前向保密）密钥交换，密钥交换机制现在可提供前向保密；Server Hello 之后的所有握手消息采取了加密操作；TLS 1.2 版本的重协商握手机制已被弃用，TLS 1.3 中重新协商变为不可行了；相比过去的版本，会话恢复在服务端是无状态的，使用了新的 PSK 交换；DSA 证书不再允许在 TLS 1.3 中使用。

TLS 协议设计目标中保密性（encryption）、完整性（authentication）、防重放。使用 AE-

AD(Authenticated-Encryption with Additional Data)类的算法。AEAD 是新兴的主流加密模式,是目前最重要的模式,其中主流的 AEAD 模式是 aes-gcm-128/aes-gcm-256/cha-cha20-poly1305,在 TLS 1.3 中,由于 AEAD 是 MAC 和 encrypt 的集成,所以输入数据不需要再算 MAC 了。并且,Record 层中还对握手环节生成的密钥用 HKDF 算法进行了 key 扩展。

4.2.5　TLS 协议实例分析

使用 Wireshark 采集 TLS 协议的报文,并记录报文序号、报文方向与报文信息,如图 4.21 所示。

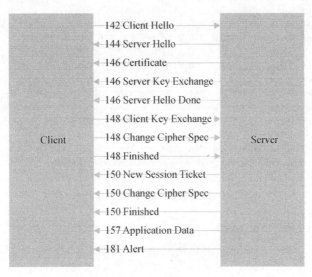

图 4.21　TLS 协议报文流程

1) 客户端问候(Client Hello)(报文♯142)

图 4.22 是 TLS 协议客户端问候(Client Hello)的第一个报文,从图中可以看到,TLS 将全部的通信以不同方式包裹为"记录"(Records),SSL 层的第一个字节为 0x16(十进制的22),表示这是一个"握手"(Handshake)记录。

```
▲ Secure Sockets Layer
   ▲ TLSv1.2 Record Layer: Handshake Protocol: Client Hello
      Content Type: Handshake (22)
      Version: TLS 1.0 (0x0301)
      Length: 512
      ▲ Handshake Protocol: Client Hello
         Handshake Type: Client Hello (1)
         Length: 508
         Version: TLS 1.2 (0x0303)
         ▷ Random: effc75fa6f57a31a1759c39bab076f25f3e902512b36edc1...
         Session ID Length: 32
         Session ID: 23fb4fcdb78db8f154b5750489f5124e9c488757ac4edebc...
```

图 4.22　TLS 协议客户端问候报文

整个握手记录被拆分为数条信息,其中第一条就是客户端问候,在客户端问候中,有几个需要着重注意的地方(见图 4.23):

(1) 28 字节的随机数(Random)

这里的随机数是为之后的会话密钥作铺垫,包括后面服务器发送的随机数和后面的预主密钥一起生成会话密钥。

(2) SID(Session ID)

这里的 SID 是一个值,如果客户端在几秒钟之前登录过了这个服务器,就有可能根据 SID 的值恢复之前的会话,从而无需一个完整的握手过程。

```
▲ Cipher Suites (16 suites)
    Cipher Suite: Reserved (GREASE) (0xeaea)
    Cipher Suite: TLS_ECDHE_ECDSA_WITH_AES_128_GCM_SHA256 (0xc02b)
    Cipher Suite: TLS_ECDHE_RSA_WITH_AES_128_GCM_SHA256 (0xc02f)
    Cipher Suite: TLS_ECDHE_ECDSA_WITH_AES_256_GCM_SHA384 (0xc02c)
    Cipher Suite: TLS_ECDHE_RSA_WITH_AES_256_GCM_SHA384 (0xc030)
    Cipher Suite: TLS_ECDHE_ECDSA_WITH_CHACHA20_POLY1305_SHA256 (0xcca9)
    Cipher Suite: TLS_ECDHE_RSA_WITH_CHACHA20_POLY1305_SHA256 (0xcca8)
    Cipher Suite: TLS_ECDHE_ECDSA_WITH_CHACHA20_POLY1305_SHA256 (0xcc14)
    Cipher Suite: TLS_ECDHE_RSA_WITH_CHACHA20_POLY1305_SHA256 (0xcc13)
    Cipher Suite: TLS_ECDHE_RSA_WITH_AES_128_CBC_SHA (0xc013)
    Cipher Suite: TLS_ECDHE_RSA_WITH_AES_256_CBC_SHA (0xc014)
    Cipher Suite: TLS_RSA_WITH_AES_128_GCM_SHA256 (0x009c)
    Cipher Suite: TLS_RSA_WITH_AES_256_GCM_SHA384 (0x009d)
```

图 4.23　TLS 协议客户端问候报文中的密文族

(3) 密码套件(Cipher Suites)

密码套件是浏览器所支持的加密算法的清单,每条 Cipher Suite 字段中包含了四部分信息,分别是:

① 密钥交换算法,用于决定客户端与服务器之间在握手的过程中如何认证,用到的算法包括 RSA、Diffie-Hellman、ECDHE、PSK 等;

② 加密算法,用于加密消息流,该名称后通常会带有两个数字,分别表示密钥的长度和初始向量的长度,比如 DES 56/56、RC2 56/128、RC4 128/128、AES 128/128、AES 256/256;

③ 报文认证信息码(MAC)算法,用于创建报文摘要,确保消息的完整性(防篡改),算法包括 MD5、SHA 等;

④ PRF(伪随机数函数),用于生成"Master secret"。

(4) server_name

图 4.24 是 TLS 协议客户端问候报文中的 server_name 信息,从 Server Name 字段可以看出本次客户端问候是向 bilibili 网站服务器请求数据。

```
    Type: server_name (0)
    Length: 21
    ▲ Server Name Indication extension
        Server Name list length: 19
        Server Name Type: host_name (0)
        Server Name length: 16
        Server Name: www.bilibili.com
```

图 4.24　TLS 协议客户端问候报文中的 server_name

（5）扩展字段

图4.22的问候报文中还包含了很多扩展字段，如图4.25所示。

```
▷ Extension: extended_master_secret (len=0)
▷ Extension: SessionTicket TLS (len=192)
▷ Extension: signature_algorithms (len=20)
▷ Extension: status_request (len=5)
▷ Extension: signed_certificate_timestamp (len=0)
▷ Extension: application_layer_protocol_negotiation (len=14)
▷ Extension: channel_id (len=0)
▷ Extension: ec_point_formats (len=2)
▷ Extension: supported_groups (len=10)
▷ Extension: Reserved (GREASE) (len=1)
▷ Extension: padding (len=81)
```

图 4.25　TLS 协议客户端问候报文中的扩展字段

2）服务器问候（Server Hello）（报文♯144）

服务器回复的握手记录表示服务器同意客户端使用 TLS 访问的请求，如图 4.26 所示。这条报文包含了三条子信息：Random、SID 和 Cipher Suite。从中可以看出长度为 0 的 SID，说明在服务器中没有找到之前的会话信息，还会进行完整的握手。在客户端问候报文所提供的 16 个密码套件中，服务器挑选了 TLS_ECDHE_RSA_WITH_AES_128_GCM_SHA256(0xc02f)，含义如下：基于 TLS 协议的；使用 ECDHE、RSA 作为密钥交换算法；加密算法是 AES（密钥和初始向量的长度都是 128）；MAC 算法（此处即哈希算法）是 SHA。服务器还同样发送了一个随机数。

```
▲ Secure Sockets Layer
  ▲ TLSv1.2 Record Layer: Handshake Protocol: Server Hello
      Content Type: Handshake (22)
      Version: TLS 1.2 (0x0303)
      Length: 80
    ▲ Handshake Protocol: Server Hello
      Handshake Type: Server Hello (2)
      Length: 76
      Version: TLS 1.2 (0x0303)
    ▷ Random: 92ce4130391d926a4e2d7799f0c68564f1172d5ff0c4a08c...
      Session ID Length: 0
      Cipher Suite: TLS_ECDHE_RSA_WITH_AES_128_GCM_SHA256 (0xc02f)
      Compression Method: null (0)
      Extensions Length: 36
```

图 4.26　TLS 协议服务器问候报文

3）服务器 Certificate、Server Key Exchange、Server Hello Done（报文♯146）

这三个信息都放在同一个报文中。在 Wireshark 中，完整的证书信息会显示在"Signed Certificate"（已签名证书）中，如图 4.27 所示。图 4.28 的 Server Key Exchange 中包括 ECDHE 算法中的椭圆曲线、公钥和数字签名等信息。图 4.29 的 Server Hello Done 表示服务器的握手消息发送完成。

```
▲ Handshake Protocol: Certificate
    Handshake Type: Certificate (11)
    Length: 2818
    Certificates Length: 2815
  ▲ Certificates (2815 bytes)
      Certificate Length: 1676
    ▲ Certificate: 3082068830820570a0030201020020c276df48102c74553a7... (id-at-commo
      ▲ signedCertificate
          version: v3 (2)
          serialNumber: 0x276df48102c74553a7ee1258
```

图 4.27　TLS 协议服务器 Certificate 消息

```
▲ Handshake Protocol: Server Key Exchange
    Handshake Type: Server Key Exchange (12)
    Length: 329
  ▲ EC Diffie-Hellman Server Params
      Curve Type: named_curve (0x03)
      Named Curve: secp256r1 (0x0017)
      Pubkey Length: 65
      Pubkey: 04b355d4ec94328c717358df40b9b27e555ddeeebf06f245...
    ▷ Signature Algorithm: rsa_pkcs1_sha256 (0x0401)
      Signature Length: 256
      Signature: 24c618c722a770d145f83b26c8713536a76c846353dc6836...
```

图 4.28　TLS 协议服务器 Server Key Exchange 消息

```
▲ TLSv1.2 Record Layer: Handshake Protocol: Server Hello Done
    Content Type: Handshake (22)
    Version: TLS 1.2 (0x0303)
    Length: 4
  ▲ Handshake Protocol: Server Hello Done
      Handshake Type: Server Hello Done (14)
      Length: 0
```

图 4.29　TLS 协议服务器 Server Hello Done 消息

4) 客户端 Client Key Exchange、Change Cipher Spec、Finished(报文♯148)

图 4.30 表示的是客户端发送的密钥交换报文,其中包括使用的密钥交换算法参数(和 Server Key Exchange 处理的一样,客户端随机生成一个大数,然后乘上 base point,得到的结果就是 public key)、改变密钥的方式和客户端发送加密后的第一个消息验证。

```
▲ Secure Sockets Layer
  ▷ TLSv1.2 Record Layer: Handshake Protocol: Client Key Exchange
  ▷ TLSv1.2 Record Layer: Change Cipher Spec Protocol: Change Cipher Spec
  ▷ TLSv1.2 Record Layer: Handshake Protocol: Finished
```

图 4.30　TLS 协议客户端密钥交换报文

Finished 报文的作用就是确认密钥的正确性,因为 Finished 是使用对称密钥进行加密的第一个报文,如果这个报文加解密校验成功,那么就说明对称密钥是正确的,计算方法也比较简单,将之前所有的握手数据(包括接收、发送),进行 md 运算,再计算 prf,然后就是使用协商好的对称密钥进行加密。

5)服务器 New Session Ticket、Change Cipher Spec、Finished(报文♯150)

图 4.31 表示的是服务器发送的 New Session Ticket、Change Cipher Spec、Finished 等报文。服务器在握手过程中,如果支持 Session Ticket,则发送 New Session Ticket 类型的握手报文,其中包含了能够恢复包括主密钥在内的会话信息,当然,最简单的就是只发送master key。为了使中间人不可见,这个 Session Ticket 部分会进行编码、加密等操作。后面两个字段和客户端发送的含义一样。该报文表示握手过程完毕,可以进行数据传输。

```
▲ Secure Sockets Layer
    ▷ TLSv1.2 Record Layer: Handshake Protocol: New Session Ticket
    ▷ TLSv1.2 Record Layer: Change Cipher Spec Protocol: Change Cipher Spec
    ▷ TLSv1.2 Record Layer: Handshake Protocol: Finished
```

图 4.31　TLS 协议服务器 Finished 报文

6)Application Data(报文♯157)

图 4.32 表示的是 Application Data 报文,记录协议将数据进行压缩加密等处理后,然后由 Application Data 协议封装进行传输。

```
▲ Secure Sockets Layer
    ▲ TLSv1.2 Record Layer: Application Data Protocol: http-over-tls
        Content Type: Application Data (23)
        Version: TLS 1.2 (0x0303)
        Length: 8266
        Encrypted Application Data: 44526eb7e26b5ad88afc0cf82a77338a7e29d013d38ca1a3..
    SSL segment data (8242 bytes)
```

图 4.32　TLS 协议 Application Data 报文

7)Alert(报文♯181)

图 4.33 表示的是 Alert 报文,Close Notify 信息用来通知接收方发送方不会再在这个连接上发送任何消息。通信双方都可能通过发送 Close Notify 告警信息来发起关闭连接操作,任何在此之后接收到的信息都将被忽略,除非出现其他严重告警。其中一方需要在关闭写方连接前发送一个 Close Notify 告警,另一方必须自己回应一个 Close Notify 告警并立即关闭连接,放弃所有后续写操作。关闭操作的发起人在关闭读端连接之前并不需要等待回应的 Close Notify 告警信息。

```
▲ Secure Sockets Layer
    ▲ TLSv1.2 Record Layer: Alert (Level: Warning, Description: Close Notify)
        Content Type: Alert (21)
        Version: TLS 1.2 (0x0303)
        Length: 26
        ▲ Alert Message
            Level: Warning (1)
            Description: Close Notify (0)
```

图 4.33　TLS 协议 Alert 报文

4.2.6　TLS流量特征分析

通过实验,抓取了不同类型的流量进行统计分析,通过对SSL层不同的特征进行分析,绘制成如图4.34(见彩插4)所示的流量箱型图。分别包括图4.34(a)平均前后向报文间隔到达时间、图4.34(b)前后向报文间隔到达时间标准差、图4.34(c)平均前后向报文长度、图4.34(d)前后向报文长度标准差。通过图4.34(a)(b)可以看出SSL层前向报文间隔到达时间普遍低于后向报文,且前向报文间隔到达的离散程度低于后向,数据比后向报文更加集中。通过图4.34(c)(d)可以看出SSL层前向报文长度低于后向报文,且数据的集中率,前向高于后向。从而可以得出前向报文的长度比后向报文更加稳定。

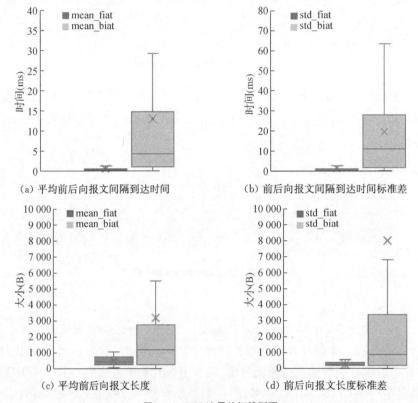

图4.34　TLS流量特征箱型图

并且,通过分析网页、视频和音乐的流量特征,可以发现最小后向报文长度和最大后向报文长度都比较稳定,图4.35(a)(见彩插5)可以看出视频和音乐的最小后向报文几乎一样,除了几个异常值,但可以忽略不计。从图4.35(b)最大后向报文长度中可以看出网页和视频几乎一样,这些都证明了不同类型流量中,SSL的报文长度趋于稳定。

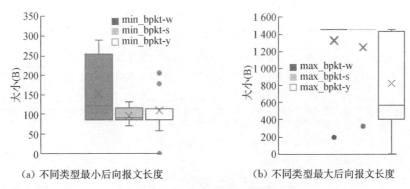

(a) 不同类型最小后向报文长度　　　　(b) 不同类型最大后向报文长度

图 4.35　不同类型流量特征箱型图

4.3　HTTPS 安全协议

安全超文本传输协议(HTTPS)[5]是超文本传输协议(HTTP)的扩展,用于通过计算机网络进行安全通信,并在 Internet 上广泛使用。在 HTTPS 中,通信协议使用安全传输层(TLS)或安全套接字层(SSL)进行加密。因此,该协议也称为 HTTP over TLS 或 HTTP over SSL。

TLS 协议在上一节中已经给出了详细的介绍,而超文本传输协议(HTTP)是用于从万维网服务器传输超文本到本地浏览器的传送协议。HTTP 基于 TCP/IP 通信协议来传递数据(HTML 文件、图片文件、查询结果等),是互联网上应用最为广泛的一种网络协议。HTTP 是一个属于应用层的面向对象的协议,由于其简捷、快速的方式,适用于分布式、协作式和超媒体信息系统。它于 1990 年发布 HTTP/1.0,之后更新成 HTTP/1.1,增加了请求头和响应头来扩充功能,到 2015 年发布 HTTP/2.0,使用了二进制分帧、头部压缩、多路复用等方法来改进效能。HTTP 协议工作于 Client-Server 架构之上。浏览器作为 HTTP 客户端通过 URL 向 HTTP 服务端即 WEB 服务器发送所有请求。Web 服务器根据接收到的请求,向客户端发送响应信息。下面将对 HTTP 协议进行介绍。

4.3.1　HTTP 报文类型

HTTP 的报文分为 HTTP 请求报文和 HTTP 响应报文。

1) HTTP 请求报文

客户端发送一个 HTTP 请求到服务器,这个 HTTP 的请求报文由请求行(request-line)、请求头(request-header)、空行和请求数据组成。

(1) 请求行:请求行包含 HTTP 请求方法、请求的 URL、HTTP 协议版本三个内容,它们之间以空格间隔,并以回车＋换行结束。HTTP 请求方法见表 4.2,常用的有 GET、POST 请求。

表 4.2　HTTP 请求方法

请求方法	描述
GET	向特定的资源发出请求,请求指定的页面信息,并返回实体主体
HEAD	向服务器索要与 GET 请求相一致的响应,只不过响应体将不会被返回。这一方法可以在不必传输整个响应内容的情况下,就可以获取包含在响应消息头中的元信息
POST	向指定资源提交数据进行处理请求(例如提交表单或者上传文件),数据被包含在请求数据中。POST 请求可能会导致新的资源的建立和/或已有资源的修改
PUT	从客户端向服务器传送的数据取代指定的文档的内容
DELETE	请求服务器删除指定的页面
CONNECT	协议中预留给能够将连接改为管道方式的代理服务器
OPTIONS	允许客户端查看服务器的性能
TRACE	回显服务器收到的请求,主要用于测试或诊断
PATCH	对 PUT 方法的补充,对资源进行局部更新

（2）请求头：HTTP 头域包括通用头、请求头、响应头和实体头四个部分,每个头域由关键字/值对组成,每行一对,关键字和值用英文冒号“:”分隔。客户端向服务器发送一个请求,请求头包含请求的方法、URI、协议版本,以及包含请求修饰符、客户信息和内容类似于 MIME 的消息结构。请求头部通知服务器有关于客户端请求的信息。请求头是请求报文特有的,它们为服务器提供了一些额外信息,比如客户端希望接收什么类型的数据,如 Accept 头部。常见的请求头有 Accept、Accept-Charset、Accept-Encoding、Accept-Language、Authorization、Content-Length、Host、If-Modified-Since、Referrer、User-Agent、Cookie、Connection、Range 等。

（3）空行和请求数据：请求头部后的空行是必需的,即使请求数据为空,也必须有空行。空行的作用是告诉服务器请求头部到此结束。请求数据也叫主体,可以添加任意的其他数据。HTTP 请求具体格式如图 4.36 所示。

图 4.36　HTTP 请求报文格式

图 4.37　HTTP 响应报文格式

2) HTTP 响应报文

一般情况下,服务器接收并处理客户端发过来的请求后会返回一个 HTTP 的响应消息。HTTP 的响应也由 4 个部分组成:状态行(Status-Line)、响应头(Response-Headers)、空行和响应正文(Response-body)。

响应头:响应头向客户端提供一些额外信息,比如谁在发送响应、响应者的功能,甚至与响应相关的一些特殊指令。这些头部有助于客户端处理响应,并在将来发起更好的请求。响应头域包含 Age、Location、Proxy-Authenticate、Public、Retry-After、Server、Vary、Warning、WWW-Authenticate。对响应头域的扩展要求通信双方都支持,如果存在不支持的响应头域,一般将会作为实体头域处理。

空行和响应正文:响应头部后的空行是必需的,即使响应数据为空,也必须有空行。空行的作用是告诉客户端响应头部到此结束。响应正文可以添加任意的其他数据。HTTP 响应具体格式如图 4.37 所示。

4.3.2 HTTP/2.0 的帧格式

HTTP/2.0 的所有帧都由一个固定的 9 字节头部(payload 之前)和一个指定长度的负载(payload)组成,如图 4.38 所示。

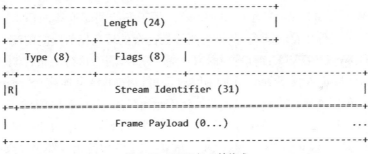

图 4.38 HTTP/2.0 帧格式

(1) Length:代表整个 frame 的长度,用一个 24 位无符号整数表示。除非接收者在 SETTINGS_MAX_FRAME_SIZ 设置了更大的值(大小可以是 2^{14}(16 384)字节到 $2^{24}-1$(16 777 215)字节之间的任意值),否则数据长度不应超过 2^{14}(16 384)字节。头部的 9 字节不算在这个长度里。

(2) Type:定义 frame 的类型,用 8 bits 表示。帧类型决定了帧主体的格式和语义,如果 type 为 unknown 应该忽略或抛弃。

(3) Flags:是与帧类型相关而预留的布尔标识。标识对于不同的帧类型赋予了不同的语义。如果该标识对于某种帧类型没有定义语义,则它必须被忽略且发送的时候应该赋值为(0x0)。

(4) R:是一个保留的比特位。这个比特位的语义没有定义,发送时它必须被设置为(0x0),接收时需要忽略。

(5) Stream Identifier:用作流控制,用 31 位无符号整数表示。客户端建立的 sid 必须为奇数,服务端建立的 sid 必须为偶数,值(0x0)保留给与整个连接相关联的帧(连接控制消息),而不是单个流。

(6) Frame Payload:是主体内容,由帧类型决定。

HTTP/2.0 一共有十种类型的帧:

(1) HEADERS:报头帧(type=0x1),用来打开一个流或者携带一个首部块片段。

(2) DATA:数据帧(type=0x0),装填主体信息,可以用一个或多个 DATA 帧来返回一个请求的响应主体。

(3) PRIORITY:优先级帧(type=0x2),指定发送者建议的流优先级,可以在任何流状态下发送 PRIORITY 帧,包括空闲(idle)和关闭(closed)的流。

(4) RST_STREAM:流终止帧(type=0x3),用来请求取消一个流,或者表示发生了一个错误,payload 带有一个 32 位无符号整数的错误码(Error Codes),不能在处于空闲(idle)状态的流上发送 RST_STREAM 帧。

(5) SETTINGS:设置帧(type=0x4),设置此连接的参数,作用于整个连接。

(6) PUSH_PROMISE:推送帧(type=0x5),服务端推送,客户端可以返回一个 RST_STREAM 帧来选择拒绝推送的流。

(7) PING:PING 帧(type=0x6),判断一个空闲的连接是否仍然可用,也可以测量最小往返时间(RTT)。

(8) GOAWAY:GOAWAY 帧(type=0x7),用于发起关闭连接的请求,或者警示严重错误。GOAWAY 会停止接收新流,并且关闭连接前会处理完先前建立的流。

(9) WINDOW_UPDATE:窗口更新帧(type=0x8),用于执行流量控制功能,可以作用在单独某个流上(指定具体 Stream Identifier)也可以作用整个连接(Stream Identifier 为0x0),只有 DATA 帧受流量控制影响。初始化流量窗口后,发送多少负载,流量窗口就减少多少,如果流量窗口不足就无法发送,WINDOW_UPDATE 帧可以增加流量窗口大小。

(10) CONTINUATION:延续帧(type=0x9),用于继续传送首部块片段序列。

HTTP/2.0 用二进制格式定义了一个一个的帧(frame),和 HTTP/1.x 的格式对比如图 4.39 所示。

图 4.39　HTTP/1.x 与 HTTP/2.0 帧格式对比

HTTP/2.0 的定义格式更接近 TCP 格式,二进制的方式高效且精简。Length 定义了整个 Frame 的开始到结束的字节长度,Type 定义 Frame 的类型(一共 10 种),Flags 用 bit 位定义一些重要的参数,Stream ID 用作流控制,剩下的 Payload 就是请求/响应的正文了。虽然看上去协议的格式和 HTTP/1.x 完全不同了,实际上 HTTP/2.0 并没有改变 HTTP/1.x 的语义,只是把原来 HTTP/1.x 的 Header 和 Body 部分用 Frame 重新封装了一层而已。调试的时候浏览器甚至会把 HTTP/2.0 的 Frame 自动还原成 HTTP/1.x 的格式。具体的协议关系可以用图 4.40 表示。

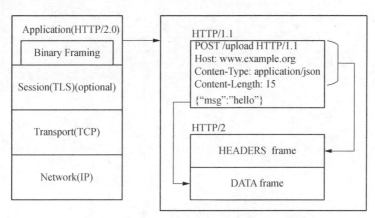

图 4.40 HTTP/2.0 与 HTTP/1.1 协议格式关系

4.3.3 HTTP/2.0 与 HTTP/1.1 的区别

1)二进制分帧

HTTP/2.0 的所有帧都采用二进制编码。帧是客户端与服务端通信的最小单位。比起 HTTP/1.x 这样的文本协议,二进制协议解析起来更高效,几乎没有解析代价。而且,二进制协议没有冗余字段,占用带宽少。再者,压缩及 HTTPS 技术弱化了文本协议的价值,所以 HTTP/2.0 采用了二进制分帧的方法。

2)多路复用

二进制分帧将所有传输信息分割为更小的帧,用二进制进行编码,多个请求都在同一个 TCP 连接上完成,可以承载任意数量的双向数据流。HTTP/2.0 更有效地使用 TCP 连接,得到性能上的提升。HTTP/1.1(左)与 HTTP/2.0(右)的传输过程的比较如图 4.41 所示。

(1)请求优先级

上述的数据流(Stream)都可以设置依赖(Dependency)和权重(Weight),可以按依赖树分配优先级,解决了关键请求被阻塞的问题。服务器可以根据流的优先级,控制资源分配(CPU/内存/带宽),而在响应数据准备好之后,将优先级最高的帧发送给客户端。服务器按优先级返回结果,有利于高效利用底层连接。但是需要注意的是:服务器是否支持请求优先级;这样是否会引起队首阻塞的问题,比如高优先级的慢响应请求会阻塞其他资源的交互。

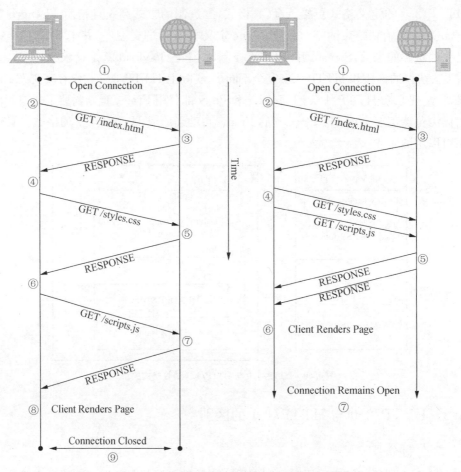

图 4.41　HTTP/1.1 与 HTTP/2.0 的传输过程比较

（2）Header 压缩

HTTP/1.x 的 header 带有大量信息，而且每次都要重复发送，HTTP/2.0 使用 HPACK 算法来对 HTTP/2.0 头部进行压缩，通信双方各自 cache 一份 header fields 表，既避免了重复 header 的传输，又减小了需要传输的大小。

（3）服务端推送

服务器可以对一个客户端请求发送多个响应。服务器向客户端推送资源无需客户端明确地请求。服务器推送服务通过"PUSH"那些它认为客户端将会需要的内容到客户端的缓存中，以此来避免往返的延迟。比如，浏览器只请求了 index.html，但是服务器把 index.html、style.css、example.png 全部发送给浏览器。这样的话，只需要一轮 HTTP 通信，浏览器就得到了全部资源，提高了性能。

（4）流量控制

每个 HTTP/2.0 流都拥有自己公示的流量窗口，它可以限制另一端发送数据。对于每个流来说，两端都必须告诉对方自己还有足够的空间来处理新的数据，而在该窗口被扩大前，另一端只被允许发送这么多数据。

4.3.4 HTTPS 的组成及原理

HTTPS 其实就是在 HTTP 和 TCP 之间增加了一层 SSL/TLS 协议,如图 4.42 所示。充当 HTTP 客户端的代理也充当 TLS 的客户端,客户端向服务器端发送 TLS Client Hello 开始 TLS 握手。TLS 握手完成后,客户端再发送第一个 HTTP 请求(在 HTTP/2.0 中需要首先发送 SETTINGS 帧),所有的 HTTP 数据必须作为 TLS 的"Application Data"发送。即把 HTTP 的数据流传入 Record 层做加密处理并传输。

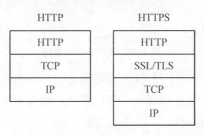

图 4.42　HTTPS＝HTTP＋SSL/TLS

由于 HTTP 服务器期望从客户端接收的第一个数据是 Request-Line,而 TLS 服务器(以及 HTTPS 服务器)期望接收到的第一个数据是 Client Hello。因此,通常要在单独的端口上运行 HTTPS,以便区分正在使用的协议。HTTP 默认端口号为 80,而 HTTPS 默认的端口号为 443。当然,HTTPS 也可以运行在其他的端口号上,TLS 只是假定在此端口上有一个可靠的面向连接的数据流。

4.3.5 HTTPS 工作流程抓包分析

HTTPS 工作流程如图 4.43(a)、(b)、(c)、(d)所示,其中右边步骤描述上的数字为报文的序列号。

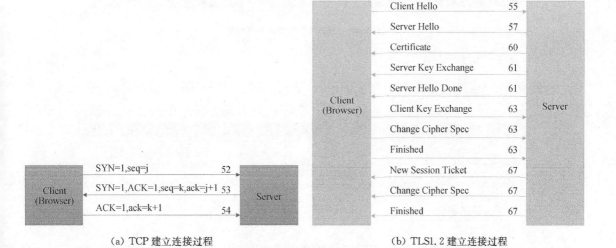

（a）TCP 建立连接过程　　　　　（b）TLS1.2 建立连接过程

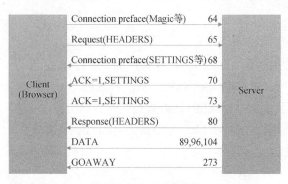

（c）HTTP/2.0 通信过程　　　　　　　　　（d）TCP 断开连接过程

图 4.43　HTTPS 工作流程

如图 4.44 所示，报文 52、53、54 是 TCP 连接建立时的三次握手过程。报文 55、57、60、61、63、67 为 TLS 建立连接过程，报文 64、65 为 HTTP/2.0 请求报文，报文 68 为 HTTP/2.0 响应报文，报文 275、276、277、280 是释放 TCP 连接过程。

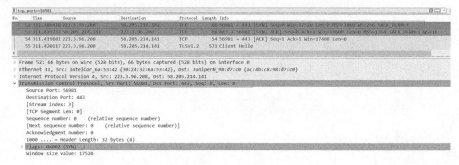

图 4.44　HTTPS 工作流程数据包文

1）建立 TCP 连接

建立 TCP 连接即完成 TCP 三次握手，TCP 三次握手过程如图 4.45 所示。

图 4.45　SYN（报文＃52）

（1）SYN（报文♯52）：如，客户端发送 SYN 包，Seq 为 0，长度为 0，不携带数据。SYN 包的目的端口号为 443，也就是 HTTPS 的默认端口号。

（2）SYN＋ACK（报文♯53）：服务器端返回 SYN＋ACK，Seq 为 0，Ack 为 1，长度为 0，不携带数据。

（3）ACK（报文♯54）：客户端返回 ACK，Seq 为 1，Ack 为 1，长度为 0，仍不携带数据。

至此，完成了 TCP 三次握手，建立起 TCP 连接。

2）建立 TLS 连接

TLS 握手过程如下：

（1）Client Hello（报文♯55）：客户端发送 Client Hello 给服务器端。Client Hello 主要包括的内容如表 4.3 所示。

表 4.3　TLS 协议 Client Hello 主要内容

字段名	描述
Version	客户端使用的 TLS 版本号
Random	产生的随机字符串，用于生成之后的会话密钥，包括后面服务器发送的随机数和后面的预主密钥一起生成会话密钥
Session ID	会话 ID。浏览器中仍缓存着用来恢复会话的 Session ID，若双方都有此缓存可以避免一个完整的握手过程
Cipher Suite	密码套件，浏览器支持的加密算法清单，用于给服务器端提供可供选择的加密算法
Compression Method	压缩算法，为空，没有可供选择的压缩方法

如图 4.46 所示，应用层协议协商在 TLS 握手第一步的扩展中，Client Hello 中客户端指定 ALPN Next Protocol 为 h2 或者 http/1.1，说明客户端支持的协议。可以看到客户端支持 h2 和 http/1.1 协议。

```
∨ Extension: application_layer_protocol_negotiation (len=14)
     Type: application_layer_protocol_negotiation (16)
     Length: 14
     ALPN Extension Length: 12
  ∨ ALPN Protocol
       ALPN string length: 2
       ALPN Next Protocol: h2
       ALPN string length: 8
       ALPN Next Protocol: http/1.1
```

图 4.46　Client Hello 中部分扩展

（2）Server Hello（报文♯57）：在图 4.47 中，服务器端返回 Server Hello 数据包。Server Hello 中的内容和 Client Hello 中的相似，用来确定通信双方协商的参数。

TLS 加密中在 Client-Hello 和 Server-Hello 的过程中通过 ALPN 进行协议协商，在应用层协议协商（application_layer_protocol_negotiation）中可以看到所选择的扩展。服务器端如果在 Server Hello 中选择 h2 扩展，说明协商协议为 h2，后续请求响应跟着变化；如果服务端未设置 http/2 或者不支持 h2，则继续用 http/1.1 通信。这里服务器端选择了 h2 扩展。

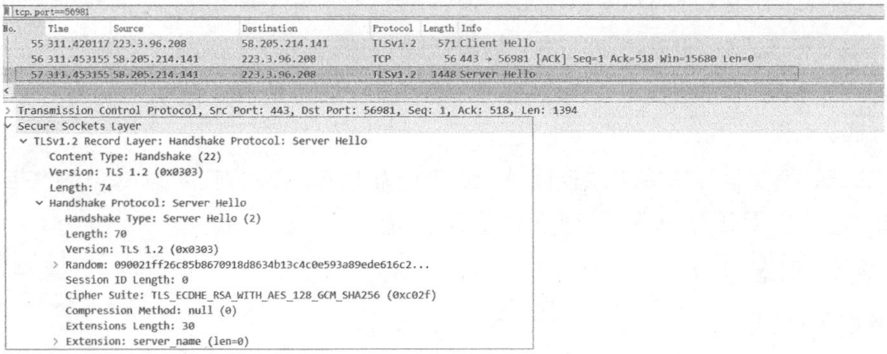

图 4.47　Server Hello（报文♯57）

（3）Certificate（报文♯60）：如图 4.48，服务器端发送 Certificate 证书给客户端。

图 4.48　Certificate（报文♯60）

（4）Server Key Exchange、Server Hello Done（报文♯61）：如图 4.49 所示，服务器端发送包含 Server Key Exchange、Server Hello Done 两个字段的报文（报文♯61）的给客户端。Server Key Exchange 中包括 ECDHE 算法所协商的参数和数字签名用的算法 RSA；Server Hello Done 表示服务器握手消息发送完成。

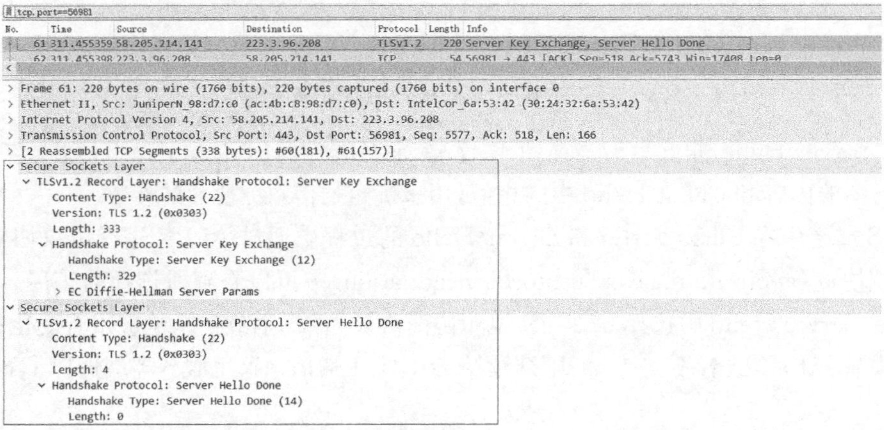

图 4.49　Server Key Exchange、Server Hello Done（报文♯61）

（5）Client Key Exchange、Change Cipher Spec、Finished（报文♯63）：如图 4.50，客户端发送包含 Client Key Exchange、Change Cipher Spec、Finished 三个字段的报文给服务器端。告诉服务器端客户端使用的密钥交换算法参数，将以加密的形式发送数据，并告知服务器端客户端已经完成。

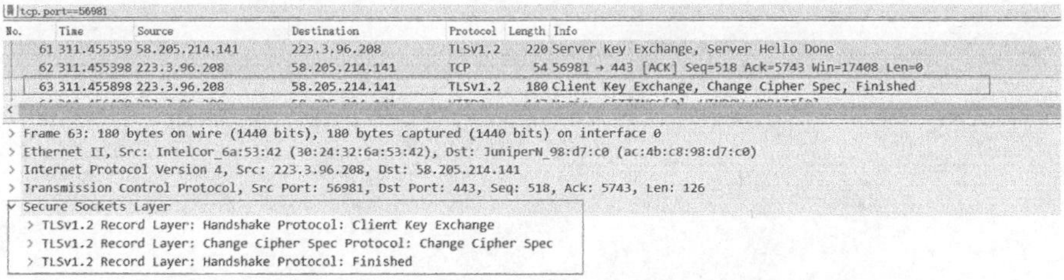

图 4.50　Client Key Exchange、Change Cipher Spec、Finished（报文♯63）

（6）New Session Ticket、Change Cipher Spec 以及 Finished（报文♯67）：如图 4.51 服务器端发送包含 New Session Ticket、Change Cipher Spec 以及 Finished 三个字段的报文（报文♯67）给客户端。服务器在握手过程中，如果支持 session ticket，则发送 New Session Ticket 类型的握手报文，其中包含了能够恢复包括主密钥在内的会话信息，当然，最简单的就是只发送 master key。为了让中间人不可见，这个 session ticket 部分会进行编码、加密等操作。

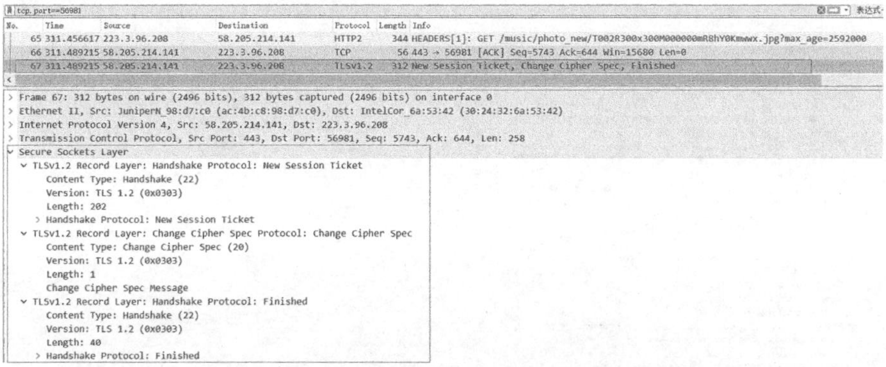

图 4.51　New Session Ticket、Change Cipher Spec 以及 Finished（报文♯67）

至此，TLS 握手结束，建立起 TLS 连接。

3）HTTP/2.0 帧

如图 4.52 所示，从数据包的发送时间可以看出，在客户端发送 Finished 消息之后，就开始将 HTTP 封装到 Application Data 协议中（报文♯64、♯65）发送给服务器，此时 TLS 握手还没有完全完成。可以看到客户端发送的 HTTP/2.0 的帧（报文♯64、♯65、♯80、♯89、♯104、♯273 等）。HTTP/2.0 中基本的协议单位是帧，每个帧都有不同的类型和用途。例如，报头（HEADERS）和数据（DATA）帧组成了基本的 HTTP 请求和响应；其他帧如设置（SETTINGS），窗口更新（WINDOW_UPDATE）和推送承诺（PUSH_PROMISE）是用来实现 HTTP/2.0 的其他功能。

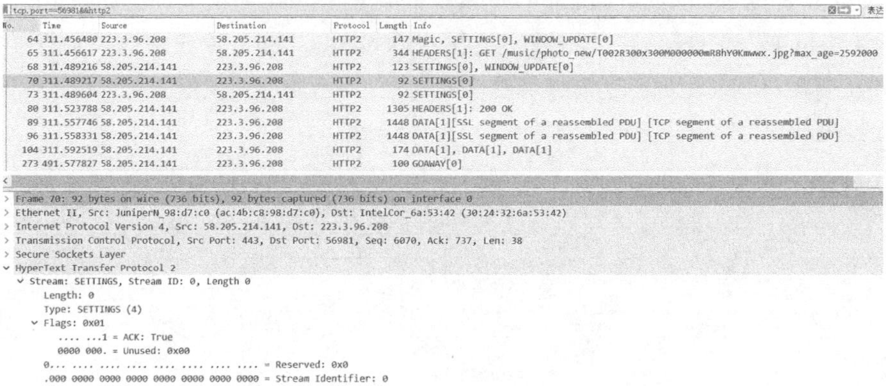

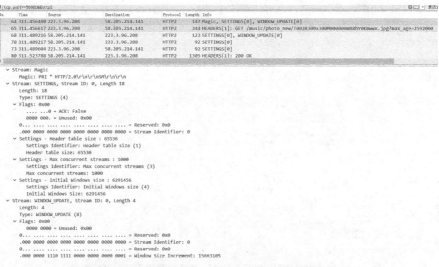

图 4.52　HTTP/2.0 帧

（1）SETTINGS 帧和 WINDOW_UPDATE 帧（报文♯64）：如图 4.53 所示，客户端发送 SETTINGS 帧和 WINDOW_UPDATE 帧给服务器端，SETTINGS 用于传达影响端点通信方式的配置参数，WINDOW_UPDATE 帧用于实现流量控制。这两个帧属于 0 号流。

图 4.53　SETTINGS 帧和 WINDOW_UPDATE 帧（报文♯64）

这里 Stream 代表 HTTP/2.0 连接中在客户端和服务器端之间交换的独立双向帧序列，每个帧的 Stream Identifier 字段指明了它属于哪个流。单个 HTTP/2.0 连接可以包含多个并发的流，两端之间可以交叉发送不同流的帧，帧在流上发送的顺序非常重要，最后接收方会把相同 Stream Identifier（同一个流）的帧重新组装成完整消息报文。报文♯64 属于 Stream Identifier 为 0 的流。

在 HTTP/2.0 请求创建连接发送 SETTINGS 帧初始化前有一个 Magic 帧，为建立 HTTP/2.0 请求的前言（connection preface），此前言作为对所使用协议的最终确认，并确定 HTTP/2.0 连接的初始设置。在发送完前言后，双方都得向对方发送带有 ACK 标识的 SETTINGS 帧表示确认，对应图中编号 70 和 73 的帧，参数如下：

SETTINGS_HEADER_TABLE_SIZE(0x1)：用于解析 Header block 的 Header 压缩表的大小，设置为 65 536；

SETTINGS_MAX_CONCURRENT_STREAMS(0x3)：代表发送端允许接收端创建的最大流数目，设置为 1 000；

SETTINGS_INITIAL_WINDOW_SIZE(0x4)：指明发送端所有流的流量控制窗口的初始大小，会影响所有流。设置为 6 291 456，如果超出最大值则会返回 FLOW_CONTROL _ERROR；

WINDOW_UPDATE 中的 Stream Identifier：0 表示此窗口更新帧作用于整个连接，指定其他具体值可使其作用于单独的连接。

（2）HEADERS 帧（报文♯65）：如图 4.54，客户端在发送连接前言后，可立即跟上一个请求（request）。这里客户端向服务器端发送 GET/HEADERS。HEADERS 帧即报头帧（type＝0x1），用来打开一个流或者携带一个首部块片段。此 HEADERS 帧包括了请求行和请求头的内容，属于 1 号流。

图 4.54　HEADERS 帧（报文♯65）

① 名词和解释

Pad Length：指定 Padding 长度为 0，Padding 是一个填充字节，没有具体语意。

Exclusive：一个比特位声明流的依赖性是否是排他的，这里为 1。

Stream Dependency：指定当前流所依赖的流的 ID。

Weight：代表当前流的优先级权重值。

Header Block Fragment：header 块片段。

② 标识（Flags）

End_Sstemm：设为 1 代表 header 块发送的最后一块，但是带有 END_STREAM 标识的 HEADERS 帧后面还可以跟 CONTINUATION 帧（这里可以把 CONTINUATION 看作 HEADERS 的一部分），这里设为 1。

End_Headers：设为 1 代表 header 块结束。这里为 1。

Padded：设为 1 代表 Pad 被设置，这里为 0，所以 Padding 不存在。

Priority：设为 1 表示存在 Exclusive、Stream Dependency 和 Weight。

Method：GET 表示请求方法为 GET，此外还给出了请求的网址(path)，发起请求的应用程序名称(user-agent)，上一个网页链接(refer)，客户端能接收的编码类型(accept-encoding)等。

(3) SETTINGS、WINDOW_UPDATE 帧(报文♯68)：服务器端向客户端发送 SETTINGS 和 WINDOW_UPDATE 帧(报文♯68)，SETTINGS 帧为连接前言(connection preface)，帧中设置了最大并行流数量、初始窗口大小、最大帧长度，WINDOW_UPDATE 给出扩大窗口的大小。这两个帧属于 0 号流。

(4) SETTINGS 帧(报文♯70)：服务器端向客户端发送一个带 ACK 的 SETTINGS 帧(报文♯70)，此帧属于 0 号流。

(5) SETTINGS 帧(报文♯73)：客户端也向服务器端发送带 ACK 的 SETTINGS 帧(报文♯73)，此帧属于 0 号流。

(6) HEADERS 帧(报文♯80)：如图 4.55 服务器端向客户端返回响应(response)，此报头帧中包含了状态行和响应头的内容，这个帧属于 1 号流。图中 Status：200 OK 表示状态码是 200，客户端请求成功。此外，响应头还给出了服务器端使用的服务器型号(server)、此响应阐述的时间(date)、内容类型(content_type)等。

图 4.55　HEADERS 帧(报文♯80)

(7) DATA 帧(报文♯89，♯96，♯104)：如图 4.56 服务器端向客户端发送 DATA 帧，即响应主体。DATA 帧用来装填主体信息，可以用一个或多个 DATA 帧来返回一个请求的响应主体。

① 名词和解释

Pad Length：指定 Padding 长度为 0。

Data：传递的数据。

② 标识

End_Stream：设为 1 时表示当前流的最后一帧，这里为 0。

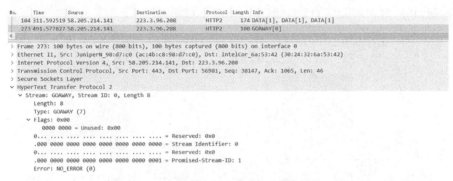

```
  89 311.557746 58.205.214.141    223.3.96.208    HTTP2  1448 DATA[1][SSL segment of a reassembled PDU] [TCP segment of a reassembled PDU]
  96 311.558333 58.205.214.141    223.3.96.208    HTTP2  1448 DATA[1][SSL segment of a reassembled PDU] [TCP segment of a reassembled PDU]
 104 311.592519 58.205.214.141    223.3.96.208    HTTP2   174 DATA[1], DATA[1], DATA[1]
 273 491.577827 58.205.214.141    223.3.96.208    HTTP2   100 GOAWAY[0]
<
> Secure Sockets Layer
> [2 Reassembled SSL segments (8201 bytes): #80(7881), #89(320)]
∨ HyperText Transfer Protocol 2
  ∨ Stream: DATA, Stream ID: 1, Length 8192 (partial entity body)
       Length: 8192
       Type: DATA (0)
     ∨ Flags: 0x00
          .... ...0 = End Stream: False
          .... 0... = Padded: False
          0000 .00. = Unused: 0x00
       0... .... .... .... .... .... .... .... = Reserved: 0x0
       .000 0000 0000 0000 0000 0000 0000 0001 = Stream Identifier: 1
       [Pad Length: 0]
       Reassembled body in frame: 104
       Data: 524946462a7b0000574542505658382801e7b00009020019d...
```

图 4.56　DATA 帧

Padded：设为 1 时表示存在 Padding，这里为 0，不存在 Padding。

（8）GOAWAY 帧（报文♯273）：如图 4.57，服务器端发送 GOAWAY 帧给客户端，用于发起关闭连接的请求，或者警示严重错误。GOAWAY 会停止接收新流，并且关闭连接前会处理完先前建立的流。

```
No.    Time       Source             Destination        Protocol Length Info
 104 311.592519 58.205.214.141    223.3.96.208    HTTP2   174 DATA[1], DATA[1], DATA[1]
 273 491.577827 58.205.214.141    223.3.96.208    HTTP2   100 GOAWAY[0]
<
> Frame 273: 100 bytes on wire (800 bits), 100 bytes captured (800 bits) on interface 0
> Ethernet II, Src: JuniperN_98:d7:c0 (ac:4b:c8:98:d7:c0), Dst: IntelCor_6a:53:42 (30:24:32:6a:53:42)
> Internet Protocol Version 4, Src: 58.205.214.141, Dst: 223.3.96.208
> Transmission Control Protocol, Src Port: 443, Dst Port: 56981, Seq: 38147, Ack: 1065, Len: 46
> Secure Sockets Layer
∨ HyperText Transfer Protocol 2
  ∨ Stream: GOAWAY, Stream ID: 0, Length 8
       Length: 8
       Type: GOAWAY (7)
     ∨ Flags: 0x00
          0000 0000 = Unused: 0x00
       0... .... .... .... .... .... .... .... = Reserved: 0x0
       .000 0000 0000 0000 0000 0000 0000 0000 = Stream Identifier: 0
       0... .... .... .... .... .... .... .... = Reserved: 0x0
       .000 0000 0000 0000 0000 0000 0000 0001 = Promised-Stream-ID: 1
       Error: NO_ERROR (0)
```

图 4.57　GOAWAY 帧

这里的 GOAWAY 帧由服务器端发送，标识的流是由客户端发起的编号最大的流（这里为 1），一旦发送，如果流的标识符高于包含的最后流标识符，则发送方将忽略由接收方发起的流上发送的帧。在流传输结束后，就可以释放 TCP 连接了。

4）释放 TCP 连接

释放 TCP 连接即完成 TCP 的四次握手，四次握手的过程如下：

（1）FIN＋ACK（报文♯275）：服务器端向客户端发送 FIN＋ACK 包，FIN 位为 1，Seq 为 38 224。

（2）ACK（报文♯276）：客户端向服务器端返回一个 ACK 包，Seq＝1 065，Ack＝38 224＋1＝38 225。

（3）FIN＋ACK（报文♯277）：客户端向服务器端发送一个 FIN＋ACK 包，Seq＝1 065，Ack＝38 225。

（4）ACK（报文♯280）：服务器端向客户端发送一个 ACK 包，Seq＝38 225，Ack＝1 066。

至此，已断开 TCP 连接。

4.3.6　HTTPS 流特征分析

对 HTTPS 流的特征进行统计,用箱型图来反映前向流和后向流之间属性的差异。在不考虑封装在 application data 协议中的 HTTP 协议版本(不管是 HTTP/2.0 还是 HTTP/1.1)时,其前向流与后向流的报文长度对比如图 4.58 所示,从图 4.58(a)中可以得出,相比前向流中的报文长度,后向流中的报文长度分布更加分散,分布更为广泛,从而波动也较前向流更大。而对于最小报文长度对比如图 4.58(b)所示,前向流的分布更为分散,后向流中的报文长度多分布在 100 到 400 字节间,但也存在一些相对大的异常值。

若将封装在 application data 协议中的 HTTP 协议按照版本(HTTP/2.0 与 HTTP/1.1)进行分开考虑,从图 4.59(a)(见彩插 6)中可以得到,当 HTTP 版本为 HTTP/2.0 时,对于最小报文(无论是前向还是后向),其长度常稳定在一个固定值,这个值为 92,这是由 HTTP/2.0 的分帧机制导致的,原因在于发送的是一个长度为 0 的 SETTINGS 帧或长度为 0 的 DATA 帧。而对于最大报文,后向流中的报文长度分布范围更广,波动更大。从图 4.59(b)中可以得到,其形态和不区分 HTTP 版本的情况是类似的。

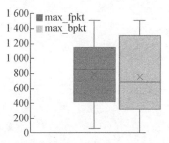

（a）前向流与后向流的最大报文长度对比

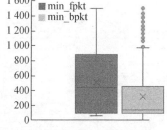

（b）前向流与后向流的最小报文长度对比

图 4.58　HTTPS 前向流与后向流报文长度箱型图

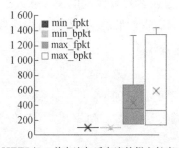

（a）HTTP/2.0 前向流与后向流的报文长度对比

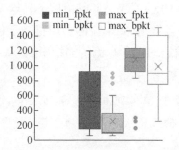

（b）HTTP/1.1 前向流与后向流的报文长度对比

图 4.59　不同版本 HTTPS 前向流与后向流报文长度对比

4.4　QUIC 安全协议

QUIC(Quick UDP Internet Connection)[6] 是 Google 制定的一种基于 UDP 的低时延的互联网传输层协议。QUIC 很好地解决了当今传输层和应用层面临的各种需求,包括处理更多的连接、安全性和低延迟。QUIC 融合了包括 TCP、TLS、HTTP/2.0 等协议的特性,但基于 UDP 传输。QUIC 的一个主要目标就是减少连接延迟,当客户端第一次连接服务器时,QUIC 只需要 1RTT(Round-Trip Time)的延迟就可以建立可靠安全的连接,相对于 TCP＋TLS 的 1～3 次 RTT 要更加快捷。之后客户端可以在本地缓存加密的认证信息,当再次与服务器建立连接时可以实现 0-RTT 的连接建立延迟。QUIC 同时复用了 HTTP/2.0 协议的多路复用功能(Multiplexing),但由于 QUIC 基于 UDP,所以避免了 HTTP/2.0 的线头阻塞(Head-of-Line Blocking)问题。

4.4.1　QUIC 的包类型与格式

1) 公共报头

传输的所有 QUIC 包以大小介于 1 至 51 字节的公共报头开始,QUIC 公共报头的格式如图 4.60 所示。

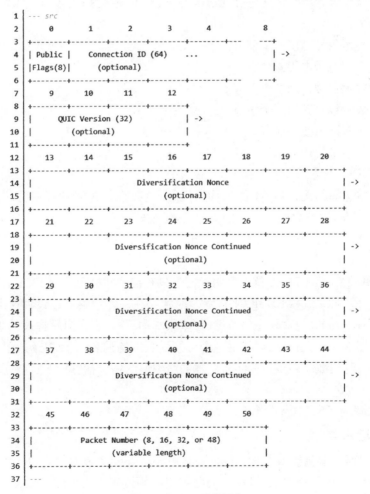

图 4.60　QUIC 公共报头

载荷可以包含多个如下所述类型相关的头部字节。

公共头部中的字段如下：

（1）公共标记（Public Flags）

0x01＝PUBLIC_FLAG_VERSION。这个标记的含义与包是由服务器端还是客户端发送的有关。当由客户端发送时，设置它表示头部包含 QUIC 版本。客户端必须在所有的包中设置这个位，直到客户端收到来自服务器端的确认，同意所提议的版本。服务器端通过发送不设置该位的包来表示同意版本。当这个位由服务器端设置时，包是版本协商包。

0x02＝PUBLIC_FLAG_RESET。设置来表示包是公共复位包。

0x04＝表明在头部中存在 32 字节的多样化随机数。

0x08＝表明包中存在完整的 8 字节连接 ID。必须为所有包设置该位，直到为给定方向协商出不同的值（比如，客户端可以请求包含更少字节的连接 ID）。

0x30 处的两位表示每个包中存在的数据包编号的低位字节数。这些位只用于帧包。没有包号的公共复位和版本协商包（由服务器发送），不使用这些位，且必须被设置为 0。这两位的掩码如下：

0x30　　表示包号占用 6 个字节。

0x20　　表示包号占用 4 个字节。

0x10　　表示包号占用 2 个字节。

0x00　　表示包号占用 1 个字节。

0x40　　为多路径使用保留。

0x80　　当前未使用，且必须被设置为 0。

（2）连接 ID

这是客户端选择的无符号 64 位统计随机数，该数字是连接的标识符。即使客户端漫游，QUIC 的连接依然保持建立状态，因而 IP 四元组（源 IP、源端口、目标 IP、目标端口）可能不足以标识连接。对每个传输方向，当四元组足以标识连接时，连接 ID 可以省略。

（3）QUIC 版本

表示 QUIC 协议版本的 32 位不透明标记。只有在公共标记包含 FLAG_VERSION（比如 public_flags & FLAG_VERSION！＝0）时才存在。客户端可以设置这个标记，并准确包含一个提议版本，同时包含任意的数据（与该版本一致）。当客户端提议的版本不支持时，服务器可以设置这个标记，并可以提供一个可接受版本的列表（0 或多个），但一定不能在版本信息之后包含任何数据。最近的实验版本的版本值示例包括"Q025"，它对应于 byte 9 包含"Q"，byte 10 包含"0"。

包号：包号为 8、16、32 或 48 位。

2）协商版本包

QUIC 的协商版本包如图 4.61 所示，只有服务器会发送版本协商包。版本协商包以 8 位的公共标记和 64 位的连接 ID 开始。公共标记必须设置 PUBLIC_FLAG_VERSION，并指明 64 位的连接 ID。版本协商包的其余部分是服务器支持的版本的 4 字节列表。

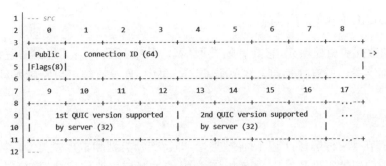

图 4.61　QUIC 版本协商包

3）公共复位包

QUIC 的公共复位包如图 4.62 所示，公共复位包以 8 位的公共标记和 64 位的连接 ID 开始。公共标记必须设置 PUBLIC_FLAG_RESET，并表明 64 位的连接 ID。公共复位包的其余部分像标记 PRST 的加密握手消息那样编码。

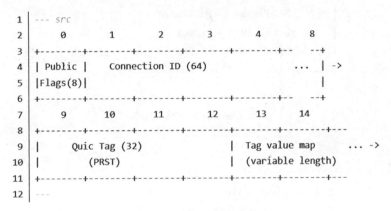

图 4.62　QUIC 公共复位包

4）普通包

普通包已经过认证和加密，公共头部已认证但未加密，从第一帧开始的包的其余部分已加密。紧随公共头部之后，普通包包含 AEAD(authenticated encryption with associated data，关联数据的认证加密)数据。要解释内容，这些数据必须先解密，解密之后，明文由一系列帧组成。

5）帧包

帧包具有一个载荷，它是一系列的类型前缀帧。帧类型的格式将在后文定义，但帧包的通用格式如图 4.63 所示。

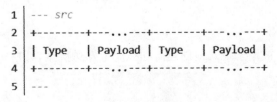

图 4.63　QUIC 帧包

4.4.2　QUIC 的帧类型与格式

QUIC 帧数据包由帧填充,它具有帧类型字节,其本身具有类型相关的解释,后跟类型相关的帧首部字段。所有帧都包含在单个 QUIC 包中,且没有帧可以跨越 QUIC 数据包的边界。

1) 帧类型

帧类型字节有两种解释,产生两种帧类型,即特殊帧类型和常规帧类型。特殊帧类型在帧类型字节中编码帧类型和对应的标志,而常规帧类型简单地使用帧类型字节。当前定义的特殊帧类型如图 4.64 所示,当前定义的常规帧类型如图 4.65 所示。

```
 1 | --- src
 2 |    +-----------------+----------------------------+
 3 |    | Type-field value |        Control Frame-type  |
 4 |    +-----------------+----------------------------+
 5 |    |    1fdooossB     |  STREAM                    |
 6 |    |    01ntllmmB     |  ACK                       |
 7 |    |    001xxxxxB     |  CONGESTION_FEEDBACK       |
 8 |    +-----------------+----------------------------+
 9 | ---
```

图 4.64　QUIC 特殊帧类型

```
 1 | --- src
 2 |    +-----------------+----------------------------+
 3 |    | Type-field value |        Control Frame-type  |
 4 |    +-----------------+----------------------------+
 5 |    | 00000000B (0x00) |  PADDING                  |
 6 |    | 00000001B (0x01) |  RST_STREAM               |
 7 |    | 00000010B (0x02) |  CONNECTION_CLOSE         |
 8 |    | 00000011B (0x03) |  GOAWAY                   |
 9 |    | 00000100B (0x04) |  WINDOW_UPDATE            |
10 |    | 00000101B (0x05) |  BLOCKED                  |
11 |    | 00000110B (0x06) |  STOP_WAITING             |
12 |    | 00000111B (0x07) |  PING                     |
13 |    +-----------------+----------------------------+
14 | ---
```

图 4.65　QUIC 常规帧类型

2) STREAM 帧

STREAM 帧同时被用于隐式地创建流和在流上发送数据,其格式如图 4.66 所示。

```
 1 | --- src
 2 |     0        1        …                        SLEN
 3 | +--------+--------+--------+--------+--------+--------+
 4 | |Type (8)| Stream ID (8, 16, 24, or 32 bits) |
 5 | |        |    (Variable length SLEN bytes)   |
 6 | +--------+--------+--------+--------+--------+--------+
 7 |  SLEN+1  SLEN+2       …                          SLEN+OLEN
 8 | +--------+--------+--------+--------+--------+--------+--------+
 9 | | Offset (0, 16, 24, 32, 40, 48, 56, or 64 bits) (variable length) |
10 | |                (Variable length: OLEN  bytes)               |
11 | +--------+--------+--------+--------+--------+--------+--------+
12 |  SLEN+OLEN+1   SLEN+OLEN+2
13 | +------------+-------------+
14 | | Data length (0 or 16 bits)|
15 | |  Optional(maybe 0 bytes)  |
16 | +------------+-------------+
17 | ---
```

图 4.66　STREAM 帧格式

STREAM 帧首部中的字段如下：

帧类型：帧类型字节是一个包含多种标记(1fdooossB)的 8 位值：

最左边的位必须被设为 1 以表明这是一个 STREAM 帧。

"f"位是 FIN 位。当被设置为 1 时，这个位表明发送者已经完成在流上的发送并希望"half-close(半关闭)"。

"d"位表明 STREAM 头部中是否包含数据长度。当设为 0 时，这个字段表明 STREAM 帧扩展至数据包的结尾处。

接下来的三个"ooo"位编码 Offset 头部字段的长度为 0、16、24、32、40、48、56 或 64 位长。

接下来的两个"ss"位编码流 ID 头部字段的长度为 8、16、24 或 32 位长。

流 ID：一个大小可变的流唯一的无符号 ID。

偏移：一个大小可变的无符号数字描述流中这块数据的字节偏移。

数据长度：一个可选的 16 位无符号数，用于标识本 STREAM 帧中的数据长度。当数据包是"全大小(full-sized)"时可以省略。

STREAM 帧必须总是具有非零数据长度，或设置 FIN 位。

3) ACK 帧

发送 ACK 帧以通知对端哪些包已经收到，以及接收者仍然认为哪些包丢失了(丢失包的内容可能需要被重发)。ACK 帧包含 1 到 256 个 ACK 块。ACK 块是确认的包的范围，与 TCP 的 SACK 块类似。

4) STOP_WAITING 帧

STOP_WAITING 帧用于通知对端，它不应该继续等待包号小于特定值的包。

5) WINDOW_UPDATE 帧

WINDOW_UPDATE 帧用于通知对端一个端点的流量控制接收窗口的增长。流 ID 可以是 0,表示这个 WINDOW_UPDATE 应用于连接级的流量控制窗口,或者大于 0 表示指定的流应该增长它的流量控制窗口。

6) BLOCKED 帧

BLOCKED 帧用于向远端指明本端点已经准备好发送数据了(且有数据要发送),但是当前被流量控制阻塞了。这是一个纯粹的信息帧,它对于调试极其有用。BLOCKED 帧的接收者应该简单地丢弃它。

7) CONGESTION_FEEDBACK 帧

CONGESTION_FEEDBACK 帧是当前未使用的实验帧。它旨在提供标准 ACK 框架范围之外的额外拥塞反馈信息。

8) PADDING 帧

PADDING 帧填充 0x00 字节的数据包。遇到此帧时,数据包的其余部分应为填充字节。该帧包含 0x00 字节并延伸到 QUIC 数据包的末尾。PADDING 帧仅具有帧类型字段,并且必须将 8 位帧类型字段设置为 0x00。

9) RST_STREAM 帧

RST_STREAM 帧允许流的异常终止。当由流的创建者发送时,它表示创建者希望取消该流。当由流的接收器发送时,它指示错误或接收器不想接受该流,因此应该关闭该流。

10) PING 帧

端点可以使用 PING 帧来验证对等体是否仍然存活。PING 帧不包含有效负载。PING 帧的接收器只需要确认包含该帧的分组。当流打开时,PING 帧应用于保持连接不断开。

11) CONNECTION_CLOSE 帧

CONNECTION_CLOSE 帧通知连接正在关闭。如果有传输中的流,则在关闭连接时,这些流都将被隐式关闭。

12) GOAWAY 帧

GOAWAY 帧允许通知连接应该停止使用,并且将来可能会中止。任何活动流将继续被处理,但 GOAWAY 的发送者不会发起任何其他流,也不会接受任何新流。

4.4.3　QUIC 特点概述

QUIC 在功能上等价于 TCP+TLS+HTTP/2.0,但基于 UDP 实现。QUIC 相对于 TCP+TLS+HTTP/2.0 的主要优势包括:连接建立延迟、灵活的拥塞控制、多路复用而不存在队首阻塞、认证和加密的首部和载荷、流和连接的流量控制、连接迁移。

1) 连接建立延迟

QUIC 将加密和传输握手结合在一起,减少了建立一条安全连接所需的往返。QUIC 连接通常是 0-RTT,意味着相比于 TCP+TLS 中发送应用数据前需要 1~3 个往返的情况,在大多数 QUIC 连接中,数据可以被立即发送而无需等待服务器的响应。0RTT 建立连接可以说是 QUIC 相比 HTTP/2.0 最大的性能优势,这里面有两层含义:

（1）传输层 0RTT 就能建立连接；

（2）加密层 0RTT 就能建立加密连接。

图 4.67 左边是 HTTPS 的一次完全握手的连接过程，需要 3 个 RTT，就算是 Session Resumption，也至少需要 2 个 RTT。而 QUIC 由于建立在 UDP 的基础上，同时又实现了 0RTT 的安全握手，所以在大部分情况下，只需要 0 个 RTT 就能实现数据发送，在实现前向加密的基础上，并且 0RTT 的成功率相比 TLS 的 Session Ticket 要高很多。此外，QUIC 提供了一个专门的流（流 ID 为 1）用于执行握手，握手协议的详细内容比较复杂。QUIC 当前的握手协议将在未来被 TLS1.3 替代。

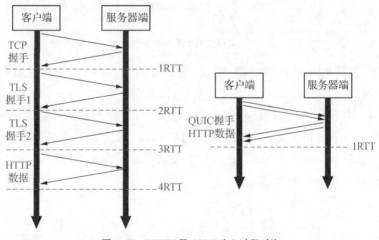

图 4.67 HTTPS 及 QUIC 建立过程对比

2）灵活的拥塞控制

QUIC 具有可插入的拥塞控制，且有着比 TCP 更丰富的信令，这使得 QUIC 相对于 TCP 可以为拥塞控制算法提供更丰富的信息。当前，默认的拥塞控制是 TCP Cubic 的重实现。目前 Google 正在实验寻找替代的方法。

更丰富的信息的一个例子是，每个包（包括原始的和重传的）都携带一个新的包序列号。这使得 QUIC 发送者可以将重传包的 ACKs 与原始传输包的 ACKs 区分开来，这样可以避免 TCP 的重传模糊问题。QUIC ACKs 也显式地携带数据包的接收与其确认被发送之间的延迟，与单调递增的包序列号一起，这样可以精确地计算往返时间（RTT）。

TCP 为了保证可靠性，使用了基于字节序号的 Sequence Number 及 Ack 来确认消息的有序到达。

QUIC 同样是一个可靠的协议，它使用 Packet Number 代替了 TCP 的 Sequence Number，并且每个 Packet Number 都严格递增，也就是说就算 Packet N 丢失了，重传的 Packet N 的 Packet Number 已经不是 N，而是一个比 N 大的值。而 TCP 重传 segment 的 Sequence Number 和原始的 segment 的 Sequence Number 保持不变，也正是由于这个特性，导致了 TCP 重传的歧义问题。

如图 4.68 所示，超时事件 RTO 发生后，客户端发起重传，然后接收到了 Ack 数据。由于序列号一样,对于这个 Ack 数据到底是原始请求的响应还是重传请求的响应是难以判断的。如果算成原始请求的响应,但实际上是重传请求的响应(图 4.68 左),会导致采样 RTT 变大。如果算成重传请求的响应,但实际上是原始请求的响应,又很容易导致采样 RTT 过小。

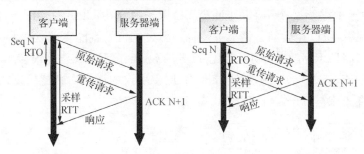

图 4.68　TCP 重传歧义性

由于 QUIC 重传的 Packet 和原始 Packet 的 Pakcet Number 是严格递增的,所以很容易就解决了这个问题。如图 4.69 所示,RTO 发生后,根据重传的 Packet Number 就能确定精确的 RTT 计算。如果 Ack 的 Packet Number 是 N+M,就根据重传请求计算采样 RTT。如果 Ack 的 Pakcet Number 是 N,就根据原始请求的时间计算采样 RTT,没有歧义性。但是单纯依靠严格递增的 Packet Number 肯定是无法保证数据的顺序性和可靠性。QUIC 又引入了一个 Stream Offset 的概念。

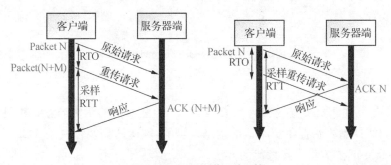

图 4.69　QUIC 重传无歧义性

即一个 Stream 可以经过多个 Packet 传输,Packet Number 严格递增,没有依赖。但是 Packet 里的 Payload 如果是 Stream 的话,就需要依靠 Stream 的 Offset 来保证应用数据的顺序。如图 4.70 所示,发送端先后发送了 Pakcet N 和 Pakcet N+1,Stream 的 Offset 分别是 x 和 x+y。

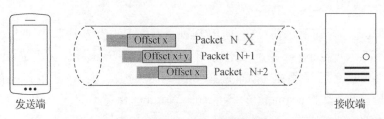

图 4.70　Stream Offset 保证有序性

假设 Packet N 丢失了,发起重传,重传的 Packet Number 是 N+2,但是它的 Stream 的

Offset 依然是 x,这样就算 Packet N+2 是后到的,依然可以将 Stream x 和 Stream x+y 按照顺序组织起来,交给应用程序处理。

另外值得一提的是,QUIC 不允许 Reneging。Reneging 就是接收方丢弃已经接收并且上报给 SACK 选项的内容。TCP 协议不鼓励这种行为,但是协议层面允许这样的行为。主要是考虑到服务器资源有限,比如 Buffer 溢出、内存不够等情况。Reneging 对数据重传会产生很大的干扰。因为 Sack 都已经表明接收到了,但是接收端事实上丢弃了该数据。QUIC 在协议层面禁止 Reneging,一个 Packet 只要被 ACK,就认为它一定被正确接收,减少了这种干扰。

最后,QUIC 的 ACK 帧最多支持 256 个 ACK 块,因此在重排序时,QUIC 相对于 TCP(使用 SACK)更有弹性,这也使得在重排序或丢失出现时,QUIC 可以在线上保留更多在途字节。客户端和服务器都可以更精确地了解到哪些包对端已经接收。

3) 流和连接的流量控制

QUIC 实现了流级和连接级的流量控制,类似 HTTP/2.0 的流量控制。QUIC 的流级流控工作如下:QUIC 接收者通告每个流中接收者最多想要接收的数据的绝对字节偏移。随着数据在特定流中的发送、接收和传送,接收者发送 WINDOW_UPDATE 帧,帧增加该流的通告偏移量限制,允许对端在该流上发送更多的数据。除了每个流的流控制外,QUIC 还实现连接级的流控制,以限制 QUIC 接收者愿意为连接分配的总缓冲区。连接的流控制工作方式与流的流控制一样,但传送的字节和最大的接收偏移是所有流的总和。

QUIC 之所以需要两类流量控制,主要是因为 QUIC 支持多路复用。

(1) Stream 可以认为就是一条 HTTP 请求。

(2) Connection 可以类比一条 TCP 连接。多路复用意味着在一条 Connection 上会同时存在多条 Stream。既需要对单个 Stream 进行控制,又需要针对所有 Stream 进行总体控制。

QUIC 实现流量控制的原理比较简单:通过 WINDOW_UPDATE 帧告诉对端自己可以接收的字节数,这样发送方就不会发送超过这个数量的数据。通过 BlockFrame 告诉对端由于流量控制被阻塞了,无法发送数据。QUIC 的流量控制和 TCP 有点区别,TCP 为了保证可靠性,窗口左边沿向右滑动时的长度取决于已经确认的字节数。如果中间出现丢包,就算接收到了更大序号的 Segment,窗口也无法超过这个序列号。但 QUIC 不同,就算此前有些 packet 没有接收到,它的滑动只取决于接收到的最大偏移字节数(见图 4.71)。

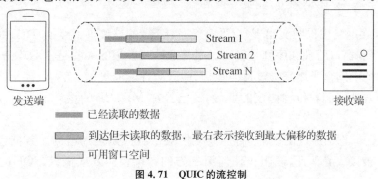

图 4.71　QUIC 的流控制

针对 Stream：可用窗口空间＝最大窗口数－接收到的最大偏移数。

针对 Connection：可用窗口＝Stream1 窗口＋Stream2 窗口＋…＋StreamN 窗口。

重要的是，在内存不足或者上游处理性能出现问题时，可以通过流量控制来限制传输速率，保障服务可用性。

与 TCP 的接收窗口自动调整类似，QUIC 实现流和连接流控制器的流控制信用的自动调整。如果 QUIC 的自动调整似乎限制了发送方的速率，并且在接收应用程序缓慢的时候抑制发送方，则 QUIC 的自动调整会增加每个 WINDOW_UPDATE 帧发送的信用额。

4）多路复用（见图 4.72）

基于 TCP 的 HTTP/2.0 深受 TCP 的队首阻塞问题困扰。由于 HTTP/2.0 在 TCP 的单个字节流抽象之上多路复用许多流，一个 TCP 片段的丢失将导致所有后续片段的阻塞直到重传到达，而封装在后续片段中的 HTTP/2.0 流可能和丢失的片段毫无关系。由于QUIC 是为多路复用操作从头设计的，携带个别流的数据的包丢失时，通常只影响该流。每个流的帧可以在到达时立即发送给该流，因此，没有丢失数据的流可以继续重新汇集，并在应用程序中继续进行。

（1）QUIC 最基本的传输单元是 Packet，不会超过 MTU 的大小，整个加密和认证过程都是基于 Packet 的，不会跨越多个 Packet。这样就能避免 TLS 协议存在的队首阻塞。

（2）Stream 之间相互独立，比如 Stream2 丢了一个 Pakcet，不会影响 Stream3 和Stream4，不存在 TCP 队首阻塞。

当然，并不是所有的 QUIC 数据都不会受到队首阻塞的影响，比如 QUIC 当前也是使用Hpack 压缩算法，由于算法的限制，丢失一个头部数据时，可能遇到队首阻塞。但总体来说，QUIC 在传输大量数据时，比如视频，受到队首阻塞的影响很小。

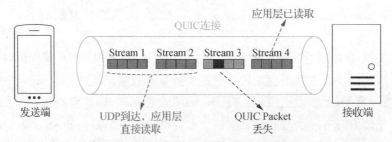

图 4.72　QUIC 的多路复用不存在队首阻塞

5）认证和加密的首部和载荷

TCP 首部在网络中以明文出现，它没有经过认证，这导致了大量的 TCP 注入和首部管理问题，比如接收窗口管理和序列号覆写。尽管这些问题中的一些是主动攻击，有时其他则是一些网络中的中间盒子用来尝试透明地提升 TCP 性能的机制。然而，甚至"性能增强"中间设备依然有效地限制着传输协议的发展，这已经在 MPTCP 的设计及其后续的部署问题中观察到。

QUIC 数据包总是经过认证的，而且典型情况下载荷是全加密的。数据包头部不加密的部分依然会被接收者认证，以阻止任何第三方的数据包注入或操纵。QUIC 保护连接的端到端通信免遭智能或不知情的中间设备操纵。

但是 QUIC 的 packet 是相当安全的。除了个别报文比如 PUBLIC_RESET 和 CHLO，所有报文头部都是经过认证的，报文 Body 都是经过加密的。这样只要对 QUIC 报文任何修改，接收端都能够及时发现，有效地降低了安全风险。如图 4.73 所示，Stream Frame 的报文头部包括有认证。报文内容全部经过加密。

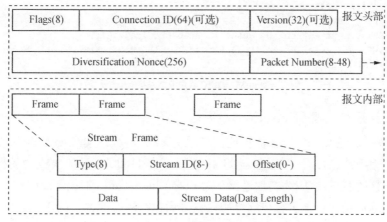

图 4.73　QUIC 的报文结构

6) 连接迁移

TCP 连接由源地址、源端口、目标地址和目标端口的四元组标识。TCP 一个广为人知的问题是，IP 地址改变（比如，由 WiFi 网络切换到移动网络）或端口号改变（当客户端的 NAT 绑定超时导致服务器看到的端口号改变）时连接会断掉。尽管 MPTCP 解决了 TCP 的连接迁移问题，但它依然为缺少中间设备和 OS 部署支持所困扰。

QUIC 连接由一个 64-bit 连接 ID 标识，它由客户端随机地产生。在 IP 地址改变和 NAT 重绑定时，QUIC 连接可以继续存活，因为连接 ID 在这些迁移过程中保持不变。由于迁移客户端继续使用相同的会话密钥来加密和解密数据包，QUIC 还提供了迁移客户端的自动加密验证。当连接明确地用四元组标识时，比如服务器使用短暂的端口给客户端发送数据包时，有一个选项可用来不发送连接 ID 以节省线上传输的字节。

4.4.4　QUIC 工作流程抓包分析

图 4.74 是 QUIC 协议报文交换的流程，自上往下的矩形框中标记分别为：客户端第一次 Client Hello、服务器拒绝、客户端第二次 Client Hello、服务器 Hello。

533 25.006101	223.3.122.236	203.208.40.110	GQUIC	1392 Client Hello, PKN: 1, CID: 3134893102669712006
572 25.083239	203.208.40.110	223.3.122.236	GQUIC	1392 Rejection, PKN: 1, CID: 3134893102669712006
573 25.083687	203.208.40.110	223.3.122.236	GQUIC	1392 Payload (Encrypted), PKN: 2, CID: 3134893102669712006
577 25.087927	223.3.122.236	203.208.40.110	GQUIC	1392 Client Hello, PKN: 2, CID: 3134893102669712006
686 25.169946	203.208.40.110	223.3.122.236	GQUIC	1392 Payload (Encrypted), PKN: 3, CID: 3134893102669712006

图 4.74　QUIC 协议报文交换流程

1) 客户端请求(Client Hello)(报文♯533)

图 4.75 表示的是 QUIC 客户端请求报文,CID 是客户端的无符号 64 位统计随机数,该数字是连接的标识符。不同于 TCP 的四元组,只要 CID 保持,连接依然可以保持。

```
✓ GQUIC (Google Quick UDP Internet Connections)
  > Public Flags: 0x0d
    CID: 3134893102669712006
    Version: Q043
    Packet Number: 1
    Message Authentication Hash: f1fac1670be51ea57a81c9ef
  > STREAM (Special Frame Type) Stream ID: 1, Type: CHLO (Client Hello)
  > PADDING Length: 19
```

图 4.75　QUIC 客户端请求报文

2) 服务器拒绝消息(Rejection)(报文♯572)

图 4.76 表示的是 QUIC 服务器拒绝消息报文,作为对客户端 Client Hello 的响应,服务器将发送一个拒绝消息,或一个服务器 Hello。服务器 Hello 表示一次成功的握手,但是不会响应初次连接的客户端,因为初次连接的客户端 Client Hello 不包含足够的信息来执行握手。服务器拒绝消息中包含了客户端可用以在之后执行更好的握手的信息。

```
GQUIC (Google Quick UDP Internet Connections)
> Public Flags: 0x08
  CID: 3134893102669712006
  Packet Number: 1
  Message Authentication Hash: 0b3aedd612a35f62265ab4ff
✓ ACK (Special Frame Type)
  > Frame Type: ACK (Special Frame Type) (0x40)
    Largest Acked: 1
    Largest Acked Delta Time: 7277
    First Ack block length: 1
    Num Timestamp: 0
✓ STOP_WAITING
    Frame Type: STOP_WAITING (0x06)
    Least unacked delta: 0
✓ STREAM (Special Frame Type) Stream ID: 1, Type: REJ (Rejection)
  > Frame Type: STREAM (Special Frame Type) (0x80)
    Stream ID: 1 (Reserved for (G)QUIC handshake, crypto, config updates...)
    Tag: REJ (Rejection)
    Tag Number: 8
    Padding: 0000
  > Tag/value: STK (Source Address Token) (l=56)
  > Tag/value: SNO (Server nonce) (l=52)
  > Tag/value: PROF (Proof (Signature)) (l=71)
  > Tag/value: SCFG (Server Config) (l=159)
  > Tag/value: RREJ (Reasons for server sending) (l=4), Code Missing Server config id (kSCID) tag
  > Tag/value: STTL (Server Config TTL) (l=8)
  > Tag/value: CSCT (Signed cert timestamp (RFC6962) of leaf cert) (l=243)
  > Tag/value: CRT█ (Certificate chain) (l=1521)
```

图 4.76　QUIC 服务器拒绝消息报文

3) 客户端再次请求(Client Hello)(报文♯577)

客户端再次请求的报文中,需要注意以下几点。

(1) 公共报头

再次请求的报文中,公共报头与首次请求的公共报头基本相同,唯一的不同之处就是缺少了 QUIC 版本号。当客户端首次发出 Client Hello 消息后,只要服务器端没有返回版本协商包,就意味着接受了当前的提议版本,在以后的 QUIC 头部中就不会再出现 QUIC 版本号。

(2) Stream 帧

相比于第一次 Client Hello,Stream 帧头部增加了一些额外字段,如 Stream_Offset,长度为 8 位,此处值为 1 300,如图 4.77 所示。一旦客户端接收了服务器配置,且已经认证了它并验证了证书链和签名,客户端就可以通过发送完整的 Client Hello(客户端请求 2)来执行一次不会失败的握手。完整的 Client Hello 包含与初始 Client Hello 相同的标签,再加上几个新增的标签:

SCID 服务器配置 ID:客户端使用的服务器配置 ID;

AEAD 验证加密:被使用的 AEAD 算法的标签;

KEXS 密钥交换:被使用的密钥交换算法的标签;

SNO 服务器随机数(可选的):回显的服务器随机数;

PUBS 公共值:对于给定的密钥交换算法,客户端的公共值;

CETV 客户端加密标签值(可选的):序列化消息,以在 Client Hello 中指定的 AEAD 算法加密,并且具有 CETV 部分中指定的方式导出的密钥。此消息将包含进一步的加密的标签值对、指定客户端证书、Channel ID 等。

```
∨ STREAM (Special Frame Type) Stream ID: 1, Type: CHLO (Client Hello)
  > Frame Type: STREAM (Special Frame Type) (0xa4)
    Stream ID: 1 (Reserved for (G)QUIC handshake, crypto, config updates...)
    Offset: 1300
    Data Length: 1024
    Tag: CHLO (Client Hello)
    Tag Number: 27
    Padding: 0000
  > Tag/value: PAD (Padding) (l=248)
  > Tag/value: SNI (Server Name Indication) (l=20): fonts.googleapis.com
  > Tag/value: STK (Source Address Token) (l=56)
  > Tag/value: SNO (Server nonce) (l=52)
  > Tag/value: VER (Version) (l=4): Q043
  > Tag/value: CCS (Common Certificate Sets) (l=16)
  > Tag/value: NONC (Client Nonce) (l=32)
  > Tag/value: AEAD (Authenticated encryption algorithms) (l=4), AES-GCM with a 12-byte tag and IV
  > Tag/value: UAID (Client's User Agent ID) (l=48): Chrome/69.0.3497.100 Windows NT 10.0; Win64; x64
  > Tag/value: SCID (Server config ID) (l=16)
  > Tag/value: TCID (Connection ID truncation) (l=4)
  > Tag/value: PDMD (Proof Demand) (l=4): X509
  > Tag/value: SMHL (Support Max Header List (size)) (l=4): 1
  > Tag/value: ICSL (Idle connection state) (l=4)
  > Tag/value: NONP (Client Proof Nonce) (l=32)
  > Tag/value: PUBS (Public value) (l=32)
  > Tag/value: MIDS (Max incoming dynamic streams) (l=4): 100
  > Tag/value: SCLS (Silently close on timeout) (l=4)
  > Tag/value: KEXS (Key exchange algorithms) (l=4), Curve25519
  > Tag/value: XLCT (Expected leaf certificate) (l=8)
  > Tag/value: CSCT (Signed cert timestamp (RFC6962) of leaf cert) (l=0)
  > Tag/value: COPT (Connection options) (l=12)
  > Tag/value: CCRT (Cached certificates) (l=16)
  > Tag/value: IRTT (Estimated initial RTT) (l=4): 82891
  > Tag/value: CETV (Client encrypted tag-value) (l=164)
  > Tag/value: CFCW (Initial session/connection) (l=4): 15728640
  > Tag/value: SFCW (Initial stream flow control) (l=4): 6291456
```

图 4.77 QUIC 客户端再次请求报文的 Stream 帧

4) 服务器问候(Server Hello)(报文♯686)

此报文表示握手成功,服务器返回一个 Server Hello 消息。此消息具有标记 SHLO,使用初始密钥加密,此后的数据传输全部为加密信息。

5) QUIC 数据包

一旦客户端与服务器完成握手,从服务器的 Server Hello 开始,数据包就经过认证和加密。公共头部已认证但未加密,从第一帧开始的包的其余部分已加密。紧随公共头部之后,普通包包含 AEAD(Authenticated Encryption with Associated Data)数据。要解释内容,这些数据必须先解密。解密之后,明文由一系列帧组成。数据包一般也由 Stream 帧携带数据。

6) 连接关闭请求(Connection Close)(报文♯766)

图 4.78 是 QUIC 连接关闭请求报文,其中包含了连接关闭帧(Connection Close Frame),连接关闭帧告知连接正在关闭。如果有传送中的流,则在关闭连接时,这些流都将被隐式关闭。连接关闭帧可能出现在一方未响应时,也可以出现在连接正常关闭时。

```
∨ GQUIC (Google Quick UDP Internet Connections)
  > Public Flags: 0x0d
    CID: 14188768036157308865
    Version: Q043
    Packet Number: 6
    Message Authentication Hash: 1e4a6636db4685419ccfbe2d
  ∨ CONNECTION_CLOSE Error code: We hit our prenegotiated (or default) timeout
       Frame Type: CONNECTION_CLOSE (0x02)
       Error code: We hit our prenegotiated (or default) timeout (25)
       Reason phrase Length: 27
       Reason phrase: No recent network activity.
```

图 4.78　QUIC 连接关闭请求

(1) 帧类型(Frame Type)

初始 8 比特设置为 0x02,表明这是一个 CONNECTION_CLOSE 帧。

(2) 错误代码(Error Code)

包含 Quic Error Code 的 32 位字段,指示关闭此连接的原因。此处为超过了之前版本协商的时间。

(3) 原因短语长度(Reason Phrase Length)

一个 16 位无符号数,指定原因短语的长度。如果发件人选择不提供 Quic Error Code 之外的详细信息,则此值可能为零。

(4) 原因短语(Reason Phrase)

关于连接关闭原因,此处为近期未检测到网络活动。

4.4.5　QUIC 流量特征分析

首先对 QUIC 协议下的视频流进行抓包,之后对抓包的 pcapng 文件进行分析,得到如下流特征。

1) 时间相关特征

图 4.79 表示了 QUIC 流的数据包的最小和最大到达间隔时间,前向流(客户端到服务器)的最小间隔时间基本为 10 μs 数量级,而后向流(服务器到客户端)接近于 0。这是由于

服务器发送时将一次性发送多个包,而客户端每收到几个包后才会发送一个确认帧。后向流的最大时间间隔最高有 50 s,这是由于视频缓存的特性所致:当播放进度远低于缓存的进度时,将停止缓存(停止传送包)直至播放进度逼近缓存。

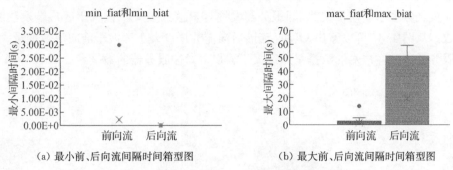

(a) 最小前、后向流间隔时间箱型图　　　　(b) 最大前、后向流间隔时间箱型图

图 4.79　QUIC 流的最小和最大包到达间隔时间

2) 报文大小相关特征

图 4.80 表示了 QUIC 流最小和最大报文大小,由箱型图可知前后向流的报文的大小特征较为一致,最小大约为 70 Byte 和 60 Byte,最大都为 1 392 Byte,这是 QUIC 允许的最大报文长度。通过观察 pcapng 报文,前向流只在建立连接时出现最大的报文长度,后向流在传输数据时基本都是最大报文长度。

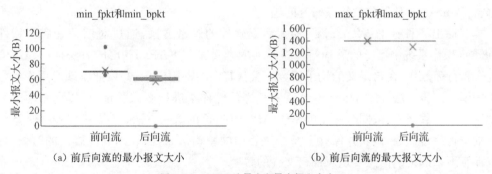

(a) 前后向流的最小报文大小　　　　　　(b) 前后向流的最大报文大小

图 4.80　QUIC 流最小和最大报文大小

图 4.81 表示了 QUIC 流前向流的平均报文大小和其标准差,前向流的平均报文大小在 80 B 左右,标准差较小,说明其报文长度稳定。图 4.82 中,后向流的平均报文大小更大,超过 1 300 B,标准差同样较小,说明其报文长度稳定。

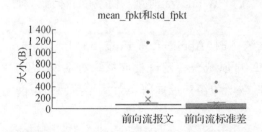

图 4.81　QUIC 流前向流的平均报文大小和其标准差

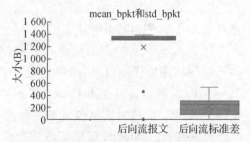

图 4.82　QUIC 流后向流的平均报文大小和其标准差

3) 流相关特征

QUIC 流的特征统一度不高,一个视频传送可能有多条 QUIC 流,也可能只有一条 QUIC 流,关于一条流的报文数和流的总大小的差距也比较大。从图 4.83 可以看出 QUIC 流中后向报文数多于前向报文数,即服务器发往客户端的报文个数大于客户端发往服务器的报文数。从图 4.84 可以看出 QUIC 流的后向流数据量大小远大于前向流数据量大小,同样说明服务器发往客户端的数据量远远大于客户端发往服务器的数据量。

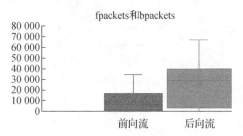

图 4.83　QUIC 流包含的报文个数

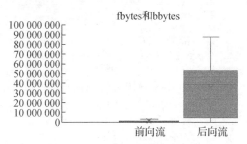

图 4.84　QUIC 流的数据量

4.5　WannaCry 分析

勒索软件 WannaCry 肆意扩散爆发对网络和用户造成了极大的危害[7],如何能够防范和解密 WannaCry 是目前的热点研究问题。

本节提出一种针对 WannaCry 勒索病毒软件的解密方法,通过对该勒索病毒软件在 Windows 操作系统中运行的进程行为进行实时监测,采用 API HOOK 方法抓取该勒索软件的进程行为操作,在自定义的钩子函数中截获其中的密钥信息,并依此实现对用户的数据文件的解密。该方法针对 WannaCry 勒索病毒软件样本进行测试验证,可以完整地解密出被加密的用户数据文件;同时提出的基于 API HOOK 的解密方法,可以在 Windows 系统上实时的进行后台监控,截获并保存下每个进程中的密钥信息,当勒索软件爆发的时候,可以根据保存下来的密钥信息实现对加密文件的解密。

4.5.1　API HOOK 技术

在 Windows 操作系统中,钩子(Hook)主要指的是系统消息处理机制的一个环节,其他应用程序可以在其上设置子程序以监视指定窗口的消息流量,达到监控消息传递的目的。钩子程序能够在特定的消息到达目标窗口之前,截获该 Windows 消息,并能在目标窗口处理函数之前,优先对其进行处理。

而 Windows 下的应用程序一般都建立在系统 API(Application Programming Interface,应用程序编程接口)的函数之上,API HOOK 可以截获特定进程或系统对某个 Windows API 函数的调用,在执行该 API 函数之前,拦截该动作并进而将执行流程转向指定的代码,从而可以完成对该 API 的监视和控制。

常见的 API HOOK 根据实现的方法可以分为:Inline Hook(内联 Hook),IAT Hook(导入表 Hook)两种。在 Inline Hook 的方法中,程序在编译链接后成了二进制代码,在找到需要 Hook 的函数的地址后,将该函数在内存中的二进制代码改为一个 JMP 指令,使其跳转到执行自定义的函数。在 IAT Hook 的方法中,由于 IAT 存储了进程中所有的导入的 DLL 和其对应的导入函数的信息,于是通过分析目标程序 PE 结构,替换目标 API 在 IAT 中的地址为钩子函数的地址来实现该方法。

目前,API HOOK 技术主要运用在安全领域,主要包括 Windows 系统的文件系统和进程监测,恶意软件执行过程中的 API 调用序列检测和分析[8],以及 Windows 系统下恶意网页的检测防护[9]等。

4.5.2 WannaCry 原理

WannaCry 病毒利用泄露的方程式工具包中的"永恒之蓝"漏洞工具,进行网络端口扫描攻击,目标机器被成功攻陷后会从攻击机下载 WannaCry 病毒进行感染,并作为攻击机再次扫描互联网和局域网其他机器,形成蠕虫感染,大范围超快速扩散。病毒加密使用 AES 加密文件,并使用非对称加密算法 RSA 2048 加密随机密钥,每个文件使用一个随机密钥,理论上不可破解。

WannaCry 病毒的密钥及加密关系[10],如图 4.85 所示。

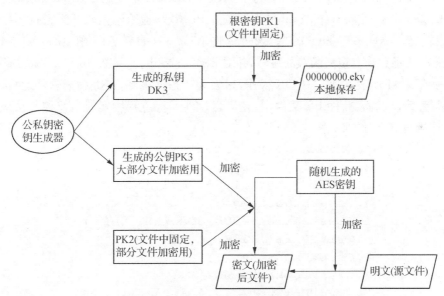

图 4.85 WannaCry 病毒的密钥及加密关系

勒索软件加密过程中,动态加载的 DLL 文件里含有两个公钥(分别记为 PK1 和 PK2)。其中 PK2 用于加密部分文件的 AESKEY,并将该部分加密文件的路径存放在 f. wnry 中,这些文件是可以直接解密的,病毒自带的解密程序中包含一个私钥,该私钥与 PK2 配对,记为 DK2,该 DK2 用于解密 f. wnry 中记录的文件;病毒每次运行时,会随机生成一组公私钥,记为 PK3 和 DK3,其中 PK3 保存在本地并存储为 00000000. pky 文件,主要用于加密大部分文件加密时随机生成的 AESKEY,而 DK3 则由 PK1 加密后保存在本地并存储为 00000000. eky 文件;并且 WannaCry 病毒加解密时使用的是 Windows 系统自带的 API 函数。

　　当受害者需要解密文件时,需要将本地 00000000. eky 和 00000000. res 文件信息上传到服务端,由服务端使用病毒作者自己保存的 DK1 解密后,下发得到 DK3 并在本地保存为00000000. dky 文件,之后使用病毒自带的解密程序即可完成对磁盘中其余文件的解密。

　　目前对于 WannaCry 病毒的破解方法是基于法国研究员 Adrien Guinet 的成果,Adrien Guinet 研究员发现 Windows 操作系统自带的加解密 API 在生成公私钥的过程中,CryptDestroyKey 和 CryptReleaseContext 函数在释放相关内存之前不会从内存中删除生成公私钥的质数,通过读取内存可以恢复私钥所使用的质数,之后根据保存在本地的公钥来恢复私钥,写入 00000000. dky 文件中,使用 WannaCry 病毒自带的解密程序进行解密。该方法的局限性是要在受害者没有重新启动过计算机或没有将进行加密的进程杀掉的情况下,否则该方法无法成功生成私钥文件并将加密文件解密。

4.5.3　解密方法架构

　　根据对勒索软件 WannaCry 加解密过程的详细分析可知,WannaCry 病毒运行过程中的加解密是使用 Windows 系统自带的 API 函数,但对于病毒在实际运行过程中加解密 API 函数的调用过程无法得知,因此本文利用 API HOOK 技术,监控 Windows 系统中 kernel32. lib、user32. lib 和 advapi32. lib 中的系统 API 函数,追踪勒索软件运行过程中详细的系统调用轨迹。实现 API HOOK 时,通过更改 Windows 自带 API 函数的入口地址,实现Windows API 函数到自定义函数的跳转,并对 kernel32. lib、user32. lib 和 advapi32. lib 中的Windows 系统 API 函数进行 HOOK 操作,封装为动态链接库,追踪勒索软件运行过程时,将动态链接库注入勒索软件 PE 文件中,在勒索软件运行过程中实时地监控其系统调用轨迹,并打印到日志文件中(见图 4. 86)。

```
1.CryptAcquireContextA(,,,,)
2.CryptImportKey(,,,,,)
3.CryptGenKey(,1,8000001,)
4.CryptExportKey(,,6,,,)
5.CreateFileA(00000000.pky,,,,,)
6.WriteFile(,,114,,)
7.CryptExportKey(,,7,,,)
8.CryptGetKeyParam(,,,,)
9.CryptEncrypt(,,,,,,100)
10.CryptEncrypt(,,,,,,100)
11.CryptEncrypt(,,,,,,100)
12.CryptEncrypt(,,,,,,100)
13.CryptEncrypt(,,,,,,100)
14.CreateFileA(00000000.eky,,,,,)
15.WriteFile(,,500,,)
16.CryptDestroyKey()
17.CryptReleaseContext(,)
```

图 4. 86　WannaCry 病毒生成公私钥对的 API 函数调用过程

　　在沙盒环境中,运行勒索软件并对其进行 API HOOK,记录下勒索软件的详细系统调用轨迹,并对其系统调用轨迹进行分析,找出勒索软件生成公私钥对、对密钥进行加密以及加密文件的操作过程,图 4.86 为勒索软件生成公私钥(即 PK3 和 DK3)的 API 函数调用过程以及相关的参数设置。API 函数的相关参数以十六进制形式显示,其中第 1 行的 API 函数申请 CSP 加密容器,为后面生成公私钥提供容器;第 2 行 API 函数从勒索软件的 DLL 库中导入公钥 PK1;第 3 行 API 函数生成 RSA 公私钥对,生成的密钥长度为 RSA 2048 且可将公私钥对导出;第 4 行 API 函数为从 CSP 容器中导出公钥 PK3,写入内存中,其中第三个参数为密钥类型值,类型值为 6 时为公钥;第 5 行 API 函数创建 00000000.pky 文件,为了写入公钥 PK3;第 6 行 API 函数将导出的公钥 PK3 写入 00000000.pky 文件,保存在本地;第 7 行 API 函数从 CSP 容器中导出私钥 DK3,写入内存中,其中第三个参数为密钥类型值,类型值为 7 时为私钥;第 8 行 API 函数获得了密钥的相关参数,第 9~13 行 API 函数对私钥 DK3 使用公钥 PK1 进行五次加密;第 14 行 API 函数创建 00000000.eky 文件,并使用第 15 行 API 函数将被加密的 DK3 密钥写入到 00000000.eky 文件中,保存在本地;第 16 行 API 函数将申请的密钥内存销毁;第 17 行 API 函数释放掉申请的 CSP 加密容器。

　　通过 API HOOK 技术追踪 WannaCry 病毒运行过程中的系统 API 调用轨迹,更加直观地发现其中对于公私钥对的生成过程、使用的 API 函数以及 API 函数的参数情况。

　　勒索软件 WannaCry 在生成公私钥对(PK3 和 DK3)之后,对文件进行加密时,随机生成 AES 密钥加密文件内容,对于大部分文件使用公钥 PK3 加密 AES 密钥后写入加密文件头部;一部分文件使用病毒自带的公钥 PK2 对 AES 密钥加密后写入加密文件头部,并将加密文件的路径写入 f.wnry 中,用于给受害者展示可以进行解密,诱导受害者支付赎金。

　　对勒索软件 WannaCry 的加解密操作过程分析发现,只要获得勒索软件产生的私钥 DK3,就能解密出每个加密文件所使用的 AES 密钥,从而可以对每个加密文件进行解密。针对使用 API HOOK 技术追踪到的勒索软件的加解密 API 函数操作过程分析发现,勒索软件使用 CryptExportKey 函数导出公私钥,并且将公私钥通过参数传递,由于公钥写在本地文件中,只需从此函数中获取到私钥即可,通过访问此函数的参数地址,读取出私钥。

　　本节实现的解密框架为:获取当前系统中所有的运行进程并实时监控新的进程的创建,对所有进程进行 API HOOK 并将每个进程中生成的密钥信息实时地保存在本地日志中,当感染勒索软件 WannaCry 病毒后,将本地日志文件中 WannaCry 病毒生成的密钥信息读取出来,以二进制形式写入 00000000.dky 文件中,之后就可以解密成功[8]。本节在实现 API HOOK 时,对 Windows 系统中的 CryptExportKey 函数挂钩子函数,通过改变 Windows 系统中 CryptExportKey 函数的入口地址,跳转到自定义的钩子函数中,先执行 Windows 系统中的 CryptExportKey 函数,得到各个参数的值,之后根据 CryptExportKey 函数的第三个参数判断密钥类型是否为私钥,当参数密钥类型值为私钥时,访问进程中 CryptExportKey 函数的第五个参数的存储密钥的内存地址,读取出每个进程中产生的私钥,并将私钥信息实时地写入日志文件中。解密方法框架如图 4.87 所示。

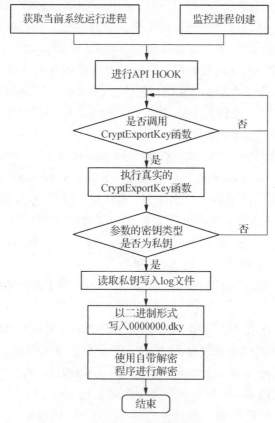

图 4.87　解密方法框架

在沙盒中启动本节实现的基于 API HOOK 的监控程序,获取当前系统中所有的运行进程并实时监控新的进程的创建,对所有进程进行 API HOOK,之后执行 WannaCry 勒索软件,监控程序对 WannaCry 勒索软件进行 API HOOK,并实时地监控勒索软件运行过程的系统函数调用,当勒索软件调用 CryptExportKey 函数时,先跳转到自定义的钩子函数中,执行完系统真实的 CryptExportKey 函数操作之后,访问函数的参数所指的内存地址,读取出私钥的内容,写入 log 文件中,之后读取 log 文件,将私钥以二进制形式写入 00000000. dky 文件,最后将 00000000. dky 文件放入勒索软件的目录中,执行勒索软件自带的解密程序,该解密程序使用私钥完成对各个文件的解密。图 4.88 为算法中的钩子函数伪代码显示:第 1 行函数即为自定义的钩子函数,第 3 行参数 a2 是密钥的类型值,其中 6 为公钥,7 为私钥;第 5 行参数为密钥的存放地址指针,通过读取此指针地址的数据,可以获取到密钥数据;第 6 行参数为密钥的长度值;第 9 行执行真实的 CryptExportKey 函数操作,并获得相关的参数;第 11 行判断参数 a2 的密钥类型是否为私钥,若是私钥,则在第 12 行判断密钥的存放地址是否为空,若不为空,则在第 13、14 行以参数 a5 的密钥长度按字节输出密钥内容到日志文件中。

对整个算法进行分析,在对勒索软件进行 API HOOK 并导出私钥时,是按字节将私钥写入 log 文件中,时间复杂度为私钥的长度(在此处私钥的长度为 1 172 个字节,为常数),而之后将 log 文件中的私钥按二进制形式写入 00000000. dky 文件时,也是按字节进行处理的,时间复杂度同样为私钥的长度(常数),因此整个算法的时间复杂度为常数。

```
1.BOOL __stdcall Mine_CryptExportKey(HCRYPTKEY a0,
2.                                   HCRYPTKEY a1,
3.                                   DWORD     a2,
4.                                   DWORD     a3,
5.                                   BYTE      *a4,
6.                                   DWORD     *a5)
{
7.    BOOL rv = 0;
8.    __try {
9.        rv = Real_CryptExportKey(a0,a1,a2,a3,a4,a5);
10.   } __finally {
11.     if(a2==7)
    {
12.       if(a4!=0){
13.          for(int i=0;i<*a5;i++)
          {
14.             _Print("%02x",a4[i]);
          }
        }
      }
    }
};
15.    return rv;
}
```

图 4.88　算法中的钩子函数伪代码图

4.5.4　实验验证

在进行实验验证时,使用沙盒环境创建虚拟机,虚拟机配置为:CPU 为 1 核,内存 512 MB,硬盘 40 GB,操作系统为 Windows XP SP3。在沙盒环境中的桌面、文档、所有人/桌面、所有人/文档、其他目录 1 及其他目录 2 下依次放置相同的样本文件,且这些样本文件的大小和类型是不一样的,并对样本源文件进行 MD5 哈希值计算和保存,之后在沙盒中执行 WannaCry 勒索软件,感染系统中放置的样本文件,采用本节的方法进行解密,对解密后的不同目录下的样本文件计算 MD5 哈希值,并与样本源文件的 MD5 哈希值进行比较,验证是否解密成功。

实验分析,依次对不同目录下的样本文件进行病毒感染以及解密,计算解密后文件的 MD5 哈希值,并与源文件的 MD5 哈希值进行比较,图 4.89 中为不同类型的文件解密情况表,14 个 doc 文件、10 个 xlsx 文件、9 个 ppt 文件、9 个 txt 文件、10 个 pdf 文件以及 10 个 rar 文件全部被解密成功,对于不同类型的文件,使用本节的方法可以全部解密成功。图 4.90 中为不同大小文件的解密情况表,无论小于 1 KB 的文件还是大于 200 MB 的文件都是可以完全解密成功的。图 4.91 为桌面、文档、所有人/桌面、所有人/文档、其他目录 1 及其他目录 2 下的样本文件解密情况表,实验发现,不同目录下的样本文件都是可以完全解密成功的。图 4.92 为不同目录下对样本文件进行加解密时的时间情况,发现在桌面、文档、所有人/桌面、所有人/文档这四个目录中,对于相同的样本文件的加密时间相似,并要比其他目录 1 及其他目录 2 下的样本文件的加密时间用时久,而其他目录 1 及其他目录 2 下的样本文件的解密时间比桌面、文档、所有人/桌面、所有人/文档这四个目录中的样本文件的解密时间用时久,这是因为勒索软件的作者根据文件的重要性对于重要目录下的文件不仅进行了加密操作,并且对源文件进行了擦写操作,对于不重要目录下的文件仅做了加密操作,之后直接删除;解密时对于重要文件优先解密,不重要文件其次解密。如果勒索软件对文件进行加密时,没有将文件内容加密写入加密文件中,而是使用一些随机数或者固定值进行填充的话,那就无法进行成功解密,解密得到的文件与源文件的 MD5 值是不同的。

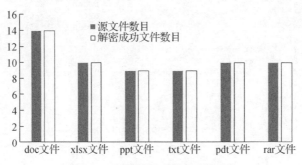

图 4.89　不同类型文件的解密情况表

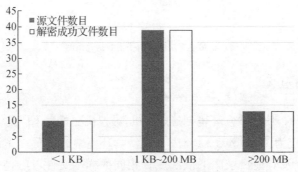

图 4.90　不同大小文件的解密情况表

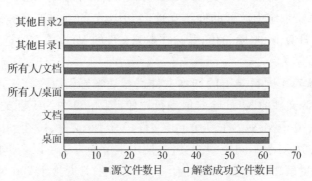

图 4.91　不同目录下文件的解密情况表

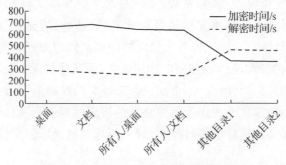

图 4.92　不同目录下文件的加密时间情况表

　　本节实现的基于 API HOOK 的监控程序在 Windows 系统下运行时的内存占用情况如图 4.93 所示：运行时内存占用为 3 700 KB 左右，在后台运行时对系统的性能影响较小。

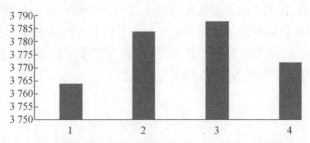

图 4.93　基于 API HOOK 的监控程序运行时内存占用情况（KB）

　　使用监控程序对一些进程进行 API HOOK 后测试对这些进程的性能影响情况，图 4.94 为这些进程未进行 API HOOK 时的内存占用与进行了 API HOOK 时的内存占用情况对比，wordpad. exe、notepad. exe、acrord32. exe、WannaCry. exe、crypt. exe 和 crypt1. exe 进程在进行了 API HOOK 后内存占用增加了 300 KB 左右，性能影响较小。图 4.95 为 WannaCry 病毒和其他的加密进程进行 API HOOK 后增加的运行时间表，进行 API HOOK 后对于生成密钥信息的进程来说，运行时间增加了 200～300 ms，而对于没有生成密钥信息的进程来说，运行时间几乎没有影响。

　　根据实验验证，本节实现的基于 API HOOK 的监控程序，可以很好地保存下勒索软件 WannaCry 的密钥信息，在勒索软件爆发时可以根据保存的密钥信息实现对加密文件的解密；并且监控程序在后台实时监控系统中进程时，对系统和进程的性能影响较小。

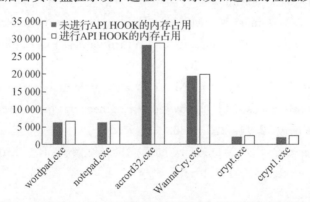

图 4.94　基于 API HOOK 的监控程序运行时内存多占用的比率（KB）

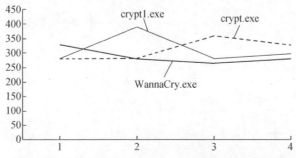

图 4.95　加密进程进行 API HOOK 后增加的运行时间（ms）

4.5.5　小结

　　使用 API HOOK 技术实时监控操作系统中运行的进程以及新创建的进程,监控每个进程的加解密操作,在自定义的钩子函数中读取导出私钥的 API 函数的参数地址,直接将进程的私钥信息记录下来,一旦发生勒索软件的感染,就可以使用记录下的密钥对其进行解密。并且此方法的算法时间复杂度为常数,解密速度较快。

参 考 文 献

［1］　Kent S, Seo K. Security Architecture for the Internet Protocol, RFC 4301, December 2005.

［2］　Kent S. IP Authentication Header, RFC 4302, December 2005.

［3］　Kent S. IP Encapsulating Security Payload, RFC 4303, December 2005.

［4］　Rescorla E, Moriarty K. The Transport Layer Security (TLS) Protocol Version 1. 3, RFC 8446, August 2018.

［5］　Rescorla E. HTTP Over TLS, RFC 2818, May 2000.

［6］　Iyengar J, Thomson M. QUIC: A UDP-Based Multiplexed and Secure Transport, draft-ietf-quic-transport-14, August 15, 2018.

［7］　瑞星安全公司. WannaCry 勒索软件病毒分析报告［R］. http://www. freebuf. com/ articles/paper/134637. html.

［8］　Salehi Z, Sami A, Ghiasi M. MAAR: Robust features to detect malicious activity based on API calls, their arguments and return values［J］. Engineering Applications of Artificial Intelligence, 2017, 59: 93 – 102.

［9］　Qiao Y, Yang Y, He J, et al. CBM: free, automatic malware analysis framework using API call sequences［M］//Knowledge Engineering and Management. Springer, Berlin, Heidelberg, 2014: 225 – 236.

［10］　腾讯电脑管家安全团队. WannaCry 勒索病毒详细解读［R］. http://www. freebuf. com/articles/system/135196. html.

5 加密与非加密流量识别

本章主要包括了加密与非加密流量的识别方法及其在真实网络环境中的应用。首先介绍了加密与非加密流量识别的相关背景,然后提出了基于多元组熵与累加和检验的加密流量识别方法,并设计实验对方法有效性进行验证。基于该方法,针对真实网络环境中采集到的流量数据,进行加密与非加密流量的识别,对识别流程进行了描述并对实验结果进行了统计和分析。

5.1 加密流量性质

加密流量识别[1]的第一步就是从网络流量中区分出加密流量,其目的一方面是准确识别混合了多种应用服务类型的加密流量,作为下一步网络流量精细化识别的基础;另一方面,对于恶意软件试图通过加密流量躲避检测,因此也需要首先识别流量是否加密后再进行判断和决策。

由于加密后的流量数据呈现均匀随机分布的特点,大多研究人员都是采用了基于负载随机性检测的识别方法,应用最为广泛的是信息熵。信息熵表示能量分布均匀程度,能量分布越均匀,其值越大,计算如公式(5.1)。在对加密流进行分析时,H 代表报文流的信息熵,$P(x_i)$ 代表单位字符(字节)组合 x_i 在报文流中出现的概率。

$$H = -\sum_{i=1}^{n} P(x_i) \log_2 P(x_i) \tag{5.1}$$

基于负载随机性检测的加密流量识别方法能够有效针对加密数据的随机性对加密流量进行识别,但由于需要一定数量的样本,在实时处理上缺乏时效性,对此有研究人员采用了以比特为单位的随机性测试方法,降低了对大量检测数据的要求,能够较高效地完成在线的加密流识别。由于压缩文件数据同样具有较大随机性,仅根据信息熵往往无法有效区分压缩数据与加密数据,对此有学者对两者的整体随机性和局部随机性进行了分析,结合了蒙特卡罗方法能够较好实现压缩文件流与加密流的分类。

5.2 加密流量识别方法

通常在明文传输的网络流量中,流量数据的分布会根据应用类型而符合相应的规律[2];而流量数据在加密后,其内容相关的统计特征将会被消除,从数据分布上呈现出较大的随机性。基于负载的随机性特征,大多的研究是利用信息熵对加密流量进行识别[3]。因此,本节首先对各种类型的文件的前 1 KB 数据的熵进行了计算分析,如图 5.1 是不同类型的文件以字节为单位的熵值分布,从图中可以看出,文本的熵均处于 4 到 5 之间的较低水平,图片文件(.jpg)的熵整体上接近 7,事实上.jpg 格式的文件也属于压缩文件的一种,而压缩文件和加密文件的熵则均趋近于 8,在图中难以区分[4]。

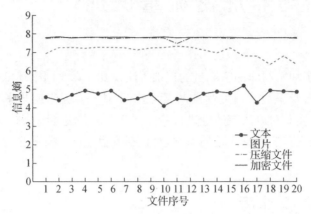

图 5.1　不同类型文件熵值分布

因此,为了能够更为全面地刻画加密流量的负载随机性特征,本节将分别从加密流量的多元组熵、累加和检验值特征方面进行分析,并简要介绍用于加密流量分类的 C4.5 决策树模型。

5.2.1　多元组熵

多元组熵特征是指在以 n-gram 的形式对报文序列进行切割后,满足不同长度、频率条件的字符组集合的一系列熵值特征。以下将对相关定义进行描述。

定义 1　n 元字符组集合指以大小为 n 的滑动窗口对报文序列 P 进行切割后得到的字符串 $s_i(1 \leqslant i \leqslant L-n+1)$ 的集合,L 表示分析报文序列以字节为单位的长度:

$$S_n = \{s_1, s_2, \cdots, s_{L-n+1}\}$$

如"data. dat"对应的二元字符组集合为 $S_2 = \{da, at, ta, a., .d, da, at\}$。

定义 2　从 n 元字符组集合中各元素出现的频率进行考虑,选择 n 元字符组集合中出现频数高于 k 的元素 $s'_{i,k}(1 \leqslant i \leqslant m)$,并统计其在集合中出现的频数 $f_{i,k}$,组成 k 频 n 元字符组集合为:

$$S'_{n,k} = \{s'_{1,k}: f_{1,k}, s'_{2,k}: f_{2,k}, \cdots, s'_{m,k}: f_{m,k}\}$$

其中,频数阈值 k 为 $[1, L-n+1]$ 区间内的整数,$m(0 \leqslant m \leqslant n)$ 表示频数不小于 k 的不重复元素的个数。在上文例子中,若取 $n=2, k=1$,则有 $S'_{2,1} = \{da:2, at:2, ta:1, a.:1, .d:1\}$;若取 $n=2, k=2$,则有 $S'_{2,2} = \{da:2, at:2\}$。

根据以上定义,k 频 n 元字符组集合 $S'_{n,k}$ 的信息熵可以表示为:

$$H_{n,k} = -\sum_{i=1}^{m} P(s'_{i,k}) \log_2 P(s'_{i,k}) \tag{5.2}$$

其中,$P(s'_{i,k}) = f_{i,k} \Big/ \sum_{t=1}^{m} f_{t,k}$。

定义 3 若对长度 n、频数阈值 k 各取不同的值时,则可以得到一系列关于报文序列 P 的熵值特征,就构成了多元组熵值特征集:

$$H = \{H_{n,k} \mid n \in [N_a, N_b], k \in [K_a, K_b]\}$$

其中,H 中元素(熵值)的个数为 $(N_b - N_a) \times (K_b - K_a)$。一般地,对 n、k 的取值区间分别定义为 $[1, N]$ 和 $[1, K]$。在上例中,取 $N = 2, K = 2$,则序列"data. dat"的多元熵值特征集为 $H = \{H_{1,1} \approx 1.906, H_{1,2} \approx 0.835, H_{2,1} \approx 1.514, H_{2,2} = 1\}$。

为了表现出多元组熵值特征在对加密与非加密流量数据上的差异,本节先对文本(. doc、. txt)、图片(. jpg)、压缩文件(. zip、. rar、. tar、. gz)、加密文件(AES 加密)各取 100 个样本分别计算前 1 KB 内容的多元组熵值特征,并取 $N = 4, K = 5$。特别地,若在某个 n、k 取值上的字符组集合中不存在任何元素,则将其熵最大化为 $-\log_2(1/1\ 024) = 10$。结果如图 5.2、图 5.3 所示。其中,图 5.2 为所有样本多元字符组熵的平均值,可以看出整体水平上,四种类型的文件的熵值特征均呈现出不一样的分布,其中,压缩文件和加密文件在横坐标 $(2, 2)$ 之前的分布基本一致,而在 $(2, 3)$ 之后走势出现了较大差异,其熵值基本趋于 10;图 5.3 为所有样本多元字符组熵的标准差,可以看出,不同文本、图片、加密文件样本间的熵值差异较小,而压缩文件在当 n、k 取值较大时,$H_{n,k}$ 的波动较大,部分样本个体间存在较大差异,在对样本单独分析时能够发现,有一部分的压缩文件在多元组熵的分布上与加密流量相似度较高,多元组熵仅能够对其中一部分有较高区分度,可能仍需通过进一步分析其他特征才能更加准确地区分压缩数据和加密数据。

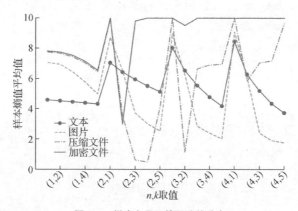

图 5.2 样本多元组熵平均值分布

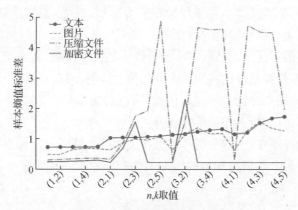

图 5.3 样本多元组熵标准差分布

5.2.2　累加和检验

累加和检验是 NIST 随机数检测标准的方法之一[5]，其本质是一种假设检验方法。该测试方法将 $(0,1)$ 比特序列调整为 $(-1,+1)$ 序列的形式后，对从 0 开始的随机游走的最大偏移量进行累加，目的是检验在目标序列中是否存在子序列的累加和对比于随机序列的累加和的期望值过大或过小。对于随机序列，随机游走应该在 0 附近；对于某些类型的非随机序列，随机游走的相对 0 的偏移则较大。通常来说，测试序列的长度至少为 100 bit。

为了便于描述检验过程，首先对相关的符号进行定义，见表 5.1。

表 5.1　累加和检验符号定义

符号	定义
n	待检验序列长度
ε	待检验序列，$\varepsilon = \varepsilon_1, \varepsilon_2, \cdots, \varepsilon_n$
X	调整后的待检验序列，转化公式为 $X_i = 2\varepsilon_i - 1$
S_k	调整后序列 X 的前 k 位之和，$S_k = \sum\limits_{i=1}^{k} X_i$
z	S_k 绝对值的最大值 $z = \max\limits_{1 \leqslant k \leqslant n} |S_k|$

累加和检验有正向（Forward）和反向（Backward）两个模式，两个模式的区别仅在于遍历顺序，因此以下将仅对正向模式下的累加和检验的步骤进行描述：

（1）将比特序列 ε 调整为 $(-1,1)$ 的形式的序列 X；

（2）计算序列 X 的前 k 项和 S_k；

（3）计算正向模式下 $|S_k|$ 的最大值 z；

（4）计算检验值 P，公式如下：

$$P = 1 - \sum_{k=\frac{-n}{z}+1}^{\frac{n-1}{z}} \left[\phi\left(\frac{(4k+1)z}{\sqrt{n}}\right) - \phi\left(\frac{(4k-1)z}{\sqrt{n}}\right) \right] + \sum_{k=\frac{-n-3}{z}}^{\frac{n-1}{z}} \left[\phi\left(\frac{(4k+3)z}{\sqrt{n}}\right) - \phi\left(\frac{(4k+1)z}{\sqrt{n}}\right) \right]$$

其中：$\phi(z) = \dfrac{1}{\sqrt{2\pi}} \displaystyle\int_{-\infty}^{z} e^{-u^2/2} \mathrm{d}u$，为标准正态分布函数。

P 的取值一般在 $0 \sim 1$ 之间，其值越大，则待测序列的随机性越高。通常情况下，设定一个 α 值（如 0.01）为阈值，当 $P > \alpha$，接受检验序列为随机，反之，则拒绝随机性假设。但在本书中，不设定阈值，直接分析检验值的特征。

在上一节中介绍的多元组熵是以字节为单位的随机性检测，其需要一定数量的数据，计算相对复杂；而累加和检验是以比特为单位的随机性检测，通常只需要较少的数据即可有较好的检验效果，且具有较快的计算速度。因此，可以对每个样本取多个较小的数据块，进行累加和检验值的计算，并分析其相关的统计特征。

由于在上一节的样本中，文本和图片数据在多元组熵特征上有较为明显的区分度，这里仅选取了部分多元组熵分布较为相似的压缩文件和加密文件样本各 10 个进行累加和检验的特征分析。具体方法为将前 1 KB 内容按 128 B 为单位分块,对每一块计算累加和检验值后,对这些检验值的平均值和最小值进行统计。从图 5.4 的结果中可以看出,虽然在多元组熵特征上差异较小,但在压缩文件的 10 个样本中有 6 个样本在分布上与加密文件的差异较大。因此,利用累加和检验值的特征,能够一定程度上提高加密流量与非加密流量的识别率[6]。

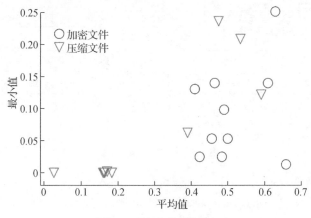

图 5.4 累加和检验值分布

5.2.3 C4.5 决策树算法

决策树是一种利用归纳算法根据样本集生成一组用树形结构表示的分类规则的方法。决策树由根节点、若干分支节点以及叶子节点构成,在对样本进行分类时,从根节点开始对样本特征值进行测试,沿着符合条件的相应分支从上至下行进,直至到表示某个类别的叶子节点。其中,C4.5 决策树算法是目前应用较为广泛的一种算法。

C4.5 决策树算法是在构建决策树时,选择信息增益率较大的属性作为分支属性,自上而下地生成决策树。相较于 ID3 算法使用信息增益作为分支依据,C4.5 算法使用信息增益与分割信息量之比能够有效控制增益率过大,有更好的泛化能力。而在处理流量分类问题上,C4.5 决策树算法不依赖于流量样本的分布,具有较高的数据处理效率。因此本书采用了 C4.5 决策树算法对加密流量和非加密流量进行分类。

5.2.4 加密流量识别流程及算法

加密流量识别过程如图 5.5 所示,主要分为模型训练阶段和分类阶段两个阶段。

在训练阶段,首先获取训练样本,每个样本是由每个报文的多元组熵特征与累加和检验值特征组成,表示为 $\left\{ H_{n,k}, P_m \middle| n \in [1,N], k \in [1,K], m \in \left[1, \dfrac{L}{M}\right] \right\}$,其中 N、K 为多元组熵的长度、频数参数,L 为待分析的字节数,M 为累加和检验的分块大小,则特征向量的维度为 $N \times K \times \dfrac{L}{M}$。利用这些样本训练生成 C4.5 决策树模型,并保存模型参数作为分类阶段的决策依据。

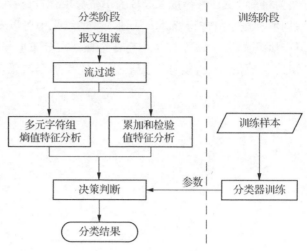

图 5.5　加密流量识别框架

分类阶段的过程为：

（1）报文组流。按五元组（源 IP、源端口、目的 IP、目的端口、传输层协议）对报文进行会话划分。

（2）流过滤。由于多元组熵需要有一定数量的数据才能保证其准确率，在本方法中对 L 取值为 1 KB，因此需要对有效负载小于 1 KB 的报文流进行过滤。

（3）流特征提取。特征提取分为两部分：一是选取合适的 N、K 值，对报文的前 1 KB 内容计算多元字符组熵，生成特征集合；二是选取合适的分块大小 M，对这 1 KB 的内容分块后计算每一块的累加和检验值，将最小值和平均值作为特征。将两类特征作为下一阶段的输入。

（4）决策阶段。将训练阶段得到的决策树用于流量的分类，得到最终的分类结果。

算法 5.1 描述了报文随机性特征的提取过程。第 2～6 行是初始化阶段，其中 S 是记录不同长度字符组及其频率的集合；第 7～17 行是多元组熵的计算过程，对每条流中前 L 字节的报文的应用层负载统计不同长度子序列的频率，并在之后计算相关的熵值特征（第 18 行）；第 20～23 行是计算前 L 字节内容的累加和检验值特征。最后返回流量特征 H、P。

算法 5.1　报文随机性特征提取算法

输入：报文流 F，多元组熵参数 N, K，待分析数据大小 L，分块大小 M（字节）

输出：流量特征集$\langle H_{n,k}, P_{\min}, P_{\text{avg}} \mid n \in [1, N], k \in [1, K] \rangle$

1：　**procedure** trafficFeatureExtraction

2：　　　Initialize H, P

3：　　　Initialize $S \leftarrow \langle subsequence, frequency \rangle$

4：　　　$bsum \leftarrow 0$；byte count

5：　　　$count \leftarrow 0$；packet count

6：　　　Initialize D to store first L bytes data

7：　　　**foreach** pkt **in** F **do**

8：　　　　　$pl \leftarrow$ application-layer payload of pkt

```
 9：        if bsum<L then
10：            pl_len ← min ? (len(pk),L-bsum)
11：            D ← D+pl[i：pl_len]
12：            for i from 0 to pl_len do
13：                S. add(pl[i：i+n]),n∈[1,N]
14：            end for
15：        else break
16：        end if
17：    end for
18：    Compute H_{n,k} =-∑_{i=1}^{m} P(s'_{i,k}) log_2 P(s'_{i,k}) for s'_{i,k} ∈ S
19：    for i from 0 to L/M do
20：        P_i=Cusum(D[i·M：(i+1)·M])
21：    end for
22：    Calculate P_min, P_avg
23：    return H,P
24： end procedure
```

整个加密流量识别过程的时间复杂度可以分别从训练阶段和分类阶段进行计算：(1) 在训练阶段,在训练集已经预先生成的情况下,时间复杂度主要在于 C4.5 决策树的生成,令 D_{train} 为训练集,其大小为 $|D_{train}|$,样本特征的维度为 $d=N\times K\times \dfrac{L}{M}$,因此训练阶段的复杂度为 $O(d\times |D_{train}|\times \log_2 |D_{train}|)$；(2) 分类阶段的时间复杂度主要从多元组熵计算、累加和检验值计算、决策三个阶段进行考虑。多元组熵、累加和检验值的计算仅需要对待分析数据单次遍历,复杂度均为 $O(L)$,而决策阶段仅需要根据生成树从上至下行进,其复杂度为 $O(1)$,因此分类阶段的总时间复杂度为 $O(L)$。

5.2.5 实验结果与分析

本节将对上节中提出的基于多元组熵与累加和检验的加密流量识别方法进行实验结果的分析。

1) 数据集

由于真实网络环境中采集的数据类型较为混杂,且无法准确标记流量类型,实验的数据是通过 FTP 传输文本、图片、压缩文件得到非加密流量数据,并通过 FTP/SSL 传输文件得到的加密流量。采集到的流量数据组成以流为单位,非加密流数为 2 400,其中文本、图片、压缩文件流各 800；加密流数为 800。

2) 评价指标

加密流量识别的评价指标主要是从准确性对分类结果进行评估,主要包括查全率(Rc)、查准率(Pr)、误判率(FPr)、综合评价(F_m),相关计算公式如下：

$$Rc=TP/(TP+FN) \tag{5.3}$$

$$Pr=TP/(TP+FP) \tag{5.4}$$

$$FPr=FP/(FP+TN) \tag{5.5}$$

$$F_m=2Pr \cdot Rc/(Pr+Rc) \tag{5.6}$$

在二分类问题中，TP 表示正类样本中被预测为正类的样本数，FP 表示负类样本中被预测为正类的样本数，TN 表示正类样本中被预测为负类的样本数，FN 表示负类样本中被预测为负类的样本数。

此外，实验采用了十折交叉验证的方式对分类结果进行评估。该方法是将数据集分成 10 份，轮流将其中 9 份作为训练数据，1 份作为测试数据，进行试验，再对 10 次的结果求平均值，对算法准确性进行估计，从而在一定程度上降低了因数据集产生的误差。

3）结果分析

本节对实验结果的分析是以三组实验作为对比来分析方法的有效性。

第一组实验主要是验证 5.2.1 节中的多元组熵对加密流量识别的有效性。在多元组熵值计算的参数选择上，考虑到特征维度以及计算开销的问题，当 N 过大时，字符组的频数大部分为 1，而在有限的序列长度内，相同字符组出现的频次不会过高，因此选择了 $N=4$，$K=5$，共 20 个熵值特征。

第二组实验则是验证基于多元组熵与累加和检验的加密流量识别方法的有效性。在第一组实验特征分析的基础上，对样本累加和检验值的特征进行分析。在参数选取上，选择分块大小 $M=128$，取平均值和最小值作为训练特征。

第一、二组实验的结果如表 5.2、表 5.3 所示。当采用本文提出的方法中的 22 个特征值时，被正确分类的非加密流量和加密流量数量分别为 2 223 和 757，查全率和误判率分别为 93.1% 和 5.9%；若仅用多元字符组的 20 个熵值特征，查全率和误判率分别为 87.5% 和 13.5%。在对第一、二组实验的具体结果进行比对时发现，准确率的提升主要来自压缩数据（包括压缩文件和压缩图片类型文件）流量与加密流量样本上，验证了累加和检验能够进一步提高识别的准确率。

表 5.2 仅多元组熵值特征实验结果

项　目	TP(FP)	FN(TN)	Rc	Pr	FPr	F_m
非加密	2 112	288	88%	95%	14%	91.3%
加密	112	688	86%	70.5%	12%	77.5%
总计	2 224	976	87.5%	88.8%	13.5%	87.5%

表 5.3 多元组熵与累加和检验值特征实验结果

项　目	TP(FP)	FN(TN)	Rc	Pr	FPr	F_m
非加密	2 223	177	92.6%	98.1%	5.4%	95.3%
加密	43	757	94.6%	81.0%	7.4%	87.3%
总计	2 266	934	93.1%	92.2%	5.9%	93.3%

第三组实验主要是对 Iustitia 中的加密流量识别方法进行验证。该方法是选用了不同长度的字符组的熵值 $\{h_1,h_2,h_3,h_4\}$ 作为训练特征，在本文中对应的是 $\{H_{n,k} \mid n \in [1,4], k=$

1}。第三组实验的结果如表 5.4 所示,其中非加密流量的样本被正确分类的个数仅有 1 973,生成的决策树模型更倾向于将压缩数据流量分类为加密流量,对比第一、二组实验的结果有较大的差距。

表 5.4　Iustitia 方法实验结果

项　目	$TP(FP)$	$FN(TN)$	Rc	Pr	FPr	F_m
非加密	1 973	427	82.2%	97.5%	6.4%	89.2%
加密	51	749	93.6%	63.7%	17.8%	75.8%
总计	2 024	1 176	85.1%	89%	9.2%	85.8%

此外,对本文方法的各个特征属性的信息增益率进行评估排名,结果如图 5.6(见彩插 7)。可以看出,累加检验和的两个特征值(N,K)取值为$(1,1)$、$(2,1)$、$(1,2)$、$(1,3)$、$(2,2)$对分类的影响较大。

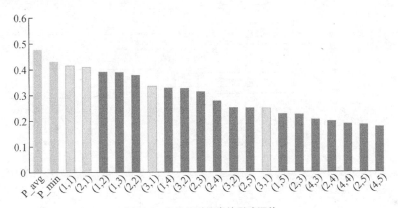

图 5.6　各特征对分类的影响评估

综上所述,字符组高频的熵值特征对加密流量的识别有一定的提升;第一、二组实验的对比结果表明累加和检验值特征对加密流量和非加密流量中随机性较高的压缩数据有更高的识别度。

5.3　真实网络环境加密流量测量

5.3.1　数据集

本节的主要目的是利用 5.2 节提出的加密流量识别方法,对真实网络环境下的加密流量进行测量和分析。实验主要采用了从 CERNET 华东(北)地区网络中心主干网采集的东南大学部分的原始流量数据,采集时间共计 35 min,数据大小共计 818 817 770 931 B(约 762 GB)。

5.3.2　识别流程

在 5.2.5 节中验证了 5.2 节提出算法的有效性,训练集和测试集均是已标记的数据。

在对真实网络环境中的流量进行是否加密识别时,情形则相对复杂。真实流量均为未标记数据,加密会话往往在初始通信过程,或在会话中有参数协商的过程,这些报文通常是明文的数据。考虑到这些因素,本文采用对每一条会话流检测多个连续的 1 KB 数据分块是否加密,并记录分块的加密标识信息,以此来判断流是否为加密。

图 5.7 描述了真实网络加密流量的识别流程。在读取每一个报文时,首先通过五元组判断其所属的会话流。对每一流设置了一个大小为 1 KB 的缓存区,暂时保存该流当前待分析的负载内容,每满 1 KB 的内容则识别其是否加密,将加密标识信息保存至流记录中,并清空缓存区。由于流量数据较多,从性能方面考虑,只对每条流最多前 20 个分块(即 20 KB)的负载内容进行识别,每隔 30 s 对流记录表进行扫描,将超过 30 s 未有新报文到达的流的记录输出。识别过程使用的加密识别算法采用的是 5.2.5 节中训练得到的分类模型。

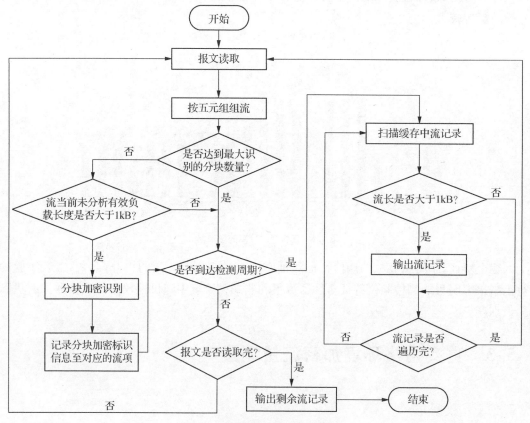

图 5.7　真实网络加密流量识别流程

5.3.3　测量结果分析

在采集到的流量中,按端口进行划分后,各端口流数比例如图 5.8 所示。从图中看出,数据集中主要的流量都是 443 端口(44%)和 80 端口(29%)以及大于 1024 的非保留端口(25%)的流量。因此,在本节的实验结果分析中,主要是对这三类端口的流量进行测量分析。

对于识别流程的结果,设每条流被检测的数据块数量为 N,识别为加密数据的分块数量为 m,设定阈值 α,若 $\dfrac{m}{N} \geqslant \alpha$,则判定该条流为加密流。此外,由于检测的流总长度对检测结果的准确率有影响,实验还对设置了不同的流长过滤条件的结果进行分析。

表 5.5 和表 5.6 是对三类端口的流量设置不同阈值的加密流识别结果。443 端口的流量通常是 TLS/SSL 流量,在会话建立连接时的握手过程或其他参数协商过程的报文中有较多的明文信息,在对其进行加密识别时往往会有部分内容被识别为非加密;另一方面,由于防火墙等入侵检测设备对端口的限制,很多网络应用选择复用公开的端口(如 80 端口)进行数据传输,其中一部分可能为加密的私有协议。值得注意的是,在采集到的数据集中,存在一部分会话流是非完整的。

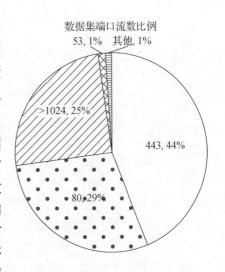

图 5.8　数据集中各端口会话流数量分布情况

由于 443 端口流量大部分都是 TLS/SSL 流量,从 443 端口的识别结果来看,识别的效果具有一定可信度。在表 5.5 和表 5.6 中不同过滤条件下,80 端口和>1024 端口的加密比例均在 20%~40%的区间内。从对真实网络环境的加密流量测量实验结果粗略估计,加密流量的比例在 50%左右。

表 5.5　各端口加密流量识别结果($\alpha = 0.5$)

端口	过滤条件	过滤后总流数	加密流	加密比例
80	>1 KB	514 001	137 647	26.78%
	>5 KB	397 883	114 508	28.78%
	>10 KB	309 650	99 776	32.22%
	>15 KB	251 635	91 318	36.29%
	>20 KB	213 922	85 556	39.99%
443	>1 KB	869 497	447 585	51.48%
	>5 KB	544 217	307 348	56.48%
	>10 KB	273 398	195 859	71.64%
	>15 KB	188 961	147 251	77.93%
	>20 KB	148 600	120 707	81.23%
>1 024	>1 KB	385 897	133 726	34.65%
	>5 KB	255 477	71 104	27.83%
	>10 KB	177 726	58 547	32.94%
	>15 KB	150 637	52 920	35.13%
	>20 KB	133 471	50 587	37.90%

表 5.6　各端口加密流量识别结果($\alpha=0.6$)

端口	过滤条件	过滤后总流数	加密流	加密比例
80	>1 KB	514 001	104 700	20.37%
	>5 KB	397 883	93 323	23.45%
	>10 KB	309 650	83 161	26.86%
	>15 KB	251 635	77 157	30.66%
	>20 KB	213 922	72 885	34.07%
443	>1 KB	869 497	287 126	33.02%
	>5 KB	544 217	245 220	45.06%
	>10 KB	273 398	172 845	63.22%
	>15 KB	188 961	134 749	71.31%
	>20 KB	148 600	112 363	75.61%
>1 024	>1 KB	385 897	117 644	30.49%
	>5 KB	255 477	65 240	25.54%
	>10 KB	177 726	54 911	30.90%
	>15 KB	150 637	49 789	33.05%
	>20 KB	133 471	47 661	35.71%

5.4　小结

　　本章提出了一种多元组熵值特征与累加和检验相结合的加密流量识别方法,以不同类型数据为对象,分析报文载荷中不同长度、频次的字符组合的熵值特征,相较传统的方法对加密流量特征的区分更为明显。同时对部分区分度较低的压缩文件流量,对其进行累加和检验值的分析。基于这两类特征,设计了加密流量识别的算法流程,实验结果表明,该方法能够有效识别加密与非加密流量。基于该方法,针对真实网络环境中的加密流量的识别设计了分析流程。测量结果表明,在真实网络流量数据集中,除了 443 端口之外,80 端口以及其他系统非保留端口中加密流量比例也较高,在验证方法有效性的同时佐证了在实际网络中加密流量比例较高的事实。

参 考 文 献

[1]　Velan P. A survey of methods for encrypted traffic classification and analysis [J]. International Journal of Network Management, 2015, 25(5):355 - 374.

[2]　赵博,郭虹,刘勤让,等.基于加权累积和检验的加密流量盲识别算法[J].软件学报,2013(6):1334 - 1345.

[3]　Goubault-Larrecq J, Olivain J. Detecting Subverted Cryptographic Protocols by Entropy Checking [R]. Research Report LSV-06-13, Laboratoire Spécification

et Vérification，2006.

[4]　程光,陈玉祥. 基于支持向量机的加密流量识别方法[J]. 东南大学学报(自然科学版),2017,47(4):655 – 659.

[5]　Rukhin A L，Soto J，Nechsvatal J R，et al. A Statistical Test Suite for Random and Pseudorandom Number Generators for Cryptographic Applications [J]. Applied Physics Letters，2010，22(7):1645 – 179.

[6]　Khakpour A R，Liu A X. An information-theoretical approach to high-speed flow nature identification [J]. IEEE/ACM Transactions on Networking，2013，21(4):1076 – 1089.

6 加密流量应用服务识别

本章主要介绍了加密流量应用服务识别的相关研究方法。在加密流量的特征选择方面,介绍了基于选择性集成的特征选择方法;在对加密流量应用服务精细化分类方面,介绍了基于加权集成学习的自适应分类方法、基于深度学习的分类方法。此外,还介绍了基于熵的加密协议指纹识别以及 non-VPN 和 VPN 的加密流量分类方法。

6.1 基于选择性集成的特征选择方法

流量分类技术在网络测量与安全领域应用广泛,一方面,根据应用实时性要求优化网络通信资源;另一方面,实时流量分类提前识别并阻止异常流量。当前,基于统计特征的流量分类方法是最常用的,采集流量的外部特征属性通过机器学习方法进行分类[1,2],尽管该方法可以克服基于端口和深度包检测方法的不足,但特征属性中包含的冗余和不相关特征会增加模型复杂度、降低模型可信度,导致分类效果和效率同时下降。然而,特征选择方法可以有效地消除冗余和不相关特征,选取最优特征子集。当前,借助特征选择方法还存在一定的局限性:① 概念漂移使得特征选择结果很难保持稳定,特征属性及其数目随之改变。② 不同的特征选择方法缺少统一的评价指标。当前特征子集的好坏主要由分类性能来评价,而各个特征子集的分类性能不稳定,有时会出现极个别分类性能较低的现象。③ 有些机器学习算法获得的分类准确率也不稳定,这与机器学习算法数据预处理过程有很大关系,比如 C4.5 决策树会预先离散化数据。

受选择性集成思想和 Embedded 方法启发,本节提出了基于选择性集成的特征选择方法(Feature Selection using Selective Ensemble, FSEN),采用选择性集成方法选取部分特征选择器集成,再通过改进序列前向搜索和封装器组合方法进一步搜索特征子集,该方法可以获得特征较少且稳定的最优特征子集。另外,采用离散化方法分割连续型数据与类分布一致,简化数据,减少噪声数据,提高机器学习算法分类效果和效率。

6.1.1 方法描述

FSEN 算法主要包括两部分:第一部分,将多个特征选择器选取的特征子集根据评价指标进行排序,再根据选择性集成策略选择部分特征选择器,从已有的特征选择器中将作用不大和性能不好的特征选择器剔除,将保留的特征选择器集成。第二部分,采用朴素贝叶斯算法评估序列前向搜索产生的特征子集,以分类准确率下降为结束准则,再比较多个数据集的最优特征子集选出全局特征子集,提高特征子集稳定性,FSEN 流程如图 6.1 所示。该方法不仅可以有效剔除不相关和冗余特征,还能提高特征选择的稳定性,使分类准确率与稳定性达到最优平衡。

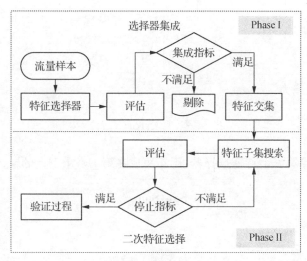

图 6.1　FSEN 流程图

1) 选择器集成策略

选择器集成过程中采用选择性集成策略,即对同一问题的多种方法进行适当的选择,将所选择的结果进行结合获得比集成全部方法更好的效果。特征选择过程中的选择性集成就是从一组特征选择器中选择部分集成,假定在 m 个特征属性上的期望输出 $\boldsymbol{D}=[d_1, d_2, \cdots, d_m]$,其中 d_j 表示第 j 个属性的期望输出,$d_j \in \{-1, +1\}(j=1, 2, \cdots, m)$。令 $\boldsymbol{f}_i$ 表示第 i 个特征选择器的实际输出,$\boldsymbol{f}_i = [f_{i1}, f_{i2}, \cdots, f_{im}]^{\mathrm{T}}$,其中 f_{ij} 表示第 i 个特征选择器在第 j 个属性上的实际输出,$f_{ij} \in \{-1, +1\}(i=1, 2, \cdots, N; j=1, 2, \cdots, m)$。当第 i 个特征选择器在第 j 个属性上的实际输出正确时,$f_{ij}d_j = +1$,否则 $f_{ij}d_j = -1$。这样,第 i 个特征选择器在这 m 个属性上的泛化误差为:

$$E_i = \frac{1}{m}\sum_{j=1}^{m}\mathrm{Error}(f_{ij}d_j) \tag{6.1}$$

$\mathrm{Error}(x)$ 定义为:

$$\mathrm{Error}(x) = \begin{cases} 1 & x=-1 \\ 0.5 & x=0 \\ 0 & x=1 \end{cases} \tag{6.2}$$

和向量 $\boldsymbol{\mathrm{Sum}}_j$ 代表所有个体特征选择器在第 j 个属性上的实际输出的和,即

$$\boldsymbol{\mathrm{Sum}}_j = \sum_{i=1}^{N} f_{ij} \tag{6.3}$$

则集成在第 j 个属性上的输出为:

$$\hat{f}_j = \mathrm{Sgn}(\boldsymbol{\mathrm{Sum}}_j) \tag{6.4}$$

$\text{Sgn}(x)$定义为：

$$\text{Sgn}(x)=\begin{cases}1 & x>0 \\ 0 & x=0 \\ -1 & x<0\end{cases} \tag{6.5}$$

因此，集成的泛化误差为：

$$\hat{E}=\frac{1}{m}\sum_{j=1}^{m}\text{Error}(\hat{f}_j d_j) \tag{6.6}$$

假设集成中剔除第 k 个特征选择器，则新集成在第 j 个示例上的输出为：

$$\hat{f}'_j=\text{Sgn}(\mathbf{Sum}_j-f_{kj}) \tag{6.7}$$

新集成的泛化误差为：

$$\hat{E}'=\frac{1}{m}\sum_{j=1}^{m}\text{Error}(\hat{f}'_j d_j) \tag{6.8}$$

从式(6.6)和式(6.8)可知，如果 $\hat{E}$ 不小于 $\hat{E}'$，说明剔除后的集成比原来的集成更好，即

$$\sum_{j=1}^{m}\{\text{Error}(\text{Sgn}(\mathbf{Sum}_j)d_j)-\text{Error}(\text{Sgn}(\mathbf{Sum}_j-f_{kj})d_j)\}\geqslant 0 \tag{6.9}$$

当 $|\mathbf{Sum}_j|>1$ 时，剔除掉第 k 个特征选择器不影响 d_j，又由于函数 $\text{Error}(x)$ 和 $\text{Sgn}(x)$ 的性质：

$$\text{Error}(\text{Sgn}(x))-\text{Error}(\text{Sgn}(x-y))=-\frac{1}{2}\text{Sgn}(x+y) \tag{6.10}$$

可得：

$$\sum_{\substack{j=1 \\ j\in\{j\mid|\mathbf{Sum}_j|\leqslant 1\}}}^{m}\text{Sgn}((\mathbf{Sum}_j+f_{kj})d_j)\leqslant 0 \tag{6.11}$$

由于 $f_{kj}d_j=-1$，式(6.11)满足结果。

理论分析表明集成部分特征选择器优于集成所有特征选择器。特征选择过程中通过对特征选择器排序来选择性集成部分特征选择器。首先，根据准确率评估准则对特征选择器排序；然后，根据指定的特征选择器个数部分集成。

2) 启发式搜索方法

FSEN 算法获取的最优特征子集机械式组合容易引起冗余，无法获得较优的特征子集。假设特征集中有 n 个特征，那么存在 2^n-1 个非空特征子集，搜索策略就是从 2^n-1 个候选特征子集中寻找最优特征子集。因此，本节改进序列前向搜索算法进一步精选特征子集，每次从未选入的特征中选择一个特征，使它与已选入的特征组合在一起时判据值 J 最大，直到判据值 J 降低为结束准则。

设特征集 $F=\{f_1,f_2,\cdots,f_n\}$，初始时，特征子集 $F_0=\varnothing$，已选入了 k 个特征的特征子集记为 F_k，把未选入的 $n-k$ 个特征 $F_j(j=1,2,\cdots,n-k)$ 逐个与已选入的特征 F_k 组合计算判据值 J，若 $J(F_k+x_1)\geqslant J(F_k+x_2)\geqslant\cdots\geqslant J(F_k+x_{n-k})$，则 x_1 选入，下一步的特征组合为 $F_{k+1}=F_k+f_1$，该过程一直进行到最大判据 J 值降低为止，从而避免搜索整个特征空间，该算法时间复杂度 $\leqslant n(n-1)/2$，搜索过程如表 6.1 所示。

表 6.1 SFS 搜索过程

迭代次数	当前特征子集	评估值	最优特征子集
1	f_1	30	f_3
	f_2	20	
	f_3	35	
	f_4	25	
2	f_1f_3	40	f_2f_3
	f_2f_3	50	
	f_3f_4	45	
3	$f_1f_2f_3$	40	Stop(f_2f_3)
	$f_2f_3f_4$	45	

3）FSEN 算法流程伪代码

图 6.2 算法伪代码描述了基于选择性集成策略的特征选择方法 FSEN 的具体执行过程。1~4 行采用 5 种特征选择器提取特征子集，包括相关性、信息增益、统计、一致性度量，每种算法是各个度量指标的代表性算法，包括 FCBF、InfoGain、GainRatio、Chi-square、CBC。GainRatio 作为一种补偿措施来解决 InfoGain 偏向选择取值多的属性的不足，但它也有可能导致过分补偿，因此两种算法可以互为补充。5~8 行根据选择性集成策略选取部分特征选择器，第 5 行评估每个特征子集，第 6 行选择评估指标最高的 3 个特征子集对应的选择器，第 7 行合并特征子集的特征，第 8 行返回相关性较高的特征子集，但其中有冗余特征还会降低分类性能，如何消除这些冗余特征是整个特征选择过程的关键。10~16 行采用启发式搜索策略从第 8 行返回的特征中选择最优特征子集，直至加入特征后分类准确率下降。第 11 行采用序列前向搜索方法产生特征子集，第 12 行根据朴素贝叶斯算法评估每轮特征子集的分类准确率，第 13 行选出最高的分类准确率，第 17 行根据分类准确率找出不同数据集的全局特征子集。剔除了不相关和冗余特征的全局特征子集有利于简化分类模型，提高分类准确率和稳定性。

FSEN 算法

输入：

数据集 *Data*：Traffic data sets

特征选择器 T：Five Feature selectors

特征子集 *Subset*：Feature subset

特征集合 F：Features in subsets

输出：

全局特征子集 *Global feature subset*

```
1：    for data in Data do   //Part 1 Selectors Ensemble
2：      for t in T do
3：        Subset[optimal]:=FindOptimalSubset(data,t)
4：      end for
5：      β:=Evaluate(Subset[optimal])
6：      β[top]:=FindTopThree(β)
7：      F ∩=F{β[top]}
8：    return F   // Part 1 finish
9：    repeat   // Part 2 Secondary Feature Selection
10：     for f in F do
11：       Subset :=GenerateSubset(F)
12：       θ:=Evaluate(Subset)
13：       Subset[best]:=FindBestSubset(Max(θ))
14：       F-=f
15：     end for
16：   until F∈∅||θ[iteration+1]<θ[iteration]
17：   Subset[global]=FindOptimal(Subset[best])
18：   end for
19：   return Subset[global]   // Part 2 finish
```

图 6.2　FSEN 算法伪代码

6.1.2　稳定性评估

网络流分布变化是实际分类过程中最常见的问题,类别分布随时间和网络环境变化而发生改变,特征选择方法很难选取稳定的特征子集来保持较高的分类精度。Somol 采用汉明距离和 Tanimoto 系数作为稳定性度量,但只适用于固定大小的特征子集。另外,由于不同特征选择方法度量标准不统一,无法比较。本节提出的稳定性度量可以统计不同大小的特征子集,也可以比较不同特征选择方法获得的稳定性。另外,针对出现频率高的特征对稳定性贡献大,采用加权方式突出其稳定性作用。因此,有必要评估特征子集的稳定性,特征选择的稳定性主要研究当样本类别分布发生变化时,特征选择算法的鲁棒性。特征选择方法不仅要获得很高的分类准确率,可靠的稳定性也必不可少。

令特征子集 $S = \{S_1, S_2, \cdots, S_n\}$,集合 $X = \{f \mid f \in S, F_f > 0\} = \bigcup_{i=1}^{n} S_i, X \neq \varnothing$ 包含 S 的所有特征,特征 f 出现次数为 F_f,总出现次数 $N = \sum_{y \in X} F_f = \sum_{i=1}^{n} |S_i|$,特征一致性为:

$$C(f_i) = \frac{F_{f_i} - F_{\min}}{F_{\max} - F_{\min}} \tag{6.12}$$

最小出现次数 $F_{\min} = 1$,最大出现次数 $F_{\max} = n$。$C(f_i) = 0$ 表示 f_i 出现次数为 1;$C(f_i) = 1$ 表示 f_i 出现次数为 n,平均一致性为:

$$C(S) = \frac{1}{|X|} \sum_{f \in X} C(f_i) = \frac{1}{|X|} \sum_{f \in X} \frac{F_{f_i} - F_{min}}{F_{max} - F_{min}} \tag{6.13}$$

带权重的一致性为:

$$CW(S) = \sum_{f \in X} w_f \frac{F_{f_i} - F_{min}}{F_{max} - F_{min}} \tag{6.14}$$

即

$$CW(S) = \sum_{f \in X} \frac{F_{fi}}{N} \cdot \frac{F_{f_i} - F_{min}}{F_{max} - F_{min}} \tag{6.15}$$

如果 $CW(S) = 0$,当且仅当 $N = |X|$,每个特征只出现一次;如果 $CW(S) = 1$,当且仅当 $N = n|X|$,每个特征只出现一次;如果 $N > |X|$,肯定有特征出现超过一次,$CW(S) > 0$。

6.1.3 实验分析

1) 实验数据集

目前还没有一个权威的数据集来评测流量分类性能,因此采用不同数据集进行分类研究,可以验证算法的有效性,本节采用 CERNET 华东(北)地区网络中心采集的 CERNET(CNT)和 Moore_Set(MS)两组数据集。CNT 数据集是采用 tcpdump 抓取华东(北)网络中心 16 个 C 类地址 2014 年 4 月 2 日 13:00 约 60 min 的双向全报文数据,约 30 GB,构成 5 组数据集,采用改进 OpenDPI 获取五元组标准集,再利用 tcptrace 获取双向流的 110 种统计特征,CNT 数据集共包含 354 022 个完整的双向流网络流样本,被分为 7 类,流样本类别分布如表 6.2 所示。MS 数据集是在同一采集点处随机抽样产生,数据集只选用完整的 TCP 双向流作为网络流样本,每条流包含 249 项特征属性,共包含 9 种类型 376 832 个样本,被分为 5 组数据集,每类网络流的数量和所占的比例见表 6.3。

表 6.2 CNT 数据集统计信息

类别	HTTP	Flash	SSL	ICMP	QQ	BitTorrent	Nomatch	Total
数目	274 958	12 110	9 559	2 937	7 312	2 796	44 350	354 022
百分比	77.67%	3.42%	2.70%	0.83%	2.07%	0.79%	12.53%	100%

表 6.3 MS 数据集统计信息

类别	WWW	MAIL	FTP-control	FTP-pasv	Attack	P2P	Data-base	FTP-data	Services	Total
数目	328 092	28 567	3 054	2 688	1 793	2 094	2 648	5 797	2 099	376 832
百分比	87.07%	7.58%	0.81%	0.71%	0.48%	0.56%	0.7%	1.54%	0.56%	100%

本节基于 Weka-3.7.10 二次开发,在 eclipse 上调用 Weka 的 API 完成特征选择和流量分类任务。所用实验平台运行 Windows 7 操作系统,CPU 为 Intel Core i5-3210,2.5 GHz,内存为 DDR3 1 600 MHz 4 GB,Java 开发平台 eclipse-4.2.2。

2）性能评估

当前网络上运行着大量的应用,同时新应用不断出现,每个应用都有独特的流统计特征,流统计特征随着时间推移和网络环境改变而发生变化,使得分类器很难保持较高的分类准确率。因此,有必要选择稳定的特征子集能在很长一段时间维持稳定的分类准确率。将 FSEN 算法在 CNT 和 MS 数据集上进行特性选择,采用朴素贝叶斯算法获得分类准确率,并与 5 种常用特征选择算法(FCBF、InfoGain、GainRatio、Chi-square、CBC)进行对比,分类准确率如表 6.4 所示。

表 6.4　分类准确率

数据集 方法	CNT1	CNT2	CNT3	CNT4	CNT5	MS1	MS2	MS3	MS4	MS5
FSEN	96.22	96.54	96.42	95.64	96.49	97.46	98.86	98.43	97.42	97.98
FCBF	92.21	95.01	92.51	92.43	94.52	96.98	94.60	93.65	95.48	94.91
InfoGain	44.33	77.53	76.14	94.57	28.36	90.86	89.04	96.50	85.23	83.91
GainRatio	92.68	94.09	90.86	92.79	4.37	10.37	10.24	84.13	89.68	88.23
Chi-square	59.55	95.59	90.02	95.49	95.61	96.26	95.05	96.96	91.99	39.99
CBC	35.50	13.02	13.54	5.53	18.48	21.58	93.58	76.93	31.51	79.43
Original	12.03	11.14	19.93	11.62	18.12	57.89	60.70	84.45	74.51	79.29

* Original 代表未进行特征选择的特征全集。

表 6.4 显示 FSEN 特征选择后的分类准确率均高于其他特征选择算法,而且准确率比较稳定;FCBF 获得较稳定的分类准确率,但总体分类准确率低于 FSEN,Original 分类准确率不高,因为特征全集中存在不相关和冗余特征,与 Original 比较可以看出,有些数据集特征选择后的分类准确率反而变低,特征选择后的分类模型反而变差了,说明有些特征选择方法鲁棒性差。另外,表 6.4 显示 FSEN 和 FCBF 算法分类准确率相对稳定,其余算法随着时间推移准确率有较大变化,很不稳定,说明传统的特征选择方法无法获取稳定的特征子集应对概念漂移问题。而 FSEN 分类准确率稳定在 95% 以上,因为 FSEN 算法综合多个特征选择方法的优点,剔除概念漂移产生的局部最优特征,获得稳定的特征子集。为了进一步验证 FSEN 算法应对概念漂移的有效性,采用平均准确率和稳定性从整体上评价特征选择方法,如图 6.3 所示。

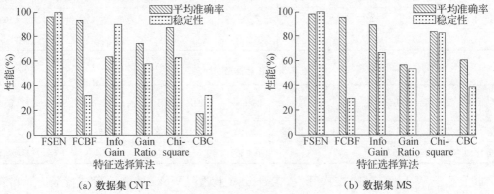

（a）数据集 CNT　　　　　　　　　（b）数据集 MS

图 6.3　平均准确率和稳定性

图 6.3 显示 FSEN 算法的平均分类准确率和稳定性均高于其他算法,其他算法存在分类准确率不稳定现象,FCBF 虽然获得了较高的分类准确率,但稳定性相对较低;而 Chi-square 和 InfoGain 算法的分类准确率和稳定度均高于 60%。从稳定性来看,FSEN 算法明显高于其他算法,因为 FSEN 算法选取稳定的特征子集作为不同数据集的全局特征子集。综合来看,FSEN 算法具有较好且稳定的特征选择能力,达到分类准确率和稳定性的最优平衡。分类准确率只能综合评价整个数据集的识别精度,查准率、查全率和 F-Measure 可以有效评价各类的分类情况,各个特征选择算法的评估结果如表 6.5 所示。

表 6.5　各特征选择算法的评估结果

方法	准确率(%)		查准率(%)		查全率(%)		特征数	
	CNT	MS	CNT	MS	CNT	MS	CNT	MS
FSEN	96.26	98.03	96.86	98.1	95.88	97.94	2	3
FCBF	93.34	95.12	95.98	93.34	93.32	84.32	5	7
Chi-square	64.19	89.11	96.96	97.02	64.22	89.1	5	10
GainRatio	74.96	56.53	95.8	69.2	74.98	56.5	5	10
InfoGain	87.25	84.05	96.04	97.02	87.24	84.08	5	10
CBC	17.21	60.61	96.56	84.84	17.2	60.6	9	8

表 6.5 显示 FSEN 算法的查准率和查全率较为接近,表明分类性能稳定。然而,FCBF 具有较高的查准率及较低的查全率,表明其中有应用类型分类精度不高,需要对该类型进行增量学习。从特征数目来看,FSEN 算法选取的特征子集数目最小,因为 FSEN 算法借助集成学习的优势,保留了不同数据集的本质特征,对部分相关的特征予以剔除,具体特征描述如表 6.6 所示。CNT 数据集的特征子集是 ServerPort(端口号)和 Misseddata(丢失字节数),虽然基于端口号的分类方法由于动态端口号而失效,但端口信息仍然是重要的特征;Misseddata 表示实际收到的字节数与期望收到的字节数的差值;MS 数据集的特征子集 ServerPort、Ave_seg_size(平均包大小)和 Init_win_bytes(初始窗口字节数),ServerPort 是重要特征,Ave_seg_size 表示平均包大小,不同的应用包大小差别很大,Init_win_bytes 表示初始窗口发送的字节数,两组数据集包含的特征区别性都很强,而且特征之间也不存在冗余性。说明 FSEN 算法选取的特征作为全局特征子集而不受网络流变化的影响。

表 6.6　FSEN 方法获取的特征子集

数据集	简称	特征描述
CNT	ServerPort	Port Number at serve 服务器端口号
	Misseddata	Difference between RTL stream length and unique bytes sent 实际收到的字节数与期望收到的字节数的差值
MS	ServerPort	Port Number at serve 服务器端口号
	Ave_seg_size	Average segment size:data bytes divided by #packets 平均包大小(服务器→客户端)
	Init_win_bytes	Total number of bytes sent in initial window 初始窗口发送的字节数(客户端→服务器端,服务器端→客户端)

图 6.4(见彩插 8)描述了数据集 CNT1 和 MS1 各个类别的综合评价 F-Measure,从

CNT1 图中可以看出，FSEN 算法除了类 SSL 和 QQ 的 F-Measure 低于 Chi-square 算法，其余类的 F-Measure 都高于其他算法，特别是类 Flash 和 BitTorrent 的 F-Measure 明显高于其他算法。另外，从 MS1 图中可以看出，FSEN 算法的 F-Measure 在各个类别上都超过60%，除了类 DataBase 和 Services 的 F-Measure 略微低于 FCBF 算法，其余类别的 F-Measure 都是最高的。因为 FSEN 算法集成多个特征选择方法的优点，同时兼顾了多种度量标准，而不是从单一的度量考虑。综合来看，FSEN 算法的 F-Measure 明显优于其他算法，在各个类别上都获得较高的分类性能，有效处理类不平衡。

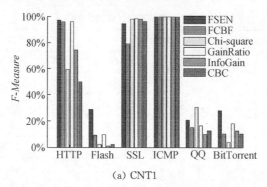

(a) CNT1

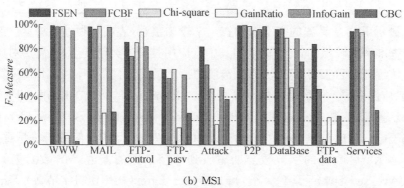

(b) MS1

图 6.4　综合评价 F-Measure

3）分类效率

选取不同大小的 CNT 数据集（10 000，20 000，40 000，80 000，160 000）执行 FSEN 特征选择，每个过程执行 10 次取平均值，各个特征选择算法的运行时间如图 6.5 所示。另外，采用 FSEN 特征选择在3 个 CNT 数据集上执行特征选择，特征子集的模型建立时间和分类时间分别如图 6.6 和图 6.7 所示。

从特征选择执行时间可以发现 FCBF、GainRatio、Chi-square 和 InfoGain 所需的时间较少，而CBC 的执行时间较长，FSEN 执行时间长是因为集成了多个特征选择算法，可以采用并行计算来加快

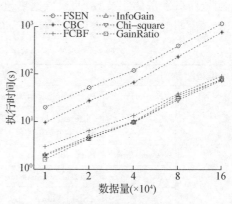

图 6.5　特征选择执行时间

处理速度。从模型建立时间来看,FSEN 低于其他特征选择算法,但相差不大。而从分类时间来看,FSEN 算法明显低于其他算法。综合来看,FSEN 算法不论在模型建立和分类时间都少于其他特征选择算法,主要是因为 FSEN 算法产生的特征数目较少,简化了分类模型,同时提高了分类准确率和稳定性,最终达到分类准确率和稳定性的最优平衡。

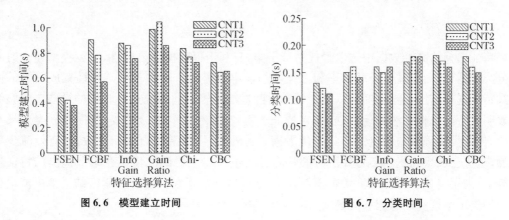

图 6.6　模型建立时间　　　　　　　　　　图 6.7　分类时间

4) 特征离散化

采用 5 种常用的机器学习算法(C4.5、BayesNet、KNN、NB(NaiveBayes)和 SMO)分类 FSEN 算法获取的特征子集,结果显示 NB 和 SMO 算法的识别精度不太稳定,如图 6.8 所示。不管采用什么流统计特征,C4.5、BayesNet 和 KNN 分类准确率总高于 NaiveBayes 和 SMO,发现前三种算法分类前对数据进行"离散化"预处理。机器学习算法主要用于处理离散型数据,虽然可以分类连续性数据,但效果和效率低。由于流统计特征中存在连续型数据,导致机器学习分类性能下降。离散化可以简化数据,消除噪声,使得分类器更快、更精确,鲁棒性更好。同时,最小化类和属性之间相互依赖。因此,采用一种基于最小描述长度原理的启发式离散化算法来解决。离散化方法根据信息论原理将连续属性分割成多个离散区间,以最小描述长度为控制离散化算法的停止指标,在分类错误与离散区间之间找到一个最优平衡。采用离散化方法后获得的分类准确率如图 6.9 所示。

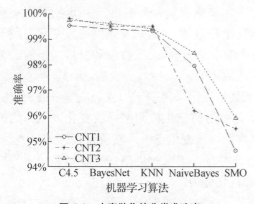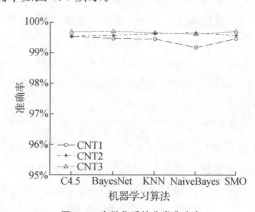

图 6.8　未离散化的分类准确率　　　　　　图 6.9　离散化后的分类准确率

　　通过比较不同机器学习算法采用离散化预处理前后的分类性能,对比图 6.8 和图 6.9 可以发现离散化后的 NB 和 SMO 分类准确率明显提高,另外三种算法保持较高的分类准确率。离散化有助于分割连续型数据与类分布一致,简化分类模型,同时消除数据中部分噪声,提高机器学习算法分类效果和稳定性。

6.1.4　小结

　　特征选择从高维数据中选取最优特征子集,有利于提高模型鲁棒性,减少模型建立时间和分类时间,从而提高分类准确率和泛化能力。本节提出了一种基于选择性集成策略的嵌入式特征选择方法,通过准确率、稳定性和时间性能比较不同特征选择算法的性能。实验结果表明该特征选择算法稳定性强,而且特征子集较小,有效简化分类模型,提高分类效果和效率,使分类准确率与稳定性达到最优平衡。另外,采用离散化方法简化数据,有效减少数据噪声,进一步提高机器学习算法分类稳定性。下一步主要研究将结合本节提出的特征选择算法,采用集成学习与代价敏感学习方法,通过特征选择和机器学习紧密结合解决流量分类中的类不平衡和概念漂移问题。

6.2　基于加权集成学习的自适应分类方法

　　随着移动互联网的快速发展,网页浏览、流媒体以及社交网络中新业务不断出现,同时用户网络安全需求使得加密流量占比不断增加,使得传统的流量分类方法面临严峻的挑战。针对 DPI 分类方法解析数据包负载内容侵犯隐私,且对加密业务无能为力,促使研究人员转向基于机器学习的流量分类方法。但基于流特征的机器学习分类方法会因为不同时间段以及不同地域的流量所承载的业务分布差异而引起概念漂移问题。因此,根据先前流量训练的分类器对新样本空间的适用性逐渐变弱,导致分类模型的识别能力下降。针对该问题研究人员进行了深入研究,但还存在一些不足:① 只在新的流量上重新训练分类器,导致一些历史知识丢失,而且重新标记样本代价高。② 结合不同时期收集的所有流量训练分类器会导致性能问题。此外,如果某个特定时期具有较大的数据量,将对流量分类起主导作用。为了避免这种情况,需要从不同时期选择代表性样本用来构成复合数据集。③ 定期频繁更新分类器不仅耗费时间和资源,且难以保证分类器泛化能力,如何显式发现网络流变化有利于分类器更新。④ 随着网页浏览和流媒体中新业务的不断出现,无法收集和分析完整的训练样本,训练样本的数量及质量对识别性能具有较大的影响。

　　针对上述问题,本节借鉴信息论和集成学习思想,提出一种基于加权集成学习的加密流量自适应分类方法。首先,该方法根据特征属性分布的熵变化检测网络流变化,然后,借助增量集成学习策略在保留原来分类器的基础上,在网络流变化点引入新流量训练的分类器,根据精度权重替换原有性能下降的分类器,使得分类器得到有效更新。实验结果表明该方法在应对网络流特征变化时具有较高的准确率和泛化能力。

6.2.1　网络流特征变化

　　网络中大规模流量数据包高速传输,网络流量是一种典型的数据流应用。由于网络流分

布随网络环境动态变化,如不同时间段流量行为的差异,以及不同地域流量承载的业务的差异,使得业务分布发生较大的变化,导致基于流特征的机器学习分类模型识别能力会因此而下降,分类模型需要更新或重建,这就是数据流挖掘中典型的概念漂移问题。从概率角度来看,分类器是通过计算流特征 $X=\{x_1,x_2,\cdots,x_n\}$ 被分为 Y 的概率来建立的。由于 X 是已知的,分类结果依赖于概率 $P(y|X)=\dfrac{P(y)|P(X|y)}{P(X)}$。分类器可以定义为期望函数 $f:X\rightarrow Y$:

$$f(X) = \arg\max_{y\in Y} P(y\mid X) = \arg\max_{y\in Y} \frac{P(y)\prod\limits_{i=0}^{n} P(x_i\mid y)}{P(X)} \tag{6.16}$$

从公式(6.16)可见,分母 $P(X)$ 是样本特征 X 的概率,$P(X) = \prod\limits_{i=0}^{n} P(x_i)$,$P(x_i)$ 是 x_i 在给定训练集的概率,所有类别都是常数;然而,流统计特征 x_i 变化会导致独立概率分布 $P(x_i|y)$ 变化,从而影响 $P(y|X)$;同时,类别先验概率 $P(y)$ 变化也会影响 $P(y|X)$。

为了描述流量特征的变化,图 6.10 以 UNIBS 数据集中 P2P 流量的平均分组大小为例,描述连续 3 天的 P2P 流分布变化。P2P 流包含 Edonkey 和 BitTorrent 两种不同的 P2P 应用,Day1、Day2、Day3 分别包含 3 500、700 和 3 800 个 P2P 样本,Day1 与 Day2 相比,Day2 平均分组大小集中在 0~150 B,超过 150 B 的占比很小;Day1 与 Day3 相比,Day3 平均分组大小集中在 0~100 B,超过 100 B 的占比较小。

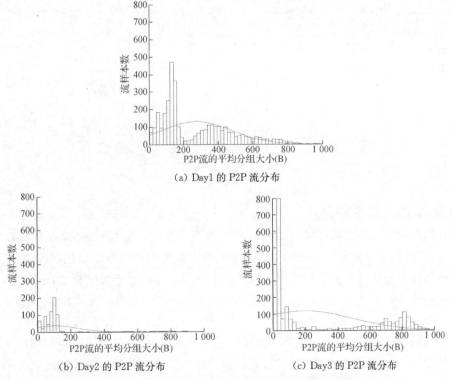

(a) Day1 的 P2P 流分布

(b) Day2 的 P2P 流分布　　　　　　(c) Day3 的 P2P 流分布

图 6.10　UNIBS 数据集连续 3 天的 P2P 流分布

6.2.2　方法描述

如果能够准确地识别网络流变化,就可以及时有效地更新分类器,从而避免仅根据经验设置固定的时间间隔频繁更新分类器。当前主要根据分类准确率的下降来判断是否发生网络流变化,但基于分类准确率的网络流变化检测需要类别标记,然而,标记样本需要耗费大量时间和资源。另外,基于分类准确率的网络流变化检测很难应用于类不平衡的网络流,对于占大多数的应用网络流变化检测不存在问题,但对于占少数的应用,检测性能不稳定。

为了解决网络流变化引起的分类精度下降问题,本节提出一种基于加权集成学习的自适应分类方法(ACED)。该系统主要包括流统计特征处理、特征选择模块、网络流变化检测机制和集成分类器,如图 6.11 所示。流统计特征处理用于组流,并获取流的统计特征;特征选择模块用于选取建立分类器的稳定的特征子集;网络流变化检测机制用于检测流量是否发生特征分布变化,确定何时更新分类器;集成分类器通过综合多个加权分类器的分类结果识别新流量,并在网络流变化点引入新流量更新分类器,构建出适应新环境的分类模型。

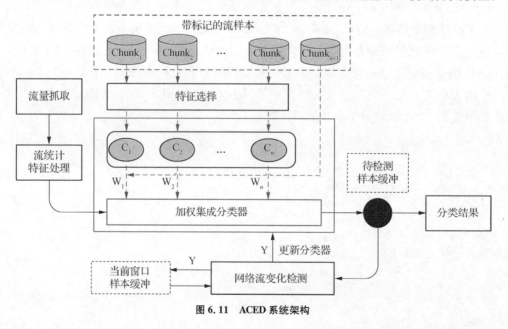

图 6.11　ACED 系统架构

1) 网络流变化检测方法

针对网络流特征随时间推移以及网络环境改变而变化,分类器对新流量的适应能力将逐渐变差,很难保持稳定的分类准确率。如果能够准确地识别网络流变化,就可以及时有效地更新分类器。当前基于分类准确率的网络流变化检测方法由于类别标记成本高和类不平衡性问题不能很好地适用。针对以上问题,根据流特征属性分布变化提出一种基于信息熵的网络流变化检测方法,采用滑动窗口技术比较两个窗口,一个代表数据流中旧一些的实例,另一个代表新的实例。该方法并不直接比较两个窗口的熵,而是将流特征属性离散化为若干个分支,并将多个流特征一同比较,通过统计各特征属性以及各分支的熵来比较两个窗口的差异。

定义流在 t_i 时刻为 d_i，d_i 包含 S 个特征的特征集 $\vec{s}$ 和标记 l，$d_i=(s_i,l_i)$，由于香农熵 $H(x)=-\sum\limits_{x}P(x)\log_2[P(x)]$，对应 t_i 时刻的熵：

$$H_i=\frac{1}{S}\sum_{s=1}^{S}H_{is} \tag{6.17}$$

S 表示特征的数目，因此，

$$H_{is}=\sum_{b=1}^{B}H_{isb} \tag{6.18}$$

H_i 代表滑动窗口 $I(s_i,Y)$ 时刻在分支 $(b\in B)$ 和特征 $(s\in S)$ 上的熵，B 代表各特征的分支，H_{isb} 代表 t_i 时刻在分支 b 和特征 $I(t_i,t_{i-1},Y)$ 上的熵：

$$H_{isb}=-w_{isb}[\rho_{isb_{old}}\log_2(\rho_{isb_{old}})-\rho_{isb_{new}}\log_2(\rho_{isb_{new}})] \tag{6.19}$$

$\rho_{isb_{old}}$ 代表旧窗口 t_i 时刻在分支 $(b\in B)$ 和特征 $(s\in S)$ 上的概率：

$$\rho_{isb_{old}}=\frac{v_{isb_{old}}}{\lambda_{i_{old}}},\qquad \rho_{isb_{new}}=\frac{v_{isb_{new}}}{\lambda_{i_{new}}} \tag{6.20}$$

w_{isb} 代表每个分支的权重，$\sum\limits_{s=1}^{S}\sum\limits_{b=1}^{B}w_{isb}=1$，当窗口大小 $\lambda_{i_{old}}=\lambda_{i_{new}}$，为了简化计算，令 $w_{isb}=1$。

2）网络流变化检测窗口

基于信息熵的检测方法通过比较滑动窗口的熵值来实现，窗口过大，容易造成漏报，且带来较大的检测延迟，窗口过小，噪声影响会较大，带来较多的误报，因此，确定合适的窗口大小是首要任务。根据 Hoeffding 边界确定窗口大小阈值 ξ。

Hoeffding 边界描述如下：随机变量 R 的 n 个独立样本的均值和真实平均值的误差不超过 ε 的概率为 $1-\delta$，可得：

$$\varepsilon=\sqrt{\frac{R^2\ln(1/\delta)}{2n}} \tag{6.21}$$

鉴于 Hoeffding 边界 ε 随 n 的增加而减小，当 n 增长到足够大时，Hoeffding 边界 ε 足够小，即当前节点进行分裂的最小取值。根据 Hoeffding 边界可以得到最小窗口大小 ξ：

$$\xi=\frac{R^2\ln(1/\delta)}{2\varepsilon^2} \tag{6.22}$$

假设两个独立样本集来自相同的随机变量，u_1、u_2 分别代表两个样本集的均值，真实平均值为 u_0。根据 Hoeffding 边界可得 $|u_0-u_2|\leqslant\varepsilon$，$|u_0-u_1|\leqslant\varepsilon$，可得：

$$|u_1-u_2|\leqslant 2\cdot\varepsilon \tag{6.23}$$

因此，由式(6.22)和式(6.23)可得：

$$\xi=\frac{2R^2\ln(1/\delta)}{(u_1-u_2)^2} \tag{6.24}$$

Hoeffding 边界默认 $\delta = 10^{-7}$，两类问题的随机变量 $R = \log_2(2) = 1$，为了解决 $u_1 - u_2$ 恒小于 Hoeffding 边界的问题，Domingos 提出 Tie-breaking 方法，实验验证将 ε 设为 0.05 比较合适，即 $|u_1 - u_2| \leqslant 0.1$，因此，可得最小检测窗口 $\xi = 1\ 400$。

3）网络流变化检测算法

该方法将问题简化为两个样本集的比较，如果熵 $H_i > \tau$，称 t_i 时刻为网络流变化点。图 6.12 描述了网络流变化检测算法。算法实际上为 k 次独立的计算，每次为一个三元组 $(\lambda_{i_{old}}, \lambda_{i_{new}}, H_i)$，函数 H_i 为两组样本的差异性。$Win_{1,i}$ 是基窗口，包含从上次检测到网络流变化点后开始的 $\lambda_{i_{old}}$ 个样本，$Win_{2,i}$ 是最新的 $\lambda_{i_{new}}$ 个样本，当新样本加入时，窗口 $Win_{2,i}$ 向前滑动。每次更新，检测是否 $H_i > \tau$，如果是，报告发生网络流变化，重复整个过程。

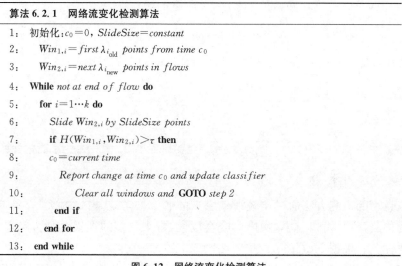

算法 6.2.1　网络流变化检测算法

1：　初始化：$c_0 = 0$，$SlideSize = constant$
2：　$Win_{1,i} = first\ \lambda_{i_{old}}\ points\ from\ time\ c_0$
3：　$Win_{2,i} = next\ \lambda_{i_{new}}\ points\ in\ flows$
4：　**While** $not\ at\ end\ of\ flow$ **do**
5：　　**for** $i = 1 \cdots k$ **do**
6：　　　$Slide\ Win_{2,i}\ by\ SlideSize\ points$
7：　　　**if** $H(Win_{1,i}, Win_{2,i}) > \tau$ **then**
8：　　　　$c_0 = current\ time$
9：　　　　$Report\ change\ at\ time\ c_0\ and\ update\ classifier$
10：　　　$Clear\ all\ windows\ and$ **GOTO** $step\ 2$
11：　　**end if**
12：　**end for**
13：**end while**

图 6.12　网络流变化检测算法

4）增量集成学习策略

为了有效更新分类器，采用增量集成学习更新方式。一方面，充分利用先前训练的分类器，另一方面，在保留先前训练的分类器的基础上引入当前样本训练的分类器集成，并剔除性能下降的分类器，保证集成分类器的泛化能力。该方法将训练集分成大小相同的块 S_1、S_2、$\cdots$、S_n，其中 S_n 表示最近的数据块。C_i 表示从训练数据集 S_i 学习得到的分类器，G_k 表示从整个数据集最后 k 个数据块 $S_{n-k+1} \cup \cdots \cup S_n$ 学习得到的分类器，E_k 表示由最后 k 个分类器 $C_{n-k+1}, \cdots, C_n$ 集成获取的分类器。在网络流变化环境中，将之前学习得到的模型应用于分类当前的测试集可能存在显著的偏差。因而，基于均值的集成学习方法，Draper-Gil 等人提出一种新的基于权重的方法。该方法给每一个分类器 C_i 一个权重 w_i，其中 w_i 反比于 C_i 分类当前测试集的期望误差。Wang 证明如果给每一个分类器分配权重，若给 E_k 中的每一个分类器根据分类器在测试集上的期望分类准确率分配权重，则 E_k 比 G_k 产生更小的分类错误率。这意味着与单个分类器 G_k 相比，如果给集成分类器中的每一个分类器分配一个权重并且权重反比于其期望误差，集成分类器可以减少分类误差。

将训练集分成大小相同的块 S_1、S_2、$\cdots$、S_n，其中 S_n 是最新的块。从每个 S_i 中学习一个

分类器 $C_i(i\geqslant1)$。对于给定的测试集 T,赋予每个分类器 C_i 一个权重,这个权重与 C_i 分类测试集 T 的期望误差成反比。获取分类器 C_i 的权重通过评估其在测试集的期望预测误差。假设最近的训练数据集 S_n 的类别分布是最接近当前测试集的类别分布,因而分类器的权重可以通过计算分类器在 S_n 的分类误差来近似估计。具体地说,假设 S_{n+1} 是由 (x,c) 数据格式构成,其中 c 是当前记录的真实标记,C_i 对实例 (x,c) 的分类错误率为 $1-f_c(x)$,$f_c(x)$ 是分类器 C_i 判断样本 x 标记为类别 c 的概率。因而,分类器 C_i 的均方差为:

$$MSE_i = \frac{1}{|S_n|}\sum_{(x,c)\in S_n}(1-f_c^i(x))^2 \tag{6.25}$$

分类器 C_i 的权重反比于 MSE_i。另外,随机分类器的分类错误率 $p(c)$ 的均方差为:

$$MSE_r = \sum_c p(c)(1-p(c))^2 \tag{6.26}$$

由于随机分类器并不包含样本的有用信息,根据随机分类器的错误率 MSE_r 判断是否加入集成分类器。如果分类器的错误率小于 MSE_r,则加入集成分类器,否则丢弃。集成分类器中各分类器 C_i 的权重 w_i 计算如下:

$$w_i = MSE_r - MSE_i \tag{6.27}$$

5) ACED 算法流程伪代码

图 6.13 描述了 ACED 算法的学习和分类过程。1～3 行是分类过程,输出多个加权分类器的置信度和最大的分类结果;4～20 行根据信息熵检测网络流变化,并在网络流变化点更新分类器,第 5 行检测是否发生网络流变化;6～10 行建立分类器 C_{n+1},并计算分类器 C_{n+1} 的权重 w_{n+1},11～14 行计算各分类器 $C=\{C_1,C_2,\cdots,C_n\}$ 的权重 $w_i(1\leqslant i\leqslant n)$;15～20 行判断分类器 C_{n+1} 的权重是否 $w_{n+1}>\min\limits_{i=1}^n w_i$,如果是,分类器 C_{n+1} 替换权值最小的分类器 C_i,最终返回权重前 M 的分类器集成,并更新分类器。

假设在大小为 s 的数据集上构建一个分类器的复杂度为 $f(s)$,为了获取分类器的权重 w,需要每个分类器分类测试集,而分类测试集的复杂度与测试集的大小成线性关系。假设整个数据流被分成 n 份,由于熵检测发现网络流变化的次数不确定,单从分类器更新时间复杂度考虑,算法 6.2.2 的时间复杂度为 $O(n\times f(s/n)+Ms)$。

算法 6.2.2 ACED 方法

输入: S:块大小,M:集成分类器的分类器个数
初始化:待检测样本缓冲(DB)$=\varnothing$,当前窗口样本缓冲(FB)$=\varnothing$

1: While $flow(x_t,y_t)$ *is available* do
2:     *get classifers output* $\forall_y \forall_i\{H_i^y(x_t)\}\in[0,1]$
3:     **Output** $H(x_t)=\arg\max\limits_{y\in Y}\sum_{i=1}^n w_i H_i^y(x_t)$
4:     $add(x_t,y_t)\,to\,DB$
5:     if $H_t(DB,FB)>\tau$ then
6:       $add(x_t,y_t)\,to\,FB,\,initialize\,FB$

7：　　　*build batch classifier C_{n+1} from FB*

8：　　　$MSE_{n+1} = error\ rate\ of\ C_{n+1}\ via\ the\ cross\ validation\ method\ on\ FB$;

9：　　　$MSE_r = error\ rate\ of\ the\ random\ classifiers\ on\ FB$;

10：　　　$w_{n+1} = MSE_r - MSE_{n+1}$;

11：　　　for $C_i \in C$ do

12：　　　　$MSE_i = \dfrac{1}{|S_n|} \sum_{(x,c) \in S_n} (1 - f_c^i(x))^2$;

13：　　　　$w_i = MSE_r - MSE_i$;

14：　　　end for

15：　　　if $n < M$ then

16：　　　　$n = n + 1$

17：　　　else if $w_{n+1} > \min\limits_{i=1}^{n} w_i$ then

18：　　　　replace C_i with C_{n+1};

19：　　　end if

20：　　　end if

21：　end while

图 6.13　ACED 算法伪代码

6.2.3　实验分析

1) 实验数据集

目前，从已有公开的数据集来看，还未出现标准数据集可用于算法性能的评估比较，因此，采用不同数据源的数据集有利于算法性能分析及有效性验证。采用 WIDE 和 Auckland 合成数据集 WAND 模拟不同环境导致的网络流变化场景，WIDE 和 Auckland 数据集都是载荷被消除的匿名网络流数据，将数据包头部指出的实际报文长度作为分组大小特征。为了有效地标记该网络流，先基于端口号进行标记，然后利用一些过滤规则过滤不完整流量。针对 HTTP，过滤服务器端发出的报文存在空载荷的流，因为 HTTP 作为 Web 应用，服务器发出的报文有负载内容。针对 SMTP 和 FTP，由于保持连接需要发送一些空载荷的控制报文，因此过滤双向都有空载荷的流。另外，报文数量太少的流也被过滤，因为报文太少不利于流量分析。WIDE 和 Auckland 网络流分别包含 368 426 和 293 203 个完整的网络流样本，被分为 6 种应用类型，如表 6.7(a)所示。CNT 数据集是采用 tcpdump 抓取华东(北)网络中心不同网段的双向全报文数据，CNT 数据集共包含 123 280 个完整的双向流网络流样本，报文带有负载内容，采用 ndpi 识别工具进行标记，分为 6 种应用类型，具体分布如表 6.7(b)所示。

为了有效评估信息熵检测方法，选用 2 组不同类型的网络流变化数据验证方法的有效性。其中，WAND 数据集包含 4 个概念，每个概念代表一种网络环境的流量数据，每个概念中包含 10 000 个样本(WIDE 数据源在每个概念中占比依次为 80%、20%、70%、30%)，属于突变类型；而 CNT 数据集包含 6 个概念，每个概念包含 8 000 个样本(SiteA 数据源占比依次为 100%、80%、60%、40%、20%、0)，属于渐变类型。

表 6.7　WAND 和 CNT 流分布

(a) WAND 流分布

数据集	Source	HTTP	SSL	DNS	SMTP	FTP	POP3
WAND	WIDE	275 074	62 101	24 175	6 433	399	244
	Auckland	126 110	50 696	82 565	32 360	318	1 154

(b) CNT 流分布

数据集	Source	HTTP	Flash	SSL	ICMP	QQ	BT
CNT	siteA	71 500	3 935	1 818	365	263	147
	siteB	40 206	1 748	2 271	213	654	160

实验平台为 Windows7,CPU 为酷睿 i5-3210,内存为 8 GB,基于 Java 调用 Weka-3.7.10 开发,开发环境为 eclipse-4.2.2。

2) 熵检测结果

为了实现有效的网络流变化检测,需要选择稳定的、计算复杂度低的检测特征。包级特征计算量小,且可以有效包含流信息。因此,采用互信息评估包级特征所包含协议类型的信息量。从每条流的前 n 个分组提取特征,不考虑载荷为空的数据包,空载荷数据包常用于传递连接状态信息(如应答接收到的数据或保持会话连接),对于不同的应用空载荷数据包所起的作用不同,比如数据块和空载荷 ACK 数据包的到达时间间隔传达的是 TCP 状态信息,而不是应用层协议的控制信息。TCP 流只考虑前三个分组中有 ACK 应答的双向流,$S=(s_1,s_2,\cdots,s_n)$,s_i 代表第 i 个分组的负载大小;$T=(t_1,t_2,\cdots,t_n)$,t_i 是第 i 个分组和第 $i+1$ 个分组之间的到达时间间隔,$t_i=10\lg(I_i/1\ \mu s)$,I_i 表示第 i 个分组实际到达时间间隔;$D=(d_1,d_2,\cdots,d_n)$,d_i 是第 i 分组的传输方向,如果与上一个分组方向相同则 $d_i=1$,否则 $d_i=-1$。包级特征所包含协议类型的信息量如图 6.14 所示。

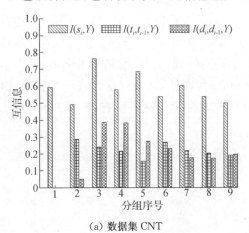
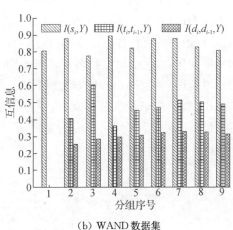

(a) 数据集 CNT　　　　　　　　　　(b) WAND 数据集

图 6.14　包级特征与协议类别的互信息

图 6.14 显示分组大小与协议类别 Y 的互信息 $I(s_i,Y)$ 最大,CNT 数据集的互信息 $I(s_i,Y)$ 为 0.5~0.8,且保持稳定。而分组到达时间间隔和传输方向与协议类别 Y 的互信息 $I(t_i,t_{i-1},Y)$ 和 $I(d_i,d_{i-1},Y)$ 明显小于 $I(s_i,Y)$。WAND 数据集的互信息 $I(s_i,Y)$ 达到 0.8~

0.9。分组到达时间间隔特征与协议类别 Y 的互信息 $I(t_i, t_{i-1}, Y)$ 明显低于 $I(s_i, Y)$，互信息 $I(t_i, t_{i-1}, Y)$ 约为 0.3～0.4。而互信息 $I(d_i, d_{i-1}, Y)$ 又比 $I(t_i, t_{i-1}, Y)$ 低 0.3。综合来看，包到达时间间隔的互信息相对稳定，但相关性较低，该特征不仅受网络状况影响，还受 QoS 机制影响，不同协议的数据包赋予不同的优先级。而传输方向特征稳定性较差，在 CNT 数据集中，传输方向特征的互信息与到达时间间隔特征的互信息相差不大，而 WAND 数据集中传输方向特征的互信息明显低于包到达时间间隔特征的互信息。因此，采用稳定性和相关性较强的分组大小特征作为网络流变化检测特征。

(1) 熵检测的阈值

熵检测的阈值影响检测算法的性能，为了合理选择检测阈值 τ，采用误报率和漏报率来评估不同阈值的检测性能，并采用平均延迟来描述检测到网络流变化与实际网络流变化的延迟，结果如表 6.8 所示。

表 6.8　熵检测的阈值

阈值	WAND			CNT		
	误报率 （%）	漏报率 （%）	平均延迟 （样本数）	误报率 （%）	漏报率 （%）	平均延迟 （样本数）
0.15	66.7	0	1 310	0	0	560
0.2	33.3	0	1 545	0	0	1 010
0.25	0	0	1 700	0	0	1 280
0.3	0	33.3	2 320	0	60	1 410
0.35	0	100	—	0	100	—

表 6.8 可见，随阈值增加，误报降低，漏报增加，当阈值为 0.25 时，误报和漏报都为 0，达到较好的平衡。同时，平均延迟随阈值增加而增高。因此，选择 0.25 作为熵检测的阈值可以降低误报、漏报的同时实现较小的检测延迟。

(2) 检测窗口大小

根据 Hoeffding 边界确定的窗口大小阈值 1 400，并与窗口大小为 1 000、1 800 时进行对比，验证该边界的可行性。图 6.15 显示当窗口大小为 1 400 时，熵检测方法可以有效地检测到网络流变化点，包括突变和渐变。与此同时，当检测窗口越大，检测结果越明显，但带来较大的检测延迟。图 6.15(a) 中，当窗口大小为 1 000 时，在样本 8 000 前存在一个误报，因为窗口过小，噪声影响较大。因此，为了尽可能降低检测延迟和噪声影响，根据 Hoeffding 边界将窗口大小阈值设为 1 400 是合适的。

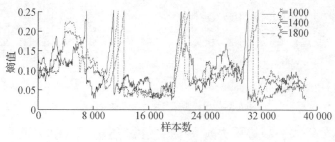

(a) WAND 数据集

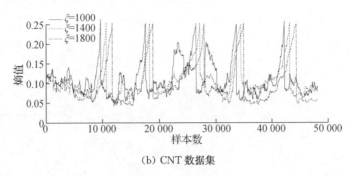

(b) CNT 数据集

图 6.15 熵检测结果

3) 性能评估

(1) 特性选择结果

由于网络流特征分布会随时间和网络环境变化而变化,单一特征选择方法在给定数据集获得的特征子集无法在未来长时间维持稳定的分类精度。因此,采用 6.1 节提出的 FS-EN 方法进行特征选择,通过集成多个特征选择方法获取高泛化能力的特征子集,避免特征选择陷入局部最优。与其他特征选择方法相比,FSEN 方法的准确率较高且稳定,因为单个特征选择算法考虑的评估指标单一,无法获得全局特征子集,且由于流特征随时间发生变化,之前得到的特征子集无法适应当前的流样本空间。FSEN 特征选择方法获取 CNT 数据集的特征子集如表 6.9 所示。

表 6.9 CNT 数据集的特征子集

简称	特征描述
Avg_seg_size	平均块大小:字节与包数的商(客户端到服务器端方向)
Init_win_bytes	初始窗口发送的字节数(客户端到服务器端方向及反向)
Data_xmit_time	从第一个包到最后一个非空包的传输时间(客户端到服务器端方向)

FSEN 特征选择后的特征包括 Avg_seg_size、Init_win_bytes、Data_xmit_time。Avg_seg_size 表示平均块大小,不同的应用平均块大小差别很大,如流媒体的平均块大小较大,而即时通信中文本消息的平均块大小相对较小;Init_win_bytes 表示初始窗口发送的字节数;Data_xmit_time 表示流持续时间。可以看出特征子集中的特征区别性都很强,且特征之间也不冗余,表明 FSEN 方法可以集成多个特征选择方法的优势选取高泛化能力的特征子集,有效解决流量分类中的网络流变化问题。

(2) 分类器影响因素

本节采用 C4.5 决策树作为基分类器,并且比较 ACED 方法与 WACE 方法在训练数据集大小不同的情况下的分类精度,图 6.16 描述了初始训练集从 2 000 至 12 000 时,两种分类方法性能的差异。结果显示当初始训练集数目相同时,ACED 方法的分类精度明显高于 WACE 方法。当初始样本数目为 6 000 时,分类准确率最高。

图 6.17 描述了不同集成分类器数目对分类效果的影响,分类器数目变化从 3 至 9。结果显示,初始时增加集成分类器的数目可以提高分类结果的精确度,当初始分类器的数目为

5～7 时,分类效果较好,可以达到 97.7％。如果再增加集成分类器的数目,反而会降低分类准确率。因此,将分类器数目定为 5。

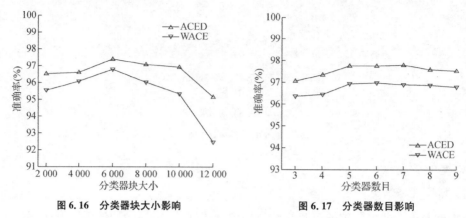

图 6.16　分类器块大小影响　　　　　　　图 6.17　分类器数目影响

（3）分类准确率

当前网络应用种类繁多,且不断推出新的应用,各应用都具有独特的网络行为特征,但行为特征所表现的统计特征随时间和网络环境改变而变化,之前训练的分类器很难适用于当前样本空间,使得分类性能随之下降,因此,急需自适应网络流变化的分类方法维持较好的分类性能。本方法采用准确率和 F-Measure 来评估算法的分类性能。由于在单分类器中 C4.5 的分类效果较好,因此选用 C4.5 作为基分类器,并与 3 种算法（ACED、WACE[15] 和 C4.5）进行对比,结果如图 6.18 所示。

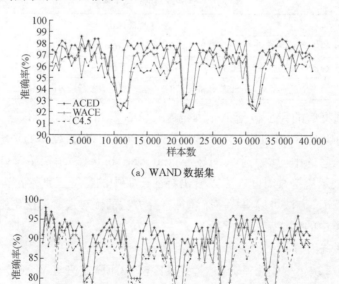

（a）WAND 数据集

（b）CNT 数据集

图 6.18　分类准确率

图 6.18 显示 ACED 算法分类精度明显高于其他分类器。在检测到网络流变化时 ACED 算法可以快速地更新分类器,延迟明显小于其他算法。因为 ACED 算法检测到网络流变化再更新分类器,而 WACE 分类器根据固定周期更新。综合来看,ACED 算法根据检测到的网络流变化点引入新环境的流量重新学习,再更新分类器,可以及时发现网络流变化并降低检测延迟。而 WACE 根据固定周期更新分类器,需要耗费更多的时间,且更新效果得不到保证。而 C4.5 方法重新训练分类器,没有充分利用历史知识。

分类准确率只能综合评价整个数据集的识别精度,算法不仅在整体上要具有较高的分类性能,同时在各个应用上也要具有较高的查全率和查准率,特别当各个应用的样本分布不均匀时,在每个单独应用类别上的识别效果特别重要。F-Measure 是综合查准率(Precision)和查全率(Recall)给出的一个综合评价指标,当 F-Measure 较高时则说明方法比较理想,综合评价 F-Measure 如图 6.19 所示。

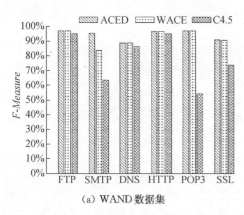

（a）WAND 数据集

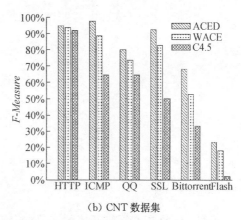

（b）CNT 数据集

图 6.19　综合评价 F-Measure

图 6.19 显示 ACED 分类器在单个类别的分类准确率均高于其他分类器。由于训练样本的类别不平衡,各个类别的样本数目对分类结果有很大影响,样本数目充足,分类的准确率较高;而样本数目稀少,分类效果相对较差。ACED 可以有效提高少数类如 POP3、ICMP 和 BitTorrent 的分类效果。

4）分类效率

分类系统的及时反馈可以更好地预判网络异常行为,采取及时准确的应对措施。为了检验该算法的分类效率,统计熵算法的检测时间和分类器更新时间,实验重复 30 次取平均值。图 6.20 描述了 ACED 算法的熵检测时间开销,样本集范围分别介于(10 000～80 000),呈比例增长。结果显示熵检测时间随样本数量的增长呈比例增加。熵检测方法检测 10 000 个样本的时间约为 1.6 s。

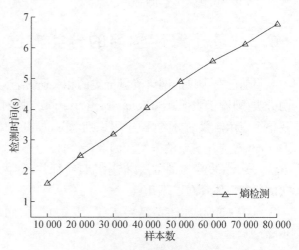

图 6.20　熵检测时间

图 6.21 描述了不同训练集大小的分类器更新时间开销,训练集范围分别介于(2 000~12 000),呈比例增长。结果显示 ACED 和 WACE 方法在分类器更新时间上明显高于C4.5,因为 ACED 和 WACE 方法是集成方法,更新分类器过程中要建立多个分类器,而 ACED 方法高于 WACE 方法是因为计算得到各分类器的权重后要剔除性能下降的分类器再集成。为了达到较高的分类时效,可以动态调整样本数量达到较快的分类器更新速度,也可以采用并行计算来提高效率。

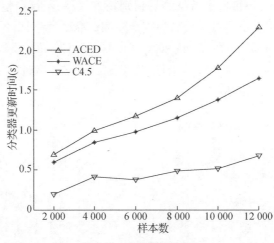

图 6.21　分类器更新时间

6.2.4　小结

随着时间推移和网络环境的变化,流特征和分布随之发生改变,网络流变化的发生使得分类器很难维持较高的分类性能。本节提出一种基于加权集成学习的加密流量自适应分类方法,根据特征属性的信息熵变化检测网络流变化,并根据增量集成学习策略引入新样本建立的分类器,并替换性能下降的分类器,最后,将加权集成分类器更新网络流变化前的分类器。实验结果表明该方法可以有效检测网络流变化,并学得自适应分类器,有效应对流量分类中存在的网络流变化问题。

6.3　基于深度学习的分类方法

目前已有大量的网络流量分类的相关研究,然而,其中的大部分工作仅仅是协议或服务的分类(即流量表征,traffic characterization),即对流媒体、聊天、P2P 等流量的分类,而未涉及单个应用流量的分类(即应用识别,application identification),如 Spotiffy、Hangouts、BitTorrent 等应用流量的分类。因此,针对以上不足,Lotfollahi 等人[18]提出了 Deep Packet 的方法,采用深度学习的方法,描述流量特征并识别网络流量。该研究工作相比于其他现有方法的优越性体现在以下几点:

(1) Deep Packet 不需要人工(专家)提取网络流量的特征,直接略过了特征提取的步骤。

（2）Deep Packet 能够在应用识别和流量表征两个粒度对流量进行分类,并和现有的方法进行对比。

（3）Deep Packet 能够准确识别采用了端口混淆、动态端口、隧道等技术的 P2P 协议,而这一类流量的分类通常较为困难。

6.3.1 方法描述

Lotfollahi 等人将两种深度学习网络结合,提出了 Deep Packet 的框架,以用于完成应用识别和流量表征的任务。在训练深度神经网络之前,还需要将网络流量数据转化为合适的形式以作为神经网络的输入,因此在训练前有一个数据预处理的过程。图 6.22 是 Deep Packet 基本框架结构。在测试阶段,针对不同分类任务预先训练生成神经网络,并用来预测流量的类别。下文将介绍数据集、具体实现过程和预处理阶段的细节,并对提出的神经网络的结构进行说明。

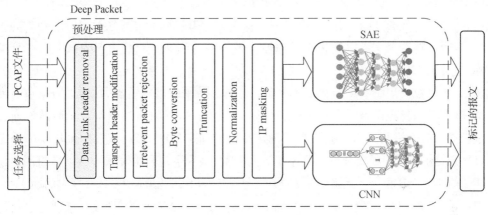

图 6.22　Deep Packet 框架结构

1）数据集

Lotfollahi 等人使用了 ISCCX VPN-nonVPN 的网络流量数据集。该数据集是由各种不同应用的网络流量的 pcap 文件组成,不同应用的网络流量被切分到不同的 pcap 文件,并根据应用(如 Skype、Hangouts 等)以及应用对应的网络活动(如语音通话、聊天、文件传输、视频通话等)进行标注。关于数据集中采集的流量和流量差的过程的更多细节可以参照文献[19]。

该数据集还包含通过虚拟专用网络(VPN)会话捕获的数据包。VPN 是一种分布式站点之间的专用覆盖网络,其通过隧道在公共通信网络(例如互联网)上传输网络数据。利用隧道技术的 IP 数据包能够保证对服务器和服务的安全远程访问,是 VPN 最显著的一个方面。类似于常规的(非 VPN)流量,VPN 流量数据也是根据不同的应用进行以及应用执行的不同的流量活动进行采集和标注。

此外,该数据集包含了 Tor 的网络流量。这类流量应该是用户在使用 Tor 浏览器时产生的,主要有标注为 Twitter、Google、Facebook 等类别的流量。Tor 是为匿名通信开发的免费开源软件,其通过自身的全球覆盖的由志愿者操作的服务器组成的网络转发用户流量。Tor 能够保护用户不受互联网监控(又称为"流量分析")的影响。为了创建一个专用网络路径,Tor 通过网络上的中继建立一个加密连接链路,使得任何一个中继都不知道数据包的完整转发路径。并且 Tor 还使用了复杂的端口混淆算法进一步提高隐私性和匿名性。

2) 预处理及数据集标注

(1) 预处理

数据集是在数据链路层采集的,包含以太网的头部信息。数据链路层头部包含了一部分关于物理层的信息,如 MAC 地址。但这些都是网络流量分类无关的信息,因此在预处理阶段,以太网的头部将首先被去除。由于传输层 TCP 和 UDP 报文分段的头部的长度不同,分别是 20 B 和 8 B,为了统一格式,在 UDP 分段的头部增补 0 使得与 TCP 头部长度相等。此外,将数据包从比特流转化为字节流的形式以降低神经网络的输入维度大小。

由于在模拟真实网络环境中采集到的数据集中包含了一些与流量分类目的不相关的数据包,如其中一部分的 TCP 的握手报文(SYN、ACK、FIN)不包含其他的与应用相关的有效载荷内容,因此这些报文可以直接被过滤掉。另外,还有一些 DNS 请求的报文也与分类无关,因此也可以直接被忽略。

图 6.23 是数据集中数据包长度的分布直方图。从图中可以看出,数据集数据包长度的分布范围较广,而神经网络需要一个定长的输入,因此,一些数据包不可避免地需要通过截取固定长度或补 0 进行输入转换。为了确定截取的固定长度的值,从数据包长度的分布特征可以发现,约 96% 的报文长度都是小于 1 480 B。这一个观察也和大多数计算机网络设置的 MTU 为 1 500 B 相关。因此,采取的方法是将 IP 头部保留,加上 IP 数据包的前 1 480 B 内容组成了 1 500 B 的向量作为神经网络的输入。小于 1 480 B 的 IP 数据包则通过在尾部补 0 的方式扩充至 1 480 B。为了获得更好的效果,将所有字节的十进制值除以 255,从而使所有输入值都在[0,1]区间。

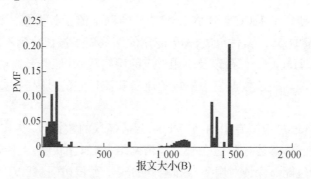

图 6.23　ISCX VPN-nonVPN 数据集数据包长度的分布直方图

此外,由于使用的数据集中涉及的主机和服务器个数有限,为了避免神经网络可能会利用 IP 地址的信息以达到分类的目的,Lotfollahi 等人通过屏蔽 IP 头部的 IP 地址以防止过拟合。通过这种方式就可以使得神经网络不会利用一些无关的特征去进行分类。以上提到的所有的预处理步骤都是在将 pcap 文件加载到 Deep Packet 工具之前完成的。

（2）数据集标注

在上文提到，数据集中的 pcap 文件是根据其相关的应用或活动来标记的。然而，考虑到应用识别和流量表征两个不同的任务的不同目的，还需要分别重新对数据集进行标注。对于应用识别，从 nonVPN 会话中采集到的同一个应用的流量将被合并至同一个文件，由此得到了如表 6.10（a）所示的 17 种不同的分类。而对于流量表征，则是将 VPN 和 nonVPN 环境下采集到的属于同一种活动的报文合并至同一个文件，由此得到了如表 6.10（b）所示的 12 种不同的分类。从表 6.10 中可以发现，数据集中各类流量的数量存在不平衡的情况，极可能会降低分类的效果。因此，对数量较多的分类的样本集进行随机采样，使得各类样本的数量相对平衡。

表 6.10 样本集

(a) 应用识别样本集		(b) 流量表征样本集	
应用	大小(B)	类别	大小(B)
AIM chat	5K	Chat	82K
Email	28K	Email	28K
Facebook	2502K	File Transfer	210K
FTPS	7872K	Streaming	1139K
Gmail	12K	Torrent	70K
Hangouts	3766K	VoIP	5120K
ICQ	7K	VPN：Chat	50K
Netflix	299K	VPN：File Transfer	251K
SCP	448K	VPN：Email	13K
SFTP	418K	VPN：Streaming	479K
Skype	2872K	VPN：Torrent	269K
Spotify	40K	VPN：VoIP	753K
Torrent	70K		
Tor	202K		
VoipBuster	842K		
Vimeo	146K		
YouTube	251K		

3）深度神经网络架构

Lotfollahi 等人的方法中提出的 SAE 网络是由五个全连接层组成的，自下至上各层的神经元数量分别为 400、300、200、100 和 50。为了避免过拟合，方法采用了 dropout 技术，并设置 dropout rate 为 0.05，在每一层训练时，一部分神经元将被临时删除，从而在每一轮迭代时，会有一个随机的活跃神经元的集合去学习和调整网络的权重和偏置。根据应用识别和流量表征的类别数量，SAE 网络的最后一层的 Softmax 分类器的神经元个数分别是 17 和 12。

图 6.24 是 Lotfollahi 等人采用的另一个深度网络 1D-CNN 的简单描述。为了能够确

定神经网络的最优性能的超参数,使用网格搜索在超参数空间的子空间上进行选择,该过程将在实验部分详细讨论。该模型由两个连续的卷积层组成,在这之后是一个池化层。然后将二维张量压缩成一维向量,并馈入三层完全连接的神经元网络,这里也采用了 dropout 技术以避免过拟合。最后一层则类似于 SAE 架构,选择不同神经元数量的 Softmax 分类器应用于不同的分类任务。最终选择的超参数的最佳值如表 6.11 所示。

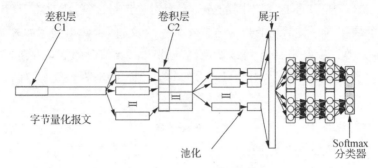

图 6.24   1D-CNN 架构

表 6.11   选择的 CNNs 超参数最佳值

Task 任务	C1 过滤器			C2 过滤器		
	大小	数量	步长	大小	数量	步长
应用识别	4	200	3	5	200	1
流量表征	5	200	3	4	200	3

6.3.2   实验结果

Lotfollahi 等人在 TensorFlow 框架的基础上使用了 Keras 库来实现上文提出的神经网络。利用从数据集中提出的独立测试集,对每个提出的模型进行训练和评估。该研究将数据集随机分成三组:第一组包含了 64% 的样本用于训练和调整网络的权重和偏差;第二组包含了 16% 的样本作为训练阶段的验证集;第三组包含的 20% 的样本则是作为测试集。此外,为了避免过拟合,实验还采用了 early stopping 技术,一旦验证集上的损失函数的值在一段时期内变化较小,就停止训练过程,从而防止网络过拟合训练数据。同时,为了加快训练阶段的收敛速度,还在模型中使用了 Batch Normalization 技术。

在训练 SAE 网络时,首先使用 Adam 优化器以贪婪的分层方式训练每一层网络,并将均方误差(MSE)作为训练阶段的 200 个 epoch 的损失函数。之后在微调阶段,使用分类交叉熵(categorical cross entropy)作为损失函数训练整个网络另外的 200 个 epoch。此外,在实现提出的 1D-CNN 时,使用分类交叉熵和 Adam 分别作为损失函数和优化器,并训练 300 个 epoch。还有一点需要说明的是,在两个神经网络中,除了最后一层采用的 Softmax 分类器之外,其余的层都采用整流线性单元(ReLU)作为激活函数。

为了评估 Deep Packet 的性能,Lotfollahi 等人使用了召回率(Rc),查准率(Pr)和 F_1-Score(即 F_1)作为评价指标。以下是各指标的计算公式:

$$Rc = \frac{TP}{TP+FN}, \quad Pr = \frac{TP}{TP+FP}, \quad F_1 = \frac{2 \cdot Rc \cdot Pr}{Rc+Pr}$$

上式中：TP、FP、FN 分别表示真正、假正、假负的样本个数。

　　Lotfollahi 等人采用网格搜索超参数的调整方案来找到最优的 CNN 结构。由于计算的硬件限制，仅在一个限制的子空间内搜索超参数以找到最大化每个任务的测试集上的加权平均 F_1 值的那些子空间。具体地说，就是更改了滤波器大小、滤波器数量和两个卷积层的步幅。在这个过程中，根据应用识别和流量表征两个分类任务，分别对 116 个模型的加权平均后的 F_1 值进行了评估。评估结果如图 6.25（见彩插 9）所示。然而从某种程度上来说无法为流量表征选择最优模型，因为没有明确定义来确定一个最优的模型，并且也需要权衡各个模型之间的准确性和复杂性（如训练和测试速度）。在图 6.25 中，每个点的颜色和模型训练的参数相关，颜色越深则表示参数的数量越多，网络复杂度越高。

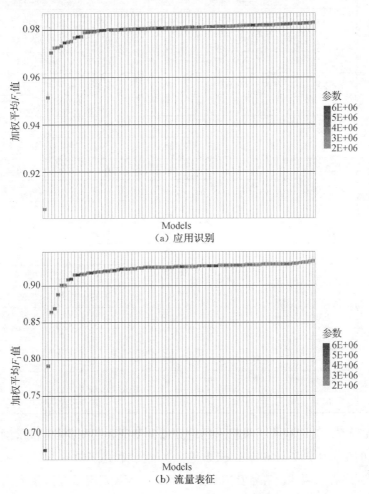

图 6.25　1D-CNN 的网格搜索超参数结果

　　从图 6.25 中可以看出,复杂度的增加并不会必然导致一个更好的性能。很多原因都可能会导致这种现象,比如梯度消失和过拟合等。一方面,复杂的模型更有可能面临消失的梯度问题,这导致训练阶段效果不佳。另一方面,若模型变得更复杂而训练数据的大小保持不变,则可能发生过度拟合问题。这两个问题都会导致评估阶段神经网络的性能不佳。

　　表 6.12 是 CNN 和 SAE 在测试集上的应用识别任务的性能评估结果。1D-CNN 和 SAE 的加权平均 F_1 值分别为 0.98 和 0.95,表明网络已经基本上从训练集中提取和学习了各类流量的特征,并且能够在一定程度上区分每个应用的流量。对于流量表征任务,训练后得到的 CNN 和 SAE 的加权平均 F_1 值分别为 0.93 和 0.92,则表示两个网络都能够准确地对数据包进行分类,具体的测试结果如表 6.13 所示。

表 6.12　应用识别结果

Application	CNN			SAE		
	Rc	Pr	F_1	Rc	Pr	F_1
AIM chat	0.76	0.87	0.81	0.64	0.76	0.70
Email	0.82	0.97	0.89	0.99	0.94	0.97
Facebook	0.95	0.96	0.96	0.95	0.94	0.95
FTPS	1.00	1.00	1.00	0.77	0.97	0.86
Gmail	0.95	0.97	0.96	0.94	0.93	0.94
Hangouts	0.98	0.96	0.97	0.99	0.94	0.97
ICQ	0.80	0.72	0.76	0.69	0.69	0.69
Netflix	1.00	1.00	1.00	1.00	0.98	0.99
SCP	0.99	0.97	0.98	1.00	1.00	1.00
SFTP	1.00	1.00	1.00	0.96	0.70	0.81
Skype	0.99	0.94	0.97	0.93	0.95	0.94
Spotify	0.98	0.98	0.98	0.98	0.98	0.98
Torrent	1.00	1.00	1.00	0.99	0.99	0.99
Tor	1.00	1.00	1.00	1.00	1.00	1.00
VoipBuster	1.00	0.99	0.99	0.99	0.99	0.99
Vimeo	0.99	0.99	0.99	0.99	0.98	0.98
YouTube	0.99	0.99	0.99	0.98	0.99	0.99
Wtd. Average	0.98	0.98	0.98	0.96	0.95	0.95

　　Draper 等人[19]从流量流人工分析出的时间相关特征来表征网络流量,例如流的持续时间和每秒流量的字节数。Yamansavscilar 等人[20]也是利用了这些与时间相关的特征来识别用户的应用程序。这两项研究都在"ISCX VPN-nonVPN"流量数据集上测试了提出的模型,对应的评估结果见表 6.14。结果表明 Deep Packet 在应用识别和流量表征任务方面都优于上述研究提出的方法。

表 6.13 流量表征结果

Class Name	CNN			SAE		
	Rc	Pr	F_1	Rc	Pr	F_1
Chat	0.71	0.84	0.77	0.68	0.82	0.74
Email	0.87	0.96	0.91	0.93	0.97	0.95
File Transfer	1.00	0.98	0.99	0.99	0.98	0.99
Streaming	0.87	0.92	0.90	0.84	0.82	0.83
Torrent	1.00	1.00	1.00	0.99	0.97	0.98
VoIP	0.88	0.63	0.74	0.90	0.64	0.75
VPN:Chat	0.98	0.98	0.98	0.94	0.95	0.94
VPN:File Transfer	0.99	0.99	0.99	0.95	0.98	0.97
VPN:Email	0.98	0.99	0.99	0.93	0.97	0.95
VPN:Streaming	1.00	1.00	1.00	0.99	0.99	0.99
VPN:Torrent	1.00	1.00	1.00	0.97	0.99	0.98
VPN:VoIP	1.00	0.99	1.00	1.00	0.99	0.99
Wtd. Average	**0.94**	**0.93**	**0.93**	**0.92**	**0.92**	**0.92**

表 6.14 Deep Packet 与其他方法在"ISCX VPN-nonVPN"数据集上的对比结果

Paper	Task	Metric	Results	Algorithm
Deep Packet	Application Identification	Accuracy	0.98	CNN
			0.94	k-NN
Deep Packet	Traffic Characterization	Precision	0.93	CNN
			0.90	C4.5

值得注意的是,上述研究工作采用的均是基于流的人工特征提取的流量特征。而 Lot-follahi 等人提出的 Deep Packet 则是从数据包的级别考虑,能够对网络流量中每个数据包进行分类。相较于流的分类,这是一项更为困难的任务,是因为与单个数据包相比,流中包含了更多的信息。因此,Deep Packet 能够更好地适用于真实的网络环境中。

最后需要提及的是,与 Lotfollahi 等人的研究工作独立于同期的研究工作(Wang 等人),同样是在"ISCX VPN-nonVPN"流量数据集上提出了类似 Deep Packet 的流量表征的方法。该研究的结果表明该方法能够在流量表征任务上实现 100% 的准确率。但是,Lot-follahi 等人对此结果持有一定的怀疑。原因是该研究在实验过程中,输入数据中包含了数据包中的网络协议栈的每五层的所有头部信息。而基于该研究工作的实验以及数据集提供商提供的直接信息,在"ISCX VPN-nonVPN"数据集中,源 IP 地址和目标 IP 地址(位于网络层头部)对于每个应用程序是唯一的。因此,该模型存在仅利用了这一特征来对流量进行分类的可能(在这种情况下,更简单的分类器就足以处理分类任务)。依上所述,该研究在对神经网络进行训练或测试之前,就在预处理阶段将 IP 地址字段屏蔽,从而避免这种可能发生的现象。

6.3.3　分析讨论

图 6.26(a)、(b)分别是两个不同分类任务的测试集上评估结果的行归一化混淆矩阵。混淆矩阵的行表示样本的真实类别,列表示模型预测的分类,因此矩阵是行标准化的。混淆矩阵的主对角线上的颜色越深,则表示训练后的模型对该类别的分类效果越好。

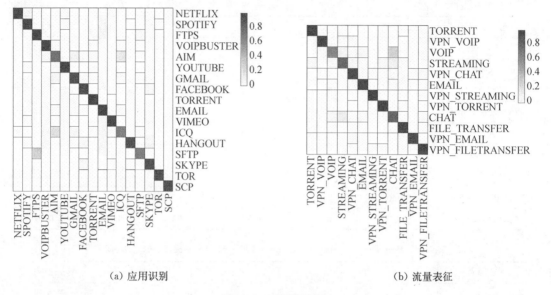

（a）应用识别　　　　　　　　　　　　（b）流量表征

图 6.26　SAE 混淆矩阵

进一步观察图 6.26 中的混淆矩阵,可以发现不同类别(例如 ICQ 和 AIM)之间存在一些相对明显的混淆。通过分层聚类也能够进一步证明 Deep Packet 判断结果中部分流量间的相似性。在 SAE(见图 6.26(a))的行标准化混淆矩阵的基础上,使用欧几里得距离作为距离度量,结合 Ward. D 的聚集方法,对不同的应用进行聚类以发掘应用之间关于 SAE 模型分配给 17 个应用类别倾向性的相似性。如图 6.27(a)所示,Deep Packet 发掘出的应用的分组与普遍认知的实际的应用之间相似性一致。分层聚类将应用分为 7 组。另外还可以发现,这些应用群体在某种程度上与流量表征任务中的归为一类的应用群体是相似的。可以发现聚类在一起的 Vimeo、Netflix、YouTube 和 Spotify 都是流媒体应用程序;另一个应用群则包括 ICQ、AIM 和 Gmail,AIM 和 ICQ 皆是用于在线聊天,而 Gmail 除了提供邮件服务外,也提供在线聊天服务。此外还可以观察到,Skype、Facebook 和 Hangouts 都被归纳在了一个应用集群中,虽然这些应用看起来并不相关,但这种分组有一定合理性。在数据集中,这些应用的流量以三种形式存在:语音呼叫、视频呼叫和聊天。因此从用途考虑,网络模型发掘出这些应用是类似的。而用于在两个远程系统之间安全地传输文件的 FTPS(基于 SSL 的文件传输协议)和 SFTP(基于 SSH 的文件传输协议)也聚集在一起。但也可以发现,尽管 SCP(安全复制)也用于远程文件传输,但却形成一个较为独立的集群。这是因为 SCP 使用 SSH 协议传输文件,而 SFTP 和 FTPS 都是使用 FTP。由此推测,Lotfollahi 等人提出的网络模型在训练后认知到了这种细小的差异从而能够将它们合理区分开。Tor 和 Torrent 的独立集群也是由于流量与其他应用流量的明显差异,聚类结果也较为合理。然而这种聚类并非完美。明显地,群集 Skype、Facebook 和 Hangouts 以及 Email 和 VoipBuster 的集群是不合理的,而 VoipBuster 是一种通过 Internet 基础设施提供语音通信的应用。因此,该群集中的应用在用途上并不相似,这样分组并不准确。

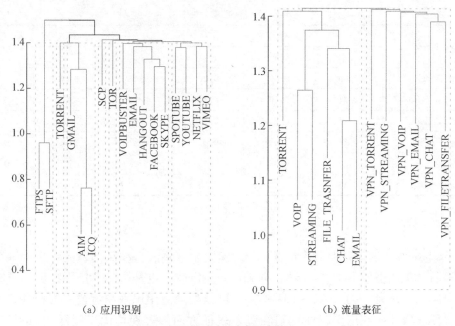

(a) 应用识别　　　　　　　(b) 流量表征

图 6.27　SAE 分层聚类结果

同样,Lotfollahi 等人也对流量表征的混淆矩阵执行相同的聚类过程,结果如图 6.27 所示。可以很明显地发现,聚类将流量分为 VPN 流量和非 VPN 流量,所有 VPN 流量都聚类在一个群集中,而所有非 VPN 都聚类在一起。

由于许多应用程序采用加密来维护用户的隐私,"ISCX VPN-nonVPN"中大部分数据集流量也是加密的。因此 Deep Packet 是如何对这种加密流量进行分类也是一个值得关注的方面。与 DPI 方法不同,Deep Packet 不会检查数据包中的关键字,相反,它试图学习每个应用程序生成的流量的特征。因此,它不需要解密数据包来对它们进行分类。

理想的加密方案是使加密后消息的熵最大化,即掩去数据的模式信息,使得各类信息在理论上不能彼此区分。但由于所有的加密方案实际上都使用伪随机生成器,该假设在实际上是不成立的。而且,每个应用通常是采用不同的(非理想的)加密方案进行数据加密。这些方案使用不同的伪随机生成器算法,这便产生了判别模式信息,而这种模式的变化可将应用程序彼此分离。Deep Packet 则是尝试提取这些判别模式并学习它们,因此,它可以准确地对加密流量进行分类。

从表 6.15 可以看出,Tor 流量也被模型成功分类。为了进一步细化研究这种流量,Lotfollahi 等人进行了另一项实验,使用仅包含 Tor 流量的数据集训练和测试了 Deep Packet。为了获得最佳结果,按照之前描述的方法对神经网络的超参数进行了网格搜索。最终详细的评估结果可以见表 6.15。表 6.15 中各项数据表明 Deep Packet 无法准确地对 Tor 的流量进行分类。这种现象与预期较为相符。这是因为 Tor 在传输之前加密其流量,如前所述,Deep Packet 可能会学习应用使用的加密方案中的伪随机模式。而在这个实验中,流量通过 Tor 进行隧道传输。因此,这些流量都被应用了相同的加密方案,从而导致了该方法中采用的神经网络无法将它们分开。

表 6.15　Tor 流量分类结果

Class Name	CNN			SAE		
	Rc	Pr	F_1	Rc	Pr	F_1
Tor:Google	0.00	0.00	0.00	0.44	0.03	0.06
Tor:Facebook	0.24	0.10	0.14	0.28	0.06	0.09
Tor:YouTube	0.44	0.55	0.49	0.44	0.99	0.61
Tor:Twitter	0.17	0.01	0.01	0.37	0.00	0.00
Tor:Vimeo	0.36	0.44	0.40	0.91	0.05	0.09
Wtd. Average	0.35	0.40	0.36	0.57	0.44	0.30

6.3.4　小结

Lotfollahi 等人的研究提出并介绍了利用深度学习算法自动从网络流量中提取特征来对流量进行分类的框架 Deep Packet。据悉,Deep Packet 也是第一个使用深度学习算法进行流量分类的系统,集成了 SAE 和 1D-CNN,可以处理应用识别和流量表征任务。实验结果显示,Deep Packet 在应用程序识别和流量表征方面的表现均优于同样在"ISCX VPN-nonVPN"数据集上的所有类似方法。而凭借在 Deep Packet 上得到的优异结果,可以进一步设想 Deep Packet 会在流量分类任务中首先使用深度学习算法。此外,Deep Packet 还可以被改进优化以处理更复杂的任务,如多通道(例如区分不同类型的 Skype 流量,包括聊天、语音通话和视频通话)分类,Tor 流量的准确分类等。最后,网络流量的自动特征提取程序可以减少人工提取流量特征的成本,从而更准确地分类流量。

6.4　基于熵的加密协议指纹识别

在网络安全领域,加密技术在恶意行为中的应用给网络安全防御带来了新的挑战。例如,采用加密手段防止僵尸网络流量被基于深度包检测(DPI)的防御系统检测,这在过去一直很有效。在对称加密和解密中,则需要在两个通信方之间预先共享或协商的共享密钥。最常见的采用对称加密的加密协议是采用了一种密钥交换协议来保护信道,例如 Diffie-Hellman 密钥交换。

根据协议的设计,密钥内容(key material)在流量中分布各异。由于密钥内容与正常流量相比具有较高的熵,密钥交换的流量具有可检测的特征,即密钥内容分布的独特性,使其具有一定的可区分的特征,如图 6.28 所示。使用熵度量,若字节串足够长,不难检测出字节串是否是"随机"的。若给定的字符串相对较短,即欠采样,或者是检测目标字符串中的随机部分,尤其是确定随机字节块的边界(也称为感兴趣的块),则问题便较为棘手。因此,通过其中嵌入的(embedded)随机字节块的分布或所谓的高熵块对流量进行描述或分类是具有挑战性的。

图 6.28　熵分布的可视化(黑色部分为高熵块)

为避免被视为异常,恶意软件可能会尝试使用标准加密协议(例如 SSL/TLS)进行安全通信,从而有效地防止 DPI 的检测。但是,SSL 等标准协议可能会受到中间人攻击。然而,恶意软件通常也会避免使用标准协议,而是使用自定义的协议变种。根据最近的一项研究,只有 10% 的恶意软件利用 TLS 作为加密形式。为了保证密钥的更新,恶意软件的每个新的命令和控制(C&C)会话都需要新的密钥交换。

Luo 等人[21]提供了一种系统的方法,通过密钥交换行为来表征网络流量,并基于检测到的高熵块生成可扩展的指纹。该系统主要由两部分组成:高熵块检测和指纹生成。首先,该研究工作的目标是通过滑动窗口使用样本熵从网络流量中识别高熵块。其次,在识别出所有高熵块的情况下,将通过高熵块的分布生成用于网络流的熵指纹。Luo 等人的贡献还包括:

(1)一种识别加密协议的新方法,提高采用自定义加密协议以逃避检查的恶意行为的门槛。

(2)一种投票机制,利用多尺度分析(multi-resolution analysis)在进行欠采样时有效提高熵估计的准确性。

(3)一种用于估计高熵数据块的范围的统计方法,并以正则表达式的形式为密钥交换协议构建可扩展的熵指纹。

Luo 等人首次尝试通过密钥的分发来采集密钥交换协议的指纹,并将这种技术应用于恶意软件检测。通过进一步设计,该方法可以作为独立的系统实施和部署。但并不是要替换任何现有的检测技术,而是作为补充。该系统可以在现有系统中构建为插件组件,特别是那些依赖于某种程度的有效载荷分析的系统。此外,该系统的一个组成部分也可以成为安全社区的有用的工具,例如用于识别给定数据块的高熵的功能部分,可以用来检测打包的恶意软件的二进制文件。

6.4.1　相关测度

Luo 等人[21]的方法主要涉及信息熵、熵估计、N 截断熵三个测度,其中信息熵的相关原理在本书第 3 章已做相关介绍。

1)熵估计(Entropy Estimator)

如果给出其概率分布已知的随机变量,则可以通过等式(3.1)(第 3 章)容易地获得熵。但是,在实践中,对于大多数情况,P 可能仍然未知。通常,$p(x_i)$ 仍然可以通过来自大量试验的结果 x_i 的相对频率来估计。因此,x_i 的概率为 $p(x_i)=\dfrac{n_i}{N}$,其中 n_i 是 x_i 出现的次数,N 是试验或样本的总数。因此,样本熵,即最大似然估计量(MLE),可以利用如下等式(6.28)估计:

$$\hat{H}_N^{MLE}(X) \equiv - \sum_{i=1}^{m} \hat{p}(x_i) \log_2 \hat{p}(x_i) \tag{6.28}$$

即使当 N 趋于无穷大时，MLE 是 $H(X)$ 的无偏估计，其中 $\hat{p}(x_i)$ 近似于 $p(x_i)$，而 $\hat{H}_N^{MLE}(X)$ 近似于 $H(X)$。

当 N 不足够大，即欠采样时，$\hat{H}_N^{MLE}(X)$ 高度偏置，特别是 $N < m$ 或 $N \sim m$。没有普遍的速率，MLE 与 $H(X)$ 的误差将接近于 0。有些尝试旨在直接减去偏差，例如 Miller-Madow 校正器、Jackknife 校正器和 Paninski 校正器。然而，当 $N < m$ 或 $N \sim m$ 时，偏差仍然很高。此外，已经证明很难找到无偏估计。虽然 Paninski 校正器是无偏的，但是当且仅当 P 具有均匀分布时，这是无法保证的。此外，根据这项研究，$\hat{H}_N^{MLE}(X) \sim H(X)$ 是有效的，当且仅当 $N \gg m$，这通常意味着 N 是 m 的至少 10 倍的量级。换句话说，如果 $\Sigma_0 = \{0x00, \cdots, 0xff\}$（即 $m = |\Sigma_0| = 256$），则需要大约 2 000 个样本才能获得合理的估计熵。这使得分析网络流量的目的不切实际，因为密钥内容通常最多为几百个字节（256 B = 2 048 b）。例如，在典型的 TLS 握手中，客户端随机数仅包含 28 个字节。

2）N 截断熵（N-truncated Entropy）

与 Olivain 等人研究工作类似，Luo 等人的主要关注点并非准确的熵值，而是从均匀分布产生字符串的概率。Olivain 等提出的 N 截断熵 $H_N(X)$ 就满足这一需求，即从分布 P 随机抽取的所有 N 长度字符串的样本熵的平均值，如下定义：

$$H_N(X) = \sum_{\Sigma_i n_i = N} \left[\binom{N}{n_0, \cdots, n_{m-1}} \prod_{i=0}^{m-1} p_i^{n_i} \left(- \sum_{i=0}^{m-1} \frac{n_i}{N} \log_2 \frac{n_i}{N} \right) \right] \tag{6.29}$$

通过构造，$\hat{H}_N^{MLE}(X)$ 是用于任意分布 P 的 $H_N(X)$ 的无偏估计。更重要的是，$\hat{H}_N^{MLE}(X)$ 给出了统计指示，即通过与 $\hat{H}_N^{MLE}(W)$ 比来体现分布 P 接近均匀的程度，假设 W 是均匀分布 U 下的随机变量。在 6.4.2 中描述了如何获得两个值，或是若字符串 s 的长度为 N 且每个样本都来自 P，使用 $\hat{H}_N^{MLE}(s)$ 而不是 $\hat{H}_N^{MLE}(X)$。为了区分这一点，如果 W 符合均匀分布 U，则使用 W。$H_N(X)$ 能够达到 $\log_2 \min\{m, N\}$ 的上限，即当所有 $\hat{p}(x_i)$ 都相等则达到其最大值，否则，无论哪种情况，都不确定是否能达到最大值。

6.4.2　方法描述

本节将详细讨论 Luo 等人使用和提出的技术，并附有实验依据。

1）滑动窗口

为了获得流内不同部分的熵信息，滑动窗口以一个字节的步长在业务上移动，同时将测量该窗口中每个字节块的样本熵。每个窗口中的字节形成一个块。

窗口大小决定了样本大小，直接影响样本熵的准确性。如果样本量太小，则样本熵可能不够准确，则是有意义的。等式（6.30）粗略地估计出 N 字节串看起来是"随机"的概率，即字母表中的每个字符仅在字符串中出现一次。将 Σ 设定为 Σ_0，且 $m = 256$。设 $N = 16$ 是一个 16 字节的滑动窗口。$Pr[X=e]=0.6197$。也就是说,任意字符串出现随机的概率为 40%,即假阳性的概率为 40%。但是,如果 $N=32$,则 $Pr[X=e]=0.082$。这证实了 Paninski 等人的讨论,即当使用 Σ_0 时,不应使用少于 16 个字节进行熵估计。

$$Pr[X=e]=1 \cdot \frac{m-1}{m} \cdot \cdots \cdot \frac{m-N+1}{m} = \prod_{i=0}^{N-1} \frac{m-i}{m} \qquad (6.30)$$

如果滑动窗口变得太大,则可能将高熵区域与低熵区域混合,从而混淆它们之间的差异。如图 6.29(见彩插 10)所示,当窗口尺寸很小时,例如 16 字节处,曲线是模糊的并且具有非常多的谷(低熵)和峰(高熵),而随着窗口尺寸变大,例如 1 024 或 2 048 字节处,曲线变得更平坦,没有出现谷或峰。

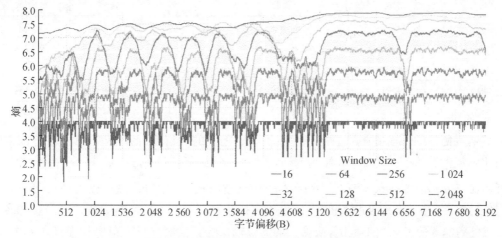

图 6.29　不同滑动窗口下的 TLS 样本流量熵变化

较小的窗口更可能错误地将非随机数据区域识别为"随机"(误报),而较大的窗口可能无法识别真实的高熵区域(假阴性)。窗口大小的选择将在很大程度上取决于感兴趣的密钥内容的最小长度。在 TLS 的情况下,Luo 等人选择一个 32 字节的滑动窗口,因为它有利于最小的兴趣(Interest)长度,即 28 字节的客户端随机数。总之,当窗口以一个字节的步长滑过数据时,每个块被标记为高熵或低熵。然后,连续的高熵块或低熵块的列表组合形成一个单元(unit),更确切地说是高熵单元或低熵单元。

2) Baseline $H_N(U)$

为了识别高熵块,Luo 等人采用了 Monte-Carlo 方法,以提供随机字符串的置信水平。首先重复生成长度为 N 的字符串,每个字节从随机源采样,例如 MacOS X 上的/dev/urandom。然后使用所有样本计算样本熵的平均 μ 和标准偏差 σ。这里,μ 和 σ 概括了长度为 N 的随机串的样本熵的分布。通过标准偏差的特定数量 t,可以获得落在 $\mu \pm t \times \sigma$ 范围内的样本串的比例。如果字符串在给定范围内,则该比例提供了随机字符串的置信度。由于超出上限不会影响字符串的随机性,该方法忽略上限并使用下限作为随机字符串的截止值,用 θ 表示,置信度乘以比率 ρ:

$$\theta=\mu(\hat{H}_N^{MLE}(w))-t\times\sigma(\hat{H}_N^{MLE}(w))\rho=\frac{\text{number of samples above }\theta}{\text{number of samples}} \tag{6.31}$$

因此,任何低于阈值的串都被认为是不随机的,即低熵块。类似地,高于阈值的任何字符串将被认为是随机的,即高熵。表 6.16 是使用不同窗口大小的 N 的阈值(θ),其高于最小置信水平 99.0%。

表 6.16　不同参数对应的 $\hat{H}_N^{MLE}(w)$ 的阈值

N	μ	σ	t	θ	ρ
16	3.941 99	0.082 90	2.8	3.709 8	99.2%
32	4.881 71	0.081 34	2.7	4.662 0	99.3%
64	5.765 62	0.076 64	2.6	5.566 3	99.2%
128	6.550 03	0.067 33	2.5	6.381 7	99.2%
256	7.175 18	0.052 40	2.5	7.044 1	99.2%
512	7.590 73	0.033 64	2.4	7.509 9	99.0%
1 024	7.808 94	0.017 26	2.5	7.765 8	99.1%
2 048	7.908 04	0.008 14	2.5	7.887 7	99.2%

置信度衡量的是当值在范围之外时字符串不随机的置信度,而不是当落在该范围内时字符串随机的置信度。例如,设 N 为 64 且 $\Sigma=\Sigma_0$,则 $\mu=5.765\ 6$,$\sigma=0.076\ 6$。由于 99.4% 的样本高于 $\theta=\mu-3\sigma=5.535\ 69$(即 $t=3$),将至少有 99.4% 的置信度可以确定,$\hat{H}_N^{MLE}(s)=5.512\ 0$ 的字符串 s 不是接近随机的,即不是高熵块。这里的 t 是控制变量。可以选择较小的 t 或更高的置信度来缩小范围,或更大的 t 或较低的置信度来扩大范围。在该研究中,选择较小的 t 以获得相对较高的置信度(至少 99.0%)。利用阈值,可以将样本熵分数转换为 1 或 0。该图变为方波,其中一个表示高熵,零表示低熵,如图 6.30 所示,图中的阴影表示截断处。

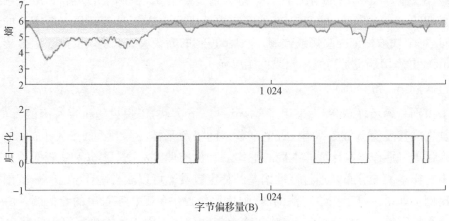

图 6.30　高熵块的标准化

3）Σ 的选择

由于统计上的缺陷，一些数据块可能被错误地标记为高熵块，即误报，这将对指纹采集造成误差，因此必须避免或最小化。为了实现这一目标，Luo 等人设计了一种使用多尺度分析的投票机制，利用字母表 Σ 的选择。如下文将说明的，该机制能够显著降低误报率。

到目前为止，Luo 等人的讨论基于 Σ 的选择是 Σ_0（$m=256$），每个 char（字符）都是一个字节。然而，在密码学中，密钥内容的随机性被定义在更严格的级别，即在比特级别，从而有 $\Sigma=\{0,1\}$（$m=2$）。首先考虑一个抛出一个有两个结果的硬币的实验，再考虑另一个抛出 8 个独立硬币的实验，每个硬币有正反两个结果。根据基本概率理论，如果每个硬币均匀地从 $\Sigma=\{0,1\}$ 中抽出，则 8 个硬币（Σ_0）的结果仍将遵循均匀分布。在对 $\hat{H}_N^{MLE}(w)$ 的估计中，通过在 $\{0,1\}$ 上对所有样本的字符串进行 8 次随机采样来生成每个随机字节。如此，假设每个比特从 $\{0,1\}$ 均匀地独立采样，可以选择不同数量的 τ 比特（即硬币）的随机变量，并且这样的随机变量将保证具有均匀分布的特性。

作为先前计算的 $\hat{H}_N^{MLE}(w)$ 的扩展，Luo 等人在将 N 固定为 32 时列举（outline）出不同 τ 的阈值及其置信水平（见表 6.17）。τ-bit 表示测度，例如 2-bit。之前，N 可以解释为窗口大小和样本大小。在 τ-bit 测度的情况下，样本大小变化如 $\frac{8}{\tau}N$（$\tau \leqslant 8$）。为方便起见，Luo 等人在其余部分使用符号 N 作为窗口大小。τ-bit 测度的使用不会改变 N 截断熵的基本原理，因为它仅仅是使用更大的样本和不同的"字母表"。

表 6.17　不同 τ-bit 测度的 $\hat{H}_N^{MLE}(w)$

τ	m	μ	σ	t	θ	ρ
1	2	0.997 1	0.003 99	4.18	0.980 4	99.28%
2	4	1.982 9	0.013 87	3.59	1.933 1	99.20%
4	16	3.819 6	0.067 15	3.02	3.616 8	99.31%
8	256	4.881 7	0.081 35	3.0	4.635 6	99.35%

诸如样本熵的统计方法通常会忽略数据中发生的潜在结构或模式，从而不能保证具有高样本熵分数的字符串是随机的。例如，给定十六进制字符串 s 为"55 55 bb bb"，即二进制的 0101 0101 0101 0101 1010 1010 1010 1010，如果使用 1-bit 测度（$\tau=1$），则有 $\Sigma=\{0,1\}$，$\hat{H}_N^{MLE}(s)=1$，s 被标记为高熵字符串。以实际环境中的另一示例为例，TLS 会话的十六进制字符串：16 03 01 0c 13 0b 00 0c 0f 00 0d 0e 10 04 7a 30 82，其来自 TLS 握手流量的控制信息块。两个字节 03 01 表示 TLS 版本，即 TLS 1.0，长度为 0c 13，协议类型为 0b，另外 3 个字节长度为 00 0c 0f。如果使用 8-bit 测度，则该块可能也不会显示为"随机"。这种情况容易出现误报并误导后续处理过程。

然而，如果一个字符串是随机的，无论使用哪个 τ 位测量，它的样本熵都应该总是接近 $H_N(U)$。因此，Luo 等人建议使用投票机制而不是使用唯一的 τ-bit 测度。投票规则是如果任何选择的 τ-bit 测度拒绝该块的随机性，则该块将被标记为非随机的。在所有措施的结果中，这是一个简单的 AND 操作。图 6.31 表示了组合三个 τ-bit 测度的有效性，其中通过投票得到的签名精确地概述了 TLS 会话中的所有高熵块。最后的绘图线 X-signature 是基于对三个 1 位、4 位和 8 位度量的投票结果绘制的。

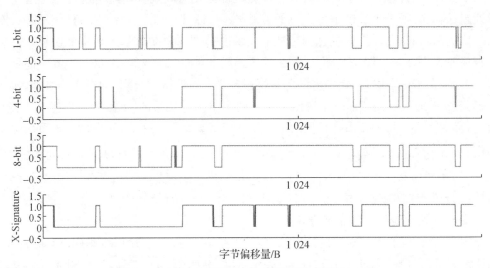

图 6.31　TLS1.2 协议（1 024-bit RSA 公钥）会话样本示例

4）过滤阈值设定

Luo 等人的投票机制有效地减少了误报。但是，在某些情况下，这种方法可能仍然不足以消除所有误报。

由于数据中偶然存在一些小的实际随机性，所有 τ-bit 测度仍有可能错误地将普通块识别为高熵。如果假定没有高熵数据块，则具有随机性的数据块的长度应小于目标测度（Interest）的最小长度，并且检测到的高熵单元的大小看起来相对较小。因此，可以选择表示为 ξ 的滤波阈值来消除那些小的高熵单元。Luo 等人的实证研究表明，当选择用于检测最小 20 字节高熵密钥块的 32 字节滑动窗口大小时，$\xi=9$ 是一个较好的选择。这意味着如果在两个低熵单元之间仅检测到 9 个连续的高熵块，则在该情况下识别并过滤掉误报。这里的"过滤"意味着将这些块标记为低熵而不是高熵。

5）校准

除了识别高熵块之外，还必须描述每个单元的长度以指示方波的形状，如图 6.31 所示。由于其统计和测量方式，每个单元的长度（即检测到的连续高熵或低熵块的数量）可以变化，因为当滑动窗口部分地超过目标随机字节时，它仍然可以继续产生高样本熵块，直到窗口充分远离目标区域。例如，TLS 流量流包含客户端随机数作为 28 字节的块。不难预料到在这种情况下不会仅检测到恰好一个高熵块。在该块数据周围检测到的高熵块的总数也不会在不同测度情况下得到修复（修正）。但是，该研究的目的不是确定所有情况下每个单位的绝对值，而是确定一定的合理范围。因此，Luo 等人采用 Monte-Carlo 方法来实证估计范围。例如，为了估计客户端随机字节周围的高熵单元的长度，从 TLS 会话中采样了 100 000 个客户端问候消息。

图 6.32 中所示的结果表明密码套件列表（list of cipher suites）后面的 28 字节客户端随

机字符串的大部分长度落在 6 个高熵块和 24 个块之间的范围内。如果一个 32 字节的 TLS 会话 ID(也是随机字节)与客户端随机字节一起出现,最多加上 60 个字节得到的范围,如图 6.32 所示。

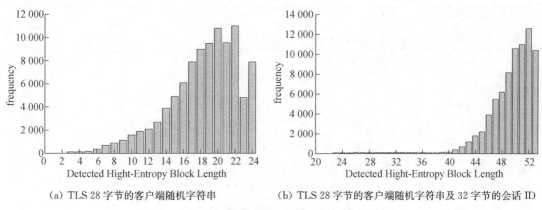

(a) TLS 28 字节的客户端随机字符串　　　　　(b) TLS 28 字节的客户端随机字符串及 32 字节的会话 ID

图 6.32　检测到的高熵块长度分布统计

6)指纹

指纹是通过某个协议生成的流的高熵块分布特征来刻画密钥交换协议的过程。基于熵的指纹是一系列交错排列的高熵单元和低熵单元,其中每个单元的长度被指定在某一范围内。高熵块必须与低熵块交错排列是因为两个相邻的高熵或低熵块将合并为一个块。设 (s,l,r) 表示一个单位,其中 $s \in \{1,0\}$,l、$r \in \mathbf{Z}^+$,其中 s 是表示高熵单位或低熵的符号,l 是最小长度,r 是最大长度。然后,基于熵的指纹是 (s,l,r) 的有序列表,且 s 是在 1 和 0 之间交替地串联。或者,它可以简洁地表示如下,其中 $s_i \in \{1,0\}$,l_i、$r_i \in \mathbf{Z}^+$。这种表示的好处是这种形式与标准正则表达式一致,并且匹配过程可以非常有效地完成。正则表达式的形式提供了一种指纹表达的灵活方式。

$$\|_{i=1}^n s_i \{l_i, r_i\}, s_i \neq s_{s+i}$$

指纹识别的三个步骤如下:① 从加密协议中识别预期流量的高熵和低熵区域(单位);② 按照上文中描述的技术,估算每个区域的范围;③ 以正则表达式形式化单位。以 DHE-RSA- * 密码套件为例,指纹如下:

$$1\{8,54\}0\{20,1024\}1\{8,54\}0\{30,800\}1\{80,260\}\cdots$$

在检测阶段,有以下步骤:① 通过在其上滑动窗口扫描流,并使用不同的 τ-bit 测量估计每个窗口的样本熵;② 使用预先计算的阈值 θ 将每个块的熵得分归一化为 1 或 0;③ 对每项措施的结果进行表决(即 AND);④ 使用滤波器阈值滤除噪声;⑤ 使用正则表达式将预定义指纹与输出相匹配(即由 0 和 1 组成的字符串)。

在演示中,Luo 等人强调用于 TLS 协议的 DHE-RSA- * 密码套件,因为该方法旨在分析特定密钥交换协议和 TLS 能够使用不同的密钥交换协议。SSL 随着时间的推移逐渐发展为标准 TLS 协议,该协议支持一系列的具有不同密钥交换协议的密码套件。为了演示,选择分析其中一组密钥交换协议密码套件,即 DHE-RSA-*(见表 6.18)。相比之下,考虑到该研究提出的系统的应用背景,大多数僵尸网络 C&C 协议都要简单得多,因为其中大多数协议的设计仅用于执行有限数量的任务。

表 6.18 TLS 密码套件:DHE-RSA-*

Cipher ID	Name
0x00015	TLS_DHE_RSA_WITH_DES_CBC_SHA
0x00016	TLS_DHE_RSA_WITH_3DES_EDE_CBC_SHA
0x00033	TLS_DHE_RSA_WITH_AES_128_CBC_SHA
0x00039	TLS_DHE_RSA_WITH_AES_256_CBC_SHA
0x00045	TLS_DHE_RSA_WITH_CAMELLIA_128_CBC_SHA
0x00067	TLS_DHE_RSA_WITH_AES_128_CBC_SHA256
0x0006B	TLS_DHE_RSA_WITH_AES_256_CBC_SHA256
0x00088	TLS_DHE_RSA_WITH_CAMELLIA_256_CBC_SHA
0x0009A	TLS_DHE_RSA_WITH_SEED_CBC_SHA
0x0009E	TLS_DHE_RSA_WITH_AES_128_GCM_SHA256
0x0009F	TLS_DHE_RSA_WITH_AES_256_GCM_SHA384

6.4.3 评估

1) 数据集

Luo 等人从 ZMap 项目中获得了 TLS 网络流量的数据集。最初从 800 MB 的原始流量数据中提取标准端口 443 上的 16 240 个 TCP 流,并进一步减少到 5 794 个完整和有效的 TLS 流。然后,从这 5 794 个流中提取了表 6.18 中使用 DHE-RSA-* 密码组之一的 1 378 个流。将 1 378 个实例分成两组:d00200 组 218 个实例用于参数选择和签名优化以及测试集用于测试最终签名的 1 160 个实例的 d00300,表示为 d00015 集。Luo 等人还用其他密码套件提取了 1 204 个 TLS 实例。从一组原始 Nugache 流量中提取了 337 个 Nugache 流,并将实例分为两组:162 个训练集实例和 175 个测试集实例。与 TLS 类似,使用训练集来调整指纹和测试集以进行验证。

此外,该研究使用了 UNSW-NB15 生成的数据集中的 3 412 个非 TLS TCP 流。此数据集包含各种流量类型,但没有任何 TLS 流量,因此可以将其用作测试指纹的另一个负样本集。上表显示了服务端口的大多数流量类型,仅包括 1 024 以下的标准端口。该表未显示此数据集中的所有流量类型,仅为了快速查找使用。原始论文中提供了有关此数据集的更多详细信息。

2) TLS

在不同的 τ-bit 度量且置信度 ρ 的阈值高于 99.2% 的情况下,本节对在训练集 d00200 上生成的签名(如前所述)进行测试。

表 6.19 中显示的结果看起来并不乐观,1-4-8 和 1-2-4-8 的所有最佳结果仅在置信度为 99.85% 时达到了分别为 62.84% 和 64.22% 的召回率,但它也确实证实了使用多个 τ-bit 测

度的策略能够显著提高召回率。此外,值得注意的是,多个 τ-bit 测度的速率显著下降到 10％以下,置信度为 99.99％,这是合理的,因为阈值过于宽松(具有较高比例的高熵块)而难以有准确结果。

表 6.19 TLS 签名的召回率

τ	ρ			
	99.20％	99.85％	99.97％	99.99％
1-bit	8.72％	36.70％	26.15％	26.14％
2-bit	15.13％	10.55％	23.39％	23.39％
4-bit	47.25％	25.68％	8.26％	11.93％
8-bit	42.40％	28.44％	3.21％	10.09％
1-2-8	31.19％	17.43％	7.80％	4.58％
1-4-8	45.41％	62.84％	38.99％	5.50％
1-2-4-8	39.44％	64.22％	39.44％	5.05％

通过人工检查这些故障,发现了原始签名的三个主要问题。一个是服务器随机字节的范围。其实际的范围要稍小,之前根据从客户端随机字节估计的范围设置为($+$,8,54)。事实证明,由于服务器随机字节之后的字节比客户端随机字节之后的字节更随机,不充分,因此更有可能产生更长的高熵块。按照与客户端随机字节相同的方法,将最大长度增加到 64。第二个主要问题是该方法没有考虑可选的随机字节,例如证书的颁发者的密钥标识符字段。第三个依赖于这样的事实:两个高熵区域可能彼此相邻而没有足够的间隙并且被合并到更大的高熵区域,例如,证书的签名和服务器密钥交换参数。对于后两种情况,在签名中引入了可选块,使签名可扩展。在正则表达式中,可以包含可选字符串。例如,该研究中 TLS 签名已扩展为包括可选字符串,如下所示:

$$1\{80,260\}(0\{20,1024\}|\{8,160\}(1\{8,70\}|\{8,70\}0\{0,300\}1\{8,70\})0\{0,500\})\cdots$$

这种调整可以提高大多数情况下的召回率,如表 6.20 所示。对于 1-4-8 和 1-2-4-8 这两种情况,召回率增加了约 20％。

表 6.20 新指纹的召回率

τ	ρ			
	99.20％	99.85％	99.97％	99.99％
1-bit	12.39％	6.88％	40.37％	40.37％
2-bit	21.10％	19.27％	38.53％	40.83％
4-bit	84.40％	73.39％	33.03％	13.30％
8-bit	67.43％	51.83％	11.01％	16.51％
1-2-8	41.28％	25.69％	18.34％	11.93％
1-4-8	55.05％	82.57％	67.43％	12.39％
1-2-4-8	49.54％	87.61％	67.43％	12.39％

噪声阈值被用于消除误报并使指纹更可靠。随着阈值的增加,高熵块的检测精度将随着消除那些偶然的"高熵"块而增加。在某一点上,这种消除可能会损害有效性,因为真正的高熵块可能被这种过大的阈值消除。Luo 等人使用 4-bit 测度来尝试不同的滤波器阈值 ξ,如图 6.33 所示。鉴于其初始目的,该参数应保持尽可能小以进行有效滤波。因此,基于经验结果选择 $\xi=9$。正如测试结果所示,这对于其他的测度也是一个正确的选择,例如,1-4-8 测量。

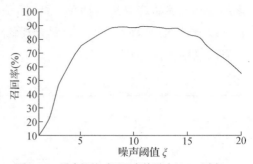

图 6.33　噪声阈值对召回率的影响(4-bit 测度)

在两个改进程序(即签名优化和参数选择)之后,对测试集 d00300 的最终测试显示在表 6.21 中。多 τ-bit 测度 1-4-8 现在有较好的召回率。

表 6.21　测试集 d00300 上的识别结果

$\xi=9$	TP	FN	Rc
4-bit measure($\rho=99.20\%$)	1 056	104	91.03%
1-4-8 measure($\rho=99.85\%$)	1 079	81	93.02%

最后,Luo 等人修正了噪声阈值 $\xi=9$ 并使用了 1-4-8 测量。总结了三个数据集的结果,如表 6.22 所示。总的来说,TLS 签名的精度接近 94.6%,精度约为 94%,其中仅包括 d00300 的负样本,以便具有与正样本相同的数量。另一方面,即使在 non-TLS 中某些实例确实包含高熵流量(即 d00015,端口 22 上的 SSH),也变得相对微不足道。

表 6.22　不同数据集上 TLS 指纹识别结果

Dataset	Total	Positive	Negative
d00200:TLS w/selected Cipher	1 160	1 079	81
d00300:TLS w/other Cipher	1 204	61	1 143
d00015:non-TLS	3 412	0	3 412

3) 僵尸网络检测的应用:Nugache

Nugache 僵尸网络是使用强密码来保护其 C&C 信道的点对点僵尸网络之一,因其使用了混合 RSA/Rijndael 方案中(derived)的单独协商的会话密钥加密了对等体之间的通信。具体来说,Nugache 为每个会话使用双向 RSA 类密钥交换协议,模数的最小长度为 512 位。也就是说,一个对等体发送密钥长度以通告对等密钥交换,然后是实际密钥;另一个对等体依次回复用该公钥加密的相同长度的消息。与 TLS 相比,Nugache 的签名提取更容易,因为它的密钥交换非常简单。由于密钥交换消息中的控制信息很少,如果仅考虑有效载荷,则签名可以简单地定义为 1*,意味着到处都是高熵块,这也是与其他加密协议不同的强可检测特征。在相同的考虑之后,Luo 等人选择 $\xi=9$,因其能产生较好的召回率。

为 Nugache 生成的初始指纹包括两个高熵区域,对应于双向密钥交换。首先,用固定噪声阈值 $\xi=9$ 测试所有 τ-bit 测度。表 6.23 表明 2-bit 测度产生了良好的结果(92.21%,$\rho=$

99.20%),但在相同的置信水平下,该方法中的投票机制明显优于单一的 τ-bit 测度,因此该方法依然选择 1-4-8 度量作为一般的度量。

在表 6.24 中,Luo 等人总结了 Nugache 签名在三个数据集上的测试结果,如下所示。值得注意的是,Nugache 签名不会产生误报,因此精度为 100%。对于混淆技术,仍然有一部分流量虽然很小,但表现出了低熵的特征。

表 6.23　Nugache 识别结果

τ	ρ			
	99.20%	99.85%	99.97%	99.99%
2-bit	92.21%	67.90%	39.50%	17.28%
1-2-8	88.27%	90.12%	73.46%	56.17%
1-4-8	89.51%	92.21%	75.93%	56.17%
1-2-4-8	90.12%	95.06%	77.16%	56.17%

表 6.24　不同数据集上 Nugache 指纹识别结果

Dataset	Desc	Total	Positive	Negative
N	Nugache	175	162	13
d00300	TLS	2 364	0	2 364
d00015	non-TLS	3 412	0	3 412

6.4.4　小结与展望

Luo 等人提出基于多尺度分析的投票机制用于精确检测高熵块(例如,在网络流中包含的密钥的部分),并以正则表达式的方式生成基于熵的加密协议的可扩展性指纹。该方法可以有效地防御恶意攻击者,因为用于更安全加密连接使用的更长密钥将使其流量的特征更容易被描述,从而有利于恶意流量的检测。但是,如果使用较短的密钥使连接不易受到检测,那么它们只能实现安全性较低的连接。

有人可能会争辩说,高熵并不一定意味着加密。压缩数据或多媒体数据也是高熵块。关键点是高熵数据块的分布,而不仅仅是高熵数据的存在。Zhang 等人的研究提供了反对这种"常识"的证据,其中显示多媒体文件可以产生低熵,还指出在某些情况下压缩文件确实具有高熵。这种情况需要更仔细地观察,此为将来的工作。此外,编码(例如 base64)也会显著降低字符串的熵。对于这种情况,假设可以通过部署 base64 检测器和解码器来规范化流量数据。人们也可以轻易地注入任意字节来干扰高熵和低熵的原始分布。在这种情况下,则认为它是一种新的协议,其流量可能是指纹识别的,例如,像为 TLS 所做的那样使用可选单位。如果签名生成过程是自动化的,那么这种方法仍然是有效的。但是,如果应用更高级的混淆技术,那么本节的方法将无法识别混淆的协议。但提出的技术仍可用于检测混淆技术本身。

为了避免被指纹识别,恶意软件可以采用普通 TLS 而不是自定义协议,尽管存在 SSL 检测的风险。这可以解释为什么只有 10% 的恶意软件样本确实使用了 TLS。尽管如此,研究还发现恶意软件或僵尸网络以自定义的方式使用 TLS。较短的密码套件列表将减少控制信息(即低熵块),因此可能与企业级 TLS 客户端具有不同的指纹。对压缩数据、SSH 和恶意流量等多样化数据的研究仍是未来的发展趋势。

6.5　non-VPN 和 VPN 加密流量分类方法

虚拟专用网络(VPN)是加密通信服务的一个例子,它作为绕过审查以及地理位置锁定服务,正在变得越来越流行。但是 VPN 流量的识别是一项具有挑战性的任务且仍待解决。并且 VPN 隧道是用于维护通过数据包级加密的物理网络连接共享的数据的隐私,因此很难识别这些 VPN 服务运行的应用。

针对以上问题,Draper-Gil 等人[22]提出了一种基于流的分类方法,仅使用与时间相关的特征来识别加密和 VPN 流量。此外,通过将特征集减少为一个低计算复杂度的集合来减少了计算开销。其次,生成并发布了一个广泛标记的加密流量数据集,包含 14 个不同的标签(7 个用于常规加密流量,7 个用于 VPN 流量)。只选择与时间相关的特征来加快识别效率并确保加密独立的流量分类器。并且使用两种不同的机器学习技术(C4.5 和 KNN)测试特征的准确性。结果显示了高精度和高性能,证实了时间相关特征可以较好地识别加密流量。

6.5.1　实验数据集

实验的数据为实验室生成的实际流量。创建账户 Alice 和 Bob,以便使用 Skype、Facebook 等服务。在表 6.25 中,展示了包含在数据集中的不同类型的流量和应用程序的完整列表。对于每种流量类型(VoIP、P2P 等),分别通过 VPN 捕获常规会话和不通过 VPN 获取会话,因此总共有 14 种流量类别:VoIP、VPN-VoIP、P2P、VPN-P2P 等。下文是所产生的不同类型流量的详细描述:

(1) 浏览:浏览或执行包含使用浏览器的任务时生成用户的 HTTPS 流量。例如,当使用场景捕获语音呼叫时,即使浏览不是主要活动,也捕获了其中的浏览流量。

(2) 电子邮件:使用 Thunderbird 客户端生成的流量样本,以及 Alice 和 Bob 的 Gmail。客户端配置为通过 SMTP/S 协议发送邮件,并在一个客户端使用 POP3/SSL 协议接收邮件,在另一个客户端使用 IMAP/SSL 协议接收邮件。

(3) 聊天:即时消息应用程序。这个标签下,利用 Facebook 和 Hangouts 通过网络浏览器,Skype、IAM 和使用名为 pidgin 应用程序的 ICQ 来通信。

(4) 流媒体服务:多媒体应用程序产生的连续稳定的数据流。使用 Chrome 和 Firefox 从 YouTube(HTML5 和 Flash 版本)和 Vimeo 服务中捕获的流量。

表 6.25　捕获的协议和应用程序列表

流量应用	应用程序
Web Browsing	Firefox and Chrome
Email	SMPTS,POP3S and IMAPS
Chat	ICQ,AIM,Skype,Facebook and Hangouts
Streaming	Vimeo and YouTube
File Transfer	Skype,FTPS and SFTP using Filezilla and external service
VoIP	Facebook,Skype and Hangouts voice calls(1h duration)
P2P	uTorrent and Transmission(BitTorrent)

（5）文件传输：发送或接收文件和文档的应用程序的流量。对于数据集,Draper-Gil 等人捕获了 Skype 文件传输、FTP 在 SSH(SFTP)上和 FTP 在 SSL(FTPS)上的流量会话。

（6）网络电话：语音应用产生的所有流量分组。在这个标签内,使用 Facebook,Hangouts 和 Skype 捕获了语音通话。

（7）P2P：文件共享协议,如 BitTorrent。为了生成此流量,可从公共存储库（archive.org）下载不同的. torrent 文件,并使用 uTorrent 和 Transmission 应用程序捕获流量会话。

使用 Wireshark 和 tcp-dump 捕获流量,生成总共 28 GB 的数据。对于 VPN 流量,使用外部 VPN 服务提供商并使用 OpenVPN 连接到它。为了生成 SFTP 和 FTPS 流量,还使用外部服务提供商和 Filezilla 作为文件传输的客户端（见表 6.26）。

表 6.26　基于时间的功能列表

特征	描述
duration	The duration of the flow
fiat	Forward Inter Arrival Time,the time between two packets sent forward direction(mean,min,max,std).
biat	Backward Inter Arrival Time,the time between two packets sent backward(mean,min,max,std).
flowiat	Flow Inter Arrival Time,the time between two packets sent in either direction(mean,min,max,std)
active	The amount of time a flow was active before going idle(mean,min,max,std).
idle	The amount of time time a flow was idle before becoming active(mean,min,max,std)
fb_psec	Flow Bytes per second
fp_psec	Flow packets per second

6.5.2　实验过程

定义了两个不同的场景 A 和 B,如图 6.34 所示。使用 4 个不同的流超时值来生成数据集,并且选择了 2 个机器学习算法(C4.5 和 KNN)。因此,每次实验将执行 8 次。共设计了 3 个实验,2 个用于场景 A,1 个用于场景 B：

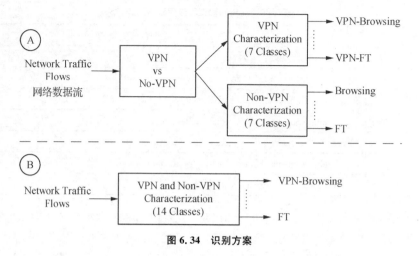

图 6.34　识别方案

（1）场景 A：此场景的目的是使用 VPN 标识来表示加密流量，例如将区分语音呼叫（VoIP）和通过 VPN（VPN-VoIP）隧道传输两种类型的语音呼叫。因此，将会有 14 种不同类型的流量，7 种常规类型的加密流量和 7 种 VPN 类型的流量。在这个场景中，分两步进行识别。首先，区分 VPN 和非 VPN 流量，然后分别识别每种类型的流量（VPN 和非VPN）。为此，将数据集划分为两个不同的数据集：一个具有常规加密流量流，另一个具有VPN 流量流。

（2）场景 B：在此场景中，使用混合数据集在一个步骤中进行识别。分类器的输入是常规加密流量和 VPN 流量，作为输出，有相同的 14 个不同类别。

流的通用定义，即流由一系列具有相同值的数据包定义，这些数据包具有相同的源 IP、目标 IP、源端口、目标端口和协议（TCP 或 UDP）值。流被认为是双向的（前向和反向），如大多数评论的论文所述。随着流量的产生，必须计算与每个流相关的特征。文献中的许多论文使用名为 NetMate 的工具来生成流和特征，但作为工作的一部分，Draper-Gil 等人开发了一个应用程序 ISCXFlowMeter。它是用 Java 编写的，在选择想要计算的功能、添加新功能以及更好地控制流超时的持续时间方面提供了更大的灵活性。ISCXFlowMeter 生成双向流，其中第一个数据包确定前向（源到目标）和后向（目标到源）方向，因此统计时间相关的特征也在前向和反向方向上单独计算。请注意，TCP 流通常在会话结束时（通过 FIN 数据包）终止，而 UDP 流由流超时终止。流量超时值可以由单独的方案任意分配，例如，TCP 和UDP 中的 600 s。在本节中，Draper-Gil 等人研究了几个流超时（ftm）值及其在同一数据集上的相应分类精度。特别是将流量的持续时间设置为 15 s、30 s、60 s 和 120 s。

在实验中，分类器的响应时间为（$FT+FE+ML$）s，其中 FT 是自定义流量时间，FE 是特征提取时间，ML 是机器学习算法执行分类的时间。已经观察到，对于所有分类器，$FT=$15 s 实现最大精度。在目前的实现中，发现获取的平均延迟是近似的。

对于 VPN 分类器：

$$FT+FE+ML=15+0.001+0.01(KNN)/1.26(C4.5)$$

① KNN：$FT+FE+ML=15+0.001+0.01=15.011$ sec

② C4.5：$FT+FE+ML=15+0.001+1.26=16.261$ sec

对于流量类型分类器：

$$FT+FE+ML=15+0.001+0.01(KNN)/1.49(C4.5)$$

① KNN：$FT+FE+ML=15+0.001+0.01=15.011$ sec

② C4.5：$FT+FE+ML=15+0.001+1.49=16.491$ sec

如前所述,该研究关注与时间相关的特征。在选择与时间相关的功能时,考虑两种不同的方法。在第一种方法中,测量时间,例如数据包之间的时间或流保持活动的时间。在第二种方法中,确定时间并测量其他变量,例如每秒字节数或每秒数据包数。在表 6.26 中提供了本工作中提取的完整功能列表。从表 6.26 可以看出,除持续时间(显示一个流的总时间)外,有六组特征。前三组是:-fiat、-biat 和-flowiat,分别集中在前向、后向和双向流。第四组和第五组特征是关于空闲-活动或活动-空闲状态计算的,并且被命名为-idle 和-active。最后一组关注每秒数据包的大小和数量,并命名为-psec 特征。

6.5.3 实验结果分析

在图 6.35(见彩插 11)和图 6.36(见彩插 12)中,可以看到不同结果的精确度和召回率。整体 C4.5 和 KNN 有类似的结果,尽管 C4.5 表现稍好一些。但有趣的是,结果表明了实验对所选流超时值的依赖性。因此,将主要关注这些结果。对于每个流的超时值,有两个不同的表示(两行),其中一个对应于场景 A 分析,一个对应于场景 B 分析。

1) 场景 A 分析

在图 6.35 中,展示了场景 A 第一部分的精确度(Pr)和召回率(Rc)结果,将流量分类为 VPN 和 Non-VPN。可以看到流超时值(ftm)与分类器的性能之间存在直接关系。特别是,C4.5 中 VPN 流量分类器的精确度(Pr)从使用 15 s 的 0.890 减少到使用 120 s 的 0.86,而非 VPN 流量的 Pr 从 0.906 降低到 0.887。在 KNN 算法的情况下,亦可以看到类似的行为,其中 VPN 流量的 Pr 从 0.848 降低 0.815,在非 VPN 流量的情况下从 0.846 降低到 0.837。使用 C4.5 算法获得最佳结果,VPN 为 15 s 的 ftm：0.89,Non-VPN 为 0.906。这意味着,使用与时间相关的功能,可以将 VPN 与非 VPN 区分开来,延迟时间为 15 s(构建流程所需的时间)。这些结果表明,当使用与 VPN 和非 VPN 流量分类相关的时间相关功能时,使用较短的超时值可提高准确率。

方案 A 的第二部分分别关注 VPN 和非 VPN 流量的特征(参见图 6.36(a)、(b)、(c)、(d))。输入根据定义的流量类别进行分类。同样,较短的 ftm 值的结果优于较大值的结果,尽管在 VPN 分类器的情况下有一些例外(见图 6.36(a)、(b)),就像 VPN-MAIL 一样,以 30 s 的 ftm 获得最佳结果。对于非 VPN 分类器(见图 6.36(c)、(d)),可以清楚地看到这种趋势。

对于 VPN 和非 VPN 分类器,使用 C4.5 和 15 s 的 ftm：0.84 和 0.89 时获得最佳结果(平均 Pr)。此外,所有流量类别的平均 Pr 高于 0.84,这意味着与时间相关的功能是识别加密和 VPN 流量的良好分类器。

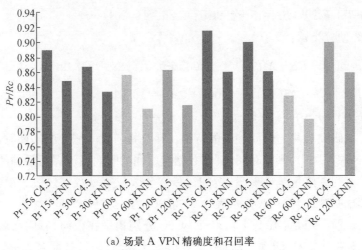

(a) 场景 A VPN 精确度和召回率

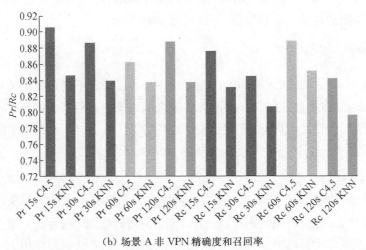

(b) 场景 A 非 VPN 精确度和召回率

图 6.35　场景 A-1：VPN 检测

2) 场景 B 分析

在此场景中，所有加密和 VPN 流量在一个数据集中混合在一起，目的是在不事先将 VPN 与非 VPN 流量分开的情况下识别流量，因此将拥有 14 种类型的流量：7 种加密流量和 7 种 VPN 流量类别。结果如图 6.36(e)、(f)、(g)、(h)所示。

在这种情况下，将无法看到模式"更短的超时-更好的准确性"，如前一个场景 A 中那样清晰。例如，使用 C4.5 算法，15 s 的 VPN-Browsing、VPN-Mail 和 Mail 的 Pr 分别为 0.771、0.739、0.671，低于 120 s 获得的 0.809、0.786、0.79。KNN 算法的结果类似，VPN-Browsing、VPN-Chat 和 VPN-Mail 流量类别的 Pr 为 15 s(0.691、0.501、0.688)。ftm 小于 Pr 获得的 120 s(0.743、0.501、0.688)。另一方面，不同 ftm 值的最高平均值 Pr 对于 C4.5 约为 0.783，对于 KNN 算法约为 0.711，比场景 A 低。

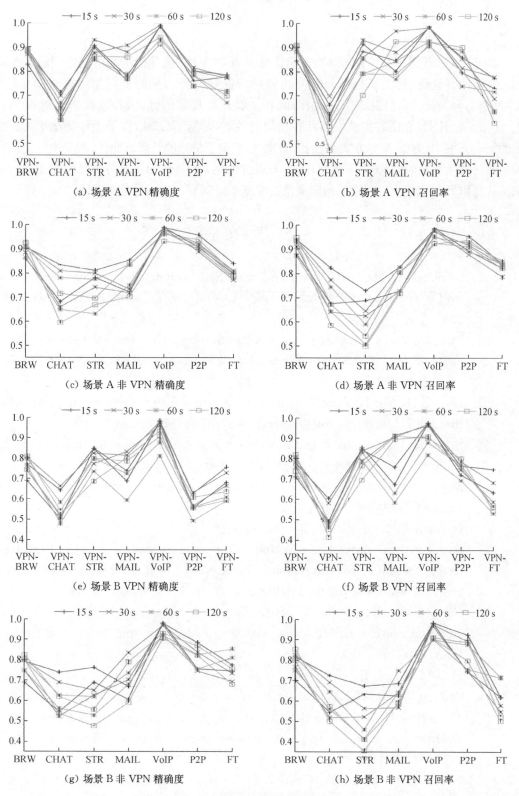

图 6.36　流量特性的精确度和召回率

6.5.4　小结

Draper-Gil 等人研究了用于解决加密流量特征和 VPN 流量检测的挑战性问题的时间相关特征的有效性,提出了一组与时间相关的特征和两种常见的机器学习算法 C4.5 和 KNN 作为分类技术。结果证明,一组时间相关特征是良好的分类器,准确率达到 80％ 以上。C4.5 和 KNN 在所有实验中都具有相似的性能,尽管 C4.5 取得了更好的结果。从提出的两个方案中,方案 A 与方案 B 相比,方案 A 产生了更好的结果。此外,还发现当使用较短的超时值生成流时,分类器表现更好,这与通常使用 600 s 作为超时持续时间相矛盾。未来工作可以针对其他应用程序的加密流量研究基于时间特征的流量分类方法。

参 考 文 献

[1] Grimaudo L, Mellia M, Baralis E, et al. Self-learning classifier for Internet traffic[C]//Proceedings of the IEEE INFOCOM 2013. Turin, Italy, 2013:3381 - 3386.

[2] Ding L, Yu F, Peng S, et al. A Classification Algorithm for Network Traffic based on Improved Support Vector Machine[J]. Journal of Computers, 2013, 8 (4):1090 - 1096.

[3] Zhou Z H, Wu J, Tang W. Ensembling neural networks:many could be better than all[J]. Artificial intelligence, 2002, 137(1):239 - 263.

[4] Saeys Y, Inza I, Larrañaga P. A review of feature selection techniques in bioinformatics[J]. Bioinformatics, 2007, 23(19):2507 - 2517.

[5] Moore A W, Zuev D. Internet traffic classification using bayesian analysis techniques[C]//ACMSIGMETRICS Performance Evaluation Review. Banff, Alberta, Canada, 2005, 33(1):50 - 60.

[6] Somol P, Novovicova J. Evaluating stability and comparing output of feature selectors that optimize feature subset cardinality[J]. IEEE Transactions on Pattern Analysis and Machine Intelligence, 2010, 32(11):1921 - 1939.

[7] Carela-Español V, Bujlow T, Barlet-Ros P. Is our ground-truth for traffic classification reliable [C]//Passive and Active Measurement. Los Angeles, CA, USA, 2014:98 - 108.

[8] Hall M, Frank E, Holmes G, et al. The WEKA data mining software:an update[J]. ACM SIGKDD Explorations Newsletter, 2009, 11(1):10 - 18.

[9] Finsterbusch M, Richter C, Rocha E, et al. A survey of payload-based traffic classification approaches [J]. Communications Surveys & Tutorials, IEEE, 2014, 16(2):1135 - 1156.

[10] Dainotti A, Pescape A, Claffy K C. Issues and future directions in traffic classification[J]. Network, IEEE, 2012, 26(1):35 - 40.

[11] Zhang H, Lu G, Qassrawi M T, et al. Feature selection for optimizing traffic classification[J]. Computer Communications, 2012, 35(12):1457 - 1471.

[12] Gringoli F, Salgarelli L, Dusi M, et al. Gt:picking up the truth from the ground for internet traffic[J]. ACM SIGCOMM Computer Communication Review, 2009, 39(5):12 - 18.

[13] Jin R, Agrawal G. Efficient decision tree construction on streaming data[C]// Proceedings of the ninth ACM SIGKDD international conference on Knowledge discovery and data mining. Washington, DC, USA, 2003:571 - 576.

[14] Kirkby R, Bouckaert R R, Studen M, et al. Improving Hoeffding Trees[J]. International Journal of Approximate Reasoning, 2007, 45:39 - 48.

[15] Wang H, Fan W, Yu P S, et al. Mining concept-drifting data streams using ensemble classifiers[C]//Proceedings of the ninth ACM SIGKDD international conference on Knowledge discovery and data mining. Washington, DC, USA, 2003:226 - 235.

[16] Este A, Gringoli F, Salgarelli L. On the stability of the information carried by traffic flow features at the packet level[J]. ACM SIGCOMM Computer Communication Review, 2009, 39(3):13 - 18.

[17] Gringoli F, Salgarelli L, Dusi M, et al. Gt:picking up the truth from the ground for internet traffic[J]. ACM SIGCOMM Computer Communication Review, 2009, 39(5):12 - 18.

[18] Lotfollahi M, Shirali R, Siavoshani M J, et al. Deep Packet:A Novel Approach For Encrypted Traffic Classification Using Deep Learning[J]. arXiv preprint arXiv:1709.02656, 2017.

[19] Draper-Gil G, Lashkari A H, Mamun M S I, et al. Characterization of Encrypted and VPN Traffic using Time-related[C]//Proceedings of the 2nd international conference on information systems security and privacy (ICISSP). 2016:407 - 414.

[20] Yamansavascilar B, Guvensan M A, Yavuz A G, et al. Application identification via network traffic classification[C]//Computing, Networking and Communications (ICNC), 2017 International Conference on. IEEE, 2017:843 - 848.

[21] Luo S, Seideman J D, Dietrich S. Fingerprinting Cryptographic Protocols with Key Exchange using an Entropy Measure[C]//2018 IEEE Security and Privacy Workshops(SPW). IEEE, 2018:170 - 179.

[22] Draper-Gil G, Lashkari A H, Mamun M S I, et al. Characterization of Encrypted and VPN Traffic using Time-related[C]//Proceedings of the 2nd international conference on information systems security and privacy (ICISSP). 2016:407 - 414.

7 | TLS 加密流量分类方法

本章主要介绍了 TLS 加密流量的分类方法,包括基于 Markov 链和集成学习的 SSL/TLS 加密应用分类方法,以及通过对 TLS 流量长期被动测量的 Tor 行为分析方法。

7.1 基于 Markov 链的分类

当前互联网上 SSL/TLS 加密网络应用越来越多,且越来越复杂,由于传统的基于端口和基于载荷的方法无法对 SSL/TLS 网络应用实现有效的精细化分类。SSL/TLS 协议在保护网络安全的同时,也隐藏着异常流量,异常流量可以轻松躲过 DPI 检测。为了在保障网络安全的同时提供更好的服务质量,需要对网络上的各类 SSL/TLS 加密应用进行有效的监管。由于 SSL/TLS 加密应用的可用信息有限,为了有效识别 SSL/TLS 加密应用,只能以 SSL/TLS 握手过程中消息类型序列特征为基础。鉴于 SSL/TLS 应用之间握手过程的消息类型序列是类似的,无法很好地识别较多的 SSL/TLS 应用。为了提高应用识别模式的可区分性,引入 Certificate 包长特征结合消息类型序列特征以提高 SSL/TLS 应用的特征多样性。然而,不同应用的 Certificate 报文大小在有些情况下仍然会聚类到同一类中,特别是随着应用的增加。

针对以上问题,本节提出一种基于加权集成学习的 SSL/TLS 加密应用识别方法。为了增强应用模型的可区别性,联合考虑握手过程中的消息类型和对应报文大小二维特征建立二阶 Markov 链模型。此外,利用数据传输过程中的应用数据包文大小序列特征建立 HMM,并根据相邻包长相关性改进发射概率。最后,加权集成分类器提高泛化性能。

7.1.1 SSL/TLS 协议交互特征

对于网络协议而言,从开始到结束的整个交互过程中,协议在不同的阶段有不同的动作,相应地表现为协议交互过程的不同"状态",而网络协议的这种有先后顺序的"状态"序列就是网络流时序特征的准确反映。从开始到结束,SSL/TLS 协议经历着不同的"状态",并相应地采取不同的操作。"状态"序列就是 SSL/TLS 协议的时序特征的准确反映。图 7.1 描述了 SSL/TLS 会话期间客户端和服务器之间的消息交换示例。

客户端和服务器之间的初始 Client Hello 消息包含了客户端产生的随机数、协议版本、密码套件等信息。Server Key Exchange 密钥交换包含四个消息:服务器证书、服务器密钥交换、客户端证书和客户端密钥交换。然后,客户端发送更改密码规格 Change Cipher Spec,并使用新的算法和密钥对下一个消息进行加密。作为响应,服务器根据新的密码规范发送自己的更改密码规格消息和 Server Finished Message 消息完成 SSL/TLS 协议握手,双方开始交换应用数据。服务器可以使用 Alert 消息终止会话。SSL/TLS 握手期间大多数信息是明文传输的。SSL 握手过程结束后,只有协议类型、记录长度和 SSL/TLS 版本信息不加密,其余均加密传输,以保证双方通信的安全性。

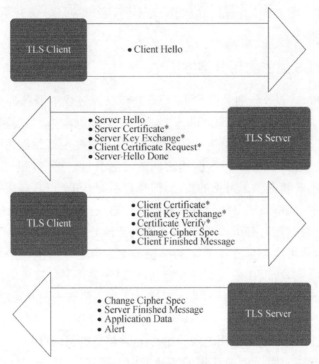

图 7.1 SSL/TLS 协议的消息交换

SSL/TLS 协议特征分析:虽然 SSL/TLS 协议是加密协议,但 SSL/TLS 流量的载荷中存在一些固定的格式,给 SSL/TLS 加密应用识别提供了一些信息。SSL 协议可以分为两个子层:上层包括 SSL 握手协议,SSL 更改密码规范协议和 SSL 警报协议;下层是 SSL 记录协议。SSL 记录结构的头部由内容类型、版本和长度组成。为了方便后续描述,根据协议消息类型信息对 SSL/TLS 协议交互进行编码,编码方案如表 7.1 所示。

表 7.1 SSL/TLS 协议编码方案

明文字段	消息类型
20	Change Cipher Spec
21	Alert
22:02	Server Hello
22:11	Certificate
22:12	Server Key Exchange
22:13	Certificate Request
22:14	Server Hello Done
22:17	Encrypted Handshake Message
22:18	New Session Ticket
22:20	Finished
23	Application Data

"状态"特征使用明文字段表示,例如,Application Data 为 23,Server Hello 消息为 22:02,因此,根据"状态"特征序列可以建立 SSL/TLS 加密流的应用模型。本章仅考虑 SSL/TLS 会话中服务器–客户端的消息类型,将客户端和服务器端分开有助于解决不对称路由问题,只需观察一个方向的流量。根据配置不同,客户端特征略有不同,而服务器端特征在网络中具有代表性。

7.1.2　SSL/TLS 加密应用分类方法

Korczynski[1]和 Ayad[2]分别采用 SSL/TLS 协议交互过程中消息类型序列特征建立的一阶和二阶马尔可夫链模型识别 SSL/TLS 加密应用。虽然这些消息类型特征有助于 SSL/TLS 加密应用分类,但在某些情况下可能会失效。第一,这些模型只考虑两个离散的转移状态,这些状态不能完全描述 SSL/TLS 应用之间的可区分性。第二,虽然 SSL/TLS 应用的消息类型序列为状态转移提供了可见的指纹,但来自不同 SSL/TLS 应用的指纹的重叠性可能很高,因此指纹匹配概率高仍可能导致错误分类。第三,基于单个变量(即 SSL/TLS 会话的消息类型)的状态表达能力有限,容易导致指纹的低区分度。尽管 Ayad 提高了 SSL/TLS 应用的分类精度,但仍可能会导致小概率的错误分类。由于来自不同应用的 Certificate 报文大小可能聚类在一起,所以在最大似然准则下,错误分类是不可避免的。

通过以下改进解决上述问题:第一,考虑到当前状态不仅与先前状态有关,还与先前两个状态相关,引入二阶 Markov 链解决一阶 Markov 链在应用指纹上表现力不足的问题。第二,观察握手过程中分组长度与相应的应用之间的相关性,将消息类型(MT)和分组长度(PT)构成联合特征⟨MT,PT⟩,提高应用模型中状态的表达能力。第三,采用 HMM 将应用数据包长度(ADPT)特征引入识别过程。显然,ADPT 与相应应用的行为是相关的。虽然单独使用 ADPT 特征来识别应用具有不确定性,但可以结合 ADPT 特征用于识别过程。该方法将二阶 Markov 链模型与 HMM 结合,通过加权集成学习构建高泛化能力的 SSL/TLS 加密应用分类模型。

1) SSL/TLS 加密应用分类系统

基于加权集成学习的 SSL/TLS 应用分类系统的架构如图 7.2 所示,由以下功能模块组成:流量预处理、学习过程和分类过程。流量预处理模块捕获 SSL/TLS 数据包,将同一个会话的数据包组流,然后获取流特征,为构建分类模型做准备。学习过程模块的主要功能是基于 SSL/TLS 流特征建立集成分类模型,二阶 Markov 链和 HMM 模型分别建立在 SSL/TLS 协议交互的握手过程和数据传输过程,然后构建加权集成分类器。分类模块是基于构建的加权集成分类器识别新到的 SSL/TLS 加密流。

2) 基于 Markov 链和集成学习的 SSL/TLS 应用分类

(1) 二阶 Markov 链模型

该方法通过引入一些新特性,试图增强 SSL/TLS 应用之间的可区分性。Wright[3]提出基于分组间隔时间(IPT)和分组大小(PS)分别建立分类器。Wright[4]还通过矢量量化联合 IPT 和 PS 特征构成一维变量。然而,本节基于联合特征⟨MT,PT⟩及其时间相关性建立二阶 Markov 链模型,直接作用于二维变量⟨MT,PT⟩,而不需要矢量量化等任何预处理。

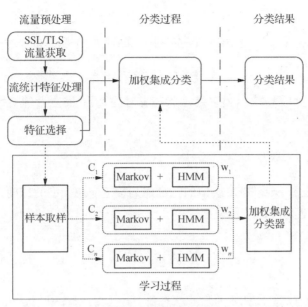

图 7.2 SSL/TLS 加密应用分类系统架构

基于二阶 Markov 链的 SSL/TLS 加密流量识别方法只需要观察服务器到客户端的单向流。该方法首先利用 SSL/TLS 交互的消息类型和报文大小二维特征序列建立应用的"指纹"模型,即二阶 Markov 链模型。然后,当网络流 $s_i=\{f_1,f_2,\cdots,f_m\}$ 通过应用集合 $P=\{p_1,p_2,\cdots,p_n\}$ 的"指纹"模型时,依次计算出网络流 s_i 被识别为应用 $p_1,p_2,\cdots,p_n$ 的概率,将最大概率对应的应用确定为该网络流属于的应用。

假设离散型随机变量 $X_t,t=t_0,t_1,t_2,\cdots,t_n\in T,i_t\in\{1,2,\cdots,s\}$,$i_t$ 是一个联合特征(消息类型和报文大小$\langle MT,PT\rangle$)或联合特征序列,联合特征就是 Markov 链的状态。

假设是二阶 Markov 链,使用前两个状态来估计当前状态:

$$P(X_t=i_t\,|\,X_{t-1}=i_{t-1},X_{t-2}=i_{t-2},\cdots,X_1=i_1)=P(X_t=i_t\,|\,X_{t-1}=i_{t-1},X_{t-2}=i_{t-2})$$

$$(7.1)$$

假设二阶马尔可夫链是齐次的,从时间 $t-2$ 和 $t-1$ 转移到时间 t 是时间不变的:

$$P(X_t=i_t\,|\,X_{t-1}=i_{t-1},X_{t-2}=i_{t-2})=P(X_t=k\,|\,X_{t-1}=j,X_{t-2}=i)=p_{i-j-k} \quad (7.2)$$

因此,转移矩阵表示如下:

$$\boldsymbol{P}=\begin{bmatrix} p_{1-1-1} & p_{1-1-2} & L & P_{1-1-s} \\ & & & L \\ P_{1-s-1} & P_{1-s-2} & L & P_{1-s-s} \\ M & M & O & M \\ P_{s-s-1} & p_{s-s-2} & L & p_{s-s-s} \end{bmatrix} \quad (7.3)$$

其中: $\sum\limits_{k=1}^{s}p_{i-j-k}=1$。进入二阶 Markov 链前两个状态的概率分布(ENPD):

$$Q=[q_{1-1},\cdots,q_{1-s},q_{2-1},\cdots,q_{2-s},\cdots,q_{s-s}] \tag{7.4}$$

其中：$q_{i-j}=P(X_{t+1-j},X_{t-j})$。退出二阶马尔可夫链最后两个状态的概率分布（EXPD）：

$$W=[w_{1-1},\cdots,w_{1-s},w_{2-1},\cdots,w_{2-s},\cdots,w_{s-s}] \tag{7.5}$$

$w_{i-j}=P(X_{t+1-j},X_{t-i})$ 表示当它处于状态 i 时间 t_n 结束会话的概率。SSL/TLS 会话的概率可表示如下：

$$P(\{X_1,\cdots,X_T\})=q_{i1-i2}\times\prod_{t=3}^{T}p_{i_{t-2}-i_{t-1}-i_t}\times w_{i_{T-1}-i_T} \tag{7.6}$$

所得到的概率表示 SSL/TLS 会话的特征序列接近应用模型的程度,值越大意味着当前 SSL/TLS 会话越接近对应的应用模型。

（2）基于 ADPT 的 HMM

定义 1 $V=\{v_1,v_2,\cdots,v_M\}$ 表示在离散化情况下的 ADPT 特征值集合,其中 M 是 ADPT 值的总数。

网络操作状态集 U 是 HMM 的隐藏状态集,$O=(O_1=o_1,\cdots,O_M=o_M)$ 是输出的可观察状态,M 是序列中的观测数。$A_{ij}=\{a_{ij}\}$ 代表网络操作状态转移的概率矩阵,$1\leqslant i,j\leqslant N$（$N$ 是状态数）,$a_{ij}=p(u_j/u_i)$ 表示从状态 u_i 转移到 u_j 的概率,$\sum_{j=1}^{N}a_{ij}=1$,$1\leqslant i\leqslant N$。$B=\{b_{im}\}$ 表示在给定时间从网络操作获得的相应 ADPT 输出值的概率,$b_{im}=P\{v_m/u_i\}$ 表示给定状态 u_i 输出特征值 v_m 的概率。随机生成 $\pi=\{\pi_i,i=1,\cdots,N\}$,$\sum_{i=1}^{N}\pi_i=1$ 是网络操作状态的初始概率分布,然后,由网络操作状态和 ADPT 特征状态构建 HMM 模型。

给定 SSL/TLS 会话的相应 HMM 模型为 H_{app}。集合 $F=\{F_1,F_2,\cdots,F_l\}$ 表示应用的连续 l 条流,选择 ADPT 特征构建训练模型 H_{app}。对于未知流量 $F_i=\{g_1,g_2,\cdots,g_r,\cdots\}$,$\lambda_{app}=P(F_i|H_{app})$ 表示应用被标识为 F_i 的概率。由于 SSL/TLS 数据传输中的机制,如拥塞控制和重传,ADPT 具有周期性特点,可以清楚地观察到当前 ADPT 与相邻 ADPT 存在一定的相关性。因此,可以根据相邻 ADPT 调整发射概率,优化 HMM 模型。

（3）HMM 发射概率优化

由于 HMM 参数包括转移概率和发射概率,包大小在状态中的位置信息只能由 HMM 参数反映,由于位置信息与 ADPT 相关,因此可以通过发射概率来反映。当前包大小值与其在序列中位置有以下特点:① 当某个包大小值首次出现时,其后包大小值以较大的概率与之相等或相近;② 传输过程中,在一定时间内,包大小取值相同或相近;③ 当前包大小值与相邻的前一个包大小有一定的联系。这是由于拥塞、丢包、排序、优先级、重传等因素的存在,使得包大小值具有阶段性特点。

本节通过修改发射概率函数来描述相邻数据包大小的概率。修改混淆矩阵 $\boldsymbol{B}=\{b_{im}(o_{t-1})\}$,$1\leqslant i\leqslant N$,$1\leqslant m\leqslant M$,$o_{t-1}$ 代表先前可观察状态的输出,描述可观察特征 o_{t-1} 在时间 t 的概率,给定状态 o_{t-1} 和隐藏状态 u_i 的可观察特征。基于前后状态的依赖关系,当前状态的发射概率 $b_{im}(o_{t-1})$ 由发射概率函数确定,然后使用转移概率矩阵计算下一次的转移概率。与其他模型相比,该模型有利于简化高阶依赖关系,提高准确性。

使用不同的发射概率计算方法取决于 ADPT 的位置[5]。具体来说,根据当前 ADPT 和之前 ADPT 的位置设定不同的发射概率:

$$b_{im}(o_{t-1}) = \begin{cases} \dfrac{c(P(u\hat{\ }\sigma))}{\sum\limits_{\rho \in \sum} c(P(u\hat{\ }\rho))}, & \sigma \neq \sigma_{-1} \\[4mm] \dfrac{c(P(u\uparrow\sigma_{-1}\sigma))}{c(P(u\uparrow\sigma_{-1}))}, & \sigma = \sigma_{-1} \end{cases} \tag{7.7}$$

σ_{-1}代表 σ 之前的 ADPT。$u\uparrow\sigma$ 代表状态 u 发出 σ,$u\hat{\ }\sigma$ 表示 σ 是状态 u 的第一个 ADPT,$uZ\sigma$ 代表状态 u 发出 σ 且 σ 不是状态 u 的第一个 ADPT,P 是发射概率,因此 $P(u\uparrow\sigma) = P(u\hat{\ }\sigma) + P(uZ\sigma)$。$c(x)$ 表示事件 x 发生的频数,为了计算 $c(x)$,模型需要在合并计算过程中保存一些状态信息,包括每个特征值出现在状态中的频率和序列关系。

(4) 加权集成分类器

提出了一种二阶 Markov 链和 HMM 模型集成的加权分类器。分类器加权[6]策略如下:按照时间顺序新来的流被分为一个数据块 $S_i(i \in 1,2,\cdots,n)$,并且每个块大小是相同的。每个块 S_i 构建分类器 C_i。每个分类器 C_i 的权重与误差成反比。分类器的权重通过计算其在测试样本上的错误率获得。基于最新训练样本的分类样本接近当前测试样本的分布。因此,可以通过测量 S_n 错误率近似地获得分类器的权重。

具体来说,测试样本 (x,c) 的错误率在分类器 C_i 上是 $1 - f_c^i(x)$,$f_c^i(x)$ 是分类器 C_i 给出的准确率,x 是 c 类应用的一个实例。因此,分类器 C_i 的均方差为:

$$MSE_i = \frac{1}{|S_n|} \sum_{(x,c) \in S_n} (1 - f_c^i(x))^2 \tag{7.8}$$

假设随机猜测在整个类空间 $C = \{$所有类$\}$ 中,X 被分类为 Y 的概率等于 Y 的概率分布 $P(Y)$。以这种方式分类实例的随机分类器的均方差如下:

$$MSE_r = \sum_c p(c)(1 - p(c))^2 \tag{7.9}$$

例如,均匀分布的二类分布,该分类任务的随机猜测的均方差将是 0.25。对于确定的数据集,MSE_r 是固定值。WENC 方法保证选择的基分类器至少比随机猜测要好,基分类器 i 的权重 w_i 计算如下:

$$w_i = MSE_r - MSE_i \tag{7.10}$$

如果分类器 t 性能比随机猜测差,其权重将被设置为 0,使其不被用于集成分类器。此设置可确保如果错误率较大,权重会更小。最后的集成结果可以描述为:

$$H(x_t) = \arg\max_{y \in Y} \sum_{i=1}^{n} w_i H_i^y(x_t) \tag{7.11}$$

3) WENC 算法流程伪代码

图 7.3 描述了 WENC 算法的执行步骤。该算法分为两部分:第一部分是建立加权集成

分类器(1～6 行)。第 2 行构建基于不同的特征集的分类器;第 3 行计算 h_i 的分类错误率;第 4 行计算随机分类器的错误率;第 5 行计算 w_i 并确定加权分类器。第二部分描述了分类过程(7～10 行),根据最大置信度输出最终分类结果。

算法 7.1　WENC 算法

输入:标记样本 L;未标记样本 U;

输出:分类结果

1: **for** $Attr_1$ and $Attr_2 \in L$ do

2:　　$h_i \leftarrow$ combine(Markovmodel($Attr_1$)＋HMM($Attr_2$))

3:　　$MSE_i =$ error rate of h_i via the cross validation method

$$MSE_i = \frac{1}{|S_n|} \sum_{(x,c) \in S_n} (1 - f_c^i(x))^2$$

4:　　$MSE_r =$ error rate of the random classifiers

$$MSE_r = \sum_c p(c)(1 - p(c))^2$$

5:　　$w_i = MSE_r - MSE_i$

6: **end for**

7: **while** flow $U(x_t, y_t)$ is available do

8:　get classifiers output $\forall_v \forall_i \{H_i^v(x_t)\} \in [0,1]$

9:　Output $H(x_t) = \arg\max_{y \in Y} \sum_{i=1}^{n} w_i H_i^v(x_t)$

10: **end while**

图 7.3　WENC 算法伪代码

7.1.3　实验分析

1) 实验环境

(1) 数据集

从校园网和 Internet 之间几个选定的边界路由器捕获流量,并对数据预处理(如剔除非 SSL/TLS 加密流量)。Campus1 和 Campus2 数据集来自位于同一校园网中不同站点的两个特定路由器。这两个数据集各收集一周的流量,2016 年 6 月 13—19 日,Campus1 数据集包括 139 035 条流(2 144 631 数据包),Campus2 数据集包括 124 128 条流(2 004 996 数据包)。

抓取 15 种常用的 SSL/TLS 协议下的 Web 应用,包括视频、网络直播、邮件、搜索、网络支付、社交、网络存储和社交网络等。Taobao 包括支付宝和淘宝网,Facebook 包括 Facebook 和 Instagram,Google 包括 Google 搜索和 Gmail。表 7.2 描述了每种 SSL/TLS 应用的流数和包数。每种应用至少抓取数千条流,以确保分类模型可以涵盖相应应用的所有特性。

(2) 标准数据集

WENC 方法在任何情况下都是普遍有效的,因为它只需要 SSL/TLS 中不可或缺的握手会话信息和 ADPT 特征。为了验证方法的有效性,需要提前准备标准数据集。通过两个步骤标记标准数据集,第一步通过 Fiddler 查找域名,在这个过程中,使用开放的 Web 插件 Fiddler,用于搜索给定应用相应域名。第二步提取和分析一些特定的字符串,以便确定属于哪个应用的特定流。在评估过程中有限制地选择一些应用,因为该标准数据集构建方法不能适用于我们无法收集其域名签名的应用。表 7.3 描述了特定应用域名中的特定字符串。

表 7.2 SSL/TLS 加密应用统计信息

应用	Campus1		Campus2	
	Flows	Packets	Flows	Packets
Alipay	11 362	154 120	13 297	170 132
Amazon	15 907	201 731	13 208	182 872
Baidu	9 362	182 582	8 219	145 281
Dropbox	9 485	116 436	10 781	191 452
Facebook	10 275	187 704	8 219	21 864
Google	10 579	171 784	9 346	20 975
Pinterest	11 380	231 758	10 142	251 628
QQmail	12 138	142 776	9 623	136 225
Tumblr	9 287	138 568	7 821	129 726
Twitch	16 024	196 395	12 713	268 207
Twitter	7 946	167 451	8 727	173 741
YouTube	15 290	253 326	12 032	312 893

表 7.3 应用域名中的特定字符串

应用	特定字符串
Alipay	* . alipay. com, * . alipayobjects. com
Amazon	* . amazon. cn, * . amazon. com
Baidu	* . baidu. com, * . bdstatic. com
Dropbox	* . dropbox. com, * . dropboxstatic. com
Facebook	* . facebook. com
Google	* . google. com, * . google. cn
Pinterest	* . pinterest. com, * . pinimg. com
QQmail	* . qqmail. com, * . mail. qq. com
Tumblr	* . tumblr. com
Twitch	* . twitch. tv, ttvnw. net
Twitter	* . twitter. com, * . twimg. com
YouTube	* . youtube. com, * . googlevideo. com, . ytimg. com

为了综合评估 WENC 方法,与以下三种方法进行对比。① 一阶 Markov 链方法(FOM)。② 二阶马尔可夫链(SOM),用二阶马尔可夫链代替 FOM 中的一阶 Markov 链。基于二维特征的二阶 Markov 链(TSOM),采用⟨MT,PT⟩特征代替 SOM 中的消息类型。而 TFOM 是采用二维特征的一阶 Markov 链。③ 考虑证书报文大小的二阶 Markov 链方法(SOCRT),引入证书报文大小增加特征多样性[2]。

为了验证 WENC 方法应用指纹的有效性,使用两个异构数据集 Campus1 和 Campus2 进行交叉验证。当使用 Campus1 作为训练数据集时,Campus2 数据集用于验证。同样地,当 Campus2 用作训练数据集时,Campus1 用于验证。

2) 性能评估

（1）准确率

为了验证 WENC 的准确性，将其与三种算法（SOCRT，SOM 和 FOM）进行对比，如图 7.4 所示。采用 Campus1 和 Campus2 数据集相互作为训练和测试数据集进行验证。由于 WENC 集成了加权分类器的优点，具有更好的适用性和区分能力，图 7.4 显示 WENC 算法在分类精度方面优于其他三种方法。此外，指纹方法 SOM 和 FOM 的分类效果表现不佳，因为所选指纹的可区分性不足。虽然 SOCRT 考虑证书报文大小特征，优于 SOM 方法，但改进后的特征区分能力仍然不足。

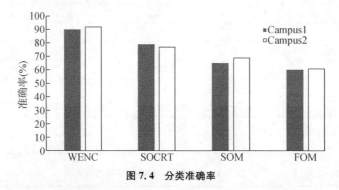

图 7.4　分类准确率

分类准确率只能综合评价整个数据集的识别精度，查准率和查全率可以有效评价各类的分类情况，查准率、查全率如表 7.4 所示，综合评价 F-Measure 如图 7.5 所示。

表 7.4　查准率和查全率（%）

应用	WENC		SOCRT		SOM		FOM	
	查准率	查全率	查准率	查全率	查准率	查全率	查准率	查全率
Alipay	95.86	96.71	86.63	69.09	83.93	53.03	72.01	61.43
Amazon	88.81	92.22	76.33	75.62	58.73	69.12	47.78	65.34
Baidu	97.54	97.02	80.93	78.7	60.05	93.98	43.42	84.54
Dropbox	90.41	90.71	80.13	81.3	56.73	80.82	52.45	71.61
Facebook	91.03	76.15	74.86	86.52	42.22	79.07	45.98	88.33
Google	86.57	88.64	70.03	87.57	69.44	70.64	77.23	68.41
Pinterest	85.35	93.13	79.20	88.06	68.32	38.61	48.54	31.27
QQmail	96.62	98.82	82.05	84.28	81.95	79.31	80.92	73.72
Tumblr	85.57	89.19	80.88	68.46	59.02	61.02	49.18	58.56
Twitch	81.10	91.77	66.02	79.32	67.12	68.76	66.61	44.52
Twitter	90.90	90.90	86.99	75.24	64.94	44.19	66.06	42.6
YouTube	89.05	77.09	83.83	83.07	63.59	95.44	66.41	94.29

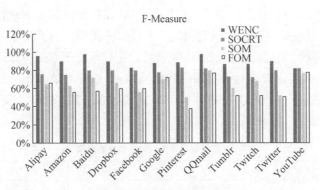

图 7.5　综合评价 F-Measure

　　显然,WENC 对每个应用都具有较好的 F-Measure,这是因为加权集成分类器具有较强的适用性。尽管 WENC 方法在大多数情况下对 SSL/TLS 应用分类具有较好的准确性,但仍然存在小概率的错误分类。WENC 方法引起误分类由于以下几种原因:① 不规则的 SSL/TLS 协议实现,许多 SSL/TLS 协议的实现不遵循 RFC 规范且与常见的 SSL/TLS 协议表现稍有不同。② 服务器配置:一些 SSL/TLS 协议消息是可选的。SSL/TLS 服务器的通信参数可以被配置且可能随着时间改变。③ SSL/TLS 协议的滥用:SSL/TLS 隧道被越来越多地用于躲避由网络配置和安全检查的限制,而不是用于执行保障传输安全的 SSL/TLS 应用。然而,与上述情况类似的错误分类概率较低。总体来说,WENC 适用于大多数 SSL/TLS 应用识别。

　　为了验证基于二维特征⟨MT,PT⟩与一维特征的二阶 Markov 链的有效性,将 TSOM 与 SOM 方法进行比较,并将二维特征的一阶 Markov 链 TFOM 与二阶 Markov 链 TSOM 进行对比,Campus1 作为训练集,Campus2 作为测试集,分类查准率结果如表 7.5 所示。

表 7.5　二维特征与二阶 Markov 链对分类查准率的影响(%)

应用	TSOM	TFOM	SOM	FOM
Alipay	95.92	92.17	83.93	72.01
Amazon	83.49	76.48	58.73	47.78
Baidu	90.47	82.96	60.05	43.42
Dropbox	87.51	81.24	56.73	52.45
Facebook	85.32	75.92	42.22	45.98
Google	84.26	80.19	69.44	77.23
Pinterest	87.33	83.25	68.32	48.54
QQmail	92.17	91.21	81.95	80.92
Tumblr	81.95	83.65	59.02	49.18
Twitch	75.73	72.37	67.12	66.61
Twitter	90.12	92.51	64.94	66.06
YouTube	85.96	83.97	63.59	66.41

　　由于二维特征的可区分性强,基于二维特征的 TSOM 和 TFOM 方法的精度明显优于

一维特征方法 SOM 和 FOM。与 SOM 相比,TSOM 在各个应用上表现都更好,精度提高约 20%,因为二维特征提高了应用的可区分性。与 TFOM 比较,TSOM 几乎在各个应用上都表现更好,准确率提高约 4%,因为二阶 Markov 链可以更好地描绘 SSL/TLS 会话的状态转移。

考虑到不同加权集成策略对分类精度的影响,对集成分类器 WENC、VENC 与 SOCRT 进行比较,VENC 是基于投票的 TSOM 和 HMM 的集成方法,TSOM 代表二维特征和二阶马尔可夫链,结果如表 7.6 所示。

表 7.6 加权集成策略对分类精度的影响(%)

应用	WENC	VENC	TSOM	HMM	SOCRT
Alipay	95.86	94.23	95.92	97.35	86.63
Amazon	88.81	85.13	83.49	86.41	76.33
Baidu	97.54	92.8	90.47	81.98	80.93
Dropbox	90.41	89.62	87.51	92.61	80.13
Facebook	91.03	87.18	85.32	94.32	74.86
Google	86.57	85.92	84.26	92.76	70.03
Pinterest	85.35	82.11	87.33	80.24	79.20
QQmail	96.62	89.69	92.17	99.35	82.05
Tumblr	85.57	78.13	81.95	79.89	80.88
Twitch	81.10	80.21	75.73	75.94	66.02
Twitter	90.90	86.58	90.12	86.14	86.99
YouTube	89.05	82.63	85.96	82.97	83.83

表 7.6 显示 WENC 分类方法可以得到更好的分类准确率,平均准确率达到 90%。WENC 方法的准确率比 VENC 方法更高,因为基于精度的加权可以提高集成分类器中高精度分类器的作用。此外,WENC 继承了 TSOM 和 HMM 方法的可区分性,WENC 方法优于 SOCRT 方法是因为不同应用的证书报文大小仍然可能聚类到同一类中。

3) 分类效率

一个及时的分类系统能够更好地预测异常网络行为,并采取及时和准确的响应。表 7.7 描述了 WENC 方法的分类效率,实验重复 30 次取平均,样本范围介于 2 000~64 000。表 7.7 显示分类所消耗的时间随样本数目增加而增加。WENC 算法需要 0.092~1.8 s,明显高于其他方法。因为 WENC 算法需要集成多个分类器的结果。此外,采用并行计算可以提高 WENC 算法的效率。

表 7.7 四种分类算法的分类效率对比

方法	分类时间(ms)					
	2 000	4 000	8 000	16 000	32 000	64 000
WENC	92	151	240	490	950	1806
SOCRT	46	70	97	155	273	521
SOM	22	16	31	43	80	152
FOM	14	12	18	22	36	62

7.1.4　小结

目前,SSL/TLS 协议被广泛地用于各种网络应用。本节提出一种基于加权集成学习的 SSL/TLS 加密应用分类方法。根据 SSL/TLS 握手过程的二维特征建立二阶马尔可夫链模型。再根据数据传输过程的分组长度 ADPT 构建 HMM 模型,并根据前后报文大小的相关性进一步优化 HMM 发射概率。最后,加权集成建立的分类器,以提高其泛化能力。实验结果表明 WENC 可以达到更好的分类效果,优于当前效果较好的几种方法。未来工作将主要集中在:① 进一步完善效率,以适应高速网络流量分类的需要;② WENC 方法中加入异常流量检测功能;③ 当前协议更新快,分类模型需要不断更新。

7.2　Tor 行为分析

Tor 是匿名在线交流的代表性工具。它允许用户在隐藏他们的位置以及他们访问的互联网资源的同时进行通信。自 2002 年首次发布以来,Tor 的受欢迎程度越来越高,目前网络上同时有超过 2 000 000 个活跃客户端。然而,尽管 Tor 广受欢迎,但对其网络客户端的大规模行为却知之甚少。针对以上问题,Amann 等人[7] 基于对美国四所大学的互联网上行链路的 TLS 流量的被动分析对 Tor 网络进行了纵向研究。展示了如何通过其自动生成的证书的属性来识别 Tor 流量,并使用这些知识来分析超过 3 年的 Tor 流量的特征和发展。

7.2.1　测量方法

本节将介绍 Amann 等人研究工作中的测量方法,包括识别 Tor 证书的方法,还介绍了为每个 Tor 连接考虑的特征。为了研究 Tor 会话,需要区分 Tor 节点与其他 TLS 通信之间的流量。检查 Tor 的有效负载及其 TLS 源代码,显示 Tor 服务器生成的证书可以具有唯一性。默认情况下,颁发者和证书主体都使用随机公共名称。主题和发行者字段是独立生成的,因此彼此不同。主题和发行者字段都不包含证书中常见的(并由证书颁发机构强制要求)的其他信息,例如位置或公司名称。

这些特征允许通过解析数据集中的 X.509 证书,然后在其主题和颁发者字段上匹配相应的正则表达式来识别 Tor 连接。通过一组半自动交叉检查,验证了数据集不包含非 Tor TLS 会话,证书与此启发式匹配。

以这种方式识别 Tor 连接的一个潜在缺陷源于 TLS 会话恢复,其跳过大多数 TLS 握手,包括证书交换,用于连接到同一 TLS 服务器的连接。但是,Tor 规范声明 Tor 客户端和服务器不能实现会话恢复。

表 7.8 总结了公证人数据集提供的特征。大多数收集的信息涉及 TLS 握手,例如客户端发送的可支持的密码列表,服务器选择的密码或不同的 TLS 扩展。除此之外,公证信息还包含服务器的 IP 地址和端口。为了保持对贡献站点的匿名性,使用服务器 IP(以及 SNI,如果存在)散布客户端 IP 地址。这使得方法能够识别唯一的客户端/服务器并对客户端 IP 保密。

表 7.8　数据集特征

时间戳	TLS 扩展有效长度	客户端 EC 曲线
TLS	Client SNI(RFC6066)	DH 参数大小
服务器证书	Server 服务器票据生存器	发送/接收字节
客户端证书	Hash(Client & server session ID)	链接持续时间
服务器	Hsah(Client IP, Server IP, Salt)	被选择的 EC 曲线
客户端有效密码	Hash(Client IP, SNI, Salt)	TLS 警报
被选择密码	Client & Server ALPN(RFC7301)	客户端 EC 点格式

7.2.2　服务器连接

1) Tor 共识信息

对于后续分析,使用有关 Tor 网络状态共识的 CollecTor 信息。这些网络状态共识包含 Tor 网络中的所有中继,这是由半可信 Tor 目录机构同意的。其中,数据包含所有公共中继的 IP 地址、端口和 Tor 版本,以及中继标志。

图 7.6 显示了所有中继以及具有退出、保护、稳定和快速状态标志集的中继的特定子类的共识信息图。单个中继可以同时保持多个标志以表示保护节点和出口节点。近年来 Tor 网络规模一直在缓慢上升。但并非所有节点类型都适用。虽然每天的平均中继数量从 2011 年的 3 984 个增加到 2014 年的 7 524 个(增长 89% 以上),并且保护节点的数量从 793 个增加到 1 911 个(增长 141%),但出口中继的数量平均每天从 1 965 个到 1 243 个却减少了 37%。越来越多的 Tor 退出节点,维护者可能意识到自己面临法律问题。但是,这也意味着在 2014 年,每个出口节点都占据了比 2011 年更大的流量。稳定标志表示节点随时间保持可靠,它满足保护节点的要求。Tor 认为中继稳定,当其平均故障间隔时间(MTBF)至少是所有已知有源中继的中位数或其加权 MTBF 超过 7 天。从 2011 年到 2014 年,稳定的 Tor 中继数量从平均 1 466 个增加到 4 171 个,增加了 184%。这可能与最终用户更容易获得永久互联网连接有关系。

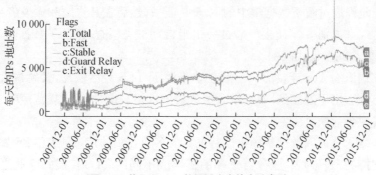

图 7.6　从 CollecTor 数据派生中的中继类型

2) 连接分类

通常,在大型终端用户网络中都希望大多数 Tor 节点充当客户端。因此,大多数传出连接应连接到保护中继。为了检查中继,将所有传出连接与 CollecTor 的 Tor 网络共识信息进行匹配。

图 7.7 显示了在站点 N1 每天看到的外部中继 IP 地址的总数,也表明它们中的哪一个充当保护和退出中继。在测量的时间段内,所有连接的 50%(10 612 263 中的 5 318 445)终止于保护节点。考虑到 Tor 网络中的平均保护节点数量仅为 20%(2014 年为 25%),表明该机构中有相当大比例的客户端运行。该图还包含几个不同的峰值,存在于每天保护节点的比率低的期间。在这些时间内,大多数连接终止于 Tor 网络上既不是退出也不是保护中继的"正常"中继节点。怀疑 2013 年 8 月到 11 月之间的峰值可归因于 Mevade 僵尸网络,这导致全球活跃的 Tor 用户数量大幅增加,从每天约 100 万用户增加到近 600 万。不知道其他峰值的具体原因,最明显的是 2014 年 10 月到 12 月。但是,没有看到其他站点具有类似特性,并考虑到大多数连接不针对防护服务器,推测本地用户在这些时间运行 Tor 中继,为 Tor 网络提供了优质的带宽。为了验证该假设,分析了从该站点到 Tor 网络的连接的 TLS 指纹。特别是,关注每个客户端在其 TLS 客户端问候消息中发送的两位信息:支持的密码套件和 TLS 扩展的列表,这两者都取决于 Tor 和 OpenSSL 版本之间的相互作用。分析显示,2014 年 12 月的峰值,2013 年 8 月至 11 月的 Mevade 峰值,2014 年 2 月的峰值以及 2013 年 3 月的峰值均映射到特定的 TLS 指纹,表明每个指标都由一个软件负责。

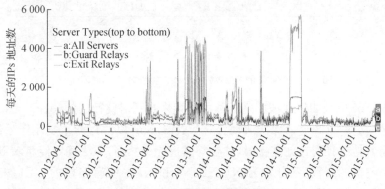

图 7.7 N1 处不同节点类型的连接

查看其他站点,与站点 N1(9 366/天)相比,站点 N3 和站点 X1 表现出通常低水平的 Tor 连接(平均每天 1 286 和 418 个连接)。那里的连接大多终止于 Tor 网络中的保护节点(分别为 80% 和 75% 的连接),表明客户端是活动的。在所有站点中,站点 N2 与 Tor 网络的连接数最多(平均每天 21 675),连接数从 2013 年 2 月的 2 818/天稳步增加到 2015 年 2 月的 88 666/天。连接的分布从 2014 的中期开始变化,从 2014 年 1 月终止于保护节点的 72% 变为 2015 年 1 月的 38%。认为这是在该大学网络内部建立了完善的 Tor 服务器造成的。

3) 连接持续时间

Tor 网络的被动观察者可获得的另一条信息是连接到 Tor 中继的连接持续时间。表 7.9

概述了在 4 个站点遇到的保护节点的连接持续时间。在每个站点,都会看到一些非常长的连接,每种情况下至少有一个连接的持续时间超过 6.8 天。但是,持续时间的分布严重偏向于非常短的连接。根据站点的不同,数据集的中间连接持续时间在 3.0~6.3 min 之间,平均值在 7.3~19.5 min 之间略高。图 7.8 显示了 N1 站点的日平均和中等持续时间的比较,说明随着时间的推移,平均值保持稳定,而中位数波动较大,可能是由于本地用户活动引起的。

表 7.9 每个站点的保护中继连接持续时间(min)

Site	1st	Qu. Median	Mean	3rd	Qu. Max
N1	3.0	3.0	9.6	10.1	9 839
N2	3.0	6.3	19.5	16.8	22 280
N3	1.5	3.0	7.3	3.2	16 370
X1	3.0	3.0	8.3	3.3	10 120

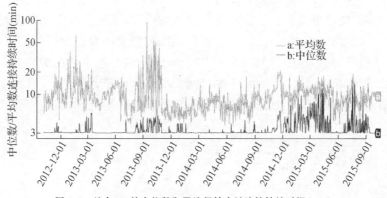

图 7.8 站点 N1 的中位数和平均保护中继连接持续时间(min)

通过检查 Tor 中继如何在彼此之间建立连接来找到对此行为的解释。当两个 Tor 中继设置一个路径时,使 TLS 会话保持活动状态长达 3 min,以便可能重复用于后续请求;只有在此期间没有其他路径通过此连接时,才会将其拆除。然而,无法确定经常看到的更短持续时间的原因。它们的高数字(分别为 N1、N2、N3 和 X1 的所有连接的 17%、6.9%、34% 和 13%)是由系统性原因引起。可能的解释包括 Tor 客户端使用短期连接进行内部管理、用户行为的独立性(如:更新他们的中继列表)。

7.2.3 服务器特性

1) Tor 服务器版本

引入的 Tor 网络共识为所有运行的 Tor 中继提供了软件版本。提取这些并在图 7.9(见彩插 13)中显示随时间的分布。虽然通常新服务器版本的使用速度相当快,但看到很长一段时间内保留在旧版本上的服务器。从部署的角度来看,这是有道理的;与 Tor 客户端软件不同,当以 Tor 浏览器包的形式使用时,自带的自动更新功能,管理员手动或通过其操作系统的包管理系统安装 Tor 中继服务器。考虑到这一点,认为更新率非常好,这表明服务器运营商在努力更新软件方面的动机强,可能是因为他们有兴趣尽可能地保护 Tor 用户的隐私。此外,这样确实有助于 Tor 的开发人员在操作系统社区中保持良好的连接。

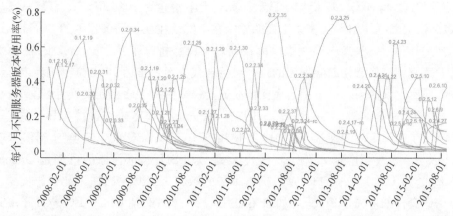

图 7.9 根据 CollecTor 网络状态共识信息中继节点使用的 Tor 版本(不包括峰值使用率<10%的版本)

　　详细的检查数据表明,大量 Tor 版本从未被广泛采用。总的来说,在共识数据集中观察到 325 个不同的版本。其中,只有 48 个版本的使用率达到了所有中继的 10% 以上。最高使用率低于 10% 的 277 个版本中,257 个是 alpha 或候选版本。如图 7.9 所示,只有 6 个版本的 Tor 使用所有中继节点的 60% 以上。存在特定版本的重复模式,例如,0.2.2.36 至 0.2.2.38,看不到任何广泛使用,而它们的父版本很受欢迎(然而最终迅速结束)。这种行为表明操作系统发行版可能不包含某些版本的软件,不利于被广泛采用。

　　2)服务器密码套件

　　有了这些知识,就可以更深入地了解公证数据集。数据中存在的另一条信息是服务器在其 TLS 服务器问候消息中选择的密码套件,该消息代表用于 TLS 会话剩余部分的加密算法。

　　图 7.10 显示了站点 N1 的传出连接选择的主要密码套件。通常,Tor 会选择使用短暂密钥的安全密码套件,因此非常安全。这符合 Tor 的原始设计目标之一,也有助于其选择避免会话恢复。

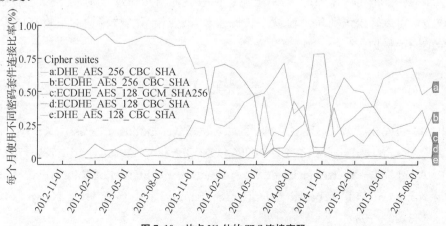

图 7.10 站点 N1 处的 TLS 连接密码

图 7.10 显示 Tor 连接在 2012 年 12 月开始从 Diffie-Hellman(DH)密钥交换切换到 El-liptic Curve Diffie-Hellman(ECDH)。该过程只是缓慢进行并且仍在进行中,超过 50% 的连接仍然使用 DH。检查 DH 密钥交换显示其参数大小始终为 1024 位,Tor 显然从不使用更大的参数。认为继续使用 DH 密钥交换的原因在于安装在 Tor 服务器上的 OpenSSL 版本。由于担心专利声明,一些操作系统提供商长期以来已经排除了其 OpenSSL 库的 ECDH 支持,使得 DH 密钥交换成为前向保密的唯一可行替代方案。虽然 1024 位密钥尚未被认为是不安全的,但不建议使用。由于相当大比例的连接仍在使用 DH 密钥交换,因此 Tor 应考虑将参数大小切换为 2 048 位。对于 ECDH 连接,首先看到在密码块链接(CBC)模式下使用带有 SHA1 的 AES-128 的连接,在 2014 年使用 SHA1 和 CBC 快速切换到 AES-256,或者使用 Galois/Counter 切换到 AES-128-模式(GCM)和 SHA-256。原因可能是 OpenSSL 仅支持从 OpenSSL1.0.1 开始的 GCM。仍然维护的版本 1.0.0 无法使用此密码模式。由于 GCM 是密码套件的优先选择,认为如果不可用,Tor 会回退到 CBC。EC 连接几乎只使用 secp256r1 曲线,这也是 Web 服务器上最常支持的曲线。观察所有其他密码套件,只有几千个连接(<0.1%)使用非完全正向密码。认为这是由于非 Tor 软件尝试联系 Tor 服务器的结果。

7.2.4　小结

Amann 等人介绍了 Tor 的网络级活动的纵向测量研究,该研究是在 3 年多的时间内在四个大型网站上被动收集的 TLS 连接信息得出的。研究证实 Tor 会仔细选择 TLS 安全参数,包括确保前向保密,避免破解密码和选择现代加密原语。但是,大量服务器继续使用参数大小为 1 024 的 Diffie-Hellman 密钥交换,这很快就会成为安全风险。分析还表明,虽然服务器运营商倾向于快速更新他们的软件,但是很多重要的系统在很长一段时间内还是继续使用过时的版本。

对于不熟悉 Tor 的用户来说,一个令人惊讶的结果可能是通过 X.509 证书的特性使用,可以轻松识别网络上的 Tor 连接。对于旨在阻止 Tor 流量的环境,而且在许多企业环境中也是常见的,这表明需要通过经常更新黑名单来跟踪 Tor 中继的标准方法的替代途径。当然,Tor 可以更新到当前的证书方案来避免这种检测。当然通过正则表达式与路径上的证书匹配攻击者可以轻松识别 Tor 流量。从长远来看,依赖可插拔传输的策略有望为用户提供更安全的隐形保护。

参 考 文 献

[1]　Korczynski M, Duda A. Markov chain fingerprinting to classify encrypted traffic [C]//Proceedings of the 2014 INFOCOM. Toronto, Canada, 2014:781 - 789.

[2]　Ayad I, Im Y, Keller E, et al. A Practical Evaluation of Rate Adaptation Algo-rithms in HTTP-based Adaptive Streaming[J]. Computer Networks, 2018, 133:90 - 103.

［3］ Wright C V, Monrose F, et al. HMM profiles for network traffic classification
［C］//Proceedings of the 2004 ACM workshop on Visualization and data mining
for computer security. ACM, 2004:9 - 15.

［4］ Wright C V, Monrose F, Masson G M. Towards better protocol identification
using profile HMMs ［R］. JHU Technical Report JHU-SPAR051201,
14p, 2005.

［5］ Zhang M, Yin P, Deng Z H, et al. SVM+ BiHMM:a hybrid statistic model for
metadata extraction［J］. Journal of Software, 2008, 19(2):358 - 368.

［6］ Wang R, Shi L. Ensemble classifier for traffic in presence of changing distribu-
tions［C］//Computers and Communications(ISCC), 2013 IEEE Symposium on.
IEEE, 2013:000629 - 000635.

［7］ Amann J, Sommer R. Exploring Tor's Activity Through Long-Term Passive
TLS Traffic Measurement［C］//International Conference on Passive and Active
Network Measurement. Springer, Cham, 2016:3 - 15.

8 HTTPS 加密流量分类方法

本章主要介绍了 HTTPS 加密流量分类的相关方法。在 HTTPS 应用流量分类方面，介绍了 HTTPS 加密流量中对用户操作系统、浏览器和应用识别方法；介绍了 HTTPS 协议语义推断的方法；在 HTTPS 安全问题上介绍了 HTTPS 拦截的相关研究。

8.1 HTTPS 加密流量的识别方法

台式机和笔记本电脑可能被恶意地用于侵犯隐私。当前攻击方案主要有两种：主动和被动。主动攻击者尝试物理或远程控制用户设备；被动攻击者可能通过从网络侧嗅探设备的网络流量来侵犯用户隐私，攻击者能够从网络侧窃听设备的网络流量。但大多数互联网流量是加密的，因此被动攻击具有一定的挑战。

Muehlstein 等人[1]研究工作的主要贡献如下：

（1）展示如何从 HTTPS 流量中识别用户操作系统、浏览器和应用的研究，提出了浏览器突发行为和 SSL 行为的新特征，基本特征的识别准确率为 93.51%，使用基本特征和新特征的组合特征可实现 96.06% 的准确率。

（2）提供了一个包含 20 000 多个标记会话的综合数据集。数据集中操作系统有：Windows、Linux、Ubuntu 和 OSX。浏览器包括：Chrome、Internet Explorer、Firefox 和 Safari。应用包括：YouTube、Facebook 和 Twitter。

8.1.1 方法描述

Muehlstein 等人的研究目标是识别用户操作系统、浏览器和应用。为了实现这一目标，使用有监督的机器学习方法。有监督的机器学习方法使用标记数据集进行学习学得一个函数对给定样本进行标记。该研究使用会话作为样本，其中会话用五元组〈协议、IP 源、IP 目的地、端口源、端口目的地〉表示，标签是元组〈OS、浏览器、应用〉。因此，分类任务本质上是一个包含 30 个类的多类学习。

1）数据集

首先，使用 Selenium Web 自动化工具开发收集数据集的爬虫。其次，收集通过 443 端口（TLS/SSL）的所有流量。最后，使用 SplitCap 将流量分成会话。

对于 YouTube 和 Facebook 流量，在多个操作系统和浏览器及其组合的互联网连接上使用爬虫。对于 Facebook，同一账户用于发送和接收帖子。对于 Twitter，有一个发送账户和几个接收账户（粉丝），在多种操作系统和浏览器及其组合上运行爬虫。Teamviewer 的流量是主动生成的，没有使用爬虫。除了主动流量，抓取操作系统、浏览器和应用产生的背景流量(Google、Microsoft)。Dropbox 流量由主动和背景流量组成。

　　无法识别的流量都标记为未知。不在浏览器下工作的应用(例如 Dropbox、Teamview-er)标记为非浏览器。

　　实验室在两个多月的时间内通过各种连接(有线和 WiFi)和不同网络条件收集数据集。数据集包含 20 000 多个会话。元组标签统计信息如图 8.1(a)所示。操作系统、浏览器、应用统计信息如图 8.1(b)、(c)、(d)所示。

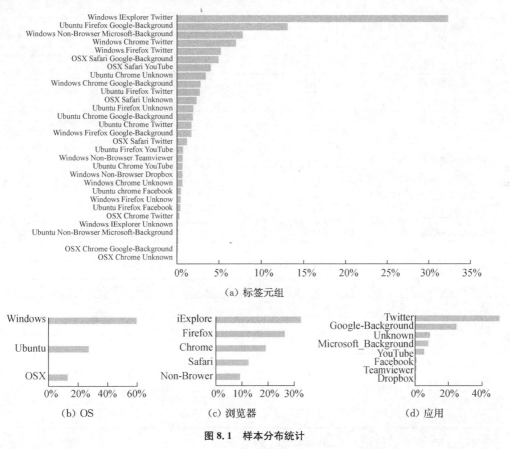

图 8.1 样本分布统计

2) 特征提取

　　本节介绍 Muehlstein 等人如何从会话和统计特征中提取特征的方法。加密流量通常依赖于 SSL/TLS 进行安全通信,这些协议建立在 TCP/IP 之上。TCP 层从上层接收加密数据,如果数据包超过最大段大小(MSS),则将数据分成块。然后,对于每个块,添加一个TCP 头,创建一个 TCP 段,每个 TCP 段都封装在 Internet 协议数据包中。由于 TCP 数据包不包含会话标识符,因此使用元组〈协议、源 IP、目的 IP、源端口、目的端口〉来标识会话。会话包含两个流:前向和后向。在单个 TCP 会话期间,流被定义为 TCP 分组的时间有序序列。前向流被定义为仅由输入分组传送的时间序列,而后向流被定义为仅由输出分组传送的时间序列。使用前向、后向和双向表示会话。此外,还使用时间序列特征,例如同一流上不同数据包之间的到达时间间隔。

特征提取将会话流量作为输入，并从中提取特征。Muehlstein 等人考虑两组特征及其组合。首先，在流量分类方法中使用的典型特征集，称之为"基本特征"，如表 8.1 所示。

表 8.1 基本特征

♯前向报文数
♯前向字节总数
最小前向报文到达时间间隔差
最大前向报文到达时间间隔差
平均前向报文到达时间间隔差
STD 前向报文到达时间间隔差
平均前向报文数
STD 前向报文数
♯后向报文数
♯后向字节总数
最小后向报文到达时间间隔差
最大后向报文到达时间间隔差
平均后向报文到达时间间隔差
STD 后向报文到达时间间隔差
平均后向报文数
STD 后向报文数
前向 TTL 平均值
最小前向报文
最小后向报文
最大前向报文
最大后向报文
♯报文总数
最小报文大小
最大报文大小
平均报文大小
报文大小方差

其次，在表 8.2 中提出了一组新特征，将其称为"新特征"。这组特征基于全面的网络流量分析，识别不同操作系统和浏览器的流量参数。新特征基于 SSL 特征、TCP 特征和浏览器的突发行为。图 8.2 描述了浏览器的突发行为，该行为是在文献 [2-3] 中观测到的。

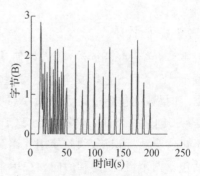

图 8.2 浏览器流量突发行为

表 8.2 Muehlstein 等人提出的新特征

TCP 初始窗口大小
TCP 窗口比例因子
SSL 压缩方法
SSL 扩展数
SSL 加密方法
SSL 会话 ID 长
前向峰值最大吞吐量
平均前向峰值吞吐量
最大后向峰值吞吐量
后向最小峰值吞吐量
后向峰值吞吐量的 STD
前向实发数
后向实发数
前向最小峰值吞吐量
平均后向峰值到达时间间隔差
最小后向峰值到达时间间隔差
最大后向峰值到达时间间隔差
STD 后向峰值到达时间间隔差
平均前向峰值到达时间间隔差
最小前向峰值到达时间间隔差
最大前向峰值到达时间间隔差
STD 前向峰值到达时间间隔差
♯ 保持活跃报文数
TCP 最大分段大小
前向 SSL 版本号

3) 分类器学习

Muehlstein 等人使用选择径向基函数(RBF)作为核函数的支持向量机(SVM),该方法在很多机器学习应用中性能较好。对 70% 的训练数据和 30% 的测试数据,将训练集和测试集样本的所有特征的值规一化在[0,1]之间,进行 5 折交叉验证,准确率为这些实验的平均值。最终采用 LIBSVM[4] 来训练和测试数据集。

8.1.2 实验结果

三个特征集(基本特征、新特征、基本特征＋新特征)的元组〈OS、浏览器、应用〉分类的准确率如图 8.3 所示。得出三个结论:首先,元组〈OS、浏览器、应用〉加密分类可以获得较高的准确率。其次,使用新特征,结果具有可比性。最后,使用基本特征和新特征能实现较好的分类效果。增加新特征可将准确率从 93.52% 提高到 96.06%。

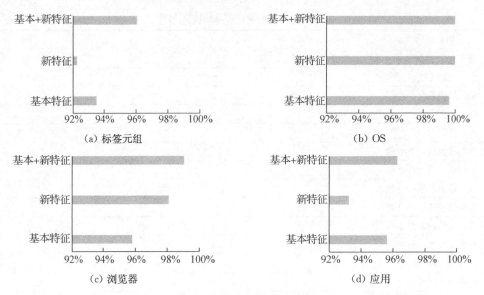

图 8.3　三个特征集的分类结果

图 8.3 是不同特征集的 SVM-RBF 的准确率。该研究首次表明〈操作系统、浏览器、应用〉分类是高精度的。基于数据集统计的分类只有 32.34% 的准确率(〈Windows、Internet Explorer、Twitter〉)。此外,增加新特征可将准确率提高到 96.06%。

分类结果的混淆矩阵如图 8.4 所示。对于大多数元组,分类效果较好。错误分类主要发生在类似的元组和未知类之间。操作系统和浏览器的分类效果都较好。有 29% 的 Facebook 类被错误地归类为"未知",而其他应用的分类效果较好。

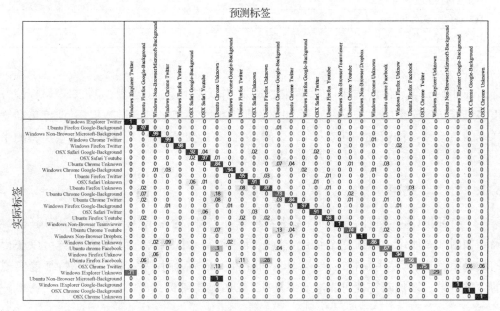

(a) 标签元组

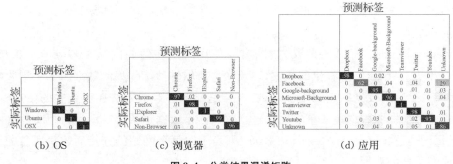

图 8.4 分类结果混淆矩阵

8.1.3 小结

Muehlstein 等人提出的框架能够对加密网络流量进行分类，并推断用户在台式机或笔记本电脑上使用的操作系统、浏览器和应用。尽管使用 SSL/TLS，该研究的流量分析方法是一种有效的工具。但窃听者可以轻松利用有关用户的信息来拟合最佳攻击向量。被动攻击者还可以收集有关用户组的统计信息，以改进其策略。此外，攻击者可能会使用元组统计信息来识别特定人员。该方法的扩展是将行为分类（例如发送推文、接收帖子）添加到元组；另一个扩展是将操作系统和浏览器分类扩展到移动网络。

8.2 HTTPS 协议语义推断

HTTPS、HTTP-over-TLS 能够加密 HTTP 请求和响应，是 Internet 安全的基础。Anderson 等人[5,6]展示了可以在不解密（会话）连接的情况下推断 HTTP 的方法、状态代码和头字段。从 HTTPS 连接的观察中推断 HTTP 协议语义旨在提供"Limitless HTTP in an HTTPS World"（Limitless Paper in a Paperless World）。TLS 的主要目标是保密，语义安全性要求攻击者在猜测任何明文值时几乎不具有优势，但 TLS 中的加密算法仅满足明文与相同大小的消息不可区分的目标。当应用于由字符串 YES 和 NO 组成的消息空间时，这些密码在语义安全性上并不能满足要求。虽然该研究提出的方法无法完全越过加密（达到解密），但它们通常可以恢复有关底层 HTTP 协议明文的详细信息，这引发了什么样的关于 HTTPS 的研究目标才是最合适和可实现的问题。许多用户会拒绝所谓假设的 HTTPS 变体，这种变体大多数时间（98％的情况下）会将方法、内容类型和状态代码假设（保留）为未加密，但该工作的研究分析能够在标准的 HTTPS 协议上产生基本相同的结果。

Anderson 等人将 HTTP 协议语义推理问题看作为一些不相交的多类和二元分类问题。多类分类器模型字段值，例如服务器字段的 nginx-1.13 和 Content-Type 字段的 text/html。二进制分类器模型字段的存在或不存在，例如，HTTP 请求中是否存在 Cookie 和 Referer 字段。该研究为方法和状态代码字段以及 HTTP 头部设计了分类器，在 HTTP/1.1 和 HTTP/2.0 数据集中，表现出了一个合理水平的多样性，如大多数的类别标签出现在小于 80％的解密会话中。其中许多值与同一 HTTP 事务中的其他值或同一 TLS 连接中的其他事务相关联，例如，text/css 和 text/javascript 对象通常使用相同的 TLS 连接进行传输。依此,该研究开发了一种迭代分类策略,该策略利用在前一次迭代期间预测的相关事务的头部字段的推断结果。

Anderson 等人的 HTTP(语义)推断实验使用的是在两周内从 Firefox 58.0、Chrome 63.0、Tor Browser 7.0.11 收集的数据,以及从恶意软件沙箱收集的数据。第一周收集的数据用于训练,第二周收集的数据用于测试,这样是反映了这些方法在实践中的使用方式,并强调了维护当前训练数据集的重要性。恶意软件沙箱数据是通过自动运行提交的样本生成的,并且每天通过在启动与 Alexa top-1 000 列表中的每个网站的连接后收集所有的会话连接来生成浏览器的数据。

这些实验旨在测试该研究工作提出的技术在最理想情况和更现实的部署情况。在理想化的部署中,将 Firefox、Chrome 和 Tor 数据集分别拆分为训练和测试集会导致一些过度拟合。Anderson 等人相信这些实验仍然包含一定信息,因为根据推断捕获的高效的共同连接是有价值的,并且其数据收集策略是捕获由目标网站直接加载的动态内容(例如新闻事件)和由目标网站间接加载的内容(例如推荐广告网站),导致数据集的时间变化比人们预期的更多。恶意软件数据集的 HTTP 推断反映了模型必须进一步概括的设置。大多数恶意软件 HTTP 推断的测试数据集由训练期间不存在的站点组成,且恶意软件表现出更多的应用程序多样性。

与所有流量分析研究一样,该研究的结果对攻击者和防御者都有影响;触及了这种二分法的两面,并研究了两个流行的研究领域,这些领域体现了该研究结果的道德张力。第一,随着加密流量的增加,以及恶意软件越来越多使用加密来模糊其网络行为,恶意软件检测变得越来越重要。第二,网站指纹识别,具有严重的隐私隐患,并且通常会在 Tor 协议的背景下进行检查。Anderson 等人的技术没有改善网站指纹识别的性能,这主要归因于 Tor 使用固定长度的单元格和多路复用技术。另一方面,该研究发现 HTTP 协议语义推断可以改善 TLS 加密恶意软件通信的检测。这种性能的增加归因于 HTTP 头字段的分布的差异,例如请求的 Content-Type 和 Server 字段,以及这些学习到的概念在恶意软件分类器中的体现。

HTTPS 流量通常会受到拦截以检测和阻止恶意内容,以及使用静态私钥进行被动监控。正常流量分析提供了一种更好地遵循最小特权原则的替代方案。Green 等引用应用程序故障排除和性能分析作为被动 HTTPS 监控的主要目的,并且 HTTP 推断可以直接应用于这些用例,无需第三方解密或密钥托管。同样,正常流量分析可能允许一些网络管理员避免 TLS 终止代理的使用和相关的安全问题。与主动探测服务器相比,这种方法有许多优点。具体而言,活动探针难以计算所有可能的客户端配置,服务器和相关软件需要在扫描期间处于活动状态,并且探针不一定会运行有问题的服务器选项。例如,观察到的 3.2% 的 HTTP/2.0 连接使用同一连接中的多个 Web 服务器,并且此行为通常取决于请求的 URI。这些连接通常包括代理服务器、提供静态和动态内容的服务器以及处理客户端数据的服务行为,示例包括 YouTube 的 YouTube Frontend Proxy/sffe/ESF 栈和 CNN 的 Akamai Resource Optimizer/Apache/Apache-Coyote-1.1/nginx 栈。

为了实现 Anderson 等人研究中列举的算法,假设对手或防御者具有多种能力,则需要能够被动地监控某些目标网络的流量,其次需要具有大的、多样的数据集以及当前的训练数据集,其将在网络上观察到的加密流量模式与基础 HTTP 事务相关联。最后,对手或防御者需要具有计算能力来执行每个观察到的 TLS 连接的众多分类器。

Anderson 等人的研究工作主要贡献为:

(1) 描述了在 TLS 和 Tor 加密隧道内推断出一组宽泛的 HTTP/1.1 和 HTTP/2.0 协议语义而不执行解密的框架。

(2) 在基于 Firefox 58.0、Chrome 63.0、Tor Browser 7.0.11 的数据集以及从恶意软件沙箱收集的数据上测试提出的算法。证明了可以可靠地推断除 Tor 之外的所有数据集上的 HTTP 消息的语义。

(3) 为社区提供一个开源数据集,其中包含 Firefox 58.0,Chrome 63.0 和 Tor Browser 7.0.11 数据集的数据包捕获和加密密钥内容。

(4) 将提出的方法应用于 TLS 加密恶意软件检测和 Tor 网站指纹识别。结果表明,首先对加密 HTTP 消息的语义进行建模有可能改善恶意软件检测,但由于 Tor 的实施防御,从而无法改进网站指纹识别。

8.2.1　相关背景

1) 相关协议

数据和分析围绕 4 个主要协议进行推断:HTTP/1.1、HTTP/2.0[7]、TLS 1.2 和 Tor。其他传输层安全性(TLS)版本,例如 TLS 1.3,也出现在 Anderson 等人的数据中,但只占不到 5% 的会话连接。

HTTP 是万维网上数据传输的重要协议。HTTP/1.1 和 HTTP/2.0 是 HTTP 协议的最流行版本。HTTP/1.1 是一种无状态协议,可以在客户端和服务器之间交换请求和响应。HTTP/1.1 以请求行开头,请求行指定请求的方法,请求目标和 HTTP 版本,响应以指定 HTTP 版本、状态代码和原因短语的状态行开头。在请求行或状态行之后,存在一个潜在的无序,不区分大小写的头字段列表及其关联值。在该研究中,对请求行的方法、状态行的状态代码以及许多头字段和值(如 Referer、Server 和 Content-Type)进行推断。HTTP/1.1 支持流水线操作,客户端可以在接收服务器响应之前发送 2 个或更多请求,然后服务器将按照请求的顺序发送一系列响应。

HTTP/2.0 的引入是为了解决一些 HTTP/1.1 的缺点,例如,引入了多路复用和报头压缩。HTTP/2.0 可以通过使用多种帧来传递不同流的状态,从而在单个 HTTP/2.0 连接上复用多个流。图 8.5 说明了在 TLS 隧道内创建 HTTP/2.0 连接。白色框表示 TLS application_data 记录,灰色框表示 HTTP/2.0 帧。客户端通过发送一组固定的字节来开始 HTTP/2.0 连接,指示连接是 HTTP/2.0,紧接着是包含与客户端的 HTTP/2.0 配置相关的参数的 SETTINGS 帧。客户端此时可以发送其他帧,在图 8.5 中,客户端发送 WINDOW _UPDATE 帧用于流控制管理,一组 PRIORITY 帧定义连接中多个流的优先级,HEADERS 帧包含请求头字段和值,最后是另一个 PRIORITY 框架。服务器必须通过发送 SETTINGS 帧来开始 HTTP/2.0 连接。在额外的 SETTINGS 帧交换之后,服务器发送包含响应头字段和值的 HEADERS 帧,最后发送包含所请求数据的 DATA 帧。头字段使用

HPACK 进行压缩。在 Anderson 等人的实验中，只关注识别 HEADERS 帧及其包含的值。

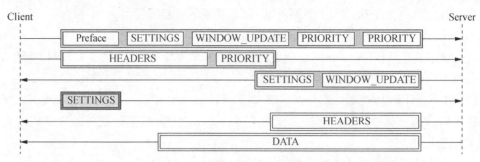

图 8.5　Firefox 58.0 HTTP/2.0 同 TLS 加密隧道连接 google.com

如今 HTTP/1.1 请求和响应越来越受到 TLS 的保护[8]，并且浏览器供应商也声明他们不会在没有加密的情况下实现 HTTP/2.0。TLS 握手以 client_hello 和 server_hello 记录的交换开始，这些记录建立加密和验证数据所需的加密参数。客户端和服务器还可以使用 application_layer_protocol_negotiation 扩展来与这些消息协商应用层协议，其中 http/1.1 和 h2 分别表示为 HTTP/1.1 和 HTTP/2.0。在建立一组共享密钥之后，客户端和服务器各自发送 change_cipher_spec 和指定 TLS 握手结束的完成记录，并且现在可以发送包含应用层数据的加密的 application_data 记录。图 8.5 中的所有白色框表示 application_data 记录。

Tor 使用了 TLS（其自身的加密协议）和一层覆盖网络的组合，以实现安全传输和匿名化基于 TCP 的应用层协议（例如 HTTP）。客户端首先通过与 Tor 入口节点协商 TLS 握手来创建 Tor 连接。在执行 Tor 握手之后，客户端通过将 CREATE2 单元发送到链中的第一个洋葱路由器来构建链路，其中单元是类似于 HTTP/2.0 帧的基本通信单元。洋葱路由器使用 CREATED2 单元响应，该单元具有导出一对 128 位 AES 密钥以加密外发消息和解密传入消息所需的信息。客户端发送 RELAY_EXTEND2 信元以将链路扩展到另一个洋葱路由器，并将遵循与返回的 RELAY_EXTENDED2 信元的内容相同的密钥建立协议。在多次重复此过程后，RELAY_DATA 单元将使用链路路径中每个洋葱路由器的 128 位 AES 密钥顺序加密。RELAY_DATA 单元的内容携带相关的应用层数据，例如，执行附加 TLS 握手所需的 TLS 记录，并且是空填充的，因此它们总是包含 514 个字节。图 8.6 显示了通过 TLS 隧道传输的 HTTP/1.1 GET 请求的 JSON 表示，通过 Tor 进行隧道传输，并再次通过 TLS 进行隧道传输。

2）加密流量推断

加密流量推断（Inferences on Encrypted Traffic）的内容和意图在学术文献中涉及较多。虽然不直接针对加密流量，但协议无关的网络威胁检测也可以应用于具有合理结果的加密通信。这些方法依赖于数据特征，例如发送的数据包数量和连接的周期性。其他方法使用特定于 TLS 协议的特征来关联应用程序的身份、服务器身份和交互行为以改进检测。

```
{
  "tls_records":[...
    {
      "type":"app_data",
      "lenght":1052,
      "decrypted_data":{
      "protecol":"Tor",
      "length":1028,
      "cells":[
        {
          "circ_id":"xxxxxxxx",
          "cell_type":"RELAY",
          "command":"RELAY_DATA",
          "stream_id":"xxxx",
          "digest":"xxxxxxxx",
          "length":340.
          "decrypted_data":{
          "tls_records":[
            {
              "type":"app_data",
              "length":335,
              "decrypted_data":{
              "method":"GET",
              "uri":"/",
              "v":"HTTP/1.1",
              "headers":[...
              ],...
```

图 8.6　解密后的通过 Tor 隧道传输 HTTP/1.1 GET 请求的 JSON 表示

网站指纹识别[9]是另一个被广泛研究的加密流量推断目标。这个问题通常被定义为攻击者试图通过利用诸如分组突发的大小和唯一分组大小之类的侧信道信息来识别与 Tor 网络上的一小部分被删除网站的连接。特别是与可插拔传输装置一起使用时，Tor 网站指纹识别显得更加困难，但 Wang 等人[10]的研究也已经证明了对 Tor 可插拔传输的可靠检测。

此外还有对加密 HTTP 消息体的更直接推论的相关研究。这类攻击推断的一个示例包括推断用户正在观看流行的流媒体服务的视频。关键字指纹识别是近期的研究（攻击），它通过 Tor 识别发送到 Web 应用程序的各个查询，例如对 Google 的搜索查询。推断加密资源的大小是众所周知的一个目标，且最近已经被用在基于 Web 服务器发送它们的唯一动态内容来识别用户的研究中。

与以前在 HTTP 主体上进行推理的工作相比，Anderson 等人引入了推断 HTTP 协议语义的方法，从而获取 TLS 加密隧道内部 HTTP 事务的协议机制。该研究的结果可能直接或间接地为本节中描述的许多目标提供有价值的信息，可以作为规范化数据特征的手段。

8.2.2　数据集

数据集包括了从基于 Linux 的虚拟机、商业恶意软件分析沙箱和真实企业网络中的自动运行中收集的数据源。基于 Linux 的 VM 的系统是在 VMware ESXi 上运行的 CentOS 7。恶意软件分析沙箱每天在 Windows 7 和 10 下执行数万个不同的二进制程序,这些分析对象都是使用 TLS 进行通信的已知的恶意样本。企业网络每天大约有 3 500 个不同的内部 IP 地址。

除了从企业网络收集的数据之外,还收集了解密所有数据集中的会话连接所需的密钥集。这允许将解密后的 HTTP 事务与可观察的数据特征相关联。表 8.3 中给出了数据集的摘要,其中以_h 结尾的数据集用于 HTTP 推断实验,以_m 结尾的数据集用于恶意软件检测实验,以_w 结尾的数据集用于网站指纹实验。

表 8.3　数据集

数据集名称	TLS 链接数	HTTP/1.1 TX's	HTTP/2.0 TX's
firefox_h	61 091	72 828	132 685
chrome_h	379 734	515 022	561 666
tor_h	6 067	50 799	0
malware_h	86 083	182 498	14 734
enterprise_m	171 542	—	—
malware_m	73 936	—	—
tor_open_w	5 000	54 079	0
tor_censor_w	2 500	31 707	0

1) HTTP 数据

为了收集应用程序层请求和响应的基本事实,基于 Linux 的 VM 使用 Chrome 63.0、Firefox 58.0 和 Tor Browser 7.0.11 连接 Alexa 排名前 1 000 的每个站点。在 2017 年 12 月进行为期两周的每天重复的数据收集。在 2017 年 10 月,从商业恶意软件分析沙箱中收集了两周的恶意软件数据。下小节中还采取了不同的方法来收集解密每个数据集连接所需的关键材料。当给定的网络连接失败或该连接的解密失败时,这些样本将被丢弃。由于偶尔的密钥提取问题,会话可能会解密失败,例如,在 Tor 的存储器快照期间加密密钥不在存储器中的事件是随机均匀发生的,不太可能引入偏差,这些样本将保留在数据集中。

实验使用的 Firefox 58.0、Chrome 63.0 和 Tor Browser 7.0.11 是开源的数据集。该数据集包含 TLS/Tor 会话的数据包捕获以及解密 firefox_h、chrome_h 和 tor_h 数据集的 TLS/Tor 会话所需的密钥。

（1）Firefox 58.0 和 Chrome 63.0

Firefox 58.0 和 Chrome 63.0 都支持通过 SSLKEYLOGFILE 环境变量导出 TLS 1.0-1.3 主机密钥。要为给定的浏览器和站点对准备数据收集,首先设置 SSLKEYLOGFILE 环境变量,再开始使用 tcpdump 收集网络流量。然后使用 Xvfb 虚拟窗口环境以私有模式启动指定的浏览器和站点对,并允许该进程运行 15 s。15 s 后,所有关联的进程都被终止,存储数据包捕获和 TLS 主机密钥以进行其他处理。

对于 Firefox,解密了总共 31 175 个 HTTP/1.1 和 29 916 个 HTTP/2.0 连接。对于 Chrome,解密了总共 242 036 个 HTTP/1.1 和 137 698 个 HTTP/2.0 连接。Anderson 等人从结果中省略了与浏览器相关的连接,例如 Firefox 中的 Pocket 推荐。

(2) Tor Browser 7.0.11

Tor 浏览器的数据集采集类似于 Firefox/Chrome 数据集的采集方法,但出于安全考虑,Tor Browser 7.0.11 明确禁止其密钥材料的导出。因此,并非是设置环境变量,而是在第 1 s 后每隔 3 s 获取 tor 和 firefox 进程的内存快照。/proc/<pid>/maps 和/proc/<pid>/mem 中的信息用于将正确的内存与进程 ID 相关联。然后按照前文描述对这些内存存储进行后处理,以提取所需的密钥材料。

Anderson 等人解密了总共 6 067 个 TLS/Tor 连接和 50 799 个 HTTP/1.1 事务。对于未能解密 Tor 隧道或其中一个底层流,则丢弃该样本。由于 Tor 在单个连接上复用了许多不同的流,会导致 Tor 数据集与 Firefox/Chrome 数据集之间的连接数差异。

(3) 恶意软件沙盒

每个已知的恶意软件样本都在 Windows 7 或 Windows 10 虚拟机中执行 5 min。在 5 min 窗口之后,存储数据包捕获并按照前文中的描述分析虚拟机的完整内存快照。为了避免污染恶意软件的行为,流量采用中间人或其他更具侵入性的手段来收集密钥。这种方案确实导致解密的 TLS 连接少于总 TLS 连接,因为 TLS 库可以将包含密钥的内存清空。即便如此,该方法仍然能够解密约 80% 的 TLS 连接。在恶意软件数据集中,解密了总共 82 177 个 HTTP/1.1 和 3 906 个 HTTP/2.0 连接。Anderson 等人从结果中省略了依赖于浏览器和 VM 的连接,例如,与 ieonline.microsoft.com 的连接。除了这些明显的过滤器之外,没有执行任何其他过滤,即未尝试区分恶意流量和正常的 CDN 连接。

由于恶意软件样本不限于单个 TLS 库或指定的一组网站,因此该数据集比以前的数据集有更多的异构性。约 70% 的恶意软件样本使用操作系统提供的 SChannel 库,其余样本使用各种替代方案。

(4) 提取密钥

为了解密被确定的恶意软件样本或 Tor 实例中捕获的数据包文,将从恶意软件执行的最后时刻或一系列快照中获取的内存快照中提取密钥。在 Tor 的生命周期过程中。先前有部分研究工作是通过扫描 RAM 查找密钥,但现有技术既不够轻便也不足以直接集成到商业恶意软件分析沙箱中。生产用例需要在严格的 CPU 和时间的限制下对以前未知的可执行文件进行全自动取证分析。Anderson 等人的方法反过来利用恶意软件主要使用已建立的 TLS 库,尤其是内置于目标平台的 TLS 库,来获取密钥。

密钥提取的基础是 TLS 库经常将主密钥嵌套在可预测的数据结构中,例如,对于 OpenSSL 有如图 8.7 所示的结构。

```
struct ssl_session_st {
    int ssl_version ;
    unsigned int key_arg_length ;
    unsigned char key_arg[8];
    int master_key_length ; //48
    unsigned char master_key[48];
    unsigned int session_id_length ;
    unsigned char session_id[32];
    …
```

图 8.7　ssl_session_st 结构

在内存中,图 8.7 的数据结构表示如图 8.8 所示。

```
03 03 00 00 00 00 00 00 00 00 00 00 00 00 00 00
30 00 00 00 44 0E 70 5C 1C 22 45 07 6C 1C ED 0D
E3 74 DF E2 C9 71 AF 41 2C 0B E6 AF 70 32 6E C3
A3 2C A0 E6 3A 7A FF 0E F3 70 A2 8A 88 52 B2 2D
D1 B3 F6 F2 20 00 00 00 CD 31 58 BF DF 97 B0 F8
C0 86 BA 48 47 93 B0 A5 BA C1 5B 4B 35 37 7F 98
```

图 8.8　内存中的数据结构图

其中前导 0x0303 表示 TLS 1.2,高亮部分是 48 字节主密钥。因此,编写一个在几秒钟内在内存中产生所有 OpenSSL 主密钥(Master secret)的正则表达式是最直接的方法(BoringSSL 和 Microsoft SChannel 类似)。Mozilla NSS 将 TLS 主密钥分配为独立的 48 字节缓冲区,原则上它可以在堆上的任何位置,没有必须要求的上下文。但是,Anderson 等人发现实际上 NSS 始终将 TLS 主密钥直接分配给可预测的数据结构,即带有指向主密钥指针的结构。这在多个操作系统和平台上,能够使用正则表达式可靠地提取 NSS 主密钥、提取 Tor 128 位 AES 密钥。图 8.9 所示正则表达式可用来提取 TLS 主密钥和 AES 密钥。

```
BoringSSL:(\x02\x00|[\x00—\x03]\x03)\x00\x00(? =
    .{2}.{2}\x30\x00\x00\x00(.{48})[\x00—
    \x20]\x00\x00\x00)
NSS:\x11\x00\x00\x00(? =(.{8}\x30\x00\x00
    \x00|.{4}.{8}\x30\x00\x00\x00.{4})
    (.{48}))
OpenSSL:(\x02\x00|[\x00—\x03]\x03)\x00\x00(? =
    .{4}.{8}\x30\x00\x00\x00(.{48})[\x00—
    \x20]\x00\x00\x00)
SChannel :\x35\x6c\x73\x73(? =(\x02\x00|[\x00—
    \x03]\x03)\x00\x00(.{4}.{8}.{4})(.{48}))
Tor-AES:\x11\x01\x00\x00\x00\x00\x00\x00(? =
    (.{16})(.{16}))
```

图 8.9　提取 TLS 主密钥和 AES 密钥的正则表达式

（5）解密会话

Anderson 等人编写了一个自定义工具来解密包含捕获的密钥内容文件的数据包文，工具支持解密 SSL 2.0/TLS 1.3 的 200 多个密码套件，以及解析 HTTP/1.x、HTTP/2.0 和 Tor 应用层协议。对于 Tor 流量，它还可以解密底层的 RELAY 和 RELAY_EARLY 单元。如果解密的流包含 TLS 会话，则流将被解密并且将提取所得的应用层数据。解密程序的结果存储在 JSON 中，以便机器学习的预处理器执行相关操作。作为一个例子，图 8.10 说明了通过 Tor 隧道传输的 HTTP/1.1 GET 请求的解密输出。

支持通过 SSLKEYLOGFILE 环境变量导出 TLS 密钥的浏览器遵循了 NSS 密钥日志格式，该格式将 TLS client_random 与 TLS 主密钥相关联。Tor 和恶意软件数据集不支持此功能，由此需要创建一个省略 client_random 的新格式。在这种情况下，通过尝试解密与所有提取的密钥的连接来强制解密。TLS 1.2 的一个有效方法是解密较小的结束消息，同时尝试所有主密钥，直到消息被正确解码。对于 Tor RELAY 单元，尝试所有可用的 AES 密钥，确保在解密失败的情况下不会破坏先前洋葱层的流密码的状态。一旦通过识别有效的中继命令和识别的字段来正确解密 RELAY 单元，将密码添加到链路的密码列表并返回解密的数据。

```
"tls_records":[...
    {
      "type":"app_data","length":1052,
      "decrypted_data":{
        "protecol":"Tor",
        "length":1028,
        "cells":[
          {


              "circ_id":"xxxxxxxx",
              "cell_type":"RELAY",
          "command":"RELAY_DATA",
              "stream_id":"xxxx",
              "digest":"xxxxxxxx",
          "length":340.
            "decrypted_data":{
            "tls_records":[
            {
              "type":"app_data","length":335,
              "decrypted_data":{
                "method":"GET","uri":"/",
                "v":"HTTP/1.1",
                "headers":[...
                ],...
```

图 8.10　Tor 隧道的 HTTP/1.1 GET 请求解密内容的 JSON 表示

2) 恶意软件分类

对于恶意软件的分类实验,Anderson 等人使用了与 2017 年 11 月和 12 月收集的相同恶意软件分析沙箱中的恶意软件数据。企业网络数据也在同一时间段内收集,使用均匀采样的方法以避免不同类型的严重不平衡。

该研究收集了每个恶意软件运行的数据包捕获,但忽略了密钥。实验中处理了每个捕获的数据包文,与上一节类似的格式提取加密数据,但没有使用解密功能。将启动 TLS 连接的进程的哈希值与连接的 5 元组相关联,并丢弃任何未被标记为恶意软件的可执行文件启动的连接,通过丢弃流行的 CDN 和分析网站(如 gstatic. com 和 google-analytics. com)以清理数据集。这个做法可能过于激进,但在手动检查数百个样本的解密内容后,得出结论更可能是良性的结论。最后,每月随机样本的唯一 TLS server_name 值的数量也保持最大为 50,以避免实验的结果偏向流行域上的性能。在过滤后,分别在 11 月和 12 月留下了 34 872 和 39 064 个恶意 TLS 连接。

对于良性数据集,Anderson 等人在 2017 年 11 月和 12 月期间使用其工具从真实企业网络收集了 TLS 连接。在这种情况下,由于没有执行解密,无法访问任何密钥相关内容。使用免费提供的 IP 黑名单过滤了这些数据。由于上述原因,在企业数据中每月最多允许随机统一选择 50 个唯一的 TLS server_name 值。每月唯一 server_name 值的平均数约为 5,增加一个数量级到约 50,以保留一些有关普遍存在的信息。在统一采样和过滤后,样本数据库中在 11 月和 12 月分别有 87 016 和 84 526 个良性 TLS 连接。

3) 网站指纹

Anderson 等人的目的是模拟出标准的网站指纹。收集的数据与前文描述的方式类似,但具有不同的网站列表。虽然确实提取了密钥内容,但没有使用解密数据来训练网站指纹识别算法。

该研究使用 Tor Browser 7.0.11 连接到 50 个被禁网站列表中的每个站点。重复这个循环,直到能够收集 50 个成功连接的数据,这些连接能够为每个被禁的网站解密。该数据收集于 2017 年 1 月的第 2 周。在这段时间里,Anderson 等人还使用了 Tor 浏览器数据收集策略,同时连接到 Alexa top-10k 中的每个站点。同时排除了任何无法解密的样本以及出现在受监控站点列表中的站点。与之前的工作类似,采用了剩余网站中的前 5 000 个进行数据收集。

8.2.3 语义推断方法

Anderson 等人用于在加密网络连接中推断 HTTP 的各种属性的框架在很大程度上依赖于标记数据。鉴于该数据可以在加密的 HTTP 事务上进行许多有趣的推断而无需执行解密,该研究使用标准的随机森林分类器和 100 棵树进行所有实验,因这已被证明是网络流量分析任务的最佳选择。

该研究报告了每个问题的原始准确度和未加权的 F_1 分数。如上文所述,几个推理问题被提出为多类分类的问题,未加权的 F_1 分数更好地表示了分类器在少数类别上的表现。它被定义为多类问题中每个标签 L_i 的 $F_1(L_i)$ 得分的未加权平均值,其中 $F_1(L_i)$ 定义为:

$$F_1(L_i) = 2 \times \frac{precision_i \times recall_i}{precision_i + recall_i} \tag{8.1}$$

对于所有结果,将上文提到的两周数据分为训练和测试数据集。第一周的数据用于训练,第二周的数据用于测试。

1) 数据特征

使用两类数据特征来对 HTTP 协议语义进行分类:依赖于包含 HTTP 请求或响应的目标 TLS 记录的位置(相对于周围的 TLS 记录)的特征,以及从连接中的所有分组派生的特征。对于特定于位置的功能集,分析当前的前 5 个和后续 5 个 TLS 记录。对于每个 TLS 记录,提取了以下内容:

(1) 包的数量;

(2) 设置了 TCP PUSH 标志的数据包文数;

(3) 平均数据包文大小,以字节为单位;

(4) TLS 记录的类型代码;

(5) TLS 记录大小(以字节为单位);

(6) TLS 记录的方向。

将计数和大小视为实值(real-valued)特征,将 TLS 类型代码视为分类特征,将方向视为分类特征,其中 0 表示客户端→服务器,1 表示服务器→客户端,2 表示没有 TLS 记录。如果 TLS 记录不存在,则除方向之外的所有功能都将设置为 0,例如,当目标 TLS 记录结束连接时,设置与后续 5 个 TLS 记录相关的功能为 0。因时序不可靠性,研究忽略了基于时序的功能。

对于与连接相关的功能,分别在连接的每个方向上提取了数据包文的数量,设置了 TCP PUSH 标志的数据包文数量和平均数据包文大小。Anderson 等人还提取了前 100 个 TLS 记录的字节大小,如果记录是由服务器发送的,则将大小定义为负数,这个数组是空填充的。最后计算了连接的总持续时间(以秒为单位),所有这些值都表示为实值特征。

每个分类问题样本由 174 个数据特征组成,其中有从分析的 11 个 TLS 记录中的每一个中提取的 6 个特征共 66 个与记录相关的特征,以及 108 个与连接相关的特征。因为忽略了连接相关的功能,Tor 实验是例外。考虑到在单个 Tor 隧道上复用的不同 TLS 连接的数量,Anderson 等人发现这些特性在 Tor HTTP 协议语义推理任务中是不可靠的。

2) 推断的 HTTP 协议语义

在推断 HTTP 请求或响应中包含的值之前,需要能够识别哪些 TLS 记录包含请求或响应。在结果中,此问题标记为"消息类型",并且它是二进制分类问题,其中标签指示 TLS 记录是否包含至少一个 HTTP 请求或响应。选择这种方法是因为这可以忽略与 HTTP/2.0 帧类型和 Tor 单元类型相关的许多复杂性。

对于 HTTP 请求,研究了 2 个多类分类问题:方法和 Content-Type 字段,以及 3 个二分类问题:Cookie、Referer 和 Origin 字段。对于二分类问题,尝试确定字段键是否在 HTTP 请求中出现一次或多次。

对于 HTTP 响应,研究了 3 个多类分类问题:状态代码、Content-Type 和 Server 字段,以及 4 个二分类问题:Access-Control-Allow-Origin、Via、Accept-Ranges 和 Set-Cookie 字段。

Anderson 等人关注这一系列问题,是因为它们在 HTTP/1.1 和 HTTP/2.0 数据集中都有很好的代表性,并且它们表现出合理的多样性水平。正如所期望的那样,鉴于该研究的数据收集策略,研究问题选择偏向于 HTTP 响应字段。认为如果有适当的训练数据,该方法将转化为与请求相关的一系列更宽泛的问题。

表 8.4 列出了所有多类分类问题的标签,即多类标签。HTTP 请求和响应字段值中存在一些不明确的实例。例如,响应 Content-Type 字段的"application/octet"值可用于多种文件类型,Server 字段的"nginx"值可映射到多个版本。对于实验,按原样取字段值而不是尝试重新标记样本。

表 8.4　多类 HTTP 协议语义推断实验的标签集

问题	HTTP/1.1 标签集	HTTP/2.0 标签集
method(req)	GET、POST、OPTIONS、HEAD、PUT	GET、POST、OPTIONS、HEAD
Content-Type(req)	json、plain	json、plain
status-code(resp)	100、200、204、206、302、303、301、304、307、404	200、204、206、301、302、303、304、307、404
Content-type(resp)	html、javascript、image、video、css、octet、json、font、plain	html、javascript、image、video、css、octet、json、font、plain、protobuf
Server(resp)	nginx-1.13/1.12, nginx-1.11/1.10/1.8, nginx-1.7/1.4, nginx, cloudflare-nginx, openresty, Apache, Coyote/1.1, AmazonS3, NetDNA/2.2, IIS-7.5/8.5, jetty-9.4/9.0	nginx-1.13/1.12, nginx-1.11/1.10/1.6, nginx-1.4/1.3, nginx, cloudflare-nginx, Apache, Coyote/1.1, IIS-8.5, Golfe2, sffe, cafe, ESF, GSE, gws, UploadServer, Akamai, Google, Dreamlab, Tengine, AmazonS3, NetDNA/2.2

3) 迭代分类

上一节中描述的许多推断目标间存在彼此依赖的关系,例如,在同一 TLS 连接中,响应中的 Content-Type 值与 Server 值相关联,或者响应 Content-Type 与其他响应 Content-Type 相关联。Anderson 等人通过使用迭代分类框架来考虑这一问题。

给定加密的 TLS 连接,首先通过 TLS application_layer_protocol_negotiation 扩展来确定应用层协议(alp)。如果没有此扩展,使用基于前 20 个 TLS 记录长度的分类器将连接分类为 HTTP/1.1 或 HTTP/2.0。鉴于 alp 和前文中描述的数据特性,使用二进制分类器来标识包含 HTTP 头字段的每个 TLS application_data 记录。在 8.2 节的描述中,丢弃了带有不准确标记的 TLS 记录的连接,例如,将 HTTP/2.0 HEADERS 帧分类为 DATA 帧。尽管此过程导致分类样本总数减少到 1% 以下,但在解释此部分的结果时,该过程非常重要。

对于标识为包含 HTTP 头字段的每个 TLS 记录,提取上述数据特征,然后将与请求语义相关的分类器应用于客户端记录和服务器记录的响应语义。此时,将原始记录的数据特征与包含同一连接中 HTTP 头字段的所有记录的分类器输出相关联,但不包括目标记录中的目标分类问题。此增强的特征集的长度对于 HTTP/1.1 为 68 而对于 HTTP/2.0 为 74。增强特征向量的子组件对应于在预测输出已被转换为指示符向量之后来自先前迭代的所有其他预测输出的总和。鉴于增强特征,HTTP 协议语义使用 TLS 记录的数据特征和前一次迭代的推断进行分类。当没有预测输出改变值时,则认为算法收敛。在实验中,迭代算法通常收敛于 2 次,最多 4 次迭代。

图 8.11 的算法总结了迭代分类过程。它使用多个中间分类器,每个分类器都需要训练。这些推断应用层协议,包含 HTTP 请求和响应的协议语义的 TLS 记录,仅给出目标记录特征的 HTTP 协议语义,以及给定所有特征的 HTTP 协议语义。在对看不见的测试样本进行分类时,每个推理需要两个分类器来执行该算法。

迭代 HTTP 协议语义推断算法

1: **procedure** iterative semantics classify
2: **given**:
3:   *conn* := features describing connection
4:   *alp* ← application_layer_protocol(*conn*)
5:   *recs* ← classify_message_types(*conn*, *alp*)
6: **for** *rec* ∈ *recs* **do**:
7:   **if** *rec.type* Headers **then**:
8:     **continue**
9:   get_record_features(*rec*, *alp*)
10:   classify_semantics(*rec*, *alp*)
11: **while** not converged **do**:
12:   **for** *rec* ∈ *recs* **do**:
13:     **if** *rec.type* Headers **then**:
14:       **continue**
15:     get_record_features(*rec*, *alp*)
16:     get_inferred_features(*rec*, *alp*)
17:     classify_semantics(*rec*, *alp*)

图 8.11　迭代 HTTP 协议语义推断算法

由于在单个 TLS/Tor 连接上复用了大量不同 TLS 连接,Tor 的迭代算法需要做一点小的改动,只使用 Tor 连接中前后 5 个 HTTP 事务的预测输出,而不是在增强特征向量的连接中使用所有推断的 HTTP 值。

4) HTTP/1.1 实验结果

firefox_h、chrome_h、malware_h 和 tor_h 中分别有 72 828、515 022、182 498 和 50 799 个 HTTP/1.1 事务。从数据集得知,这相当于每个 TLS 连接有平均 2 到 8 个 HTTP/1.1 事务,其中对应 Tor 则是一个很明显的异常值。在这些实验中,使用前 7 天的数据集进行训练,并使用相同数据集的第 7 天数据进行测试。在后续实验中对这个限制进行了相关并提供了额外的实验结果。

表 8.5 提供了最初的方法(initial pass)和算法 1(iterative)收敛后每个分类问题的完整结果集。确定了包含 HTTP 头部字段的 TLS 记录,除了 tor_h 数据集之外,所有数据集的 F_1 得分均超过 0.99,tor_h 的得分为 0.87。该实验进一步说明了 Tor 协议中的多路复用相对于单纯的 TLS 对流量分析来说比较困难。

大多数其他 HTTP/1.1 实验都遵循类似的模式，tor_h 结果很明显要更差。能够有效地为 tor_h 数据集建模几个二分类问题，其中 Cookie 和 Referer 请求字段的 F_1 分数超过 0.75。由于 Tor 的多路复用行为，响应字段的表现明显变差。

对于其他数据集，能够在大多数问题中获得惊人的对比结果。甚至能够在 malware_h 数据集上有效地模拟许多问题，因 malware_h 中具有 TLS 客户端的多样性，并且在训练和测试数据集中访问的站点中的重叠更少。图 8.12（见彩插 14）显示了 chrome_h、malware_h 和 tor_h 的 HTTP/1.1 响应 Content-Type 头字段值的完整混淆矩阵。对于这个问题，在 chrome_h、malware_h 和 tor_h 数据集上得到了 0.919、0.770 和 0.236 的未加权 F_1 分数。对于大多数图像来说有一些过度拟合，每个数据集中的样本大约是下一个代表类的两倍。尽管 chrome_h 和 malware_h 中存在轻微的过度拟合，图 8.12 中展示了这种方法在加密 TLS 隧道中推断 HTTP/1.1 响应 Content-Type 头字段值的可行性。有关其他分类问题的详细信息，请参阅表 8.5。

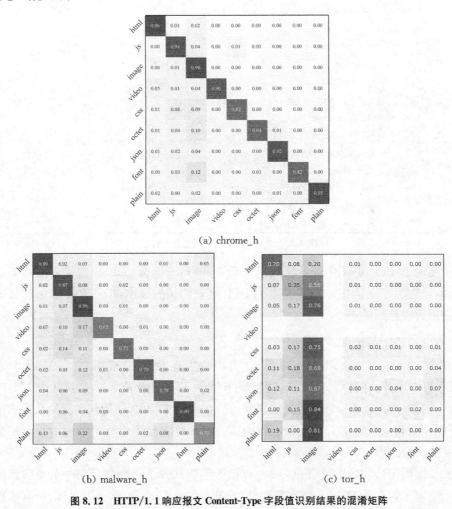

(a) chrome_h

(b) malware_h　　　　　　　　　　(c) tor_h

图 8.12　HTTP/1.1 响应报文 Content-Type 字段值识别结果的混淆矩阵

表8.5 HTTP协议语义推断结果总结

Problem	Dataset	HTTP/1.1				HTTP/2.0			
		Single Pass		Iterative		Single Pass		Iterative	
		F_1 Score	Acc	F_1 Score	Acc	F_1 Score	Acc	F_1 Score	Acc
message-type	firefox h chrome h malware h tor h	0.996	0.996			0.987	0.991		
		0.991	0.993			0.986	0.986		
		0.995	0.996			0.981	0.989		
		0.869	0.878						
method	firefox h chrome h malware h tor h	0.909	0.990	0.943	0.995	0.815	0.992	0.989	0.997
		0.968	0.995	0.978	0.998	0.888	0.994	0.936	0.999
		0.701	0.994	0.705	0.996	0.699	0.985	0.687	0.985
		0.678	0.927	0.846	0.965				
Content-Type	firefox h chrome h malware h tor h	0.973	0.982	0.967	0.978	0.905	0.917	0.982	0.985
		0.962	0.979	0.977	0.993	0.970	0.979	0.998	0.998
		0.796	0.825	0.888	0.900	0.624	0.788	0.711	0.887
		0.572	0.781	0.836	0.904				
Cookie(b)	firefox h chrome h malware h tor h	0.954	0.965	0.967	0.974	0.864	0.882	0.941	0.948
		0.970	0.970	0.977	0.977	0.909	0.918	0.953	0.958
		0.900	0.902	0.916	0.918	0.837	0.864	0.898	0.913
		0.734	0.809	0.756	0.823				
Referer(b)	firefox h chrome h malware h tor h	0.948	0.981	0.969	0.989	0.930	0.982	0.950	0.987
		0.968	0.993	0.978	0.995	0.892	0.986	0.933	0.991
		0.914	0.923	0.928	0.935	0.880	0.881	0.907	0.907
		0.830	0.859	0.885	0.905				
Origin(b)	firefox h chrome h malware h tor h	0.940	0.978	0.973	0.990	0.870	0.974	0.952	0.989
		0.948	0.983	0.985	0.995	0.919	0.978	0.969	0.991
		0.928	0.985	0.960	0.991	0.806	0.977	0.953	0.994
		0.520	0.957	0.510	0.955				
status-code	firefox h chrome h malware h tor h	0.806	0.984	0.856	0.989	0.750	0.986	0.820	0.993
		0.887	0.978	0.922	0.992	0.780	0.981	0.848	0.990
		0.569	0.922	0.684	0.962	0.754	0.936	0.829	0.960
Content-Type	firefox h chrome h malware h tor h	0.817	0.919	0.848	0.923	0.652	0.778	0.766	0.825
		0.875	0.940	0.919	0.957	0.777	0.882	0.880	0.917
		0.735	0.805	0.770	0.866	0.624	0.788	0.711	0.887
		0.211	0.491	0.236	0.556				
Server	firefox h chrome h malware h tor h	0.894	0.924	0.916	0.969	0.878	0.939	0.948	0.985
		0.958	0.962	0.977	0.986	0.935	0.965	0.953	0.988
		0.771	0.891	0.814	0.943	0.806	0.895	0.910	0.924
		0.164	0.476	0.153	0.406				

Problem	Dataset	HTTP/1.1				HTTP/2.0			
		Single Pass		Iterative		Single Pass		Iterative	
		F_1 Score	Acc	F_1 Score	Acc	F_1 Score	Acc	F_1 Score	Acc
Etag(b)	firefox h chrome h malware h tor h	0.936	0.937	0.958	0.958	0.838	0.839	0.909	0.909
		0.955	0.964	0.969	0.975	0.905	0.914	0.954	0.959
		0.866	0.908	0.897	0.927	0.787	0.913	0.878	0.943
		0.606	0.651	0.676	0.703				
Via(b)	firefox h chrome h malware h tor h	0.962	0.965	0.975	0.976	0.892	0.936	0.934	0.961
		0.958	0.985	0.964	0.987	0.918	0.959	0.960	0.979
		0.798	0.970	0.836	0.975	0.921	0.974	0.979	0.732
		0.491	0.860	0.547	0.859				
Accept-Ranges(b)	firefox h chrome h malware h tor h	0.946	0.946	0.956	0.956	0.825	0.831	0.909	0.911
		0.959	0.969	0.975	0.980	0.901	0.904	0.954	0.956
		0.895	0.912	0.929	0.940	0.910	0.932	0.947	0.959
		0.621	0.629	0.673	0.680				
Set-Cookie (b)	firefox h chrome h malware h tor h	0.949	0.982	0.964	0.987	0.828	0.939	0.920	0.968
		0.978	0.979	0.987	0.988	0.923	0.963	0.956	0.978
		0.837	0.939	0.880	0.953	0.857	0.946	0.895	0.959
		0.548	0.856	0.604	0.861				

5) HTTP/2.0 实验结果

firefox_h、chrome_h 和 malware_h 中分别有 132 685,561 666 和 14 734 个 HTTP/2.0 事务。这表明跨数据集的每个 TLS 平均连接约 4 个 HTTP/2.0 事务。按照与 HTTP/1.1 实验相同的结构进行了实验。tor_h 中没有 HTTP/2.0 事务,这是因为 Tor Firefox 进程仅配置了 HTTP/1.1。

与 HTTP/1.1 类似,表 8.5 还提供了完整的 HTTP/2.0 结果集。能够识别包含所有数据集的 F_1 分数超过 0.98 的 HTTP 头字段的 TLS 记录。由于 HTTP/2.0 实现了更先进的流量控制机制,因此预计性能略有下降。在数据集中,约 55% 的 TLS-HTTP/2.0 连接采用某种形式的流水线操作或多路复用。只有约 15% 的 TLS-HTTP/1.1 连接采用流水线技术。

对于大多数问题,malware_h HTTP/2.0 结果比 malware_h HTTP/1.1 结果更差,但将此归因于在 HTTP/2.0 情况下数据明显较少。chrome_h 和 firefox_h 的性能与 HTTP/1.1 实验大致相当。与 HTTP/1.1 结果相比,迭代算法在某些问题上表现出色:请求方法、请求 Cookie、请求 Origin、响应 Content-Type 和响应服务器。在这些情况下,迭代算法能够通过有效地利用每个 TLS 连接的 HTTP/2.0 更多数量的 HTTP 事务来提高性能。

图 8.13(见彩插 15)显示了 firefox_h、chrome_h 和 malware_h 数据集上 HTTP/2.0 状态代码头的混淆矩阵,它们的 F_1 分数分别为 0.856、0.922 和 0.684。与其他问题类似,大多数错误分类是由于特征描述不足的类被分配到特征描述较好的类,例如 206→200。更多样化和更具典型特征的数据集将有助于缓解这些问题。表 8.5 给出了 HTTP/2.0 分类问题

的完整结果集。

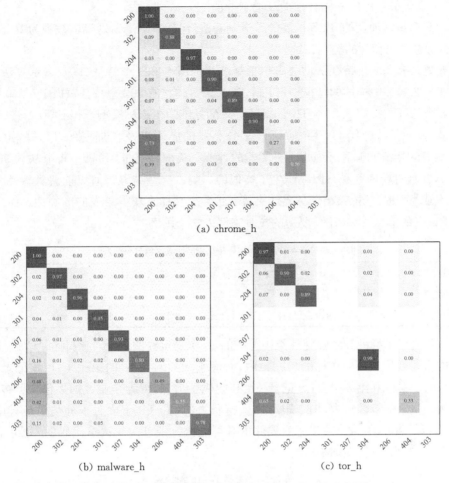

(a) chrome_h

(b) malware_h　　　　　　　　　　　　　(c) tor_h

图 8.13　HTTP/2.0 报文 status-code 字段值识别结果的混淆矩阵

8.2.4　应用场景

本节将检测 Anderson 等人的技术的两种可能应用：改进的恶意软件检测和网站指纹识别。目标是测试上文中介绍的推断方法来提高这些用例的性能的可行性并试图展示一个超优化的实验结果。该研究使用前两周的数据集来训练执行迭代 HTTP 协议语义推断所需的分类器。然后使用训练的分类器和算法 1 来丰富与两个用例相关的样本。实验中并未为样本使用任何解密数据功能。firefox_h、chrome_h 和 malware_h 用于训练8.2.2 节所需的分类器，tor_h 用于训练 8.2.3 节所需的分类器。

1）恶意软件检测

如第 8.2.2 节所述，使用表 8.3 中的 enterprise_m 和 malware_m 来测试，首先推断加密 HTTP 事务的语义是否可以改进恶意软件的检测。11 月的数据用于训练，12 月的数据用于测试。Anderson 等人为这个问题探索了两个功能集。标准特征集包括 8.2.3 中描述的 108

个与连接相关的特征。在标准集中,还使用了专门用于 TLS 的特征:

(1) 100 个最常用的密码套件的二进制特征。

(2) 25 个最常使用的 TLS 扩展的二进制功能(包括 GREASE 扩展,被视为单个功能)。

(3) 所选密码套件的类别特征。

标准集共有 234 个特征。增强集包括标准集的所有 234 个特征,以及表示算法 1 的预测值和在 8.2.3 节中描述的特征。HTTP/1.1 TLS 连接有 302 个特征,HTTP/2.0 TLS 连接有 308 个特征。按照 8.2.3 节中的描述训练的标准随机森林模型,对测试样本进行分类。

如表 8.6 所示,迭代 HTTP 协议语义分类器的应用以及在加密的 TLS 隧道中学习 HTTP 事务的特征能够显著地提升分类器的性能。头部信息推断的 F_1 得分从 0.951 提高到 0.979,并且对精确度和召回率产生了类似的影响。这些结果是对以前恶意软件 TLS 检测结果的显著改进,它依赖于服务器证书等其他数据功能来获得更高的准确性。而 TLS 1.3 掩盖了证书的信息,因此还需要新的技术来解决这个用例。

表 8.6　采用基本特征集和增强特征集的恶意流量分类结果对比

特征集	得分	精度	召回率	精度
标准集	0.951	0.951	0.915	0.958
增强集	0.979	0.984	0.959	0.982

表 8.7 列出了标准和增强特征集中分类的 10 个最重要的特征。该排名是通过计算 Gini 特征的重要性生成的。在标准功能集中,对应于 client_hello 的第一个 TLS 记录长度是提供信息的。第 7 和第 8 个 TLS 记录长度也提供了信息,因为企业数据集包含更多会话复用的实例。从增强特征集中,用于跟踪和保持状态的 HTTP 字段对于分类是最有用的,例如 Set-Cookie 和 Referer。由于恶意软件更有可能执行带有 404 状态代码的 GET 请求,因此方法和状态代码也排在前 10 位。

表 8.7　重要性 Top-10 的特征

序号	标准集	增强集
1	8th Record Length	8th Record Length
2	1st Record Length	HTTP:Set-Cookie
3	# Out Bytes	# Out Bytes
4	# Out Records	1st Record Length
5	Offered Cipher Suite:DHE_DSS_WITH_AES_256_CBC_SHA	HTTP:Referer
6	# In Records	HTTP:Content-Type
7	# In Bytes	# In Records
8	Advertised Extension:channel_id	HTTP:status-code
9	Duration	# Out Packets
10	7th Record Length	HTTP:method

增强特征集的性能仍会在真实网络上产生过多的误报,但它只关注与单个 TLS 会话相关的数据功能。该架构将多个连接和独立数据源相关联,Anderson 等人的技术可以将其轻

松地整合到更全面的网络监控架构中。

2）网站指纹

Anderson 等人在网站指纹实验中使用了表 8.3 中的 tor_open_w 和 tor_censor_w。与先前关于网站指纹识别的工作类似，tor_censor_w 包含 50 个网站中每个受监控网站的 50 个样本，这些网站目前在某些国家与信息传播（例如 twitter. com）、秘密通信（例如 tor-project. org）和色情图片有关。tor_open_w 包含 5 000 个不受监控的样本，其中每个样本都是与 Alexa top-10k 中网站的不同连接。按顺序联系了这些站点，选择了正确解密的前 5 000 个站点，并且没有对受监控的站点发送任何 HTTP 请求。

本实验中的特征集是基于 Wang 等人使用的特征，包括总包数、每个包长度、与突发模式有关的几个计数以及前 20 个包的长度。Wang 等人[9]提供了这些特征的更详细描述。Anderson 等人利用了 Wang 等人的 KNN 分类器和超参数学习算法，将 kreco 固定为建议值 5，使用了 10 折交叉验证方法，确保不受监控的站点不同时在训练集和测试集中。

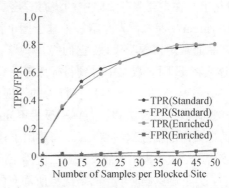

图 8.14　网站指纹与受监测站点样本数间变化关系曲线

图 8.14 提供了该实验的结果，其中每个受监测站点的不同的样本数量从 5 到 50 变化，增量为 5。头部信息推断的引入似乎必然会增加噪声，而这些噪声在 Wang 等人的权重调整算法中能够被有效滤除。

8.2.5　小结

Anderson 等人的研究表明在不牺牲 HTTPS 协议加密的保护性的同时，可以推断出许多底层 HTTP 协议特征。该研究提出的框架可以正确识别通过 HTTPS 传输的 HTTP/1.1 和 HTTP/2.0 记录，其 F_1 分数分别大于 0.99 和 0.98。一旦识别出 HTTP 记录，系统就使用多类分类来识别几个字段的值，例如 Content-Type 和二进制分类，以识别是否存在其他字段，如 Cookie。该研究已经在数据集上给出了对比的结果，这些数据集由从 Firefox 58.0、Chrome 63.0 和恶意软件分析沙箱中获取的数十万个加密 HTTP 事务组成。该研究还将提出技术应用于 Tor Browser 7.0.11，但实现了明显更低的精度，这表明 Tor 协议对这些方法具有很强的鲁棒性。

对 HTTP 语义的推断具有可由攻击者和防御者使用的内在价值。例如，网络管理员可以使用这些推断来被动地监视动态、复杂的网络，以确保正确的安全状态并执行调试而无需 TLS 代理，且攻击者可以使用这些推断来对 NAT'd 用户的浏览历史进行去匿名化。该研究进行了两次实验都能强调这种用途：利用加密的 HTTP 推断来改善 Tor 上的恶意软件检测和网站指纹识别。Anderson 等人提出的技术可以改进加密恶意软件通信的检测，但是由于 Tor 协议实现的防御机制，它们无法改进网站指纹识别。鉴于该研究更广泛的结果和网络流量分析技术日益复杂，需要进一步研究在用户隐私期望方面评估 TLS 的保密性。

8.3　HTTPS 拦截的安全影响

在 HTTPS 方面,安全社区正在进行交叉工作。一方面,在不断强化和无处不在地部署 HTTPS,以提供强大的端到端连接安全性。与此同时,中间件和防病毒产品越来越多地拦截(即终止和重新启动)HTTPS 连接,试图检测和阻止那些使用该协议以避免检查的恶意内容。以前的工作发现一些特定的 HTTPS 拦截产品会大大降低连接安全性;然而,此类拦截的更广泛的安全影响仍不明朗。Durumeric 等人[11]对 HTTPS 拦截进行了第一次全面研究,量化了其在主要服务流量中的流行程度及其对现实世界安全的影响。

Durumeric 等人首先介绍一种基于握手特征被动检测 HTTPS 拦截的新技术。HTTPS 拦截产品通常用作透明代理:它们终止浏览器的 TLS 连接,检查 HTTP 明文,并通过新的 TLS 连接将 HTTP 数据中继到目标服务器。该研究发现 Web 服务器可以通过识别 HTTP User-Agent 标头与 TLS 客户端行为的不匹配来检测此类拦截。TLS 实现为密码套件、扩展、椭圆曲线、压缩方法和签名算法显示不同的支持(和首选顺序)。该研究为主要浏览器和流行的拦截产品描述这些变化,以构建用于检测拦截和识别实施拦截的产品的启发式方法。

该研究通过将提出的启发式方法应用于近 80 亿次连接握手来评估 HTTPS 拦截的普遍性和影响。为了避免任何单一网络优势所固有的偏差,分析了三个主要互联网服务器一周内的连接信息:① Mozilla Firefox 更新服务器;② 一组流行的电子商务网站;③ Cloudflare 内容分发网络。这些提供商的服务有不同类型的内容和用户群,发现不同的拦截率:4.0% 的 Firefox 更新连接、6.2% 的电子商务连接和 10.9% 的美国 Cloudflare 连接被拦截。虽然这些比率在优势上有所不同,但都比以前的估计值高出一个数量级。

为了量化观察到的拦截对现实世界安全的影响,Durumeric 等人根据每个客户端表现的 TLS 特征建立评分等级。通过将度量应用于未修改的浏览器握手信息以及在每个有利位置看到的拦截连接信息,计算拦截连接所产生的安全性变化。虽然对于一些较老的客户端,代理增加了连接安全性,但与引入的漏洞相比,97% 的 Firefox、32% 的电子商务和 54% 的 Cloudflare 的被拦截连接变得不那么安全。令人震惊的是,拦截的连接不仅使用较弱的加密算法,而且 10%~40% 的显示支持已经破解的密码,这将允许活跃的中间人攻击者进行以后的拦截、降级和解密连接。大量这些严重破坏的连接是由于基于网络的中间件而不是客户端安全软件:62% 的中间件连接不太安全,而 58% 有严重的漏洞,可以在以后进行拦截。

最后通过测试一系列流行的企业中间件、防病毒产品和其他已知拦截 TLS 的软件的安全性来了解为什么这么多拦截连接容易受到攻击。该研究工作评估的 12 个公司中间件中有 11 个的默认设置暴露了存在已知攻击的连接,5 个引入了严重的漏洞(例如,错误地验证了证书)。同样,测试的 23 种客户端安全产品中有 21 种降低了连接安全性,近三分之二的安全产品存在严重的漏洞。在某些情况下,制造商试图定制库文件或重新实现 TLS,引入了疏忽的漏洞。在其他情况下,产品附带的库文件已过期。总体而言,各大公司正在努力正确部署基本 TLS 协议,但是很难实现现代 HTTPS 安全功能。

Durumeric 等人的结果表明,HTTPS 拦截已经变得非常普遍,并且拦截产品作为一个类对连接安全性产生了极大的负面影响。研究将有助于现有产品的改进,推进有关安全拦截 HTTPS 的最新标准化。

8.3.1　相关背景

在本节中,简要介绍 HTTPS 拦截,并描述了与该研究指纹识别技术相关的 HTTP 和 TLS 方面内容。TLS 详细的描述请参照 RFC 5280。

1) TLS 拦截

检查 HTTPS 流量的客户端软件和网络中间件通过充当透明代理来运行。它们终止并解密客户端启动的 TLS 会话,分析内部 HTTP 明文,然后启动到目标网站的新 TLS 连接。根据设计,TLS 通过加密数据并通过证书验证来防御中间人攻击来实现这种拦截,其中客户端验证目标服务器的身份并拒绝冒名顶替者。为避免此验证,本地软件会在安装时将自签名 CA 证书注入客户端浏览器的根存储中。对于网络中间件,管理员类似地将中间件的 CA 证书部署到其组织内的设备。随后,当代理拦截到特定站点的连接时,它将动态生成该站点的域名证书,该证书使用其 CA 证书签名,并将此证书链交付给浏览器。除非用户手动验证提供的证书链,否则他们不太可能注意到连接已被截获并重新建立。

2) TLS 功能协商

TLS 客户端和服务器在连接握手期间协商各种协议参数。在第一个协议消息 Client Hello 中,客户端指定它支持的 TLS 版本和功能。它发送密码套件,压缩方法和扩展的有序列表,它们本身经常包含其他参数,例如支持的椭圆曲线和签名算法。然后,服务器从每个选项列表中选择一个双方都同意的选择。这种可扩展性有助于功能的不断发展,并在新攻击之后提供适应性。

截至 2016 年初,存在超过 340 个密码套件、36 个椭圆曲线、3 个椭圆曲线点格式、28 种签名算法,以及客户端可以通告的 27 个扩展。实际上,浏览器和安全产品使用不同的 TLS 库并且通告不同的握手参数。正如我们将在 8.3.2 节中介绍的,这些特征变化允许我们基于它们的握手信息唯一地识别各个 TLS 实现。

3) HTTP User-Agent 标头

HTTP 协议允许客户端和服务器在连接期间通过在其消息中包含头字段来传递附加信息。例如,客户端可以包括 Accept-Charset:utf-8 标头,以指明它期望内容以 UTF-8 编码。一个标准客户端标头是 User-Agent 标头,它以标准格式指明客户端浏览器和操作系统。在 User-Agent 标头欺骗方面已有重要事件的研究。这些研究很大程度上发现最终用户不会欺骗他们自己的 User-Agent 标头。例如,Eckersley 发现只有 0.03% 的与 Firefox 用户代理的连接支持 Internet Explorer 独有的功能,这表明存在欺骗行为。指纹识别研究通常信任 User-Agent 字符串,如 Mowery 等人的研究工作。

8.3.2　TLS实现启发式

Durumeric 等人识别拦截的方法是基于 HTTP User-Agent 头中指明的浏览器与 TLS 握手期间通告的加密参数之间的不匹配来检测的(见图 8.15)。本节描述来自流行浏览器的握手信息并开发启发式方法，以确定 TLS 握手信息是否与给定浏览器一致。然后，继续对流行安全产品产生的握手信息进行指纹识别，以确定负责拦截的产品。

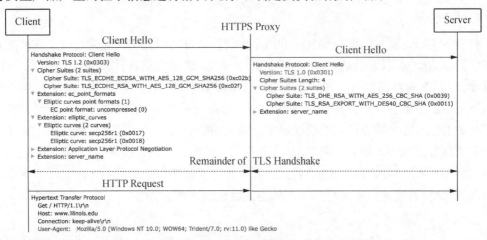

图 8.15　HTTP 拦截

通过充当透明代理来监视 HTTPS 连接，代理终止浏览器 TLS 会话、检查内容并建立到目标服务器的新连接。这些代理使用不同于流行浏览器的 TLS 库，这允许通过识别 HT-TP 用户代理头和 TLS 客户机行为之间的不匹配来检测拦截。

1) Web 浏览器

实验捕获了四种最流行的浏览器生成的 TLS 握手信息：Chrome、Safari、Internet Explorer 和 Firefox。为了考虑旧版本，不同操作系统和不同的移动硬件，使用 BrowserStack 在不同环境中生成和捕获握手信息，这是一种为开发人员提供各种虚拟机来测试网站的云服务。

Durumeric 等人分析了在 TLS 握手信息中通告的非短暂参数，发现每个浏览器系列选择一组唯一的选项，并且这些选项与公共库(例如 OpenSSL)和流行的拦截产品使用的选项不同。但是，当每个浏览器、库和安全产品生成唯一的 Client Hello 消息时，浏览器选择的参数不是静态定义的。相反，浏览器会根据硬件支持、操作系统更新和用户首选项来改变其行为。

该研究还分析了浏览器何时选择不同的参数并开发了一组启发式算法来确定特定的握手信息是否可以由给定的浏览器生成，而不是生成所有可能的排列。例如，四种浏览器都没有支持 TLS Heartbeat 扩展。如果浏览器连接通告其支持，获知该会话被拦截。另一方面，尽管所有四个浏览器都默认支持基于 AES 的密码，但缺少这些密码并不表示拦截，因为浏览器允许用户禁用特定的密码套件。该方法具有排除由不常见的用户配置引起的误报的优点。但是，如果代理从原始客户端连接复制 TLS 参数，则可能会产生错误否定。

下文描述每个浏览器的启发式：

（1）Mozilla Firefox：Firefox 是四种浏览器中最稳定的，默认情况下，无论操作系统和平台如何，每个版本都会产生几乎相同的 Client Hello 消息。所有参数，包括 TLS 扩展、密码、椭圆曲线和压缩方法都是由浏览器预先确定和硬编码的。用户可以禁用单个密码，但不能添加新密码，也不能重新排序。为了确定是否已拦截 Firefox 会话、检查扩展、密码套件、椭圆曲线、EC 点格式和握手信息压缩方法的存在和顺序。Mozilla 维护自己的 TLS 实现、Mozilla 网络安全服务（NSS）。NSS 以与测试的其他 TLS 库不同的顺序指定扩展，这使得它可以容易地与其他区分开。该库不太可能直接集成到代理中，因为它很少用于服务器端应用程序。

（2）Google Chrome：Chrome 是最具挑战性的指纹浏览器之一，因为它的行为取决于硬件支持和操作系统。例如，Chrome 在缺乏硬件 AES 加速的 Android 设备上优先考虑基于 ChaCha-20 的密码，Windows XP 上的 Chrome 根本不宣传对 ECDSA 密钥的支持。这些优化会为每个版本的 Chrome 生成多个有效的密码和扩展名，而且用户可以禁用单个密码套件。检查 Chrome 已知不支持的密码和扩展程序，但不检查是否包含特定的密码或扩展程序，也不验证其顺序。在适当的时候，检查椭圆曲线，压缩方法和 EC 点格式的存在和顺序。由于 Chrome 使用 BoringSSL（OpenSSL 分支），因此连接具有与 OpenSSL 类似的结构。但是，Chrome 支持的选项少得多，包括 OpenSSL 通告的默认扩展、密码和椭圆曲线的子集。

（3）Microsoft Internet Explorer 和 Edge Internet：Explorer 的一致性低于其他浏览器，原因有两个：① 管理员可以通过 Windows 组策略和注册表更改启用新密码，禁用默认密码和任意重新排序密码套件；② IE 使用一种操作系统工具——Microsoft Schannel 库，根据 Windows 更新和浏览器版本的不同而有所不同。由于这种额外的灵活性，很难排除包含过时密码的握手信息，因此引入了第三种分类，难以用它来表示可能但在实践中不可能的配置（例如，包括出口级密码套件）。较小的操作系统更新会改变 TLS 行为，但 HTTP User-Agent 标头不会指明。实验将与任何 OS 更新一致的行为标记为有效。Schannel 连接可以唯一标识，因为 Schannel 是测试的唯一 TLS 库，它包括支持的组和 EC 点格式扩展之前的 OCSP 状态请求扩展。

（4）Apple Safari：Apple Safari 附带了自己的 TLS 实现 Apple Secure Transport，它不允许用户自定义。密码和扩展的顺序在代码中强制执行。虽然扩展顺序不会发生变化，但 NPN、ALPN 和 OCSP 装订扩展程序经常被排除在外，并且 Safari 的桌面和移动版本具有不同的行为。安全传输的一个独特方面是它首先包含 TLS_EMPTY_RENEGOTIATION_INFO_SCSV 密码，而调查的其他库在最后包括密码。与 Microsoft 类似，Apple 在较小的操作系统更新中更改了 TLS 行为，这些更新未在 HTTP User-Agent 标头中指出。该方法允许在验证握手信息时进行任何更新，并检查密码以及扩展椭圆曲线和压缩方法的存在和顺序。

2）指纹识别安全产品

虽然启发式方法能够检测何时发生拦截，但它们并未指出是什么拦截了连接。为了识别使用的产品，安装并指纹识别由众所周知的公司中间件（见表 8.8）、防病毒软件（见表 8.9）以及之前发现拦截连接的其他客户端软件(例如 SuperFish)生成的 Clinet Hello 消息。在本节中将介绍这些产品。

通过散列 Client Hello 消息中公布的非短暂参数(即版本、密码、扩展、压缩方法、椭圆曲线和签名方法)为每个产品生成指纹。当检测到握手信息与指明的浏览器不一致时,会检查与收集的任何指纹的完全匹配。这种策略有几个潜在的弱点,首先,考虑到开发人员可能使用少数流行的 TLS 库(例如,OpenSSL)之一,多个产品可以共享一个指纹。其次,如果产品允许自定义,则默认配置的指纹将与这些自定义版本不匹配。

Durumeric 等人调查发现的所有浏览器或 107 个产品没有一个共享指纹,除了 8 个不需要的软件都使用了 Komodia Redirector SDK。换句话说,这些指纹唯一地标识单个产品。测试的客户端安全产品都不允许用户自定义 TLS 设置。但是,许多企业中间件允许管理员指定自定义密码套件。在这种情况下,将能够检测到拦截正在发生,但不能识别相应的产品。

几乎所有主要的网络硬件制造商(包括 Barracuda、Blue Coat、Cisco 和 Juniper)都生产支持"SSL 检测"的中间件。这些设备允许组织拦截其网络边界的 TLS 流量,以进行分析、内容过滤和恶意软件检测。2015 年 3 月,Dormann 记录了近 60 家制造商的产品宣称支持此功能。根据表 8.8 配置并指纹识别来自知名制造商(例如 Cisco 和 Juniper)和其他公司(例如 A10 和 Forcepoint)的 12 个设备演示。

表 8.8　TLS 拦截中间件的安全性

产品	等级	验证证书	现代密码	通告RC4	TLS版本	等级说明
A10 vThunder SSL Insight	F	√	×	Yes	1.2	公布导出密码
Blue Coat ProxySG 6642	A*	√	√	No	1.2	镜像客户端密码
Barracuda 610Vx Web Filter	C	√	×	Yes	1.0	易受 Logjam 攻击
Checkpoint Threat Prevention	F	√	×	Yes	1.0	允许过期证书
Cisco IronPort Web Security	F	√	√	Yes	1.2	公布导出密码
Forcepoint Websense Web Filter	C	√	×	No	1.2	接受 RC4 密码
Fortinet FortiGate 5.4.0	C	√	√	No	1.2	易受 Logjam 攻击
Juniper SRX Forward SSL Proxy	C	√	×	Yes	1.2	公布 RC4 密码
Microsoft Threat Mgmt. Gateway	F	×	×	Yes	SSLv2	没有证书验证
Sophos SSL Inspection	C	√	×	Yes	1.2	公布 RC4 密码
Untangle NG Firewall	C	√	×	Yes	1.2	公布 RC4 密码
WebTitan Gateway	F	×	√	Yes	1.2	损坏证书验证

表 8.8 中,评估作为 TLS 拦截代理的流行网络中间件。发现几乎所有的方法都降低了连接安全性,其中 5 种方法引入了严重的漏洞,其中 A* 为镜像浏览器密码。

根据 deCarnéde Carnavalet 和 Mannan 记录的软件进行安装、测试和指纹记录流行的防病毒产品,这些产品以前被发现拦截连接流行的防病毒产品的报告。安装的 29 家供应商中有 12 家的产品注入了新的根证书并主动拦截了 TLS 连接。表 8.9 中所示为拦截连接的产品。

表 8.9 客户端拦截软件的安全性

| 产品 | OS | Browser MITM | | | | 等级 | 验证证书 | 现代密码 | TLS 版本 | 等级说明 |
		IE	Chrome	Firefox	Safari					
Avast…										
AV 11	Win	●	○	○		A *	√	√	1.2	镜像客户端密码
AV 10	Win	●	●	●		A *	√	√	1.2	镜像客户端密码
AV 11.7	Mac		●	●	●	F	√	√	1.2	公布 DES
AVG…										
Zen 1.41	Win	●	●	○		C	√	√	1.2	POODLE,768-bit D-H
Internet Security 2015-6	Win	●	●	○		C	√	√	1.2	Advertises RC4
Bitdefender…										
Internet Security 2016	Win	●	●	●		C	√	×	1.2	RC4,768-bit D-H
Total Security Plus 2016	Win	●	●	●		C	√	×	1.2	RC4,768-bit D-H
AV Plus 2015-16	Win	●	●	●		C	√	×	1.2	RC4,768-bit D-H
AV Plus 2013	Win	●	●	●		F	√	×	1.0	Advertises DES,RC2
Bullguard…										
Internet Security 16	Win	●	●	●		C	√	√	1.2	POODLE 脆弱性
Internet Security 15	Win	●	●	●		F	√	√	1.0	公布 DES
CYBERsitter…										
CYBERsitter 11	Win	●	●	●		F	×	×	1.0	没有证书验证
Dr. Web…										
Security Space 10	Win	●	●	●		C	√	×	1.2	发布 RC4
Antivirus 11	Mac		●	●	●	F	√	×	1.0	输出密码
ESET…										
NOD32 AV 9 Win		●	●	●		F	×	√	1.2	损坏证书验证
Kaspersky…										
Internet Security 16	Win	●	●	●		C	√	√	1.2	CRIME 脆弱性
Total Security 16	Win	●	●	●		C	√	√	1.2	CRIME 脆弱性
Internet Security 16 Mac			●	●	●	F	×	√	1.2	Broken cert. validation
KinderGate…										
Parental Control 3	Win	●	●			F	√	×	1.0	Broken cert. validation
Net Nanny…										
Net Nanny 7	Win	●	●	●		F	√	×	1.2	匿名化密码

产品	OS	Browser MITM				等级	验证证书	现代密码	TLS版本	等级说明
		IE	Chrome	Firefox	Safari					
Net Nanny 7	Mac		●	●	●	F	√	×	1.0	匿名化密码
PC Pandora…										
PC Pandora 7	Win	●	○	○		F	×	×	1.2	没有证书验证
Qustodio…										
Parental Control 2015	Mac		●	●	●	F 3	√	√	1.0	公布 DES

受最近有关软件拦截 TLS 连接报道的启发,对 Komodia SDK 进行了指纹识别,该版本由 Superfish、Qustodio 和几种恶意软件使用,以及对 NetFilter SDK 进行指纹识别,该版本由 PrivDog 使用。Durumeric 等人在 2016 年 1 月至 3 月对产品进行了测试,并在 https://github. com/zakird/tlsfingerprints 上发布浏览器启发式算法和产品指纹信息。

8.3.3　测量 TLS 拦截

Durumeric 等人通过在三个网络优势点部署启发式方法来测量全球拦截率:Mozilla Firefox 更新服务器、一组流行的电子商务网站和 Cloudflare 内容分发网络。在三个网络中观察到 77.5 亿次 TLS 握手。通过在不同的网络上部署启发式算法,避免了任何单一有利位置固有的偏差。下一节中将讨论每个网络上的拦截和滥用程度各不相同。下文将详细描述:

(1) Firefox 更新服务器:Firefox 浏览器通过 HTTPS 从中央 Mozilla 服务器检索 XML 文档来定期检查软件更新。此检查使用 Firefox 的标准 TLS 库(Mozilla NSS),并且在浏览器运行时每 24 小时发生一次,如果上次更新发生超过 24 小时,则在浏览器启动时发生。Durumeric 等人使用 Bro 监控到 2016 年 2 月 14 日至 26 日期间 Firefox 版本 43—48 使用的更新服务器 aus5. mozilla. org 的连接。在此期间,观察到来自 45 000 个 AS 和 243 个 ISO 定义的国家(一共 249 个国家)的 436 亿个连接。由于使用路径监视器而不是 Web 服务器收集流量,因此无法访问 HTTP User-Agent 标头。但是,只有特定版本的 Firefox 配置为连接到服务器。该方法并非寻找与 HTTP User-Agent 的不匹配,而是寻找 TLS 握手与配置为连接到服务器的任何 Firefox 版本之间的不匹配。网站上没有可供用户访问的内容,其他流量基本上可以忽略不计。

(2) 热门电子商务网站:在 2015 年 8 月和 9 月的两周内,一组流行的电子商务网站托管了 JavaScript,这些 JavaScript 从外部服务器加载了一个不可见的像素,该服务器记录了原始 TLS Client Hello、HTTP User-Agent 字符串和客户端 HTTP 标头。此透视图可查看来自所有浏览器的流量,但可能会出现伪造的 User-Agent 标头。但是,由于测量需要执行 JavaScript,因此数据集不包括简单的页面提取。这些网站具有国际影响力,但该研究观察到的连接可能偏向桌面用户,因为电子商务提供商拥有流行的移动应用程序。数据集包含超出 User-Agent 的 HTTP 标头,这允许另一个检测拦截的途径:寻找代理相关的标题(例如,X Forwarded-For 和 X-BlueCoat-Via)以及 Weaver et 记录的修改人。

(3) Cloudflare:Cloudflare 是一家受欢迎的 CDN 和 DDoS 保护公司,约占所有网络流量的 5%。Cloudflare 通过充当反向代理来提供这些服务。客户端在访问网站时连接到 Cloudflare 的一个服务器,该网站提供缓存内容或代理与原始 Web 服务器的连接。在 2016 年 5 月 13 日至 20 日期间将 Cloudflare 前端的所有 TLS 连接的随机 0.5% 样本记录原始的 TLS Client Hello 消息和 HTTP User-Agent 信息。通过检测 HTTP User-Agent 和 TLS 握手之间的不匹配来测量拦截。Cloudflare 提供的浏览器样本比 Firefox 更新服务器更具代表性。但是,Cloudflare 最重要的目标之一是防止 DDoS 攻击和其他滥用(例如,脚本登录尝试),因此数据比其他两个数据集更加混乱,并且一部分连接可能伪造了 HTTP User-Agent 标头。

8.3.4 实验结果

Durumeric 等人研究中三个不同测量位置提供了拦截总量的不同视角:4.0% 的 Firefox 更新连接,6.2% 的电子商务连接以及 10.9% 的美国 Cloudflare 会话连接(见表 8.10)。在所有情况下,这比先前估计的高出一个数量级。量化了三种主要互联网服务中的 HTTPS 拦截,估计有 5%~10% 的连接被拦截。

表 8.10　拦截检测

测量位置点	HTTPS 连接拦截率		
	没有拦截	有可能	拦截
Cloudfare	88.6%	0.5%	10.9%
Firefox	96.0%	0.0%	4.0%
E-commerce	92.9%	0.9%	6.2%

1) Firefox 更新服务器

拦截了 4.0% 的 Firefox 客户端的 HTTPS 连接,是三个测量透视图中最低的。拦截可能不常见于 Firefox 用户,因为浏览器附带自己的证书存储,而 Internet Explorer、Chrome 和 Safari 使用主机操作系统的根存储。Durumeric 等人的测试(见表 8.9)发现一些防病毒产品(例如 Avast)将拦截来自这些其他浏览器的连接,但忽略了代理 Firefox 会话。在企业环境中,管理员可以在 Firefox 中单独安装其他根权限,但添加的步骤可能会阻止代理连接的组织部署浏览器。

(1) 拦截来源:两个最常见的拦截指纹属于 Android 4.x 和 5.x 上 Bouncy Castle 的默认配置,占拦截客户端的 47%(见图 8.16)。这些指纹集中在属于移动无线提供商的大型 AS 中,包括 Verizon Wireless、AT&T、T-Mobile 和 NTT Docomo(日本移动运营商)(见表 8.11)。从图 8.17 中可以看出,所有 Sprint 中的 35% 和所有 Verizon Firefox 连接中的 25.5%(包括未截获的)都与两个指纹中的一个相匹配。可以使用 VPN 和/或 WiFi 权限拦截 Android 上的 TLS 连接。但是,根据给定的默认值,不清楚究竟哪个 Android 应用程序实施了拦截。Android 5.x 上的 Bouncy Castle 提供了与现代浏览器相当的合理密码套件;在 Android 4.x 上,Bouncy Castle 通告的出口级密码套件,使其容易受到路径攻击者的拦截。第三种最常见的指纹占 Firefox 流量的 5.3%,无法确定与指纹相关的产品,但请注意,其近一半的流量发生在印度,其昼夜和周末模式与家庭防病毒软件或恶意软件一致。

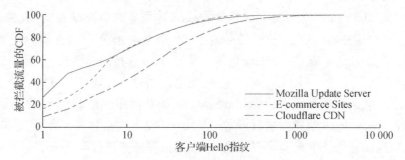

图 8.16　CDF 的拦截指纹

指纹非短暂的参数在替代客户端 Hello 消息跟踪执行拦截的产品。10 个指纹占被截获电子商务流量的 69%、Firefox 更新流量的 69%、Cloudflare 流量的 42%。

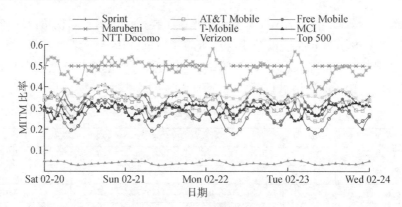

图 8.17　Firefox 拦截率最高的 ASes

发现在前 500 个 ASes 中,有 8 个有着显著的拦截率。除了一家以外,其他都是移动提供商。

表 8.11　拦截率高的指纹

指纹描述		总数
E-commerce	Unknown	17.1%
	Avast Antivirus	10.8%
	Unknown	9.4%
	Blue Coat	9.1%
	Unknown	8.3%
Cloudflare	Avast Antivirus	9.1%
	AVG Antivirus	7.0%
	Unknown Likely AV; mainly Windows 10/Chrome 47	6.5%
	Kaspersky Antivirus	5.0%
	BitDefender Antivirus	3.1%
Firefox	Bouncy Castle(Android 5)	26.3%
	Bouncy Castle(Android 4)	21.6%
	Unknown. Predominantly India	5.0%
	ESET Antivirus	2.8%
	Dr. Web Antivirus	2.6%

（2）时间模式：原始拦截连接的数量反映了所有 Firefox 流量的昼夜模式。如图 8.18 所示，工作日通常有更多连接，Durumeric 等人观察到连接数峰值出现在工作日早晨。这直观地与当天的第一台计算机访问情况相匹配，计算机的第一次访问触发了与 Firefox 更新服务器的连接。但奇怪的是，拦截的流量百分比与总流量成反比，在午夜和清晨达到峰值。当移除两个 Android Bouncy Castle 指纹时，拦截连接的总百分比减少了 47％，并且在这些非工作时间内不再达到峰值。研究者怀疑拦截峰值是移动设备在夜间保持在线而其他台式电脑关闭的结果。拦截率在周末约为 2％，并在工作日增加，这表明公司 TLS 代理的存在。

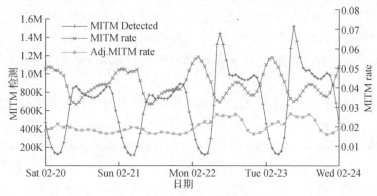

图 8.18　Firefox 拦截的时间变化

　　观察到在流量高峰期原始拦截的数量最高，但在流量总量较低的时段，原始拦截的数量最高。这可能是因为两个最大的指纹都与移动运营商有关，并且会在晚上台式电脑关机时进行更新。排除这两个指纹，拦截相对稳定。

（3）地理差异：拦截在一些国家更为普遍（见表 8.12）。例如，危地马拉 15％ 的 TLS 连接被拦截，比全球平均值高 3～4 倍。这主要归功于一家移动提供商 COMCEL，负责所有危地马拉更新服务器流量的 34.6％，拦截率为 32.9％。格陵兰的拦截率第二高（9.9％），这是由一个 AS:TELE 格陵兰引起的，近一半的拦截是由 Fortigate 中间件执行的。韩国是第三个最常被拦截的国家，也是世界上最高度移动连接的国家之一。一般而言，具有高于平均拦截率的大型 AS 属于移动提供商，并且一天之内的拦截率在 20％～55％ 之间波动，如图 8.17 所示。唯一的例外是 Marubeni OKI 网络解决方案，其从早上开始到每天午夜结束都保持大约 50％ 的一致的拦截率，目前尚不清楚什么行为导致了这种时间模式。

表 8.12　Firefox 拦截率最高的国家

Country（国家）	MITM	Country（国家）	MITM
Guatemala（危地马拉）	15.0％	Kiribati（基里巴斯）	8.2％
Greenland（格陵兰）	9.9％	Iran（伊朗）	8.1％
South Korea（韩国）	8.8％	Tanzania（坦桑尼亚）	7.3％
Kuwait（科威特）	8.5％	Bahrain（巴林）	7.3％
Qatar（卡特尔）	8.4％	Afghanistan（阿富汗）	6.7％

　　展示了连接到 Mozilla update server 时拦截率最高的 10 个国家。在拦截率高于平均水平的国家，通常会有大量的流量被一个占主导地位的移动运营商拦截。

2）流行的电子商务网站

电子商务数据集由对一组流行的电子商务网站的访问组成，并且不限于特定的浏览器版本。为了解释这一点，Durumeric 等人解析了 HTTP User-Agent 标头，并确定了已公布的浏览器和 TLS 握手之间的不匹配。通过观察 257 000 个唯一的 User-Agent 标头，并成功解析了 99.5% 连接的标头。该研究工作中指纹识别的浏览器占 96.1% 的连接数，2.5% 属于没有指纹信息的浏览器，1.4% 属于旧浏览器版本。

Durumeric 等人发现 6.8% 的连接被拦截，另有 0.9% 的连接可能被拦截，但无法对其进行明确分类。对于可以检测到特定指纹的连接，58% 属于防病毒软件，35% 属于企业代理。只有 1.0% 的拦截流量归因于恶意软件（例如，SuperFish），其余 6% 属于其他类别。三种最流行的已知指纹属于 Avast Antivirus、Blue Coat 和 AVG Antivirus，分别占拦截连接的 10.8%、9.1% 和 7.0%。

电子商务数据集还包括 HTTP 标头，允许识别网络中间件拦截的连接子集，但不匹配任何现有指纹。该研究在 14.0% 的无效握手中找到与代理相关的标头，最突出的是 X-BlueCoat-Via、Via、X-Forwarded-For 和 Client-IP。研究还使用这些标头来检测拦截。根据版本不匹配或存在无效扩展或密码组检测到 96.1% 的拦截。另有 2.2% 的拦截连接缺少预期的扩展，0.7% 使用无效密码或扩展排序，1.6% 包含与代理相关的 HTTP 标头（见表 8.13）。

表 8.13　不匹配握手

检测方法	Firefox	E-commerce	Cloudflare
扩展名无效	16.8%	85.6%	89.0%
密码无效	98.1%	54.2%	68.7%
版本无效	—	2.0%	—
无效曲线	—	5.5%	9.4%
扩展订单无效	87.7%	33.9%	40.4%
密码订单无效	98.8%	21.2%	21.1%
缺少必需的扩展名	97.9%	91.1%	50.9%
注入的 HTTP 头	—	14.0%	—

分解了用于检测截获会话的不匹配。对于 85% 以上被截获的连接，基于使用不支持的扩展、密码或曲线检测无效握手。Firefox 和 Cloudflare 没有提供部分功能。

Chrome 占据了 TLS 流量的 40.3%，其中 8.6% 被拦截，是所有浏览器中拦截率最高的。另一方面，只拦截了 0.9% 的 Mobile Safari 连接。拦截在 Windows 上更为突出，拦截率为 8.3%～9.6%，而 Mac OS 则为 2.1%。这很可能是因为大多数企业用户在工作场所使用 Windows，而且许多执行拦截的防病毒产品都是基于 Windows 的。表 8.15 中总结了这些结果。

电子商务数据集中的某些连接可能伪造了 User-Agents 标头，这会人为地夸大拦截率。直观地期望属于拦截产品的握手信息将比使用伪造 User-Agents 的自定义爬虫具有更多的关联 User-Agents。除了少数几个调查的 TLS 产品外，其他所有产品都至少有 50 个关联 User-Agents，而极端情况下，Avast Antivirus 和 Blue Coat 的企业代理分别拥有 1 800 和 5 200 关联 User-Agents。当排除了那些少于 50 个关联 User-Agents 的拦截指纹时，全局拦截率从 6.8％下降到 6.2％。鉴于这种适度减少，Durumeric 等人怀疑实验中检测到的不匹配是由于拦截而不是欺骗 User-Agents，但是采取了保守的路线并将分析限制在 6.2％。

研究发现存在两个违规行为。首先，将近 300 万个连接，其中大约 75％具有 Blue Coat 标头，使用通用 User -Agent 字符串"Mozilla/4.0（compatible;）"。Cisco 已经证明，Blue Coat 设备经常会使用这个通用代理字符串来掩盖浏览器 User-Agents。尽管知道 Blue Coat 设备拦截了这些 TLS 连接，但采取了最保守的方法并将这些连接排除在分析之外，因为未知代理背后的设备占比情况。但注意到，如果假设可识别浏览器的比例与普通人口相同（95.6％），Blue Coat 将成为第二大指纹，拦截的连接总比例将从 6.2％上升到 7.0％。其次，发现 Windows XP 上超过 90％的 Internet Explorer 连接似乎被拦截，因为它们包含以前未在 XP 上记录的现代密码和扩展，也不能重现，因此也排除了这些连接。

3）Cloudflare

Cloudflare 网络可能提供最具代表性的全球 HTTPS 流量视图，但也是最混乱的。最初观察到 31％的拦截率，比其他测量位置高 3～7 倍。这种提高的拦截率很可能是由于滥用（例如，登录尝试或内容抓取）和伪造的 User-Agent 标头，Cloudflare 保护的一些非常类型的请求。Firefox 服务器仅依靠 Firefox 浏览器访问模糊的更新服务器，电子商务网站需要执行 JavaScript 才能记录 TLS 连接。相比之下，Cloudflare 数据反映了各种网站上的所有 TLS 连接，因此即使是简单的命令行实用程序（如 wget 和 curl）也会出现在 Cloudflare 数据集中，并带有伪造的 User-Agent 标头。

Durumeric 等人采取了几个步骤来解释这种滥用行为。首先，删除了少于 50 个唯一 User-Agent 标头的指纹。接下来，将分析限制在不属于云或托管提供商的 50 个最大的 AS。不幸的是，即使过滤之后，仍然观察到人为的高拦截率，从美洲的 11％到亚洲的 42％。发现美国的大型 AS 具有明确的目的，而欧洲和亚洲的大多数网络都没有。在亚洲，数量差异很大并且大多数 AS 都没有什么描述。在欧洲，AS 经常跨越多个国家，并包含来自家庭用户和托管服务提供商的请求。将分析限制在位于美国的前 50 名 AS 中，主要服务于最终用户。虽然这减少了数据集的范围，但与其他任何地区相比，美国的拦截率较低，提供了保守的下限。

在美国观察到 10.9％的拦截率，移动 AS（5.2％～6.5％）和住宅/企业 AS（10.3％～16.9％）之间形成鲜明对比，如表 8.14 所示。前五个握手指纹中有四个属于防病毒软件提供商：Avast、AVG、卡巴斯基和 BitDefender，它们在电子商务网站上也很突出。剩余的未识别指纹主要出现在 Windows 10 上的 Chrome 47 中。尽管与特定浏览器版本和操作系统对齐，这可能表明启发式不正确，确认 Chrome 无法生成此握手信息并通告包括 IDEA/CA-MELLIA 在内的 80 个密码套件，这与 Chrome 系列显著不同。这些指纹也会在非移动 AS 中一致地出现，并在晚上时段出现使用峰值，这表明是恶意软件或防病毒软件。这五个指纹占拦截流量的 31％（见表 8.15）。

表 8.14　美国网络故障——展示了几种美国网络的 Cloudflare 拦截率

网络类型	没有拦截	可能	拦截
住宅/企业	86.0%	0.4%	13.6%
移动	94.1%	0.1%	5.8%

表 8.15　操作系统和浏览器故障

电子商务				Cloudflare			
Browser	All Traffic	Intercepted	Of Intercepted	Browser	All Traffic	Intercepted	Of Intercepted
Chrome	40.3%	8.6%	56.2%	Chrome	36.2%	14.7%	48.8%
Explorer	16.8%	7.4%	19.6%	Mobile Safari	17.5%	1.9%	3.3%
Firefox	13.5%	8.4%	18.2%	Explorer	14.9%	15.6%	21.2%
Safari	10.2%	2.1%	3.4%	Safari	8.9%	6.5%	5.3%
Chromium	7.6%	0.1%	0.1%	Firefox	8.5%	18.2%	14.2%
Mobile Safari	7.6%	0.9%	1.1%	Mobile Chrome	8.4%	4.7%	3.6%
Other	4.0%	4.0%	2.4%	Other	5.6%	7.0%	3.6%
OS	All Traffic	Intercepted	Of Intercepted	OS	All Traffic	Intercepted	Of Intercepted
Windows 7	23.3%	9.6%	56.6%	Windows 7	23.9%	13.4%	29.2%
Windows 10	22.5%	9.3%	14.3%	Windows 10	22.9%	13.1%	27.4%
iOS	17.3%	0.1%	1.1%	iOS	17.5%	2.0%	3.2%
Mac OS	15.8%	2.1%	6.5%	Mac OS	16.0%	6.6%	9.6%
Android	9.4%	1.0%	0.5%	Android	9.5%	4.8%	4.2%
Windows 8.1	6.9%	8.3%	15.8%	Windows 8.1	4.9%	11.0%	24.4%
Other	4.8%	21.4%	15.2%	Other	5.3%	31.7%	15.4%

展示了所有流量的分类、被拦截的流量以及每个浏览器和操作系统在电子商务和 Cloudflare 有利位置上所占的所有拦截的百分比。

与 Firefox 更新类似，HTTPS 拦截总量与总 HTTPS 流量相关，在一天中间达到峰值，在晚上时段下降，但夜间拦截率最高（见图 8.19）。这可能是由于在 Firefox 上看到的移动流量，但也可能表明存在机器人流量。

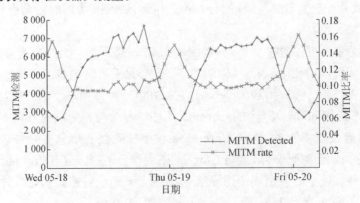

图 8.19　Cloudflare 拦截的时间变化

研究观察到在流量高峰期的原始拦截数量最高，但在总流量较低的时段的拦截率最高。这可能是由于在用户代理头信息被欺骗的情况下，自动机器人流量的百分比更高。

4）结果摘要和验证

通过检查是否未检测到包含代理相关 HTTP 头的连接被截获来部分验证的方法，Durumeric 等人发现 1.6％的电子商务连接包括代理头，但在 TLS 握手信息中没有拦截证据。这表明该方法可以捕获绝大部分的拦截，但它确实错过了一些边缘情况。

为了验证该研究提出的启发式方法没有错误地对有效握手进行分类，调查了启发式方法如何标记连接被拦截。根据已知的不受支持的密码或扩展名检测到超过 85％的拦截连接，而不是缺少扩展名或无效排序。Firefox 数据集中超过 98％的拦截连接是基于包含从未在 NSS 中实现的密码而发现的，82％的拦截连接表示支持心跳扩展，但没有浏览器支持这个扩展。这表明启发式方法是寻找其他库产生的握手信息而不是错误分类浏览器的边缘情况。

然而，虽然方法看起来很合理，研究的三个不同测量点在拦截总量方面提供了不同的数字。所有这三个视角都比先前估计的拦截更多一个数量级，估计有 5％～10％的连接被拦截。但是对确切的数字提出了一个警告，特别是对于 Cloudflare 数据集，滥用可能会增加观察到的拦截率。

8.3.5 对安全的影响

在本节介绍 Durumeric 等人研究中对 HTTPS 拦截的安全影响的分析。首先，该研究引入了一个用于量化 TLS 客户端安全性的评分量表。然后，调查常见的拦截产品，评估其 TLS 实现的安全性。根据这些评级和 Client Hello 消息中公布的功能，量化拦截的连接的安全性变化。

1）客户端安全评分量表

由于没有用于评级 TLS 客户端安全性的标准化规则，定义并使用以下比例来持续评估浏览器、拦截产品以及在实际中观察到的连接。

A：最佳。在安全性和性能方面，TLS 连接相当于现代 Web 浏览器。在对密码套件进行评级时，专门使用 Chrome 的"安全 TLS"定义。

B：次优。该连接使用非理想配置（例如，非 PFS 密码），但不易受已知攻击的影响。

C：已知攻击。该连接易受已知 TLS 攻击（例如，BEAST、FREAK 和 Logjam）的攻击，或者通告对 RC4 的支持。

F：严重破坏。连接严重中断，致使活跃的中间人攻击可以拦截和解密会话。例如，产品不验证证书，或提供出口级密码套件。

该研究中评分范围侧重于 TLS 握手的安全性，并未考虑许多浏览器中存在的其他 HTTPS 验证检查，例如 HSTS、HPKP、OneCRL/CRLSets，证书透明度验证和 OCSP 必须装订。测试的所有产品都不支持这些功能，因此，与最新版本的 Chrome 或 Firefox 相比，获得 TLS 安全 A 级别的产品可能仍会降低整体安全性。

2）测试安全产品

为了衡量产品安全性，安装了 8.3.2 节中列出的公司代理，流行客户端安全软件和恶意软件的试用版。然后运行最新版本的 Chrome、Internet Explorer、Firefox 和 Safari,通过每个产品访问网站并执行以下测试:

(1) TLS 版本。检查产品支持的最高版本的 TLS,将任何支持最佳 TLS 1.1 的客户端评为 B,SSLv3 作为 C,SSLv2 作为 F。

(2) 密码套件。调查 Client Hello 中的密码套件,将任何不支持 Chrome 的强 TLS 密码的产品评为 B,将提供 RC4 的握手信息作为 C,以及将通告支持破解的密码套件的任何产品(例如出口级或 DES)评为 F。

(3) 证书验证。提供了一系列不受信任的证书,包括过期、自签名和无效签名的证书。使用公知的私钥(即 Superfish,eDell 和戴尔提供商的根密钥)进一步测试 CA 签署的证书。将任何接受其中一种证书的产品评为 F。

(4) 已知的 TLS 攻击。检查客户端是否容易受到 BEAST、FREAK、Heartbleed 和 Logjam 攻击,或接受弱 Diffie-Hellman 密钥,将任何易受攻击的客户评为 C。

(5) 企业中间件。测试的 12 个中间件中的 11 个的默认配置削弱了连接安全性,12 个产品中的 5 个引入了严重的漏洞,这些漏洞将使中间人攻击能够在未来进行拦截。10 个通告支持基于 RC4 的密码,2 个通告支持出口级密码,而且有 3 个破坏了证书验证(表 8.8)。注意到许多代理的安装过程是复杂的,容易崩溃,有时候是非确定性的。配置同样令人困惑,通常几乎没有文档。例如,Cisco 设备允许管理员自定义允许的密码套件,但不提供可供选择的密码列表。相反,该设备提供了一个未记录的文本框,接受 OpenSSL 密码规则(例如,ALL:! ADH:@STRENGTH)。

该方法无法获得 ZScaler 代理的演示或试用版,这是一个突出通告的基于云的中间件。相反,调查了源自 Cloudflare 数据集中的 7 个 ZScaler AS 之一的流量。Durumeric 等人发现一个占主导地位的握手指纹比第二流行指纹的流量多 4 倍以上,并且与相关 User-Agent 字符串中指明的任何流行浏览器都不匹配。由于缺乏任何完美的前向秘密密码,原本是将此握手评为最佳 B,但因为该研究方法无法检查是否存在进一步的漏洞,若存在进一步的漏洞,将被排除在其他分析之外。

(6) 客户端安全软件。Durumeric 等人发现测试的所有客户端安全产品几乎都降低了连接安全性,12 个产品引入了严重的漏洞。研究者注意到假设 TLS 堆栈没有其他漏洞,这些安全等级是一个下限。但是,在实际中,研究人员会定期发现防病毒软件中的漏洞。仅针对 Avast,在过去八个月内已公开披露了 10 个漏洞,其中一个漏洞允许通过精心设计的证书远程执行代码。

(7) 恶意软件和不需要的软件。研究人员之前发现 Komodia 没有验证证书,Durumeric 等人发现 NetFilter SDK 同样没有正确验证证书链,因此将它们评为 F:严重破坏。

3) 对 TLS 流量的影响

虽然许多安全产品具有不安全的默认值,但拦截的连接可能具有不同的安全配置文件。如果管理员配置中间件以执行负责任的握手,或者代理(即使它们的安全性较差)可能会保护更多过时的客户端,这样安全性可能会得到改善。Durumeric 等人基于握手中公布的参数(例如,TLS 版本和密码套件)调查拦截握手的安全性,以及在这种情况下可以识别拦截产品及其安全评级。为了确定安全性的变化而不仅仅是新连接的安全性,计算了 HTTP User-Agent 中指定的浏览器版本的安全性,并将其与观察到握手的安全性进行了比较。

类似地,三个网络中的每个网络具有不同的拦截率,每个测量位置都会产生不同的安全影响。对于 Firefox,65%的拦截连接降低了安全性,令人震惊的 37%有安全漏洞。27%的电子商务和 45%的 Cloudflare 连接降低了安全性,分别有 18%和 16%容易受到拦截。

拦截产品增加了 4%的电子商务和 14%的 Cloudflare 连接的安全性。增加安全性的差异很大程度上是由于数据收集的时间差异以及 RC4 密码套件在此期间的弃用。当电子商务网站在 2015 年 8 月收集数据时,浏览器认为 RC4 是安全的。然而,在 2015 年 8 月至 2016 年 4 月期间,标准化组织开始建议反对 RC4,Chrome 和 Firebox 都不赞成使用这种密码。在 2016 年 5 月对 Cloudflare 连接进行评分时,将通告支持 RC4 的连接标记为 C。这导致旧版 Internet Explorer 和 Safari 的连接被标记为不安全,并且代理提高了增加连接的安全性。

在早期企业代理分析中,发现许多网络中间件都会注入 HTTP 标头,例如 X-Forwarded-For 和 Via,以协助管理同时代理的连接。使用代理相关标头分析了电子商务数据集中的连接,以便更好地了解与客户端软件相比的公司中间件的安全性。发现中间件的连接安全性比一般情况要严重得多,从表 8.16 和表 8.17 中可以看出,对于流过中间件的 62.3%的连接,其安全性降低,并且 58.1%的连接具有严重的漏洞。

表 8.16　拦截的影响

网络	增加安全性	降低安全性	严重漏洞
所有流量	4.1%	26.5%	17.7%
中间化	0.9%	62.3%	58.1%
Cloudflare	14.0%	45.3%	16.0%
Firefox Updates	0.0%	65.7%	36.8%

总结了 HTTPS 拦截的安全影响,比较了客户机-代理连接安全性和代理-服务器连接安全性。

表 8.17　安全性的变化

数据集	原始安全性	新的安全性			
		→A	→B	→C	→F
Firefox	A→	34.3%	16.8%	12.2%	36.8%
E-commerce Sites: All Traffic	A→	57.1%	2.9%	5.6%	8.1%
	B→	2.7%	10.2%	1.2%	8.3%
	C→	0.6%	0.4%	1.0%	0.3%
	F→	0.0%	0.2%	0.1%	1.0%
E-commerce Sites: Middleboxes	A→	13.5%	3.0%	0.8%	18.0%
	B→	0.7%	23.3%	0.6%	37.8%
	C→	0.1%	0.1%	0.0%	2.2%
	F→	0.0%	0.0%	0.0%	0.0%

数据集	原始安全性	新的安全性			
		→A	→B	→C	→F
Cloudflare	A→	17.3%	1.1%	29.7%	10.0%
	B→	0.0%	0.0%	0.0%	0.0%
	C→	9.4%	3.3%	22.0%	4.5%
	F→	0.8%	0.1%	0.4%	1.5%

根据客户端 Hello 消息中显示的参数和 HTTP 用户代理头中的浏览器安全性计算连接安全性的变化。

Durumeric 等人在 Firefox 数据中注意到类似的现象,人工调查了前 25 个 AS 的超过 10 万个的连接,最高的拦截率以及单个主要的拦截指纹,主要包括了金融公司、政府机构和教育机构。除了一家银行外,前 25 名 AS 中有 24 家因拦截而导致安全性恶化。对于 25 个 AS 中的 12 个,主要的 TLS 握手包括出口级密码套件,这使得它们容易受到活跃的中间人攻击的未来拦截。

8.3.6　小结

Durumeric 等人进行了第一次关于 HTTPS 拦截在实际中的安全影响的综合研究。描述了现代浏览器、常见安全产品和恶意软件产生的 TLS 握手信息,发现产品通告了不同的 TLS 参数。在此观察的基础上,构建了一组启发式算法,允许 Web 服务器检测 HTTPS 拦截并识别流行的拦截产品。该研究在三个不同的网络上部署了这些启发式方法:① Mozilla Firefox 更新服务器;② 一组流行的电子商务网站;③ Cloudflare 内容分发网络。在每种情况下,发现拦截比先前估计的多一个数量级,范围为 4%~11%。作为一个类,拦截产品大大降低了连接安全性。最值得关注的是,62% 通过网络中间件的流量降低了安全性,58% 的中间件连接具有严重的漏洞。通过对流行的防病毒软件和企业代理的调查,发现几乎所有代理都降低了连接安全性,而且很多都引入了漏洞(例如,无法验证证书)。虽然安全社区早就知道安全产品拦截连接,但基本上忽略了这个问题,认为只有一小部分连接受到影响。但是,Durumeric 等人发现拦截已经变得非常普遍并且带来了令人担忧的后果。为了解决这些问题,可以鼓励制造商改进其安全配置文件,并促使安全社区讨论 HTTPS 拦截的替代方案。

参 考 文 献

[1]　Muehlstein J, Zion Y, Bahumi M, et al. Analyzing HTTPS encrypted traffic to identify user's operating system, browser and application[C]//Consumer Communications & Networking Conference (CCNC), 2017 14th IEEE Annual. IEEE, 2017:1-6.

[2]　Ameigeiras P, Ramos-Munoz J J, Navarro-Ortiz J, et al. Analysis and modelling of YouTube traffic[J]. Transactions on Emerging Telecommunications

Technologies, 2012, 23(4):360 - 377.

[3] Rao A, Legout A, Lim Y, et al. Network characteristics of video streaming traffic[C]//Proceedings of the Seventh Conference on Emerging Networking Experiments and Technologies. ACM, 2011:25.

[4] Chang C C, Lin C J. LIBSVM:a library for support vector machines[J]. ACM transactions on intelligent systems and technology(TIST), 2011, 2(3):27.

[5] Anderson B, Chi A, Dunlop S, et al. Limitless HTTP in an HTTPS World:Inferring the Semantics of the HTTPS Protocol without Decryption[R]. arXiv preprint arXiv:1805. 11544, 2018.

[6] Anderson B, McGrew D. Machine learning for encrypted malware traffic classification:accounting for noisy labels and non-stationarity[C]//Proceedings of the 23rd ACM SIGKDD International Conference on Knowledge Discovery and Data Mining. ACM, 2017:1723 - 1732.

[7] Belshe M, Peon R,Thomson M. Hypertext transfer protocol version 2(HTTP/ 2. 0)[R]. RFC-Proposed Standard, IETF, 2015.

[8] Green M, Droms R, Housley R, et al. Data center use of static Diffie-Hellman in TLS 1. 3[R]. Standard Track, IETF, 2016.

[9] Wang T, Cai X, Nithyanand R, et al. Effective Attacks and Provable Defenses for Website Fingerprinting[C]//USENIX Security Symposium. 2014:143 - 157.

[10] Wang L, Dyer K P, Akella A, et al. Seeing through network-protocol obfuscation[C]//Proceedings of the 22nd ACM SIGSAC Conference on Computer and Communications Security. ACM, 2015:57 - 69.

[11] Durumeric Z, Ma Z, Springall D, et al. The security impact of HTTPS interception[C]//Proc. Network and Distributed System Security Symposium (NDSS), 2017.

9 加密视频流量参数识别

本章主要介绍加密视频流量参数识别的相关研究方法。在视频 QoE 方面,介绍 SSL/TLS 加密视频流量 QoE 参数识别方法和评估方法;在视频清晰度方面,介绍加密 HTTP 自适应视频流的实时视频清晰度质量分类方法。

9.1 加密视频流量 QoE 参数识别

针对视频体验质量问题,YouTube 对传输模式及编码方式作了较大的调整,在保证视频观看质量的同时,降低服务器的开支、带宽开支等。另一方面,ISP 服务商对视频服务质量进行监测和评估,获得反映用户感受的视频体验质量,根据评估结果动态调整网络参数提高带宽利用率。

在非加密场景下,基于 DPI 技术可以获取视频大小、可播放时长、码率等信息,准确地评估视频 QoE 体验指标;而在加密场景下,原来的 DPI 方法失效了,急需 DFI 等可以应用于加密场景的技术,解决加密视频码率和清晰度获取的问题。

针对加密传输给视频 QoE 评估带来的影响,本节提出一种基于视频块特征的码率和清晰度识别方法。

9.1.1 引言

互联网流量监测机构 Sandvine 发布的研究报告显示,网络视频服务商 YouTube 和 Netflix 两家网站的流量已占据北美地区互联网下行流量的 50.3%。其中,约 50% 的 YouTube 流量由移动设备产生,且占比将持续增长[1]。随着移动设备处理能力的不断增强以及移动网络技术的发展,YouTube 视频源质量也从 720 P/1 080 P 升级到 2 K,甚至 4 K、8 K,给网络承载带来巨大的挑战。当前有限的移动网络带宽需要承载大量的视频数据,亟须视频服务商和网络服务提供商进行协作提高网络利用率和传输效率,以保证用户的视频体验质量。

视频服务商为了保护用户隐私和网络安全,防止网络服务提供商自行调整视频清晰度、插入广告等行为,YouTube 等视频服务商相继采用 SSL/TLS 加密传输视频数据。加密流量的引入导致基于 DPI 的视频质量评估方案无法获取到码率及清晰度等视频 QoE 参数。

本节的方法在深入分析自适应码流传输模式 HLS 和 DASH 的基础上,根据视频块的统计特征建立识别模型,视频块特征从网络层提取,无需解析应用层数据获取明文特征。实验结果表明该方法具有较好的码率和清晰度识别精度,可以有效应用于加密视频 QoE 的评估。

本节第 2 小节具体描述了自适应码率视频流的传输模式及 QoE 评估模型。第 3 小节描述了基于视频块特征的视频 QoE 参数识别方法。第 4 小节给出实验数据集、简要说明实验环境，并对识别方法进行性能分析。最后在第 5 小节给出本节内容总结。

9.1.2 自适应码流及 QoE 评估模型

1）自适应码流传输模式

YouTube 视频多年来一直沿用基于 HTTP 的视频流传输技术。自适应码流技术对于同一个视频会配置几种不同码率的样本文件，从而根据用户的网络状况和设备的 CPU 计算能力来匹配不同码率的视频样本进行传输。视频文件被切割成很多小的分段，然后基于 HTTP 按序传输给客户端，这种传输方式存在浪费带宽的问题，比如，当客户端按序下载其中一个视频片段时用户切换了清晰度，那么设备在切换清晰度后会重新下载受影响的片段。而自适应码流会根据网络状况自动切换清晰度，视频片段传输如图 9.1 所示，该传输模式不仅节约服务器网络带宽，还有利于提高用户体验。

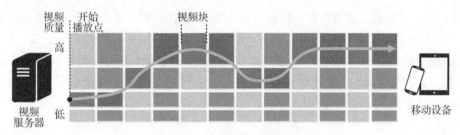

图 9.1 自适应码流传输模式

当前 YouTube 客户端的自适应码流传输协议有 Apple HLS 和 MPEG DASH。HLS 传输模式采用多次请求多次下载的方式，视频流分为 video 和 audio 两种资源传输，每个视频片段作为独立单位进行请求，但 video 和 audio 两种资源并不是交替传输的。视频片段大部分是根据时间等分的，分段时长约为 5 s，也有少部分视频片段时长为 2～10 s，且每个片段对应一个 URL，在第一个视频分段请求前需先请求分段索引文件 m3u8。视频传输一开始会快速传输约为 2 s 的片源数据量，有利于降低初始缓冲时延和卡顿事件。对同一个视频而言，不同清晰度的 video 片段数据量差别较大，而 audio 片段数据量基本相同，且 video 与 audio 片段个数相同。由于视频是分块传输的，一个视频块数据（video 和 audio）由于 MTU 限制，会拆分为很多 TCP 数据包传输，同一个视频片段的所有 TCP 数据包的 ACK Number 是相同的。根据 ACK Number 可以对视频数据进行分块整合，得到一系列的数据块。与 HLS 不同的是，DASH 传输模式的 video 和 audio 块是按顺序交替请求的，视频片段大部分是根据时间等分的，分段时长约为 10 s。视频媒体按照 FMP4 方式组织，FMP4 将大的媒体数据分块，每个视频块可被单独解码并播放。

2）视频 QoE 评估模型

当前 YouTube 自适应码流传输模式 HLS 和 DASH 都采用 HTTPS 加密传输，使得 DPI 技术很难获取到视频大小、可播放时长和码率等信息，因此，无法得到视频源质量、初始缓冲时延和卡顿占比等 QoE 评估要素。为了提高带宽利用率和观看体验，需要对 YouTube 视频服务质量进行有效的评估，并根据评估结果调整网络参数。对于语音业务，由于主观评估方法成本高、费时长，通常采用客观评估获取 MOS 分评估语音质量。类似地，可以采用客观评估方法来评估视频体验质量。为了提出准确有效的客观评估模型，华为公司借助眼动仪和生理仪测量实验者在观看移动视频过程中的感知情况，研究发现：移动视频源质量、初始缓冲时延与卡顿时长是影响用户体验的最重要外部因素，最终对上述三大关键影响因素与实验者主观感受映射实现视频体验质量评估量化，提出 vMOS 评估模型[2]，vMOS 模型的 KPIs 包括视频源质量、初始缓冲时延和卡顿时长占比，将这些 KPIs 用分数 1～5 来反映用户的视频体验。

实验结果表明影响视频源质量的关键因素包括：视频编码（VC）压缩算法，如 H.264、H.265、VP9；视频源编码等级（CP），如 Base、Main、High Profile；视频清晰度（VR）和码率（VB）。视频源质量 sQuality 表示如下：

$$sQuality = Qualitymax \times (1 - 1/(1 + VB \times VC \times CP/VR)^2) \tag{9.1}$$

其中，Qualitymax 代表当前清晰度视频源质量评分的最高值，对于清晰度为 4 K、2 K、1 080 P、720 P、480 P 和 360 P 的视频，Qualitymax 值分别为 4.9、4.8、4.5、4、3.6 和 2.8。

初始缓冲时延（IBL）是从点击"播放"到视频播放的等待时间，较差的网络状况会导致较长的视频缓冲时延，这种缓冲对视频服务质量所产生的影响是视频 QoE 评估的重要指标。初始缓冲时延 sLatency 表示如下：

$$sLatency = \begin{cases} 5 & IBL \leqslant 0.1 \\ 0.25 + 4.66e^{-IBL/5.37} & 0.1 < IBL \leqslant 10 \\ 1 & IBL > 10 \end{cases} \tag{9.2}$$

卡顿是指播放过程中缓冲的数据量被消耗完所产生的视频播放停止，卡顿事件对于用户体验影响很大，与卡顿时长、次数等因素有关，主要由卡顿时长占比（SR）决定。卡顿时长占比 sStalling 表示如下：

$$sStalling = \begin{cases} 5 - 20 \times SR & SR \leqslant 0.15 \\ 2 - 20 \times (SR - 0.15)/3 & 0.15 < SR \leqslant 0.45 \\ 0 & SR > 0.45 \end{cases} \tag{9.3}$$

综合考虑视频源质量、初始缓冲时延、卡顿占比 3 个 KPIs 提出 vMOS 模型对视频 QoE 进行客观评估[2]，vMOS 表示如下：

$$vMOS = (1 - 0.092 \times (1 + 2e^{(-sLatency)})) \times (5 - sLatency) \times sQuality - 0.018 \times (1 + 2e^{(-sStalling)}) \times (5 - sStalling) \tag{9.4}$$

9.1.3 基于视频块特征的视频 QoE 参数识别

1) 视频 QoE 参数识别系统

图 9.2 描述了基于视频块特征的 QoE 参数识别系统架构。系统主要由 4 个模块组成：SSL/TLS 加密 YouTube 流量识别模块、传输模式识别模块、QoE 参数识别模块以及视频 QoE 评估模块。首先，加密 YouTube 流量识别模块根据 ClientHello 包中"googlevideo"字段预先建立的视频服务器 IP 白名单过滤出加密 YouTube 流量。然后，传输模式识别模块根据视频流前几个包的特征识别出 YouTube 流量的传输模式。接着，QoE 参数识别模块根据视频块特征分别对 HLS 和 DASH 模式建立码率和清晰度识别模型。最后，视频 QoE 评估模块根据 QoE 参数及视频流量传输参数计算 KPIs 和 vMOS 分数。

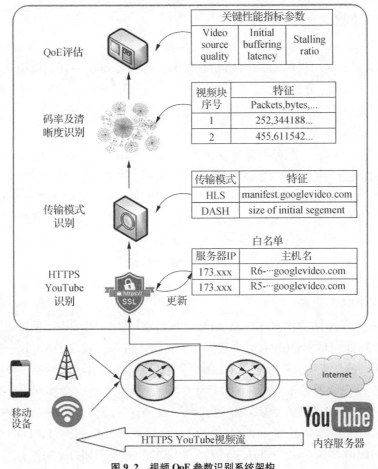

图 9.2　视频 QoE 参数识别系统架构

2) SSL/TLS 加密视频流量识别

未加密 YouTube 流量通过 DPI 方法可以获取 KPIs 参数，而加密 YouTube 流量首先需要根据加密特性从 SSL/TLS 流量中识别。因此，加密 YouTube 视频 QoE 评估的首要任务是识别出 SSL/TLS 协议下的 YouTube 流量。YouTube 视频自适应码流机制下，视频传输前会与 YouTube 服务器交互取得媒体描述文件,基于当前网络状态选择合适码率的视频分片,再根据描述文件中 BaseURL 地址取得视频分片。在非加密情况下,根据视频分片的 IP 和用户的 IP 就可以关联视频。然而,在加密情况下媒体描述文件的内容是无法获取的。为了快速关联 SSL/TLS 加密 YouTube 视频流量,建立视频服务器的 IP 白名单实现快速识别,并引入自动更新机制。通过 DNS 响应和 SSL/TLS 握手协议中 ClientHello 可以有效地获得 YouTube 视频服务器 IP。每当读取数据包文后,检查 Google 的 DNS 响应报文是否存在 r * . googlevideo. com 字段,如果是视频服务器地址的 DNS 响应,则查找列表中是否存在该视频服务器 IP,如果该 IP 不存在,就更新名单。否则,继续解析 SSL/TLS 握手消息中的 ClientHello 报文,如果含有 r * . googlevideo. com 字段,则看该报文的目的 IP 是否存在于列表中,如果该 IP 未曾出现,就更新名单。最后,通过布隆过滤器查询白名单中视频服务器 IP 与用户 IP 组成的 IP 对关联视频流。

3) 视频传输模式识别

当前加密 YouTube 自适应码流传输模式主要有 Apple HLS、MPEG DASH 和 HPD,不同传输模式采用不同的视频 QoE 参数识别模型,因此,需要在一开始就识别出传输模式。文中基于 ACK Number 分段数、SYN-ACK 到达时间间隔、SSL/TLS 协议版本、SSL/TLS 协议握手包字节数 4 个特征采用机器学习算法进行识别,该方法优点在于根据流的前若干个包就能识别出传输模式。

在 DASH 传输模式下,服务器需要先向客户端发送 Initial Segment,Initial Segment 包含了视频解码器所需的初始化信息,然后再开始传输视频数据,在加密数据包中的表现就是经过 SSL/TLS 握手阶段后开始传输的前 P 个 Application data 数据包出现 S 种 ACK Number,该特征是区分视频传输模式的重要信息。以 DASH、HLS 和 HPD 三种传输模式为例,对每类视频 100 个加密视频抽取前三个 Application data 数据包出现 S 种 ACK Number 的结果进行统计,统计发现 DASH 前三个数据包的 ACK Number 种类为 2 或 3,而 HLS 和 HPD 的种类都为 1。该特征差异性强,且发生在视频数据传输早期,可以很大限度地避免重传带来的不利影响。

对比加密情况下不同传输模式的流级特征发现:在同一时间,HPD 采用单流传输(视频和音频没有分离),而 DASH 和 HLS 采用多条流传输。进一步发现 DASH 传送视频时总是两条流开始、两条流结束(传输过程中由于网络原因导致端口更换而更换两条流中的另一条继续传输)。与 DASH 明显不同,HLS 会频繁更换流(具体表现为变换端口)来完成整个视频的传输。以这三种传输模式为例,随机抓取了 100 个视频前两条流的 SYN-ACK 到达时间间隔进行统计,发现 DASH 的前两条流间隔是最短的,HLS 其次,HPD 前两条流 SYN-ACK 到达时间间隔要远远大于 HLS 和 DASH,该特征是 HPD 与其他传输模式最明显的差异。

SSL/TLS 握手过程中报头未加密信息常被用于 SSL/TLS 应用识别。表 9.1 展示了不同机型观看视频的对比结果,可以发现同一种机型在 WEB 端或 APP 端观看 YouTube 视频时,服务器端握手过程数据包总大小存在规律性。同一种传输模式下数据包总大小的差别不大,但是其在不同传输模式和机型有所差异。

表 9.1　不同传输模式握手数据包总大小和协议版本

传输模式	协议版本	握手数据包总大小	机型
DASH-APP	TLS1.2	197/2 317	HTCM7
HLS-APP	TLS1.2	207/2 207	iPhone6
HPD-APP	TLS1.0	2 323/2 394	华为 P7
DASH-WEB	TLS1.2	197/2 317	P7-Chrome
HPD-WEB	TLS1.2	197/2 134	ip6-Safari

　　传输模式分类过程中,由于朴素贝叶斯算法要求属性条件独立,然而,实际分类过程中属性之间存在依赖关系,使得朴素贝叶斯算法无法适用,而贝叶斯网络不要求所有的属性都条件独立。鉴于传输模式识别特征之间存在一定的相关性,贝叶斯网络可以很好地适用于传输模式识别。

4）视频 QoE 参数识别

　　文献[3-4]表明决策树算法可以有效用于流量识别,采用 C4.5 和 RF 决策树算法进行性能分析,并与 Bayes Networks 和 AdaBoost 算法进行对比。图 9.3 描述了基于机器学习的视频 QoE 参数识别流程,包括视频块特征提取,模型训练和样本分类。视频块特征提取模块统计视频块网络层信息,无需解析数据包应用层信息。模型训练模块分别选取码率识别和清晰度识别特征子集并建立相应的识别模型。最终,分类模块根据建立的模型识别出视频块的码率和清晰度。

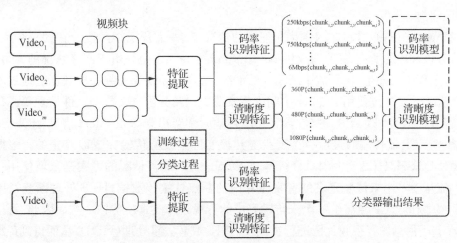

图 9.3　基于机器学习的视频 QoE 参数识别流程

　　DASH 和 HLS 视频传输都是将视频进行分段后使用基于 TCP 的 HTTPS 流传输的,由于 TCP 的 MSS 所限制,视频片段被分割成大量 1.4 KB 左右的数据包传输,而这些数据包响应的都是同一个请求,所以它们的 ACK Number 相同,如图 9.4 所示。根据 ACK Number 可以将 YouTube 加密视频流量进行分段处理。

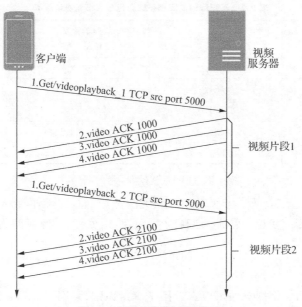

图 9.4　视频分段传输网络表现

　　由于视频服务器与客户端之间除了传输音视频数据还会传输目录文件以及其他交互信息,但是这些信息数据量都远小于音视频的数据量,所以可以使用阈值 L(根据统计值默认设置为 20 KB)来过滤非音视频数据片段。音视频片段区分时,音频跟视频的码率相比,音频码率相对固定,播放过程中保持不变,不同清晰度的音频片段的数据量取值会集中在一个固定的区间内。

　　针对异常音视频片段,在网络状况理想的情况下,一个音视频片段会在同一个 TCP 流中传输,且该片段的所有 TCP 报文的 ACK Number 相同。但是由于网络状况的不可控性,实际传输过程中会发生 TCP 流中断重传的情况,这直接导致音视频片段数据会通过不止一个 TCP 流传输。通过使用 Fiddler 中间人观察明文以及分析密文数据文件发现每一条传输加密音视频数据的 HTTPS 连接在异常中断传输时都会出现 SSL Alert 信息,出现 SSL Alert 消息的 TCP 流传输的最后一个音视频片段实际是没有传输完成而终止的。根据使用 Fiddler 对 DASH/HLS 明文消息分析得知,DASH 处理断流情况的方案是重新使用一条新的 TCP 流从上一个未传输完成的音视频片段的断点处续传数据;HLS 处理断流情况是重新使用一条新的 TCP 流将上一个未传输完成的音视频片段重新传输一次。因此,可以对带有 SSL Alert 消息的音视频片段进行拼接(DASH)或者去重处理(HLS),从而得到最终的音视频集合分别为 $H(a_1,a_2,a_3,\cdots,a_k)$ 和 $H(v_1,v_2,v_3,\cdots,v_k)$。

　　鉴于视频块或音频块由多个相同 ACK Number 的 TCP 包构成,可以根据 ACK Number 还原视频块,并统计视频块的特征,包括视频块包数、字节数、持续时间、块时间间隔、比特率、Get 请求响应时间、重传包数和源端口。文献[5]表明自适应码流在开始播放前会快速传输一小块视频(Initial burst),该视频块会尽快传完,减少初始缓冲时延和卡顿事件,该视频块与当前网络状况和码率具有一定的相关性。自适应码流传输中,视频块与音频块是一一对应的,鉴于音频块的码率是固定的,可以根据音频块字节数估计视频块的播放时间,防止个别播放时长不定的视频被误识别,如播放结束时或切换码率时的视频块。另外,最后一段视频块通常由数据剩余构成,且该视频流处于末尾对 QoE 评估影响不大。因此,不对该视频块进行识别。

表 9.2 描述了码率识别和清晰度识别的特征子集。码率识别的特征子集包括 bpackets、bbytes、burst_bytes、audio_bytes 和 duration。bpackets 和 bbytes 表示视频块的包数和字节数,由于视频块的播放时长是基本相同的,所以码率越大视频块包数和字节数也越大。burst_bytes 表示视频在开始播放时会快速传输一小块视频,会尽快传完,该快传视频块字节数跟码率相关性强。audio_bytes 表示音频块的字节数,视频块与音频块是一一对应的,因此,鉴于音频块的码率是固定的,可以估计视频块的播放时长,防止有些播放时长不定的视频被误识别,如播放结束时或切换分辨率时的视频块。duration 表示视频块传输的持续时间,持续时间越长传输速度越小,自适应码流机制会根据传输速度选取合适的码率,以免发生卡顿事件。清晰度识别特征包括 bpackets、bbytes、duration、resolution 和 brate,resolution 表示上一视频块的清晰度,brate 表示比特率,自适应码流机制会根据比特率选取合适的清晰度,使得卡顿事件与观看体验达到平衡。该特征子集区别性强,而且特征之间也不存在冗余,可以有效地适用于视频 QoE 参数识别。

表 9.2　码率识别和清晰度识别的特征子集

简称	特征描述	码率	清晰度
bpackets	视频块字节数	是	是
bbytes	视频块包数	是	是
burst_bytes	初始快传字节数	是	—
audio_bytes	音频字节数	是	—
duration	视频块持续时间	是	是
resolution	上一视频块清晰度	—	是
brate	比特率(视频服务器到客户端)	—	是

当连续属性多,且任一属性的取值多时,决策树复杂度将大大增加。从表 9.2 可以看出特征都是连续型数据,连续型数据作为决策树节点,会产生很多分支,影响决策树生成和分类效率。本章采用最小描述长度方法 MDL 对数据离散化[6]。

MDL 采用描述语言长度来表示模型复杂度,目标是实现低复杂性和高准确性。描述语言越长,准确性越高;描述语言越短,模型复杂度越低。根据数学描述,MDL 模型的目标就是最小化描述语言长度 M_{mdl}[7]:

$$M_{mdl} = \arg\min_{M_i \in M}\{|L_m(M_i))| + |L_c(D|M_i)|\} \tag{9.5}$$

$|L_m(M_i)|$ 表示模型所需的位数,$L_m(M_i)$ 表示模型 M_i 的描述语言,$M_i \in M$;$L_c(D|M_i)$ 表示模型 M_i 描述对象 D 的语言,$|L_c(D|M_i)|$ 表示其对应描述语言所需的长度。每个对象可以看作由一个确定序列和一个随机序列构成。M_i 表示确定性序列;随机序列表示确定性序列与对象的误差;确定序列可以选用自回归模型或多项式模型来表示,描述语言长度 $|L_m(M_i)|$ 为模型中参数的个数;随机序列可以选用概率分布模型来描述。根据香农定理,

随机过程用概率分布模型表示时,$|L_c(D|M_i)|$描述长度是以 2 为底对数的负数。

如果分类样本和模型训练样本一致,模型分类训练集样本的准确率高,但分类新样本时准确率会下降。因为训练样本中会存在噪声数据和孤立点,决策树模型建立过程中会拟合这些异常样本,使得分类模型对新样本的识别性能会下降。因此,有必要对决策树进行剪枝,获得高泛化能力的分类规则。本章采用 PEP 算法进行剪枝处理,因为 PEP 算法在修剪过程每棵子树最多遍历一次,效率高,适用于大规模样本集。

PEP 方法采用连续性校正提高样本的识别可靠性。PEP 方法中如果下式成立,则 T_t 应被剪裁。

$$e'(t) \leqslant e'(T_t) + S_e(e'(T_t)) \tag{9.6}$$

其中,$e'(t) = e(t) + \dfrac{1}{2}$,$e'(T_t) = \sum e(i) + \dfrac{N_t}{2}$,$S_e(e'(T_t)) = \left| e'(T_t)\dfrac{n(t) - e'(T_t)}{n(t)} \right|^{\frac{1}{2}}$,$e(t)$代表节点 t 的误差;$e(i)$代表叶子节点 T_t 的误差;N_t 代表子树 T_t 的叶子节点个数;$n(t)$代表训练样本数目。PEP 方法剪枝过程中最多只需访问每棵子树一次,时间复杂性与未剪枝树的非叶子节点数目成线性关系。

9.1.4 实验分析

1) 实验环境

(1) 数据集

移动设备流量数据采集来自蜂窝网络和 WiFi 两个网络环境。蜂窝网络下的数据在华为 MLAB 实验室的 4G 基站上采集,WiFi 环境下流量通过热点共享给 Android 和 iOS 终端采集,具体设备如表 9.3 所示。为了验证识别方法的鲁棒性,本章抓取不同传输模式、不同时长、不同清晰度的视频作为测试样本,HLS 传输模式的视频通过 iPhone 客户端获取,DASH 传输模式的视频通过 Android 浏览器和客户端获取。采集短视频、中视频和长视频 3 种类型,短视频时长不超过 5 min,中视频介于 5~10 min,超过 10 min 的是长视频;并抓取固定分辨率(360 P、480 P、720 P、1 080 P)和自适应码率的视频。为了验证识别方法对于网络多样性的适应能力,视频数据从多个地区采集,具体视频块样本及视频个数分布如表 9.4 所示。

表 9.3　移动设备信息

设备	系统版本	清晰度	屏幕尺寸	内存
iPhone6s	iOS9.1	1 334×750	4.7	2 G
iPhone6	iOS8.3	1 334×750	4.7	1 G
iPhone5	iOS8.3	1 136×640	4	1 G
HTC M7	Android4.4.3	1 920×1 080	4.7	2 G
三星 S4	Android4.4.2	1 920×1 080	5.0	2 G
小米 MI2	Android4.1	1 280×720	4.3	2 G

表 9.4　视频样本分布

传输模式	视频时长(min)	清晰度(视频块样本/视频个数)				
		360 P	480 P	720 P	1 080 P	自适应码流
HLS	≤5	5 042/120 (20,10,10,80)	4 217/100 (20,10,10,60)	3 274/80 (10,10,10,80)	2 561/60 (10,10,10,30)	6 138/100 (10,10,10,70)
	5<&&≤10	8 490/100 (20,10,10,60)	6 518/80 (20,10,10,40)	4 857/60 (10,10,10,30)	3 526/40 (10,10,10,10)	7916/80 (10,10,10,50)
	>10	15 371/100 (20,10,10,60)	12 036/80 (20,10,10,40)	9 858/60 (10,10,10,30)	6 295/40 (10,10,10,10)	11 324/60 (10,10,10,30)
DASH	≤5	3 714/150 (20,10,10,110)	3 287/120 (20,10,10,80)	3 019/100 (10,10,10,70)	2 871/80 (10,10,10,50)	3 502/100 (10,10,10,70)
	5<&&≤10	5 241/130 (20,10,10,90)	4 902/100 (20,10,10,60)	4 583/80 (10,10,10,50)	4 225/80 (10,10,10,50)	5 161/80 (10,10,10,50)
	>10	8 582/120 (20,10,10,80)	7 391/90 (20,10,10,50)	6 752/70 (10,10,10,40)	6 382/70 (10,10,10,40)	7 092/60 (10,10,10,30)

（2）标准数据集

Fiddler 工具通过开启本地代理进行抓包，能够解密 HTTPS 流量。首先 Fiddler 作为客户端跟服务端建立 SSL/TLS 连接，使用服务端证书处理请求和响应；然后 Fiddler 又作为服务端跟客户端建立 SSL/TLS 连接，使用 Fiddler 的证书处理请求和响应。Fiddler 解密 HTTPS 流量需要先把它生成的根证书添加到系统受信任的根证书列表中。通过解密 HTTPS 流量获取视频的明文信息，找到视频分段内容，提取分段内容中每一段的视频长度和可播放时长，计算出相应的视频码率，从而对视频块样本标记码率。通过实测发现移动设备上不同清晰度（240 P、360 P、480 P、720 P、1 080 P、2 K）相应的平均码率为 250 Kbps、450 Kbps、700 Kbps、1.5 Mbps、3 Mbps、6 Mbps，因此，将机器学习的样本标记设置为 250、350、450、550、700、900、1 200、1 500、1 800、2 200、2 600、3 000、3 500、4 000、5 000、6 000（Kbps）。

2）性能评估

为了验证传输模式识别、码率识别及清晰度识别方法的有效性，采用准确率和 F-Measure 综合评估识别方法的性能。评估过程中，首先对采集的视频数据进行预处理，提取视频块统计特征；然后，根据 Fiddler 的明文信息对相应的视频块标记传输模式、码率及清晰度；最后，采用十折交叉验证传输模式、码率和清晰度识别性能。

（1）传输模式识别准确率

采用识别准确率和 F-Measure 评估传输模式识别准确性，将 4 种常用的机器学习方法（RandomForest、BayesNetworks、C4.5 和 AdaBoost）进行对比，AdaBoost 采用 C4.5 作为基分类器，RandomForest、C4.5 和 AdaBoost 采用 PEP 方法进行剪枝，DASH、HLS 和 HPD 的视频样本均为 500 个，采用十折交叉进行验证，识别准确率和F-Measure 分别如表 9.5 和图 9.5 所示。

表 9.5　传输模式识别准确率

传输模式	方法			
	Random Forest	Bayes Networks	C4.5	AdaBoost
DASH	97.5%	99.5%	97.5%	97%
HLS	96%	96.1%	97.3%	95.9%
HPD	99.3%	99.3%	98%	98%

表 9.5 显示传输模式识别准确率均高于 95.9%，因为特征中 ACK Number 分段数、SYN-ACK 到达时间间隔、SSL/TLS 协议版本、SSL/TLS 协议握手包字节数都是强相关特征，机器学习方法可以较好地利用相关性识别加密 YouTube 视频的传输模式。表 9.5 和图 9.5 显示 Bayes Networks 的平均准确率和 F-Measure 都高于其他算法，因为贝叶斯网络与决策树不同，是一种概率推理模型，隐含着网络节点之间的相关性。HLS 识别准确率低于 DASH，因为 HLS 和 HPD 的 ACKNumber 种类特征相似，HLS 容易被误识别为 HPD 模式。

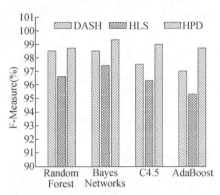

图 9.5　传输模式识别综合评价 F-Measure

（2）码率识别准确率

为了验证码率识别方法的有效性，对 HLS 和 DASH 传输模式的视频分别验证，由于 HPD 属于渐进式下载，与流媒体服务器每次传输 5~10 s 的视频数据不同，HPD 视频服务器会不停地传输数据直到视频数据下载完成，本章暂不对 HPD 传输模式进行识别。将 4 种常用的机器学习方法进行对比，HLS 视频块样本数为 144 012 个，DASH 视频块样本数为 109 624，采用十折交叉进行验证，结果如图 9.6 所示。

图 9.6 显示基于视频块特征的码率识别准确率均高于 99.1%，因为特征中视频块字节数和音频字节数与码率是强相关特征，机器学习方法可以利用相关性较好的识别加密视频的码率。另外，DASH 模式识别准确率低于 HLS 是由于 DASH 片段时长约为 10 s，而 HLS 的片段时长约为 5 s，片段时长越长单一视频块数据量浮动越大，容易误识别为相邻的码率类型。

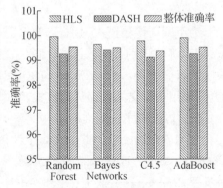

图 9.6　码率识别准确率

（3）清晰度识别准确率

表 9.6 描述了 4 种机器学习算法的清晰度识别准确率。识别准确率只能综合评价整个数据集的识别准确率，一个好的算法不仅要有较高的识别准确率，还应该对各个清晰度都具有较好的识别性能，特别当各个清晰度的样本分布不均匀时，在每个清晰度上的识别效果特别重要，综合评价 F-Measure 可以有效地描述各类别的识别性能，结果如图 9.7 所示。

表 9.6　清晰度识别准确率

方法	AdaBoost	C4.5	Bayes Networks	Random Forest
HLS(%)	97.8	95.78	93.7	93.7
DASH(%)	98.18	96.09	96.09	95.49
整体准确率(%)	97.99	95.94	94.9	94.6

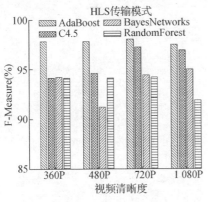 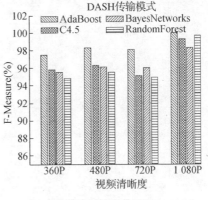

(a) 传输模式 HLS 的 F-Measure　　　　　(b) 传输模式 DASH 的 F-Measure

图 9.7　清晰度识别综合评价 F-Measure

表 9.6 显示机器学习方法都取得了较好的识别准确率,因为特征中视频块的字节数和上一视频块清晰度都是强相关特征。AdaBoost 方法的准确率最高,HLS 模式的识别准确率为 97.8%,DASH 模式的识别准确率为 98.18%,因为 AdaBoost 分类器对同一数据集训练不同的弱分类器,综合多个弱分类器获得较好的分类性能;而 Random Forest 分类器根据不同特征子集建立分类器,分类性能差的分类器影响了最终结果。图 9.7 显示 AdaBoost 在各个清晰度都取得较好的识别效果,借助 AdaBoost 方法集成学习的优势,可以有效提高清晰度识别性能。

（4）机器学习码率识别误差

由于机器学习的码率标记是离散型数据,所以与真实码率存在一定的误差。码率误差＝|真实码率－机器学习码率|/真实码率。为了验证机器学习对于不同时长视频带来的码率误差,选用短视频（5 min 以内）,中视频（10 min 以内）,长视频（超过 10 min,大部分为 15～30 min）进行对比分析,结果如图 9.8 所示。

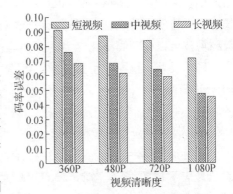

图 9.8　机器学习码率识别误差

从图 9.8 可以看出,视频清晰度越低,误差相对越大,最大为 9.1%。因为视频本身码率较小,因此,误差相对越大。另外,中视频和长视频的误差差异随清晰度逐渐变小,当清晰度为 1 080 P 时最小平均误差为 4.4%,因为本身码率较大,因此误差相对较小,但误差值较大。为了具体描述实际码率与机器学习码率识别的误差,

图 9.9 给出了视频"Cristiano Ronaldo-A Great Person"不同清晰度的码率误差。

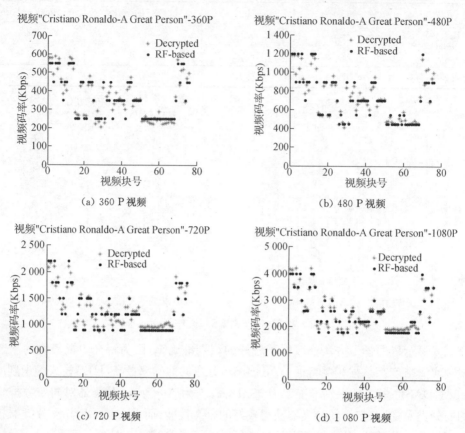

(a) 360 P 视频

(b) 480 P 视频

(c) 720 P 视频

(d) 1 080 P 视频

图 9.9　视频"Cristiano Ronaldo-A Great Person"真实码率与机器学习码率误差

由图 9.9 可以看出基于机器学习的码率识别与真实码率差异较小,未出现明显差异,对不同清晰度的"Cristiano Ronaldo-A Great Person"视频码率识别均取得较好的性能,且可以长时间保持较好的识别性能,并有效地用于码率变化较大的视频,因为采用属性离散化和决策树剪枝可以构建高泛化能力的分类器。

码率误差不仅影响视频源质量,还对卡顿相关和缓冲感知因素产生较大的影响,最终影响 vMOS 评估。下面分别从视频源质量、卡顿相关、缓冲感知和 vMOS 评估描述码率误差的影响。

(5) 码率对视频源质量的影响

视频源质量评估如公式(9.1)所示,Qualitymax 表示视频清晰度最高达到的 vMOS 分值,VC 表示视频编码,当前 YouTube 大部分是 H.264 编码,VP 表示编码等级,有 High、Main 和 Base,当前 YouTube 主要是 Highprofile。VR 表示视频清晰度的最低码率要求,4 K、2 K、1 080 P、720 P、480 P、360 P 分布对应 3 000 Kbps、1 400 Kbps、700 Kbps、350 Kbps、200 Kbps、180 Kbps。VB 代表视频码率,其余参数都是固有属性,不受码率影响,因此,视频源质量影响只需考虑码率因素,图 9.10 描述了清晰度对视频源质量的影响。

图 9.10 显示视频源质量平均误差随视频清晰度增加而下降。因为视频源质量与清晰

度有关,不同清晰度对应不同的 vMOS 基础值也不同。由于清晰度越低,视频源质量评估基础值越小,导致相同的视频源质量分值变化对低清晰度视频影响相对较大。

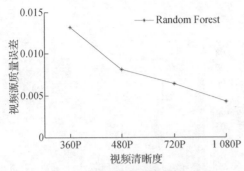

图 9.10　不同清晰度的视频源质量平均误差

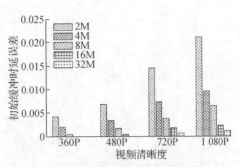

图 9.11　不同清晰度的初始缓冲时延平均误差

（6）码率对初始缓冲时长的影响

流媒体播放等待时延具体反映当用户观看 YouTube 视频时,从点击播放按钮开始,到视频开始播放的时长。初始缓冲感知评估如公式(9.2)所示,IBL 表示初始缓冲时延,IBL≤0.1 s、1 s、3 s、5 s、10 s 分别对应初始缓冲时长分值的 5、4、3、2、1。然而,初始缓冲时延=码率×2s/初始缓冲平均速率,也与码率相关,统计初始缓冲速度为 2 Mbps、4 Mbps、8 Mbps、16 Mbps、32 Mbps 时对初始缓冲感知的影响,如图 9.11 所示。

图 9.11 显示初始缓冲平均速度越大,初始缓冲因素平均误差越小。当初始缓冲速度为 2 Mbps 时,不同清晰度的误差介于 0.4%～2.1%,当初始缓冲速度为 32 Mbps 时,误差仅为0.1%,因为初始缓冲时延越短,缓冲时延评估分值越高,误差相对较小。清晰度越高,平均误差越大,因为初始缓冲速度不变的情况下,清晰度越高缓冲时延越长,评估分值越低,误差相对较大。

（7）码率对卡顿相关的影响

卡顿占比具体反映当用户观看视频时总卡顿时间占总播放时间的比例。卡顿占比评估如公式(9.3)所示,SR 表示卡顿时长占比,$SR=0$、5%、10%、15%、30% 分别对应卡顿相关值的 5、4、3、2、1。然而,卡顿占比=卡顿时长和/观看时长,观看时长=文件大小/码率+卡顿时长和,因此卡顿因素也与码率相关。Hoßfeld[8]发现最大可承受卡顿时长为 3 s,因此,设置0.5 s、1 s、1.5 s 和 3 s 四种不同的卡顿时间进行比较,码率对卡顿相关的影响如图 9.12 所示。

图 9.12 显示当卡顿时长为 0.5 s 时,真实卡顿与估计卡顿的最小误差为 1%,当卡顿时长为 3 s 时,不同清晰度视频的误差介于 4.4%～6.7%。因为卡顿时长越长,基础分值越小,码率对卡顿影响的误差相对较大。

（8）码率对 vMOS 的影响

码率对视频源质量、卡顿相关和初始缓冲感知的影响,最终影响 vMOS 评估,如公式(9.4)所示。码率误差对 vMOS 的影响如图 9.13 所示。

图 9.13 显示初始缓冲平均速度越小,卡顿时长越长,vMOS 评估误差越大,最高平均误差为 7.2%。因为随着网络状况的优化,vMOS 分值变高,平均误差相对变小,vMOS 平均误

差最小达到 0.4%。当前 vMOS 达到 4 为较好的状态(vMOS 为 1~5),一般介于 3~4,因此,最大误差引起的变化值介于 0.22~0.29,最小误差引起的变化值介于 0.01~0.02。

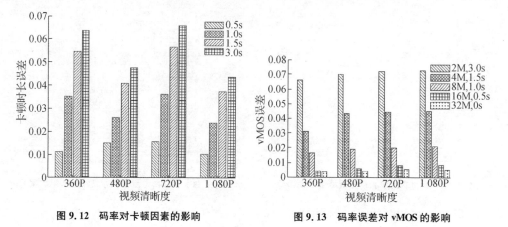

图 9.12　码率对卡顿因素的影响　　　　　图 9.13　码率误差对 vMOS 的影响

综合来看,基于机器学习的识别方法对 vMOS KPIs(视频源质量、卡顿相关和初始缓冲感知)影响相对较小,最终引起的 vMOS 误差也不大,可以很好地适用于加密 YouTube 视频 QoE 评估。

(9) 视频 vMOS 评估分布

图 9.14 描述了多个移动网络环境下 vMOS 评估分布。基于这个评估,可以了解当前网络环境的视频 QoE。图 9.14 显示约 5% 的视频 vMOS 分值高于 4,说明这些视频的用户体验较好。62% 的视频 vMOS 分值介于 3~4,这些视频的用户体验是可接受的,31% 的视频 vMOS 分值介于 2~3,这些视频的用户体验较差,而 2% 的视频 vMOS 分值低于 2,这些视频的用户体验非常差,当 vMOS 评分低于 3 时,将报告网络服务商和视频服务商,使其调整网络参数和传输模式改善视频服务体验。

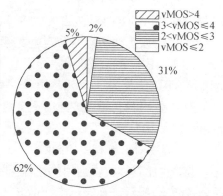

图 9.14　移动网络环境下 vMOS 评估分布

9.1.5　小结

为了保护用户隐私和防止运营商干涉视频传输过程,越来越多的网络视频服务采用 SSL/TLS 加密传输,使得传统 DPI 方法无法获取视频大小、可播放时间等信息,最终导致原有的视频 QoE 评估方案失效。针对此问题,提出一种基于视频块特征的加密视频 QoE 参数识别方法。首先,根据 SSL/TLS 协议握手过程中 Client Hello 数据包的未加密内容识别加密 YouTube 流量;然后,根据视频流的前几个包的特征识别出不同传输模式,再根据视频块统计特征建立分类模式识别视频块的码率和清晰度;最后,根据该视频参数和传输参数计算视频 QoE。鉴于机器学习码率标记是离散型数据,还分析了码率误差对视频 QoE 评估的影响。实验结果表明该方法可以有效用于加密视频 QoE 参数识别,具有较高的码率和清晰度识别精度,可以实现真实准确的视频 QoE 评估。下一步工作将结合用户主观感受改进 QoE 评估模型,并将 QoE 评估实时反馈给网络服务提供商用于动态调整网络参数及网络故障诊断。

9.2　加密视频 QoE 评估

到 2020 年移动视频将增长 11 倍,占移动数据总流量的 75%。如此快速的增长给移动运营商带来了巨大的压力,不得不从根本上重新思考和优化其网络。为了优化网络容量规划,运营商必须深入了解和监控所提供的视频传输体验质量(QoE)。目前,大多数运营商已采取措施改善媒体内容的传输,比如缓存、转码、压缩等技术。与此同时,许多互联网服务已开始采用加密传输。目前有超过 60% 的移动流量被加密,这个比重正在迅速增加。You-Tube、Netflix 和 Hulu 等热门视频提供商现在对其大部分视频内容进行加密,这一趋势表明大多数视频流量很快就会被加密。

虽然视频内容的加密可保护用户隐私,但也会影响运营商监控或优化网络的能力。实际上,对于加密流量,网络运营商无法完成必要的任务,例如,有效地检查、保护、优先级、优化、压缩或平衡流量。

Dimopoulos 等人[9]提出了一个能够提取关键 QoE 指标的框架,例如,加密流量中的卡顿检测、平均清晰度以及清晰度切换。该研究工作的主要贡献如下:

(1) 分析了超过 390 000 个由 Web 代理收集的非加密视频会话,这些会话部署在拥有超过 1 000 万客户的大型网络提供商的蜂窝网络上,以便获取视频传输机制和 QoE 参数。

(2) 使用来自非加密流量的相关特征和信息,为 HTTP 上的自适应和传统视频流构建统一的 QoE 测量方法。

(3) 验证了与未加密流量同一网络收集的加密流量的识别性能。首先,将与非加密流量传输的相似性和差异进行比较。同时,设置受控实验来验证模型的准确性。实验结果证明,模型可以识别视频质量参数,未加密流量的精度达到 78%~93.5%,加密流量的精度达到 76%~91.8%。

(4) 提供从加密流量中提取信息重要特征的方法。结果表明:① 来自单一有利位置的被动测量足以准确地获取影响用户体验的关键参数;② 讨论获取每个特定参数最重要的特征;③ 证明不需要客户端参与。

9.2.1　相关背景

如今,自适应码流和加密是大多数视频内容提供商使用的默认技术。这些新技术的广泛采用给视频 QoE 评估带来了新的挑战,使得之前的解决方案不可用。

用于获取质量指标的深度包检测(DPI)解决方案不再适用于加密流量,例如视频清晰度和卡顿。此外,自适应质量切换是影响用户体验的新因素,即质量切换幅度和频率。这些因素并未包含在之前的视频 QoE 评估模型中。

视频流技术的这些变化给网络运营商和研究界在量化视频质量方面提出了新要求。为此,Dimopoulos 等人的工作旨在提供新的方法从多个角度来评估加密流量对用户 QoE 的影响。

尽管许多服务已经向自适应码流迈进,但许多平台仍然保持与传统静态流的向后兼容性。因此,该研究工作的主要挑战之一是提供一种解决方案,同时兼容当前和以前的视频流技术。

此外,启用端到端加密之后,以前可用于检测 QoE 的网络流量中的大部分指标现在都无法获取。出于这个原因,该研究面临的挑战之一是从加密流量的有限信息中准确地识别 QoE 指标,并构建模型以检测 QoE 影响。为了实现这一目标,需要对视频服务进行逆向工程,并借助机器学习和时间序列分析方法。

最后,为了保护用户隐私,同时使解决方案尽可能具体化,Dimopoulos 等人专注于开发一种能够单独检测网络流量并不依赖于设备或视频播放器的方法,因此操作员可以轻松部署。

9.2.2　数据集

1) Web 日志

数据来自 Web 代理,该代理部署在大型欧洲服务商的蜂窝网络上。代理能够获取所有未加密 HTTP 流量,包括 IP 端口、URI、对象大小、传输时间、请求时间戳等。此外,每个日志都记录了一组传输层性能指标,即带宽延迟积(BDP)、传输中的字节(BIF)、丢包、数据包重传和 RTT。BDP 是往返延迟所分配的链路容量,表示链路在任何给定时间可以传输的最大字节数。

该数据集是根据 YouTube 流量 Web 日志创建的,这些日志是在 2016 年 2 月至 4 月期间的 45 天内收集的。该服务生成的所有 HTTP 流量中,记录了与视频和音频段下载相对应的 Web 日志,包括播放期间视频播放器和服务之间的交换信令。

通过删除所有私人信息(例如用户代理、用户和手机标识符、MAC 和 IP 地址等),所有数据在提取之前都是匿名的。唯一标识符是由 YouTube 生成的 16 个字符的视频会话 ID。

Dimopoulos 等人[9]发现 YouTube 是当前流行的视频流服务中最适合用于所提方法的评估。主要原因是:① 服务的流行度高,在短时间内可以生成丰富的数据集;② 视频格式、质量和持续时间方面的内容多样性;③ 它在移动用户中的受欢迎程度;④ 采用新型技术,即基于 HTTP 的动态自适应码流传输(DASH)。

此外,大多数流行的视频共享服务都遵循 YouTube 的流媒体模式,采用自适应流媒体,支持多种编解码器和基于 HTML 的播放器。

虽然 Google 近年来为其所有服务(包括 YouTube)部署了 HTTPS,但仍然可以在数据集中以明文 HTTP 观察大量视频会话。这归因于许多用户使用过时设备或播放器,这些设备或播放器不支持 TLS 加密或默认情况下不启用 TLS 加密。

尽管如此,通过实验验证,除了默认启用加密外,应用程序的交付机制和整体行为与使用最新版本应用程序的新设备保持一致。

在 Web 日志中,每个段下载都是从客户端发出的 HTTP 请求,为每个新的视频块获取一个新条目。从上面提到的指标列表中,计算了块大小和表示视频块到达客户端的块时间,因为在实验中 Dimopoulos 等人发现它们包含相关的信息可以模拟 QoE 影响。从流量中提取的指标的完整列表如表 9.7 所示。

最后一组数据集包含大约 390 000 个视频会话。但是,其中只有 3% 是自适应流媒体会话,这种不平衡是预期的,因为主要观察来自传统设备和视频播放器的流量,这些设备不支持最近刚采用的自适应技术。

对于卡顿检测的方法,采用整个数据集,而对于平均清晰度和清晰度质量切换检测,只使用自适应码流的视频。

表 9.7 从流量中提取的指标

Network Features	Ground Truth(URI)
minimum RTT	chunk resolution
average RTT	stall count
maximum RTT	stall duration
Bandwidth-delay product average bytes-in-flight	video session ID
maximum bytes-in-flight	
% packet loss	
% packet retransmissions chunk size chunk time	

Web 日志中提取的度量标准(左列)以及从请求 URI 逆向工作的度量标准(右列)。特征可用于加密和非加密流(左),而标准数据集仅适用于非加密会话。

2) 标准数据集

从 HTTP 请求的 URI 传递的元数据中,能够收集在评估阶段使用的标准数据集。这些参数带有三种类型的统计数据,即通用设备和播放器统计数据,内容统计数据和播放统计数据。

通用统计信息包括有关用户设备的信息,如操作系统、屏幕分辨率、播放器类型等。最重要的参数是唯一的视频会话 ID。此 ID 是随机生成的 16 个字符的哈希值,对每个会话都是唯一的。使用它来识别属于同一视频会话的所有 Web 日志并将其组合在一起。

内容统计信息是从 HTTP 请求中提取的,用于下载各个视频片段。该组中的一个参数是"内容类型",它指示该段是否包含视频或音频内容以及用于对其进行编码的多媒体容器,例如 MP4、FLV 或 WebM。Itag 是另一个参数,用于指定段的比特率、帧速率和清晰度。内容统计用于获得整个会话中代表质量变化的标准数据集。

最后,播放统计信息是在播放期间播放器定期发送到 Google 服务器的报告。每个报告都包含自上一次报告生成以来播放进度的信息概述。报告中使用不同的标志来指定视频是否已成功加载,播放是否已开始、暂停或停止,是否有卡顿以及持续多长时间。通过这些指标可以发现视频是在播放还是被放弃,更重要的是,可以确定卡顿的频率和持续时间。

在未加密数据的可用信息中,仅使用块清晰度、卡顿次数和卡顿持续时间以及视频会话 ID(见表 9.7)。这些特征将用作 9.2.3 节中训练检测模型的标准数据集。在完成训练后,将不再需要从未加密流量中获取标准数据集,即使 YouTube 删除了此信息或加密所有会话,方法将仍然适用。

3）数据准备

在开始分析之前,确保从数据集中删除代理对应缓存和/或压缩内容的日志。接下来,在获取卡顿和清晰度切换的标准数据集之后,属于同一视频会话的所有日志由公共会话 ID 标识,然后组合在一起。因此,数据集中的每个条目对应于唯一的视频会话,包括卡顿总数及其持续时间的信息,以及每个块的特征,例如清晰度质量、大小、下载时间戳,以及传输层统计信息,如每个块下载的 RTT、丢包、重传、BDP 和传输中的字节数。

9.2.3　检测模型

首先使用未加密数据开发和测试检测模型。一旦验证构建的模型可用于明文数据集,就可以继续使用加密视频流来测试模型。有三种类型的影响可能导致视频 QoE 下降,卡顿频率和持续时间,会话的平均清晰度质量和清晰度质量切换。初始延迟不被视为视频 QoE 模型的一部分,因为它对整体用户体验影响很小。

在本节中,将描述从加密流量获取的有限指标来识别的过程,这些指标对于创建预测模型以检测三种类型的影响至关重要。此过程的一个重要步骤是特征构造,从现有特征中生成更强大的特征子集。

接下来,展示了一组不同的指标可以更好地描述每种类型的影响。为了构建用于检测卡顿级别和平均清晰度的预测模型,使用机器学习(ML),特别是随机森林算法和十折交叉验证。分类算法优于回归算法,这是因为在两个场景中将数据划分为离散类,并且模型需要根据卡顿次数或平均清晰度的级别来识别每个视频会话所属的类别。

1）卡顿检测

（1）特征构建

根据表 9.7 中描述的流量特征,生成每个指标的统计数据汇总,即最大值、最小值、平均值、标准差,25、50 和 75 百分比,从而产生 70 个新指标。

在所有性能指标中,块大小是检测卡顿最重要的因素。如果一个视频会话已经发生卡顿(见图 9.15),可以看到当两个事件发生在视频会话的第 3 s 和第 17 s 时块大小发生较大变化。具体地说,每当播放器的缓冲器中断导致停顿时,播放器将请求小的块,这些块可以被更快地下载,以便缓冲器被尽快填充,并且视频可以恢复播放。只要没有其他问题发生,稳定状态期间块大小逐渐增加且维持一个较大的值。因此,特征集中包含块大小可以显著提高卡顿检测模型的准确率。

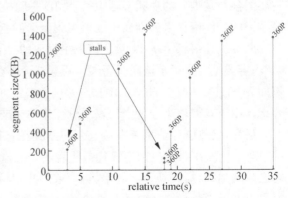

图 9.15　带有卡顿的视频会话中块大小的变化

在生成所有必需的特征之后,数据集被分成没有卡顿的会话和至少发生一个卡顿的会话。关于在视频会话期间观察到的卡顿数量及其持续时间的信息是从 9.2.2 节中提到的 URI 的元数据中提取的标准数据集。

图 9.16(a)说明了每个视频会话发生的卡顿数量的分布。观察到所有会话中有 12% 遭受了重新缓冲事件的影响,而大约 8% 的会话受到超过 1 次事件的影响。

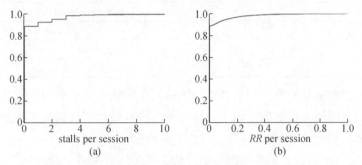

图 9.16　每个会话的卡顿数(a)和重新缓冲比(b)的 ECDF

(2) 标签

接下来,使用来自真实情况的信息来标记标准数据集并创建预测模型。为此,首先计算每个视频会话的重新缓冲比(RR),作为每 K 个停顿的持续时间 t_{stall_k} 与整个会话的持续时间之比 t_{total} 的比率:

$$RR = \frac{\sum\limits_{k=1}^{K} t_{stall\_k}}{t_{total}} \tag{9.7}$$

然后根据以下规则标记会话。三种卡顿水平的定义,即没有卡顿、轻度和严重,下面更详细地描述卡顿对用户的影响:

$$\text{Stall labels:} \begin{cases} \text{"no stalling":} & RR = 0 \\ \text{"mild stalling":} & 0 < RR \leqslant 0.1 \\ \text{"severe stalling":} & RR > 0.1 \end{cases} \tag{9.8}$$

用于区分轻度和严重卡顿的 RR 阈值设定为 0.1,因为 Krishnan 等人已经表明,当 RR 超过 0.1 时,卡顿的严重性导致质量下降,致使用户放弃视频。

图 9.16(b)显示了每个视频会话的 RR 分布。可以观察到 RR 等于或大于 0.1 的会话大约有 10%。

(3) 特征选择

使用基于相关性的特征子集选择和最佳优先搜索算法来执行特征选择,将特征数量从 70 个减少到 4 个,包括 BDP 均值、包重传次数最大值、块大小最小值和块大小标准偏差。

特征选择算法的结果显示卡顿与三个重要因素相关,BDP(相当于吞吐量)、重传次数和块大小。有限的吞吐量和增加的包重传数量由 QoS 度量,这也是拥塞网络或带宽有限网络的性能指标,这种情况更可能发生卡顿。

表 9.8 显示了特征选择后获得的特征及其各自的信息增益。信息增益表示每个特征在

预测模型中的贡献。具有较高信息增益的特征与检测模型具有较高的相关性且会被分类器频繁地使用。

表 9.8　卡顿检测模型的特征和各自的增益

信息增益	feature
0.45	chunk size minimum
0.25	chunk size std. deviation
0.18	BDP mean
0.12	packet retransmissions max

块大小最小值和标准偏差的较高增益表明这两个特征可以有效用于检测视频是否受到卡顿的影响。较小的块大小对应于在不良网络条件和有限带宽的情况下由用户或自适应算法频繁选择较低质量的视频块。

另一方面,块大小的较大偏差与网络性能的突然变化有关,这引起播放期间的清晰度切换。在这两种情况下,流式传输的视频由于缓冲区中断而更容易卡顿。BDP 和包重传数量与低带宽和拥塞情况具有直接的相关性,其中视频缓冲区被填充的速度受到限制,因此存在更高的卡顿概率。这些指标有利于采用单流传输的传统流媒体。

(4) 预测模型训练和测试

为了避免在测试阶段结果存在偏向,在训练分类器之前使三个类中的实例数均衡分布。然后将类中的实例数恢复为其原始数字再进行测试。

总的来说,分类器预测能够达到 93.5% 的准确率。卡顿检测模型对先前方法具有明显改进,其中对于二元分类,所实现的精度约为 84%。相比之下,Dimopoulos 等人的模型不仅可以实现更高的精度,而且还可以预测影响用户卡顿的严重程度。

在表 9.9 中可以找到模型的测试阶段的结果输出,如 True Positives(TP)、False Positives(FP)、精确率和召回率,相应的混淆矩阵如表 9.10 所示。

表 9.9　卡顿检测模型的分类器输出

类别	TP 率	FP 率	精确率	召回率
没有卡顿(no stalls)	0.977	0.111	0.965	0.977
轻度卡顿(mild stalls)	0.809	0.035	0.816	0.809
严重卡顿(severe stalls)	0.793	0.009	0.887	0.793
加权平均	0.935	0.09	0.934	0.935

表 9.10　卡顿检测的混淆矩阵

原始标签	预测标签		
	no stalls	mild stalls	severe stalls
没有卡顿(no stalls)	97.76%	2.06%	0.18%
轻度卡顿(mild stalls)	14.7%	80.9%	4.4%
严重卡顿(severe stalls)	4.2%	16.5%	79.3%

查准率计算为 TP 与($TP+FP$)的比率,对应于预测某个问题的准确度。查全率等于 TP 除以此类中的总实例的比率,体现模型正确识别视频会话 QoE 参数的能力。

从表 9.10 混淆矩阵可以看出,分类错误发生在没有卡顿和轻度卡顿之间,也发生在轻度和严重卡顿之间。但是,严重和"无卡顿"类之间发生的错误分类非常少。

因此,由于分类器无法正确识别 RR 接近阈值的边缘情况,很容易发生错误。因此,RR 稍微超过零的实例可能被错误地预测为没有卡顿的会话,从而增加了 FP。这同样适用于 RR 略微超过 10% 的情况,这被认为是轻度卡顿,反之亦然。

详细地说,虽然一些边缘实例可能属于不同的类,但它们通常具有相似的特性,例如吞吐量延迟和丢包。不同类的实例之间的相似性可能导致分类器的混淆,从而导致 FP 的增加。

从表 9.9 可以看到相对于其他两个类别,无卡顿会话具有更高的精度和召回。此外,表 9.10 中的混淆矩阵表明极少数会话被错误分类为轻度或严重卡顿。

这些指标表明视频会话在好的网络条件下会被更好地传输。对于绝大多数实例,被转换为更高的 BDP 和接近零的分组重传。此外,无卡顿的条件允许质量更高的流及更少的清晰度切换。这些特征的组合使算法能够轻松区分无卡顿的视频和有问题的视频。

然而,有卡顿会话的区分可能更具挑战性,可以通过混淆矩阵中的相应值来验证。与无卡顿会话相比,轻度和严重卡顿的视频之间存在更多的错误分类。在这些情况下,块大小通常不足以表明卡顿级别。由于带宽有限,经常选择最低视频质量,因此最小块大小或其标准偏差无法为检测视频会话期间发生的卡顿级别提供重要信息。

2)平均清晰度检测

(1)特征构建

为了更准确地检测视频的平均清晰度,除了数据集中已有的 10 个特征之外,还构造了 5 个新特征,即块平均大小、块大小增量、块时间增量、平均吞吐量和吞吐量累计总和。块清晰度仅用于标准数据集标记,而不用于预测模型构建。因此,总共有 14 个特征,从中提取最小值、平均值、最大值、标准差与 5%、10%、15%、20%、25%、50%、75%、80%、85%、90% 和 95%。因此,最终得到 210 个特征数。

块平均大小是根据视频中所有单个块大小计算的。块大小与视频片段的相应质量具有强相关性。块大小增量表示连续块大小的差异,而块时间增量对应于视频块的到达间隔时间。这些参数表示清晰度切换,这反过来影响会话的平均清晰度。

图 9.17 显示了一个视频会话,其清晰度从 240 P 到 360 P 切换。图中的每个点代表一个视频块,而点上方的标签表示段的清晰度。横轴对应于视频会话相对时间,纵轴对应于视频段的大小。在这个例子中,在时间线

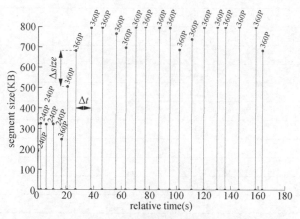

图 9.17 清晰度切换视频会话中的 Δt 和 $\Delta size$

$t=22$ s 附近处有一个从 240 P 到 360 P 的清晰度切换。此时块 Δt 和块 $\Delta size$ 显著增加,表明它们可以作为质量切换的相关指示。

平均吞吐量是根据所有块的单个吞吐量计算的,而 cusum 是它们的累积总和。cusum 用作吞吐量变化的指标。

(2) 标签

为了检测视频会话的平均清晰度,有必要根据它们的平均清晰度,低(LD)、标准(SD)和高清(HD)将视频分为三个类别。鉴于数据集中清晰度只有几种标准值,即 144 P、240 P、360 P、480 P、720 P 和 1 080 P,将清晰度为 144 P 和 240 P 的视频标记为普清 LD,360 P 和 480 P 作为标清 SD,具有更高清晰度的视频作为高清 HD。

在数据集中,57%的视频是普清,38%是标清,只有 5%是高清。使用移动数据和手持设备进行流式传输,这些设备通常屏幕较小,会导致用户选择普清和标清的视频。还需要考虑播放期间的清晰度切换情况。对于这些视频,根据所有片段的清晰度计算平均清晰度 μ。按照以下规则标记数据集中的实例,以计算清晰度质量——RQ:

$$RQ = \begin{cases} \text{HD:} & \mu > 480 \\ \text{SD:} & 480 \geqslant \mu \geqslant 360 \\ \text{LD:} & \mu < 360 \end{cases} \qquad (9.9)$$

(3) 特征选择

采用基于相关性的特征子集选择和最佳优先搜索算法再次执行特征选择。在特征选择后,初始 210 个特征中剩余 15 个。这些特征在表 9.11 中按其各自的信息增益排列。

块大小派生的统计数据是排名最高的,占 15 个特征中的绝大多数。这是一个有意义和符合预期的结果,因为块大小与不同的清晰度质量高度相关。

表 9.11　平均清晰度检测的特征

信息增益	特征
0.41	块大小 75%
0.39	块大小 85%
0.38	块大小 90%
0.37	块大小 50%
0.33	块大小最大
0.32	大块平均大小
0.22	BIF 平均最大值
0.21	cusum 吞吐量最小值
0.2	大块 $\Delta size$ 最大值
0.19	块大小 std
0.16	大块 $\Delta size$ std
0.15	大块 Δt 25%
0.06	BDP90%
0.05	BIF 最大分钟
0.03	RTT 最小分钟

此外,特征列表还包含 BDP 和 BIF,它们与网络可以传送的字节量成比例,也包括整个视频会话的吞吐量变化 cusum。

(4) 预测模型训练和测试

使用 ML 和随机森林再次建立预测平均清晰度的模型。训练集是类平衡的,然后在整个训练模型上进行测试。在这种情况下获得的总体准确度为 84.5%。表 9.12 中提供了每个类的准确度,表 9.13 中给出了相应的混淆矩阵。

表 9.12　平均清晰度模型的分类器输出

类别	TP 率	FP 率	精确率	召回率
普清(LD)	0.9	0.206	0.845	0.9
标清(SD)	0.768	0.106	0.82	0.768
高清(HD)	0.756	0.003	0.945	0.756
加权平均	0.841	0.156	0.841	0.841

表 9.13　平均清晰度混淆矩阵

原始标签	预测标签		
	LD	SD	HD
普清(LD)	90%	9.9%	0.1%
标清(SD)	22.7%	76.8%	0.5%
高清(HD)	6.8%	18.2%	75%

表 9.13 中的准确率表明,提出的模型能够以较高的精度预测 LD 视频的平均清晰度,但在 SD 和 HD 视频的情况下精度略有降低。尽管如此,整体和单个的精度仍处于较高水平,这表明该模型具有良好的预测性能。

然而,当进一步研究错误分类情况时,发现它是由 SD 和 HD 类中出现的错误分类数量增加引起的。更具体地说,相当数量的 SD 视频会话被错误地识别为 LD,而 18% 的 HD 视频被识别为 SD。因为视频会话期间发生了清晰度质量下降。视频的一部分以更高的质量流式传输,而缩小后的部分以更低的质量流式传输。会话的两个质量的块大小差异导致视频的不正确分类。当然,LD 视频无法观察到这种现象,因为在整个会话过程中没有更低的清晰度质量。

3) 清晰度质量切换检测

自适应码流传输可以在播放期间调整视频的清晰度以便补偿网络状况变化,并减少播放缓冲区中断导致的卡顿。清晰度变化的持续时间和频率,也称为清晰度质量切换速率(PQSR),以及切换的幅度可能对 QoE 产生负面影响。

(1) 过滤

在启动阶段,许多内容提供商采用快速启动机制,尽可能快地填充播放缓冲区并开始播放,从而有效地降低启动延迟。视频会话的这个短暂的初始部分与稳定阶段相比有明显不同的特征,比如分段大小、分段间到达时间间隔和吞吐量。

为了减少清晰度变化检测时启动阶段引入的噪声,删除数据集中所有视频会话的前十秒。鉴于此初始部分仅占整个视频会话的一小部分(平均会话持续时间约为 180 s),可以安全地将其删除,以减少启动阶段引入的噪声,同时保持 95％以上的会话时长。

(2) 标签

为了建立清晰度质量切换检测模型,有必要首先量化切换频率和幅度。为此,定义两个度量,每个清晰度所花费的时间 t_r、清晰度切换频数 F 和切换幅度 A。

切换频数 F 表示在视频中观察到的切换总数。该指标的值越低,视频 QoE 质量越好。

最后,基于 Yin 等人的研究将切换幅度 A 表示为连续段 r_k 和 r_{k+1} 之间的清晰度切换的所有幅度的归一化和。同样,A 类似于 QoE 的下降,因为较大的清晰度变化导致较差的 QoE,同时返回较大的 A 值。表达式如下:

$$A = \frac{1}{K-1} \sum_{k=1}^{K-1} \mid r_{k+1} - r_k \mid \tag{9.10}$$

将这两个指标使用线性组合合并为一个单独的清晰度切换指标 Var。接下来,根据 Var 的值,数据集的每个实例按三个类别进行分类,即没有变化、中等变化和高变化。

(3) 变化检测

在研究清晰度变化的会话期间,发现只要自适应算法强制改变视频的清晰度,就会为新的清晰度初始化新的启动阶段。在此阶段,段的大小和到达间隔时间显著减少,直到达到播放缓冲器中的某个阈值,且视频下载返回到稳定阶段。

在图 9.17 的视频会话中,可以看到第一个视频质量的大小和到达间隔时间方面存在稳定状态。然而,当清晰度切换时,块时间增量和大小增量逐渐增加,直到再次达到稳定状态。

因此,为了更准确地捕获清晰度切换,使用段大小增量 $\Delta size$ 和段时间增量 Δt 这两个特征。检测清晰度切换最合适的方法是时间序列分析方法。该方法可以识别与清晰度切换相关的时间维度中的不同度量的突然变化。

更详细地说,对带有质量切换的视频会话的分析表明,无论何时发生清晰度变化,都会初始化一个新的启动阶段,以便尽可能快地用新清晰度的数据填充缓冲区。该阶段的特征是视频片段具有较小的大小和较小的到达间隔时间,并将逐渐增加,直到再次达到稳定状态。

可以更好地捕获视频片段的大小和到达间隔变化的度量是 $\Delta size \cdot \Delta t$。两个参数的乘法将同时强调每个参数的效果。因此,对于数据集中的每个视频会话,计算一个新的时间序列,其中每个点对应上述度量。

虽然有许多工具和算法可以检测时间序列中的突变,但发现最适合的是由 Page E S 开发的累积和控制图(cusum)方法。

cusum 是一种变化检测监测技术,它允许检测时间序列中给定点样本的平均值的变化。当一个点超过上限或下限时,就找到了变化。在例子中,使用变化检测算法输出的是标准偏差而不是阈值,标准偏差能够捕获发生的变化幅度。

图 9.18 显示了具有和不具有清晰度变化的会话的变化检测输出的标准偏差分布。两个分布之间存在显著的分离,并且通过在水平轴上 500 定义的阈值,能够准确地识别 78％的

没有变化的会话和 76% 具有变化的会话。

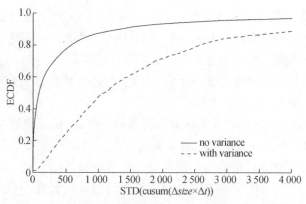

图 9.18　具有和不具有清晰度变化的变化检测输出的 ECDF

除了时间序列分析之外,机器学习(Machine Learning)也被考虑用于开发一种检测清晰度切换的模型。但是,它的表现并不如提出的方法好,因此没有考虑这种方法。

9.2.4　加密流量评估

本节将介绍和讨论 9.2.3 节中模型对加密数据的评估结果。此步骤可以验证所提出的方法在处理加密流量时具有同等的准确度。

1) 标准数据集

为了收集加密流量,开发了一个 Android 应用程序,负责自动启动 YouTube 视频,这些视频是从网站上最受欢迎的 100 个视频列表中随机选择的。所有视频均使用适用于 Android 最新版 YouTube 应用程序播放,默认启用加密功能。

除了处理视频播放外,该应用还可以提取正在播放的视频的相关性能参数。更详细地说,通过访问设备的日志,它可以识别和记录视频的播放状态,即播放是否已开始、暂停、停止或是否发生了卡顿。因此,不仅可以检测视频是在观看还是在之前放弃,还可以识别卡顿事件及其持续时间。该信息用作标记数据和评估卡顿检测模型的标准数据集。

为了捕获与清晰度质量切换相关的标准数据集,需要访问负责下载各个视频块的 HTTP 请求中的元数据。但 YouTube 应用程序默认加密这些请求,无法通过流量监控获取所需信息。虽然解密由设备生成的流量这样的方法在中间人代理等解决方案中很常见,但 Dimopoulos 等人认为它们不实用,因为它们改变了客户端和服务器之间的路径,通过建立两个单独的 TLS 连接而不是一个来更改加密方案。

为了确保在不篡改加密方案或播放器与内容服务器之间的流量的情况下获得质量切换的标准数据集,对 YouTube 应用程序进行逆向工程并确定负责构建和执行 HTTP 请求的方法。然后,应用程序与每次调用相关联并提取其结果,该结果是 HTTP 请求的完整 URL。然后解析 URL 以提取所需的标准数据集。最后,应用程序会定期聚合并将收集到的信息从视频发送到远程服务器,然后从设备中删除此信息的本地副本以释放空间。

2）数据集

该应用程序安装在具有 3G SIM 卡的 Samsung Galaxy S2 设备上。设备随身携带 25 天，用户在移动时启动应用程序以增加 QoE 参数变化的可能性。因此，生成来自 722 个视频会话的加密流量数据集。标准数据集中的每个条目对应于一个唯一的段和该段所属的视频会话 ID，标记块下载开始的时间戳，一个字段标明它是音频还是视频片段，在会话中观察到的卡顿总数和持续时间，最后是其清晰度质量。

以 Web 日志的形式从代理处再次收集加密流量。然而，由于流量被加密，因此诸如会话 ID、卡顿特性和每个块的质量等级的信息无法获取。因此只提取 HTTP 请求的时间戳、服务器 IP 地址和端口，请求对象的大小以及 9.2.2 节中详细描述的 TCP 统计信息。尽管会话 ID 在标准数据集中可用，并且它将视频段统计信息分组到唯一会话中，但加密数据中缺少此参数。即便如此，Dimopoulos 等人发现可以识别属于同一个会话的加密段并将它们组合在一起。为此，需要执行以下步骤：

① 识别与单个用户相对应的流量，并过滤掉与该服务无关的域名，删除不属于 YouTube 的所有请求。

② 查找在新视频会话开始时以及在播放完成后的 HTTP 流量模式。其中包括对 m. youtube. com 和 i. ytimg. com的请求，这些请求负责下载多个 Web 对象（如 HTML，脚本和图像）以构建视频的网页。

③ 为了清楚地定义每个会话的开始和结束，识别出与连续会话之间没有流量的较长时段。

这种方法具有很高的准确性，因为它成功确定了整个测量期间发起的绝大多数会话。然而，在相同的用户并行发起多个视频时可能受到限制。虽然这种情况罕见，但给同一视频会话的片段识别带来挑战。然后，通过匹配每个会话的相应时间戳和块计数，可以轻松地关联两个数据集。因此，包含相同指标的最终数据集如表 9.7 所示。在两个数据集中具有完全相同的特征集是必要的，可以使用加密流量评估在上一节中创建的训练模型。

3）数据集比较

本节将描述两个数据集的特征，并对关键特征进行比较。有助于验证加密 YouTube 服务是否与未加密的行为相似，并验证普通流量构建的模型是否也适用于加密流量。

图 9.19(a)中给出了加密和明文的段大小的分布，图(b)显示了段到达时间间隔的两个分布之间的比较。图 9.19(a)中，段大小的两个分布之间存在显著重叠。表明两个数据集中存在视频块大小的共同模式，可以被转换为具有相似质量的流式传输的视频。在高清视频中只有 10% 的块大于 1 MB，而主要的大小在 500 KB 或以下，对应标清视频。

段到达时间间隔的分布也具有非常相似的特征。但与相应的未加密流量相比，60% 的加密块值略小。块之间的较短时间表示带宽可用性较低，导致播放缓冲器的更快耗尽和更频繁的新段请求。由于大部分加密视频是在用户通勤的情况下下载的，因此网络状况可能比较差。

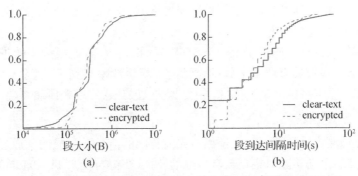

图 9.19　加密和未加密流量的段大小 (a) 和段到达间隔时间 (b) 的 CDF

4）卡顿检测

在评估用于检测卡顿的模型之前，重复 9.2.3 节中描述的特征构造过程。但是，由于已经知道进行预测所需的重要特征并且其他特征被安全删除，因此，不再需要像上一节中使用的自动特征选择。接下来，9.2.3 节的训练模型直接用于加密流量进行测试。

得到的准确度为 91.8%，比未加密流量评估的性能低 1.7%。尽管如此，这仍是一个很好的结果，表明使用的训练集创建了一个非常准确的模型，应用于加密流量可以取得同样的准确率。

表 9.14 描述了准确率和召回率方面的评估结果，表 9.15 描述了相应的混淆矩阵。可以看到没有卡顿的视频的性能得到了改善，对于受轻度卡顿影响的会话，性能大致相同，但对于严重卡顿的视频，性能则会降低。

表 9.14　卡顿检测评估的分类器输出

类别	TP 率	FP 率	精确率	召回率
没有卡顿（no stalls）	0.97	0.19	0.96	0.97
轻度卡顿（mild stalls）	0.75	0.04	0.79	0.75
严重卡顿（severe stalls）	0.64	0.02	0.6	0.54
加权平均	0.92	0.16	0.92	0.92

表 9.15　卡顿检测混淆矩阵

原始标签	预测标签		
	no stalls	mild stalls	severe stalls
没有卡顿（no stalls）	97.2%	2.5%	0.3%
轻度卡顿（mild stalls）	18.6%	75.2%	6.2%
严重卡顿（severe stalls）	2%	32.4%	65.6%

无卡顿视频的检测比 9.2.3 节中获得更高的准确率，因为无问题会话的网络条件存在较小的多样性。大多数会话是用户在办公室或家中静态时产生的，其中网络条件具有恒定的性能，因此，分类器可以更容易地识别这些会话。

然而，在该评估中，整体准确性损失的主要是具有严重卡顿的视频。从混淆矩阵可以看出这是由于严重卡顿的视频数量增加而被错误地检测为轻度卡顿的视频。这在未加密流量的训练和评估中也有少量出现。

尽管严重卡顿的低性能归因于上一节中描述的相同原因,但准确率的进一步降低是由于在新数据集中,大多数具有严重卡顿的会话的重新缓冲率略高于 0.1。0.1 是阈值,用于分隔具有轻度和严重卡顿的会话。因此,分类器难以区分这些视频所属类别。

5) 平均清晰度检测

平均清晰度检测模型的评估是在遵循与先前相同的情况下完成的。通过特征构造生成扩展的特征集,然后手动移除对模型没有贡献的特征,获得与表 9.11 中相同的 15 个特征。

使用与先前相同的方法执行评估,其中加密数据集用作训练模型的测试集。总体准确率为 81.9%,比在 9.2.3 节中使用未加密数据集时得到的结果大约低 2.5%,性能总体良好,模型在处理加密流量检测时获得几乎同样的准确率。

在表 9.16 和表 9.17 中,可以看到每个标签评估性能的详细信息。具体而言,尽管普清和标清视频的检测精度略有降低,但仍然可以从精确率和召回率中看到较好的性能。但是,如果查看混淆矩阵,发现普清视频被错误分类为标清视频会增加。这归因于在当前数据集中普清类别中 240 P 视频的数量明显高于 144 P。这导致该类别的平均质量分布向更高的清晰度转移,导致这些视频被错误分类为标清。

表 9.16　平均清晰度模型的分类器输出

类别	TP 率	FP 率	精确率	召回率
普清(LD)	0.845	0.203	0.853	0.845
标清(SD)	0.789	0.157	0.775	0.789
高清(HD)	0.513	0.003	0.641	0.513
加权平均	0.819	0.183	0.819	0.819

表 9.17　平均清晰度混淆矩阵

原始标签	预测标签		
	普清(LD)	标清(SD)	高清(HD)
普清(LD)	84.5%	15.4%	0.1%
标清(SD)	20.4%	78.9%	0.7%
高清(HD)	15%	33.75%	51.25%

降低准确率的另一个原因是降低了高清视频的检测能力。在这种情况下,此类的精确率和召回率都显著降低。同时,从混淆矩阵中发现大量视频被错误地识别为标清质量,是由于高清类中可用的视频数量非常少。当较少的高清视频用于训练模型,导致训练和测试的少量样品是一个类别,因此降低了此类的检测能力。

通过引入更多高清视频的训练集,可以很好地缓解这个问题。这将可以基于更多样化的数据集创建预测模型,该数据集能够更准确地检测具有不同特征的高清视频的平均质量。

6) 清晰度质量切换检测

评估的最后阶段是质量切换检测。在这种情况下,没有可以直接用于加密流量的训练模型。相反,变化检测方法依赖于段下载之间的时间间隔以及连续段之间的大小差异。

评估中不需要特征选择,只需要计算数据集中每个视频的时间序列 $\Delta size \cdot \Delta t$。该数据集将用作变化检测算法的输入。接下来,应用每个会话的变化检测,并从中获取标准偏差。为了验证 9.2.3 节(3)中的方法,使用相同值作为变化检测输出的标准偏差的阈值。

$$STD(cusum(\Delta size \cdot \Delta t)) = 500 \tag{9.11}$$

根据所提出的方法,约78%的低于阈值的会话代表没有质量切换的会话,76%的高于阈值的会话代表有质量切换的会话(图9.18)。接下来,数据集分为两部分,即分数低于阈值的和分数高于阈值的。根据加密流量的标准数据集,能够评估预定义阈值精度是否能达到9.2.3节中的精度。

分析显示,数据集的第一部分包含76.9%的视频没有任何质量切换,第二部分发现71.7%的会话具有质量切换。与未加密数据的评估结果相比,精度分别降低了1.1%和4.3%。使用质量切换检测视频的准确度降低表明加密数据包含平均质量差异小于9.2.4节中的视频。等式(9.11)的分布向较小的值移动,应用阈值之后,较低百分比的有质量切换的会话能够准确地识别。

9.2.5 小结

Dimopoulos 等人提出了一种新方法用于从加密流量中检测影响自适应和经典视频流 QoE 的 3 个关键因素,即卡顿、清晰度质量和质量切换。通过对大型移动网络的加密和未加密流量的评估表明,所提出的模型可以检测到不同级别的影响,精度达到93.5%。该研究主要发现视频片段的大小和到达间隔时间的变化是影响质量的两个重要指标。在检测框架中纳入这些特征使得准确率显著提高。该研究展示了该框架可以在一个真实网络上从单一有利位置执行,不需要客户端或额外的有利位置,因此网络运营商可以轻松部署。同时,可以将训练模型直接用于被动监控并实时报告问题。

该方法是使基于 YouTube 视频会话信息开发的,这些信息与服务的配置流式传输。在 YouTube 改变其视频传输方案的情况下,负责检测 QoE 影响的模型的预测能力可能会受到限制。在这种情况下,需要使用更新的数据集再次训练和评估受影响的模型。此外,研究者未研究该方法对其他视频流服务评估的可用性,以验证这种方法可以推广到何种程度。然而,对其他流行视频流服务(如 Vevo、Vimeo、Dailymotion 等)的分析显示,它们采用了与用于内容传输相同的技术,如自适应流媒体、速率限制、编解码器以及基于 HTML5 的播放。这一系列特性表明所提的方法可以推广到许多其他流媒体服务。

9.3 实时视频清晰度质量分类

HTTP 自适应视频流服务的日益普及,需要运营商显著增加网络带宽,运营商试图通过深度包检测(DPI)来整形流量。然而,Google 和一些视频服务商开始加密传输视频流量。使得运营商无法通过 DPI 整形加密视频流量,急需针对加密 HTTP 自适应视频流的流量分类方法,以实现智能流量整形。

YouTube 视频流的解决方案是基于 HTTP 的自适应码流(DASH)[10]。DASH 是一种多比特率(MBR)流媒体方法,旨在提高用户的体验质量(QoE)。在 DASH 中,每个视频都分成短的视频段,一般 2～16 s 时长,每个段被编码成不同的清晰度质量水平。用户的播放器自适应算法负责基于客户端的播放缓冲区和网络条件自动选择每个段的最合适的清晰度质量。因此,DASH 中的清晰度质量可以在段间切换。加密视频流的内容分类算法应该识别每个清晰度质量的切换。加密视频流的视频清晰度质量分类可以以多种方式辅助收集用户的观看偏好,估计客户播放缓冲,跟踪用户的体验质量(QoE)/服务质量(QoS)。这些是设计视频网络流量优化算法所需的基本步骤。ISP 使用这些算法来管理网络带宽。

Dubin 等人[11]提出了一种新的 DASH 实时视频流清晰度质量分类方法,并且每个特征本身被分类而不依赖于过去或将来的样本。该方案在 Safari 浏览器上进行了测试,使用 Adobe Flash 作为离线和在线 HTTPS YouTube 视频流量上的播放器。YouTube 视频清晰度质量实时识别平均准确率达到 97.18%。该方法能够有效用于估计客户播放缓冲和流量整形。

9.3.1　YouTube 分析

为了更好地了解加密视频流媒体的流量属性,分析不同浏览器下的 YouTube 流量。图 9.20 描绘了单个视频流的不同流量下载模式。在每次下载中使用相同的视频流,在不同的浏览器上固定 720P 的清晰度质量。不同的流量模式主要是由浏览器的播放器算法决定的。然而,源视频编码过程也会影响模式差异。数据集创建时,Explorer 和 Chrome 采用 YouTube HTML5 播放器,而 Firefox 和 Safari 采用 Flash 播放器。

图 9.20 显示了 HTML5 播放器与 Adobe Flash 播放器的固定清晰度质量的流量模式明显不同。图中 Safari(WindowsVer5.1.7)使用 Flash 播放器,Firefox(Ver37)使用 HTML5 播放器,Explorer(Ver11.0.96)使用 HTML5 播放器,Chrome(Ver43.0.2357.81)使用 HTML5 播放器。处于自动模式的 Flash 播放器和 HTML5 播放器具有高突发流量,峰值之间的间隔约为 3 s,而 HTML5 的突发流量高而短。Chrome 在不到 30 s 的时间内下载了播放时间为 281 s 的视频流。因此,需要不同的特征选择方法来识别不同播放器的请求流量。

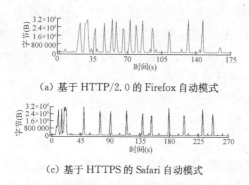
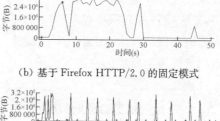

(a) 基于 HTTP/2.0 的 Firefox 自动模式　　　(b) 基于 Firefox HTTP/2.0 的固定模式

(c) 基于 HTTPS 的 Safari 自动模式　　　(d) 基于 HTTPS 的 Safari 固定模式

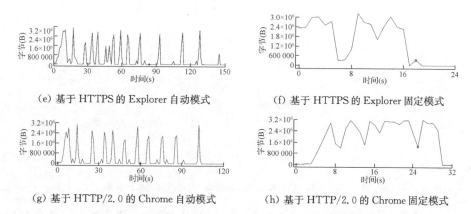

(e) 基于 HTTPS 的 Explorer 自动模式　　　(f) 基于 HTTPS 的 Explorer 固定模式

(g) 基于 HTTP/2.0 的 Chrome 自动模式　　　(h) 基于 HTTP/2.0 的 Chrome 固定模式

图 9.20　YouTube 4K(哥斯达黎加)——来自不同浏览器的流量

图 9.21(a)显示了 Safari 的 YouTube 自动下载模式,从 360 P 到 720 P 的视频质量的变化。其中水平线表示来自同一下载的不同 YouTube 流。每个视频下载都有几条流。对于 Safari 固定清晰度质量,有一条主视频流和 3~5 条并行流(包括音频流)。通过使用 Fiddler 工具,可以在不加密的情况下查看不同的请求。小流量高峰期是音频,而视频峰值需要更长时间才能下载。根据分析可以得出一些相关的结论:

① 音频数据和视频数据可能通过相同 5 元组的流传输,在某些情况下无法区分。这会导致分类错误,因为相邻清晰度质量的边界非常接近(见图 9.22),图中展示了每个清晰度质量的数据集置信图。在图 9.22 中,360 P、480 P 和 720 P 具有重叠的码率范围,使得分类工作难度增加。从图 9.21(a)中可以看到在 14 s 的第一条流音频下载非常接近于之前和之后的视频流量。因此,在网络流量中无法区分它们。

② 在同一流中可以找到关闭多个视频片段的响应。例如,在图 9.21(a)中的第一个流 (11~14 s)两个下载段应答的时间间隔很短。区分 11~14 s 下载段的难度大。

③ 每条流的第一段在大多数情况下具有一个高比特率变化。由于这个原因,训练和测试过程中不使用它。

④ 最后一段视频块通常由数据剩余部分组成,行为不同很难预测,且因为是流的结束,分类不太重要,因此,这段也不使用。

过滤音频响应后可以看出,前 10 s 360 P 清晰度质量的视频并行下载(见图 9.21(b))。之后,有一个新的并行流下载 720 P 清晰度质量。这些质量在 Fiddler 中可以观察到。

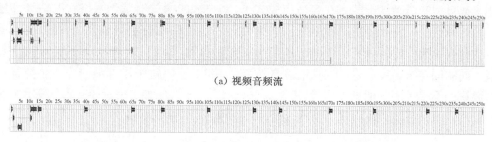

(a) 视频音频流

(b) 视频流(不含音频)

图 9.21　使用 Safari 4 K 自动模式的 YouTube(哥斯达黎加)

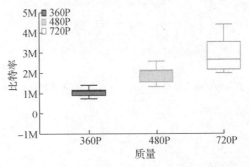

图 9.22　Safari 数据集的网络比特率 VS 清晰度质量置信度

Chrome 浏览器中的 YouTube 不仅可以通过 HTTP/2.0/SPDY 和 HTTPS,也可以通过基于 UDP 的 QUIC 下载。图 9.23(a)~(c)描述了相同视频使用 QUIC 下载不同清晰度(360 P、480 P、720 P)的视频。下载吞吐量类似时,清晰度质量越高下载持续时间越长。图 9.23(d)中描述了 QUIC 自动模式下载,类似于 HTTP/2.0 下载。

Dubin 等人研究的重点是 Safari 浏览器,由于固定和自动模式的行为相似。QUIC 吞吐量特征将是未来研究重点。经过多次实验,发现流量快传结束和下一个之间存在 3 s 的时间窗口。因此,将比特率定义为每峰值比特。

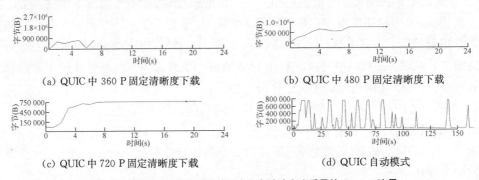

(a) QUIC 中 360 P 固定清晰度下载　　　　　　(b) QUIC 中 480 P 固定清晰度下载

(c) QUIC 中 720 P 固定清晰度下载　　　　　　(d) QUIC 自动模式

图 9.23　基于 UDP 的 QUIC 的固定和自动清晰度质量的 Chrome 流量

9.3.2　问题描述

服务器把视频分割为固定时长的视频块存储。每个块编码成 m 种清晰度。用户可以选择固定或自适应清晰度下载。在自适应模式下,客户端的播放器基于网络状况估计和播出缓冲区选择合适的清晰度下载视频块。文中使用固定清晰度质量训练模型,可以用于固定和自适应视频流片段的分类。还使用加密视频流数据集,每个加密视频流下载 m 次。每次下载不同的固定清晰度质量。对所有视频固定 $m=3$。流的每个段都编码为一个特征。每个视频块的标签是固定清晰度质量,表示为:$y \in \{1,\cdots,m\}$(例如 1 表示 360 P,2 表示 480 P,3 表示 720 P)。将视频块编码为特征向量,并建立视频块分类模型。

9.3.3　提出的方法

所提出的解决方案架构如图 9.24 所示。前两个模块将 YouTube 视频流传递给下一个模块。网络流量的每个视频段都独立进入系统,首先进入"连接匹配"过滤器。过滤器负责检查传入流是新的还是正在进行的,基于五元组:{协议(TCP/UDP)、源 IP、目的 IP、源端口、目的端口}。如果进入的流量是新的,DPI 过滤器会判断是否为 YouTube 流。基于 ClientHello 消息中的服务名称指示(SNI)字段。如果 DPI 模块在 SNI 中找到:googlevideos. com,则会将流传递到特征创建模块。任何未被 DPI 识别为视频流的流量都将传递到网络中,无需进一步分析。

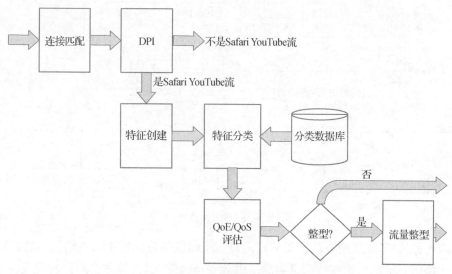

图 9.24   解决方案架构

特征创建模块对到达的数据包实时提取统计特征,分类模块根据特征分类清晰度质量。最后,QoE/QoS 估计模块预测客户端播放缓冲区并估计重新缓冲事件。这些信息用于对加密流量整型。

1) 特征创建

DASH 视频流通过 TCP 协议传输。流媒体是高比特率应用。因此,特征创建方法需要考虑 TCP 限制,例如由网络问题引起的重传,重传会增加额外的数据可引起分类错误。

第二部分讨论了当前最新的网络流量特征创建方法,如数据包长度、数据包到达时间间隔、RTT 和包方向。然而,视频流中的有效载荷通常是以 MTU 传输,网络中的延迟是变化的,并且重传导致分组计数错误。因此,建议基于使用 TCP ACK 方法的 TCP 堆栈重传过滤器的单维比特率特征方法。

在确定此流量是 YouTube 视频流后,特征创建立即开始。进入算法的任何数据包都由 TCP 堆栈验证,以防止重传数据包影响特征准确率。发现 3 是一个很好的流量特征阈值,可以忽略可能是音频流量突发的低比特率流量。

2) 分类方法

图 9.25 描述了分类解决方案,包含训练过程和测试过程。在训练过程中,首先构建 YouTube 视频流的数据集。每个视频下载三个固定清晰度质量{360 P、480 P、720 P}。第二阶段从整个标记数据集提取统计特征。在提出的解决方案中,统计特征是基于用户 TCP

堆实现的时间段内的比特率吞吐量,过滤出在流量中定期出现的不必要的 TCP 重传。特征提取方法基于 Safari 浏览器的产生内容开发。第三阶段使用 K-means＋＋对特征集进行聚类(见图 9.25 中的步骤(3))。这些步骤的最终输出是整个特征集的单维特征组。

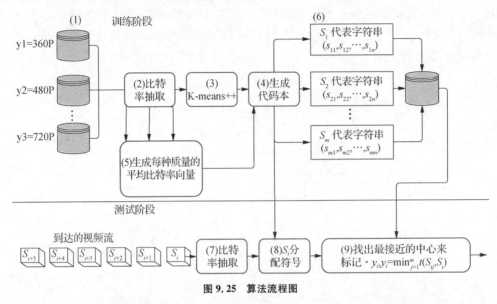

图 9.25　算法流程图

对于每种质量,迭代所有的流量并计算每一个峰值的总比特率的平均值,获得每种质量的平均比特率向量。对这些特征组向量使用 K-means 聚类,计算每个质量的代表性字符串。在分类阶段,对每个块进行比特率抽取。然后,根据特征组分配一个符号(与平均值的距离最短的符号)。最后,找出最接近的中心来标记标签。

9.3.4　性能评估

本节是对 Dubin 等人提出清晰度质量分类算法的评估。首先,描述数据集,分析不同数量的 K-means 中心的准确率(见图 9.25 中的步骤(3))。然后,使用不同的训练数据集大小评估准确率,分析不同测试集的准确率;测试分类器对延迟和丢包的鲁棒性,检查用户缓估计准确率。最后,将分类结果与两个不同的分类器进行比较,即朴素比特率分类算法和基于恶意软件异常检测算法。

1) 数 据 集

实验使用的视频来自不同类别的流行 YouTube 视频,如新闻、动作预告片和 GoPro 视频。该研究聚焦在 Safari 浏览器,由于固定质量下载模式(见图 9.20(d))和自适应质量选择模式(图 9.20(c))具有相似的特性,可以通过使用固定清晰度的训练数据集来学习静态或自动质量模式的准确模型。

训练数据集包含 40 个标题、120 个视频流,固定质量的视频如:{360 P、480 P、720 P}被下载。有三组测试数据集:

① test-fixed-train-titles:包含 40 个标题、120 个视频流,被下载的固定质量的视频为:{360 P、480 P、720 P}。

② test-adaptive-train-titles：5 个标题、5 个视频流,标题和训练阶段一样,每个标题都以自适应清晰度质量下载。

③ test-adaptive-test-titles：5 个标题、5 个视频流,标题和训练阶段不同,每个视频都以自适应清晰度质量下载。所有测试视频流与训练阶段使用的测试视频流都不同。

(2) 使用不同数量的 K-means 中心进行准确率评估

Dubin 等人的解决方案将比特率聚类为 k 个分支,用训练数据集测试分类器如图 9.26 所示。发现 $k=14$ 获得的准确率最高,k 值被用于下文的实验。

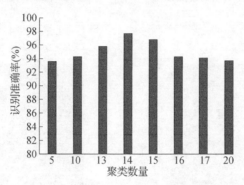

图 9.26　40 个标题,不同 k 值,固定清晰度质量识别准确率

3) 使用不同训练数据集大小进行准确率评估

图 9.27 比较了不同数量的训练视频标题的识别准确率。当训练视频标题的数量从 10 个增加到 30 个时,性能会有很大提升。训练视频标题的数量从 30 增加到 50 性能提升较小(仅 2.2%)。该图还显示了使用最后一个峰值会降低识别准确率。因为该峰值大小变化,使得识别率降低。

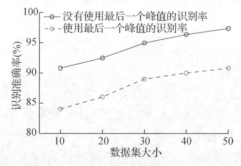

图 9.27　提出的解决方案,5～50 个训练视频标题,固定清晰度质量识别准确率

4) 不同测试集的准确率评估

图 9.28(a)描述了固定清晰度质量模式的分类错误率,相邻清晰度质量的错误率低于 3%。图 9.28(b)是基于使用平均位比特率特征的最近邻方法。测试集标题在训练集视频节目(见图 9.28(c))的平均分类准确率比测试集不在训练集视频节目(见图 9.28(d))的高 2%。

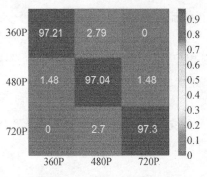

（a）提议的解决方案，40 个训练标题，
固定清晰度质量

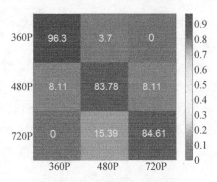

（b）使用平均比特率的最近邻方法，40 个
训练标题，固定清晰度质量

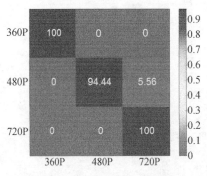

（c）5 个训练视频标题，标题和训练阶段一样，
自动清晰度质量

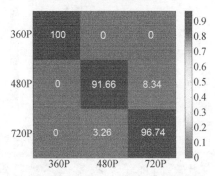

（d）5 个训练视频标题，标题和训练阶段不同，
自动清晰度质量

图 9.28　混淆矩阵

　　分析 480 P 清晰度质量识别比自适应流 720 P 有相对较高的错误率的原因（图 9.28（c）和图 9.28（d）），发现当清晰度质量从 360 P 切换到 480 P 时，存在高比特率突发。这些突发导致这些段被误识别为 720 P，分类是基于固定质量切换的模式。未来工作中将在训练中考虑清晰度质量切换。

　　5）延迟和丢包的鲁棒性评估

　　图 9.29（a）描绘了算法对网络延迟的鲁棒性。达到 300 ms 延迟时分类准确率大大降低，之后稍有减少。视频应用的 QoE 对网络延迟敏感，非常易于检测到超过 300 ms 的延迟。在 1 000 ms 后整体分类准确率下降仅 7％。图 9.29（b）描述了算法对丢包的鲁棒性。丢包 3％使分类准确率降低了 20％。发现丢包期间的流量行为跟正常测试模型是不同的。10％的丢包后（视频实际停止）分类精度降低到 73％。图 9.29（c）描述了算法对网络延迟和丢包组合的鲁棒性。500 ms 延迟加上 10％的丢包使分类准确率降低到 70％。在现实生活中，不可能观看此流（非常低的 QoE）。总而言之，解决方案对丢包有些敏感，增加其稳健性是未来的工作。

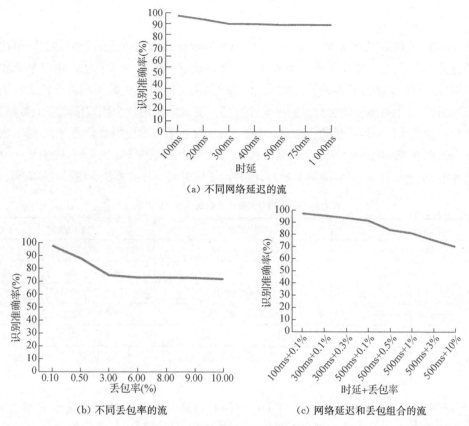

（a）不同网络延迟的流

（b）不同丢包率的流

（c）网络延迟和丢包组合的流

图 9.29　不同网络条件下的识别准确率

6）用户缓冲区估计

图 9.30 显示了与实际缓冲测量相比的缓冲区估计值。使用整个数据集（固定和自动模式）进行实验。整个视频持续时间与估计之间的平均估计漂移为 0.276 s，STD 为 0.25。

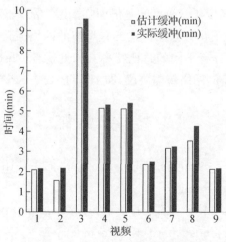

图 9.30　缓冲区估计与视频持续时间的关系

7) 分类器比较

Dubin 等人的解决方案是第一个面向 HTTPS 加密自适应视频流的分类器。这里比较其他两个分类方法：一个朴素比特率分类和一个基于网络恶意软件指纹算法。由于恶意软件指纹识别不是为自动清晰度切换而设计的，在测试中使用了固定模式数据集。朴素比特率分类算法使用图 9.22 中对每种质量计算的平均比特率。测试中使用整个固定清晰度的数据集，发现每个特征的最接近平均质量的比特率。图 9.28(b)描述了朴素比特率分类方法，图 9.28(a)、图 9.28(c)、图 9.28(d)给出了所提出的算法。表 9.18 对方法进行对比分析，表明该研究提出的解决方案(基于比特率)识别准确率最高，而其他使用时间差异的算法识别准确率较低。

表 9.18　不同的分类器和特征创建方法的对比

特征	分类器	平均准确率
Bit rate	Naïve bit rate	88.23%
Time differences	Shimoni et al.	38.26%
Bit rate	Shimoni et al.	81.46%
Time differences	Proposed solution	62.21%
Bit rate	Proposed solution	97.18%

9.3.5　小结

Dubin 等人提出了一种用于 YouTube HTTP 自适应视频流的清晰度质量分类算法。该解决方案在 Safari 浏览器上通过 HTTPS 进行离线和在线测试。固定模式的平均分类准确率达到 97.18%，自动清晰度质量切换模式达到 97.14%。该算法在每个段下载之后估计用户缓冲器播放级别，平均误差为 0.035 s。该解决方案比朴素比特率分类器的分类准确率高 8.95%。通过使用一维比特率特征，发现该解决方案比网络延迟更容易受到丢包的影响。增加特征以加强丢包的鲁棒性是未来研究工作。

DASH 的加密流量清晰度质量分类问题仍面临诸多挑战，如采用 Safari 浏览器的 HTTPS YouTube。Chrome 和 Safari 自动模式具有类似的网络流量行为，实验表明，Safari 数据集不够相似(相同的视频具有不同的总比特率)，因此需要 Chrome 新的数据集。研究应该使用具有多路连接的最新的网络传输协议，如 HTTP/2.0/SPDY 和 QUIC。

参 考 文 献

[1]　YouTube. Global reach[EB/OL]. [2017-06-12]. https://www.youtube.com/yt/press/statistics.html.

[2]　Huawei. Mobile MOS[EB/OL]. [2017-02-15]. http://www.mbblab.com: 9090/mobilemos /index. php! r＝site/index.

[3]　Lim Y, Kim H, Jeong J, et al. Internet traffic classification demystified: on the sources of the discriminative power[C]//Proceedings of the 6th International

COnference. Philadelphia，USA，2010：9.

[4]　Kim H，Claffy K C，Fomenkov M，et al. Internet traffic classification demysti-fied：myths，caveats，and the best practices[C]//Proceedings of the 2008 ACM CoNEXT conference. Madrid，Spain，2008：11.

[5]　Ramos-Munoz J J，Prados-Garzon J，Ameigeiras P，et al. Characteristics of mo-bile YouTube traffic[J]. Wireless Communications，2014，21(1)：18 – 25.

[6]　杨哲，李领治，纪其进，等. 基于最短划分距离的网络流量决策树分类方法[J]. 通信学报，2012，33(3)：90 – 102.

[7]　Rissanen J. Stochastic complexity and the MDL principle[J]. Econometric Re-views，1987，6(1)：85 – 102.

[8]　Hoßfeld T，Seufert M，Hirth M，et al. Quantification of YouTube QoE via crowdsourcing[C]//Proceedings of the Multimedia(ISM)，2011 IEEE Interna-tional Symposium on IEEE. Dana Point CA，USA，2011：494 – 499.

[9]　Dimopoulos G，Leontiadis I，Barlet-Ros P，et al. Measuring video QoE from en-crypted traffic[C]//Proceedings of the 2016 Internet Measurement Conference. ACM，2016：513 – 526.

[10]　Yin X，Jindal A，Sekar V，et al. A control-theoretic approach for dynamic a-daptive video streaming over HTTP[C]//ACM SIGCOMM Computer Commu-nication Review. ACM，2015，45(4)：325 – 338.

[11]　Dubin R，Dvir A，Pele O，et al. Real time video quality representation classifi-cation of encrypted HTTP adaptive video streaming—the case of safari[J]. arXiv preprint arXiv：1602. 00489，2016.

10 加密恶意流量识别

近年来,网络安全已经成为一个热门话题,如何识别潜在的恶意软件变得具有挑战性。本章主要介绍了加密恶意流量识别的相关研究方法,包括了基于深度学习的恶意流量检测方法、利用 TLS/SSL 握手过程的明文参数信息的恶意流量识别方法及其结合背景流量的恶意流量检测方法。

10.1 基于深度学习的恶意流量检测方法

实际数据经常遇到不平衡数据分布导致梯度稀释问题,在训练神经网络时,这个问题不仅会导致对多类别分类的偏差,而且还无法从少数类别中学习。为了寻求对恶意软件检测精度的实质性改进并进行详细分类,Chen 等人[1]采用深度学习方法对实际数据中的恶意流量进行检测。该方法基于对神经网络潜力和泛化能力的理解,构建了基于神经网络的模型,提出了端到端可训练的树形深度神经网络(TSDNN)以及数量依赖反向传播(QDBP)算法,结合了类之间的差异知识并对数据按层进行分类;评估了该方法对相当不平衡的数据集的有效性,证明所提出的方法能够克服不平衡学习的难度;还进行了部分流实验,显示了实时检测的可行性和零样本学习实验,证明了深度学习在网络安全中的泛化能力。

在执行分类任务时,不平衡的数据分布是不可避免的问题。有许多文献旨在应对此挑战,所提出的方法可分为两个主要策略:数据处理技术和训练机制调整。

(1) 数据处理技术

有两种类型的数据处理技术:过采样方法和欠采样方法。过采样是一种不断将少数类重新采样到训练数据集中的方法;欠采样是一种随机消除多数类数据的方法。尽管这两种方法相互对立,但它们都旨在调整数据分布并缓解不平衡的数据问题。

(2) 训练机制调整

增量学习是缓解不平衡数据问题的可行方法,增量学习的目的是从新引入的数据中学习,而不会忘记过去的记忆。该模型通常在最初的小数据集上进行训练,并逐渐增加训练数据集的大小。

为了解决不平衡的数据分布问题,本节的方法分梯度稀释现象分析、数量依赖反向传播(QDBP)和树形深度神经网络(TSDNN)三节介绍。

10.1.1 梯度稀释现象分析

训练神经网络是一种基于梯度的方法,其根据关于成本函数计算的偏导数来更新参数。当计算每个时期的梯度时,每个类贡献的梯度的数量等于每个类的训练数据上的矢量和。

如果多数类的数据数量远远大于少数类的数据,则模型倾向于将参数更新为多数类。为了理解这种现象,必须在训练神经网络时分析梯度的计算。

对于每个时期,每个训练样本将由模型训练一次,也就是模型将在每个时期更新一次其关于每个数据的参数。每个时期的总梯度将是每个单独训练数据贡献的所有梯度的总和,并且数学公式由下式给出:

$$\frac{\partial Loss}{\partial \theta} = \sum_{i=1}^{N} \frac{\partial Loss_i}{\partial \theta} \tag{10.1}$$

其中:$\frac{\partial Loss}{\partial \theta}$ 是指每个时期相对于 θ 的总梯度;$\frac{\partial Loss_i}{\partial \theta}$ 是指由第 i 个训练数据提供的关于 θ 的梯度;N 表示每个时期的训练数据样本的数量。

如果重新排序等式(10.1),并将同一类贡献的梯度分组在一起,就会有:

$$\frac{\partial Loss}{\partial \theta} = \sum_{M_i \in M} \sum_{A_{ik} \in M_i} \frac{\partial Loss_{A_{ik}}}{\partial \theta} \tag{10.2}$$

其中:M 代表训练数据集;M_i 代表 M 的第 i 类;A_{ik} 是 M_i 的第 k 个数据;$Loss_{A_{ik}}$ 是数据 A_{ik} 贡献的损失。

从等式(10.2),可以观察到参数 θ 相对于每个类的更新次数取决于每个类的大小。一旦数据的数量严重不同,模型将倾向于偏向多数类,因为总梯度将由多数类在频率方面贡献的梯度所支配。这种现象将导致模型对少数类的不敏感,因为模型很少更新关于少数类的参数。由少数群体贡献的梯度逐渐消失,好像被多数群体所贡献的那样稀释了。这种现象称为梯度稀释。

例如,考虑对不平衡数据集进行二分类,其中正类包含 10 000 个数据,而只有 10 个数据属于负类。对于每个时期,模型将朝向正类的方向更新参数 10 000 次,同时仅朝负类的方向更新 10 次。在这种情况下,模型倾向于偏向正类,因为模型更频繁地更新为正类的方向。

梯度稀释的影响取决于类之间数据的数量比。如果比率在某种程度上很大,在该研究中为 $\frac{216\ 015}{45}$,那么该模型将更有可能向多数类更新并导致模型无法从少数类中学习。为了在不调整数据分布的情况下减轻梯度稀释的影响,Chen 等人提出了一种 QDBP 算法,该算法考虑了类之间的差异,调整模型相对于每个类的灵敏度,并且能够克服这个困难。

10.1.2　数量依赖反向传播

反向传播是一种基于梯度的训练神经网络的方法。数学公式由下式给出:

$$\theta_i^{l^+} = \theta_i^l - \eta \times \frac{\partial Loss}{\partial \theta_i^l} \tag{10.3}$$

其中:θ_i^l 和 $\theta_i^{l^+}$ 分别代表第 l 层中的第 i 个参数和更新的参数;η 是学习率;$\frac{\partial Loss}{\partial \theta_i^l}$ 指的是损失相对于 θ_i^l 的偏导数。

然而,无论是反向传播还是自适应学习率方法都无法反映对少数类的敏感性,不管是应用在线学习还是批量学习机制,因为两种方法均匀地对待每个类别并且仅对梯度敏感。当发生不平衡的数据分布时,这些方法将导致模型由于梯度稀释问题而无法从少数类中学习。

为了缓解这个问题,Chen 等人将向量 $\boldsymbol{F}$ 引入反向传播(等式(10.4))并提出了一种 QDBP 算法,该算法考虑了类之间的差异并显示出对不同类别的不同灵敏度。数学公式由下式给出:

$$\theta_i^{l^+} = \theta_i^l - \eta \cdot \boldsymbol{F} \cdot \nabla Loss \tag{10.4}$$

$$\boldsymbol{F} = \left[\frac{c_1}{n_1}, \frac{c_2}{n_2}, \cdots, \frac{c_N}{n_N}\right] \tag{10.5}$$

$$\nabla Loss = \left[\frac{\partial Loss_1}{\partial \theta_i}, \frac{\partial Loss_2}{\partial \theta_i}, \cdots, \frac{\partial Loss_N}{\partial \theta_i}\right] \tag{10.6}$$

其中:$\boldsymbol{F}$ 是行向量;N 表示训练数据集的基数;n_i 表示第 i 个数据所属的类的基数;c_i 是第 i 个数据所属的类的预选系数。c_i 的调整取决于模型对属于类 M_i 的数据所贡献的梯度的敏感性。$\nabla Loss$ 是一个列向量,由每个数据贡献的相对于 θ 的损失的偏导数组成。例如,如果第 i 个数据属于类 M_k,并且类 M_k 的预选系数是 c,则 $n_i = |M_k|$ 和 $c_i = c$。

从等式(10.4),可以证明:

$$\theta_i^{l^+} = \theta_i^l - \eta \sum_{M_t \in M} \frac{c_{M_t}}{n_{M_t}} \sum_{A_{tk} \in M_t} \frac{\partial Loss_{A_{tk}}}{\partial \theta_t} \tag{10.7}$$

$$M = \bigcup_{t=1}^{|M|} M_t, \quad M_t = \bigcup_{k=1}^{|M|} A_{tk} \tag{10.8}$$

其中:M 代表训练数据集;M_t 代表 M 中的第 t 类;A_{tk} 是 M_t 的第 k 个数据。通过选择 c_{M_t} 为 1,$\forall M_t \in M$,$\frac{1}{n_{M_t}} \sum_{A_{tk} \in M_t} \frac{\partial Loss_{A_{tk}}}{\partial \theta_t}$ 可以被视为由每个数据 A_{tk} 计算的归一化等效梯度;$\forall A_{tk} \in M_t$,因为 $n_{M_t} = |M_t|$。

在这种机制下,梯度稀释问题将得到缓解,因为每个类别贡献的总梯度在贡献方面占相同比例。在该实验中,为了反映少数类的敏感性,少数类的预选系数设定为 1.2,而其他系数保持为 1。

10.1.3　树形深度神经网络

为了缓解不平衡的数据问题,Chen 等人提出了一种端到端的可训练 TSDNN 模型(见图 10.1),它逐层对数据进行分类。TSDNN 中的每个模型定义为节点网络,节点网络之间的链接称为网桥。采用交叉熵作为损失函数,并将 QDBP 应用于每个节点网络以优化性能。

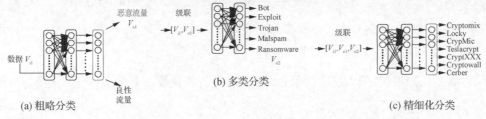

图 10.1　TSDNN 模型

与作为静态结构的多层感知器模型的架构不同,该实验提出的模型随着分类变得更加详细而动态地增长和扩展。

如图 10.1(a)所示,首先将所有恶意软件数据组合成标记为"恶意"的组,并执行粗略分类,将恶意流与良性流分开。在这种情况下,与整个数据集的分布相比,两个类的数量不存在大的差异,因此梯度稀释问题几乎不会改变分类。在初步分类之后,标记为"恶意"的数据将首先被转移到级联阶段,然后被馈送到随后的节点网络,该网络是当前节点网络的子节点,以进一步执行详细分类。

在 TSDNN 的第二层(图 10.1(b))中,根据恶意流的攻击行为对其进行分类。就作者的理解而言,恶意软件的攻击行为可以分为 5 类,如图 10.1(b)中输出端所列。因此,第二节点网络的输出维数被设置为 5。而不是直接将在第一层中计算的恶意流的输出矢量 V_{o1} 馈送到当前节点网络中,输出矢量 V_{o1} 将首先经历级联处理,其中将第一层中恶意流的输入矢量 V_{i1} 与第一节点网络计算的输出矢量 V_{o1} 相连,并将得到的矢量 $V_{i2}=[V_{i1},V_{o1}]$ 作为第二节点网络的输入矢量。即,第二节点网络的输入矢量 V_{i2} 将由两部分组成,即恶意流的原始矢量 V_{i1} 和由第一节点网络计算的学习特征 V_{o1}。例如,如果第一节点网络的输入矢量 V_{i1} 是 $V_{i1}=[u_{i1},u_{i2},u_{i3}]$ 和相应的输出向量 V_{o1} 是 $V_{o1}=[u_{o1},u_{o2}]$,第二节点网络的输入向量将由 $V_{i2}=[u_{i1},u_{i2},u_{i3},u_{o1},u_{o2}]$ 给出。然而,随着分类越来越精细,不平衡的数据分布将变得更加显著,这意味着梯度稀释问题将影响性能。通过适当地选择每个类的系数 c_i,QDBP 仍然可以改善性能。之后,标记为"勒索软件"的数据将被馈送到随后的节点网络,该网络是当前节点网络的子节点,以进一步进行细粒度分类。

最后,进行细粒度分类,如图 10.1(c)所示。在这一层中,特别对勒索软件系列的数据进行了分类。如上所述,该节点网络的输入矢量 V_{i3} 将包含从先前节点网络获取的知识。换句话说,将由第一节点和第二节点网络分别计算的输出矢量 V_{o1} 和 V_{o2} 与第一节点网络的输入矢量 V_{i1} 相连,并考虑得到的矢量 $V_{i3}=[V_{i1},V_{o1},V_{o2}]$ 作为当前节点网络的输入向量。同样,在该层中出现不平衡的数据分布。通过为每个类别选择合适的系数 c_i,可以克服由梯度稀释问题引起的困难。

除了对数据进行完全分类的多层感知器之外,该研究还以分层方式对数据进行分类,这可以在分析每层中的数据分布时减少类之间的差异。此外,第二节点和第三节点网络的输入矢量 V_{i2} 和 V_{i3} 不直接由前面的节点网络的输出矢量 V_{o1} 和 V_{o2} 馈送。相反,这种分层分类的优点是可以在每一层中生成新的特征 V_{o1} 和 V_{o2},并将学习的特征结合到下一级的输入向量中,以进一步提供更多信息。此外,由于 TSDNN 是端到端可训练的,意味着所有节点网络同时被训练,TSDNN 可以通过 QDBP 调整每个节点网络的输出矢量,以改善学习阶段中的错误分类。另一个优点是 TSDNN 可以动态地增长和扩展,这在结构上不同于其他神经网络。即期望分类越详细,TSDNN 中将涉及越多的层和节点网络。

10.1.4　实验验证

1)数据收集

实验中使用的恶意软件流量和良性流量都是从 2016 年 9 月到 2017 年 5 月收集的。该数据记录从沙盒下的 Virus-Total(https://www.virustotal.com)获取的恶意样本的第一个 6 min 网络行为。收集的恶意数据可分为 Benign、Bot、Exploit、Trojan、Malspam 等 5 个不同的类，每个类代表不同的攻击行为。根据 VirusTotal 中列出的官方名称，进一步标记了勒索软件系列的数据：Benign、Bot、Exploit、Trojan、Malspam、Cryptomix、Locky、CrypMic、Telslacrypt、CryptXXX、Cryptowall、Cerber。因此，该数据集由 12 个不同的类组成，如表 10.1 所示。

表 10.1 数据集

类别	流数	大小
Benign	246 015	560.2 MB
Bot	99	6.5 MB
Exploit	349	32.5 MB
Trojan	3 085	18.1 MB
Malspam	3 612	142.1 MB
Cryptomix	90	2.0 MB
Locky	229	9.3 MB
CrypMic	390	14.3 MB
Telslacrypt	755	26.5 MB
CryptXXX	1 259	44.7 MB
Cryptowall	2 864	34.7 MB
Cerber	23 260	23.5 MB
Total	282 007	914.4 MB

2) 特征提取

(1) 连接记录

Internet 协议和连接统计对于识别流量和流具有重要意义，实验从传输层中提取流量中的端口、IP 和协议信息等连接记录。此外，从 TCP 有效载荷中获得 HTTP 请求和 TLS 握手的信息用于流量识别。

(2) 网络数据包有效负载

TCP 和 UDP 有效负载始终包含传输的数据，前者有时在 TLS 或 SSL 协议下加密。为了跟踪恶意流和伴随的恶意软件，流中所有有效载荷的传输数据是重要的并且应该被考虑在内。因此，在实验中从每个数据包中提取所有有效负载，其中每个数据包的长度范围从 0 到 1 500 字节。

(3) 流行为

流行为被描述为监视报文的发送过程的方式，而每个恶意软件家族具有不同的流行为。根据 Moore 等人的观点，他们提出了近 250 个鉴别器来对流记录进行分类。在这些鉴别器中，流中每个包的到达间隔时间在分类方面起着最重要的作用。此外，McGrew 等人使用马尔可夫矩阵来存储连续数据包之间的关系。受他们的方法启发，该实验应用马尔可夫转移矩阵来表示流行为并记录前后关系。

3) 恶意流量检测和分层分析

（1）对恶意流量检测的分析

首先，测试该模型是否能够区分恶性流量和良性流量。参考 Tseng 等人的结果只使用 HTTP 头和 TCP 有效载荷，在恶意流检测中达到 93% 的准确率。但是，在包含上一节中提到的新特征之后，可以在 vanilla 反向传播下实现 99% 的准确度。如果进一步应用 QDBP，识别率甚至可以提高到 99.7%。这一证据表明，从过去的工作到现在的改进，证明它是在同一训练机制下导致改进的特征。另一方面，QDBP 所带来的微妙改进表明，当少数类中的数据量在某种程度上很大时，该实验中有 35 992 个，不平衡的数据分布不会很重要，因为数量足够大，无法构建稳健的模型。

（2）流分类的不同方法的比较

除了检测恶意流之外，进一步将更详细的恶意流分为 11 个不同的类。在该实验中，有 246 015 个流属于"良性"类，而"Cryptomix"类仅包含 90 个流。这种差异将导致一种不敏感的模型，如果通过 vanilla 反向传播对数据进行分类，则会将数据错误分为多数类。结果如图 10.2 所示。图 10.2 是 12 类分类的混淆矩阵结果，混淆矩阵是一种呈现多类分类结果的具体方法，其中真实标签代表实际的真实标签。预测标签是模型给出的结果。例如，如果标记为"Bot"但预测为"Exploit"的数据，那么对应于该分类的块将增加 1。理想的混淆矩阵将在对角线中具有深色而其他的则是亮的。从图 10.2 中所示的混淆矩阵中，可以观察到所有测试数据被分为"良性"类，其中每个块的颜色的阴影表示相应分类的概率。

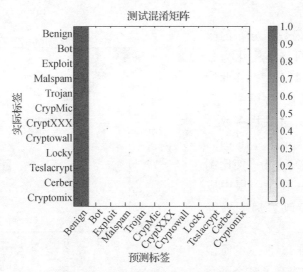

图 10.2　使用 3 层 DNN 训练的混淆矩阵

然而，从表 10.2 可以看出，即使模型偏向多数类，vanilla 反向传播的准确性仍然可以达到 59%，因为测试数据集包含大约 3 万个良性样本和 2 万个恶意样本。这表明准确度不是综合评估指标，因为它可以通过调整测试数据集的分布来轻松操作。

表 10.2　不同方法的准确率和预测率

方法	准确率	精度
DNN+Backpropagation	59.08%	8.33%
DNN+Oversampling(10 000 samples/class)[12]	85.18%	65.9%
DNN+Undersampling(45 samples/class)[13]	68.89%	49.45%
DNN+Incremental Learning[14]	78.84%	71.23%
DNN+QDBP	84.56%	62.3%
SVM(RBF)	83.87%	38.8%
Random Forest	98.9%	68.25%
TSDNN+QDBP	99.63%	85.4%

为了更精确地评估模型,该实验采用另一种称为平均精度的性能指标,数学公式由下式给出:

$$Precision_{avg} = \frac{1}{N} \sum_{i=1}^{N} \frac{TP_i}{TP_i + FP_i} \tag{10.9}$$

其中:N 表示类的数量,粗分类中 $N=2$,12 类分类中 $N=12$;TP_i 和 FP_i 分别代表第 i 类的真阳性和假阳性。精度是性能指标之一,表示正确分类的样本与每个类别中的总数据之间的比率。多数类的存在不会严重影响这种性能指标,因为它计算每个类的平均精度。虽然"良性"类的基数非常大,但这种性能指标不会完全偏向大多数类,因为它会均匀地处理每个类。从表 10.2 可以看出,vanilla 反向传播的精度为 8.33%,可以合理地支持图 10.2 所示的现象。

为了减轻不平衡数据分布的影响,该实验将神经网络结构化为分层,并逐层对数据进行分类。在此设置下,与现有方法相比,每层中的数据分布将更加平衡。并且将多数类和少数类之间的数量比从 216 015/45 降低到 14 423/50,这几乎使比例缩小为 1/17。此外,在每一层中应用 QDBP 以进一步改善梯度稀释问题。

图 10.3(见彩插 16)所示的是混淆矩阵,该实验方法提高了整个不平衡数据集的分类性能,不仅使准确率从 59.08% 提高到 99.63% 的分类精度,而且使以精度为指标的模型中的

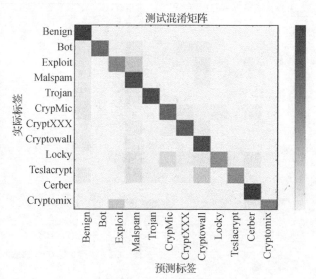

图 10.3　TSDNN 的混淆矩阵

灵敏度从 8.33% 提高到 85.4%。进一步得出结论,即训练不平衡数据集的优越性能必须归因于两个因素:TSDNN 模型减少每层中的差异,以及提出的 QDBP 算法减轻梯度稀释

问题。

　　该实验还将结果与相关工作部分中提到的现有方法进行了比较。如表 10.2 所示,va-
nilla 反向传播的性能受梯度稀释问题严重影响,因为"Bot"和"Cryptomix"类的基数远小于
"Benign"类的基数。尽管现有方法可以提高分类性能,但这些方法仍然无法解决梯度稀释
问题。如果将 QDBP 结合到 TSDNN 中,识别率甚至可以达到 99.63% 的准确率和 85.4%
的精度,无论是准确率还是精度都优于其他方法。

　　(3) 部分流检测

　　为了实时检测,将每个攻击分成几个部分来设计实验,并且只考虑一部分数据来测试作
为恶意软件的潜力。

　　如图 10.4 所示,随着数据部分的增加,恶意
流检测的识别率上升。此外,从图 10.4 所示的
结果中,可以得出结论,该模型能够通过仅考虑
整个流的前 5% 来区分恶意流,这显示了实时检
测的可能性,因为该模型可以在过程的最初阶段
感知潜在的威胁,而无需分析整个流程。

　　(4) 零样本学习

　　网络社会中存在各种恶意软件。但是,由于
每天都有许多新的变种,所以不可能收集每个家
族的数据样本。为了评估所提出模型的泛化性
能,就要检查 TSDNN 识别该模型从未训练过的

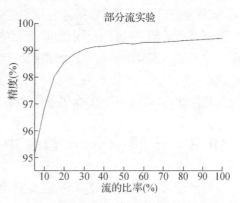

图 10.4　恶意流检测的识别率随数据量的变化

一些恶意软件的能力。这种场景被创造为机器学习术语中的"零样本学习"。因此,该研究
收集了 14 种不同类型的恶意软件(图 10.5)来评估该模型识别潜在威胁的能力,实验结果如
图 10.5 所示。

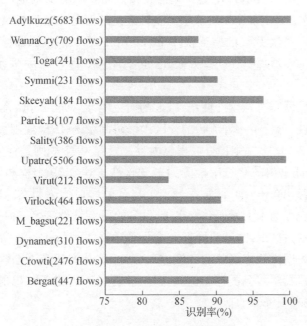

图 10.5　恶意软件识别结果

从实验结果中,可以观察到该模型在识别这些恶意软件方面表现得相当好。在现实世界中,每次攻击通常都有几个网络流。一旦这些流的任何部分被识别为恶意连接,攻击将被阻止,并且该进程将立即终止。这一结果不仅显示了预测潜在威胁的能力,而且进一步证明,与传统的基于签名的方法相比,以行为为导向的方法来检测恶意软件是一种更好的方法,而且也可以解释深度学习的泛化能力。

10.1.5　小结

Chen 等人[1]提出了端到端的可训练 TSDNN 模型以及 QDBP 算法,该算法使模型能够记住并从少数类中学习,以执行恶意流检测。与完全对数据进行分类的多层感知器架构不同,该研究以分层方式对数据进行分类并进一步进行部分流检测。该检测旨在通过仅考虑一部分而不是整个流量来寻求实时检测的可能性。从实验结果来看,可以真正实现实时检测。为了评估实验中的模型检测潜在恶意软件的能力,执行了一项测试恶意软件的实验,该恶意软件从未经过该模型的训练。实验结果表明,模型能够以卓越的性能准确地检测潜在的恶意软件,这也证明了在检测恶意软件时,面向行为的方法优于面向签名的方法。

10.2　无解密分析 TLS 中的恶意软件

加密是保护最终用户隐私的必要条件。在网络设置中,传输层安全性(TLS)是为网络流量提供加密的主要协议。虽然 TLS 模糊了明文,但它还引入了一组复杂的可观察参数,允许对客户端和服务器进行许多推断。

在过去的十年中,合法的流量已经迅速采用了 TLS 标准,一些研究表明,多达 60% 的网络流量使用 TLS。不幸的是,恶意软件也采用了 TLS 来保护其通信。在样本数据集中,大约 10% 的恶意软件样本使用 TLS。这种趋势使得威胁检测更加困难,因为它使得深度包检测(DPI)的使用无效。确定加密网络流量是良性还是恶意是非常重要的,并且这样做是为了保持加密的完整性。虽然 10% 的恶意软件样本使用 TLS 似乎很低,但这个数字会随着网络流量加密水平的增加而增加。在这些方面,已经看到过去 12 个月中恶意加密流量的一定程度的增长。

为了进一步激发暴露恶意软件使用 TLS 的研究需求,Anderson 等人[2]面对 TLS 时模式匹配方法的局限性,分析了一种流行的社区入侵防御系统(IPS)规则集。目前该集合中有3 437 个规则,其中 3 307 个规则检查数据包内容。只有 48 个规则是特定于 TLS 的,其中只有 6 个使用自签名证书中的字符串检测到恶意软件。其余 19 个检测到针对 TLS 实现的Heartbleed 或其他溢出攻击,23 个通过分配给 TLS 的端口检测明文。这些数字表明,传统的基于签名的技术迄今尚未大量研究特定于 TLS 的恶意软件签名。但是,与证书字符串匹配的规则暗示可以通过 TLS 的被动检查来检测恶意软件。Anderson 等人的研究目标是通过识别数据特征和说明方法来确认和证实这一想法,这些方法允许创建可以检测恶意加密网络通信的规则和机器学习分类器。例如,识别从可用于创建 IPS 规则未加密的握手消息收集的 TLS 客户端和服务器的功能。

在该研究中,通过观察未加密的 TLS 握手消息,提供了对恶意软件使用 TLS 的全面研究。与在企业网络上观察到的相比,该研究对恶意软件使用 TLS 进行了概述。企业流量通常使用最新 TLS 库的最新加密参数。另一方面,恶意软件通常使用较旧且较弱的加密参数。与企业流量相比,恶意软件对 TLS 的使用是不同的,并且对于大多数家族来说,可以利用这一事实来准确地对恶意流量模式进行分类。该研究从 TLS 客户端和 TLS 服务器角度检查这些差异。

除了深入的技术分析之外,有趣的是要注意恶意软件作者对加密的一般基调。在开源的 Zeus/Zbot 恶意软件中有一个 FAQ 部分,其中出现以下问题和答案:

问题:为什么使用对称加密方法(RC4)加密流量,而不是非对称加密(RSA)?

答案:因为使用复杂的算法没有意义,加密只需要隐藏流量。

在当前的隐私环境中,这种观点肯定不适用于企业网络流量。同样,这种分歧是可以利用的另一种工具,能更准确地对恶意流进行分类。

当在每个家族的基础上应用机器学习分类器时,很明显一些家族/子系列更难以分类。但研究目标不是展示优化的机器学习分类器,而是确定特定系列的哪些特征使其难以分类。例如,可以将加密流量模式上较差的分类器性能与一个家族使用强的和不同的加密方法相关联。Anderson 等人还研究了从未加密的 TLS 握手消息中提取的其他功能,这些功能可显著提高分类器的性能。总的来说,Anderson 等人发现这种方法富有成效:找出用于代表每个家族流量的特征的弱点,然后用更多信息特征来增强该表示。

最后,Anderson 等人展示了如何仅在基于网络的数据的情况下执行家族归因。此问题定位为多类别分类问题,其中每个恶意软件家族都有自己的标签。Anderson 等人确定使用相同 TLS 参数的家族,但仍然可以准确分类,因为它们的流量模式与其他基于流的特征相比是不同的。并且确定了恶意软件子系列不能仅通过其网络数据进行区分。当限制为单个加密流时,能够实现家族归属问题的准确率为 90.3%,当在 5 min 窗口内使用所有加密流时,准确率为 93.2%。

10.2.1 初步假设

该研究主要关注的是对恶意的 TLS 加密流进行分类,使用 serverHello 和 certificate 消息来突出显示恶意软件样本所连接的服务器的一些有趣功能,主要关注的是面向客户端。Anderson 等人开发的分类算法在很大程度上依赖于基于客户端的特征,这使得该算法能够正确地将连接到 google.com 的恶意代理与连接到 google.com 的典型企业代理进行分类,即可以利用客户端的加密参数来区分这两个事件。因此,不会将恶意软件的 TLS 流量过滤为仅包含命令和控制流,还允许其他类型的 TLS 加密流量(如点击欺诈)。

在该研究中,主要关注端口 443 上的 TLS 加密流,以使企业 TLS 和恶意 TLS 之间的比较尽可能不偏不倚。为了进一步推动这一选择,表 10.3 列出了 2015 年 8 月至 2016 年 5 月期间收集的恶意软件样本的 5 个最常用的 TLS 端口。为了确定流是否为 TLS,该研究使用深度数据包文检查、基于 TLS 版本的自定义签名以及 Client Hello 和 Server Hello 消息的消息类型。总的来说,在 203 个端口中发现了 229 364 个 TLS 流,其中端口 443 是最常见的恶意 TLS 端口。虽然恶意软件中端口使用的多样性很大,但这些不同的端口相对不常见。

表 10.3　2015 年 8 月至 2016 年 5 月期间收集的恶意软件样本的 5 个最常用的 TLS 端口

Port	Percentage of TLS Flows
443	98.4%
9001	1.2%
80	0.1%
9101	0.1%
9002	0.1%

鉴于非恶意软件数据是在企业网络上收集的,因此该实验提供的数据和分类结果最适用于企业环境。该研究并未声称这些结果适用于一般类别的网络,例如服务提供商数据。但是确实认为保护企业网络是一个重要的用例,该实验提出的结论为企业网络运营商提供了新颖的和有价值的结果。

该研究中使用的企业网络数据利用众所周知的 IP 黑名单进行初始过滤。这消除了大约 0.05% 的初始流量。在此过滤阶段之后,“按原样”获取数据。不过此数据集中很可能存在更多恶意流量,但出于实用性原因,这一事实仅作为基本假设。

10.2.2　实验数据

该研究的数据是从商业沙箱环境中收集的,用户可以在其中提交可疑的可执行文件。允许每个提交的样品运行 5 min。收集并存储每个样本的完整数据包捕获。由于沙箱环境的限制,在沙箱中观察到的所有网络流量被认为是最初提交样本的流量。例如,如果样本 A 下载并安装 B 和 C,那么从 B 和 C 生成的流量将被视为 A。

这种数据收集方法直截了当,虽然它忽略了有关端点上发生的事情的一些细节,但它与仅根据其网络通信理解每个样本的目标一致,这种方法引入了一些偏差。首先,为了减少误报的数量,只考虑已知不良的样本。在这种情况下,已知的恶意流量意味着确定了在 VirusTotal 中针对来自独特供应商的四个或更多防病毒软件的定罪。其次,由于硬件限制,样本只允许在基于 Windows XP 的虚拟机中运行 5 min,在此初始 5 min 窗口之后发生的任何加密网络流量都不会被捕获。同样,任何与 Windows XP 不兼容的示例都不会在此环境中运行。

企业数据是从具有大约 500 个活动用户和大约 4 000 个唯一 IP 地址的企业网络收集的。该网络上的大多数机器运行 Windows 7,第二个最流行的操作系统是 OS X El Capitan。

1) 数据集和样本选择

该研究中使用的恶意软件流量是从 2015 年 8 月到 2016 年 5 月收集的数据,企业流量是在 2016 年 5 月的 4 天期间和 2016 年 6 月的 4 天期间收集的。在这项工作中,该研究对这些数据的不同子集进行了多次实验。

首先分析通常在企业网络上看到的 TLS 参数与一般恶意软件群体使用的 TLS 参数之间的差异。删除了所有提供有序密码组列表的 TLS 流,这些密码列表与默认 Windows XP

SChannel 实现中的列表相匹配。这样做是为了帮助确保观察到的 TLS 客户端代表恶意软件的行为，而不是底层操作系统提供的 TLS 库的行为。这消除了大约 40% 的恶意 TLS 流和大约 0.4% 的企业 TLS 流。在此过滤阶段之后，使用了数据集中的所有 TLS 流。从 2015年 8 月到 2016 年 5 月，共收集了由恶意程序发起的 133 744 个 TLS 流量。在 2016 年 5 月和 6 月的 4 天期间，共从企业网络收集了 1 500 005 个 TLS 流。所有这些 TLS 流成功协商完整的 TLS 握手并发送应用程序数据。

为了分析不同恶意软件系列使用的 TLS 参数之间的差异，该研究使用了 2015 年 10 月至 2016 年 5 月具有可识别名称的恶意软件样本。表 10.4 总结了每个恶意软件家族的样本数和流数量。名称是由 VirusTotal 提供的签名中的多数投票产生的。丢弃没有明确名称的恶意软件样本，即没有至少四个不同防病毒程序使用相同名称的任何样本(忽略特洛伊木马之类的常见名称)。不使用流数量少于 100 个的家族名称，这个过程缩减了最初的 20 548 个TLS 的样本到 18 个家族的 5 623 个独特样本。即使使用通过沙箱设置中的动态分析提供的信息，也很难确定与恶意软件样本相关联的家族。这些样本生成了 25 793 个 TLS 加密流，这些流成功协商了 TLS 握手并发送了应用程序数据。

表 10.4　使用的恶意软件家族

恶意软件家族	唯一样本	加密流
Bergat	192	332
Deshacop	69	129
Dridex	38	103
Dynamer	118	372
Kazy	228	1 152
Parite	111	275
Razy	117	564
Sality	612	1 200
Skeeyah	81	218
Symmi	494	2 618
Tescrypt	137	205
Toga	156	404
Upatre	377	891
Virlock	1 208	12 847
Virtob	115	511
Yakes	100	337
Zbot	1 291	2 902
Zusy	179	733
Total	5 623	25 793

该研究还在三个实验中使用机器学习分类器。第一个是通过十折交叉验证来证明额外TLS 特征的价值。该实验使用从 2015 年 8 月到 2016 年 5 月收集的所有恶意 TLS 流，以及

2016 年 5 月和 6 月企业网络的 TLS 流的随机子集。总共有 225 740 个恶意流和 225 000 个企业流用于此实验。为了解释基于 Windows XP 的沙箱可能引入的偏差，该实验还在数据集上显示结果，该数据集仅包含提供与此实验中默认 Windows XP SChannel 实现中的列表不匹配的有序密码组列表的流：133 744 个恶意 TLS 流和 135 000 个企业 TLS 流。

在下一组实验中，分析受过训练的分类器能够检测不同恶意软件家族生成的 TLS 流。为了训练分类器，该实验使用与上述相同的 225 000 个企业 TLS 流作为负类别，并且在 2015 年 8 月和 9 月期间为正类别收集了 76 760 个恶意 TLS 流。测试数据包括 2015 年 10 月至 2016 年 5 月的 TLS 流量，可以分配如上所述的真实家族。同样，表 10.4 总结了每个恶意软件家族的样本数量和流数量。虽然不会删除与此实验中默认 Windows XP SChannel 实现中的列表匹配的有序密码组列表的流，但该实验确实明确了具有此偏差的家族。

最后，为了评估 TLS 握手元数据对恶意软件家族归属的效果，对表 10.4 中列出的数据使用了十折交叉验证和多类别分类。与上组实验同样，该组实验不会删除与此实验中默认 Windows XP SChannel 实现中的列表匹配的有序密码组列表的样本，因为所有样本都具有相同的偏差。

2) 特征提取

为了提取感兴趣的数据特征，Anderson 等人编写了软件工具来从实时流量或数据包捕获文件中提取感兴趣的数据特征。开源项目用 JSON 格式以方便导出所有数据。机器学习分类器使用传统的流特征，传统的"侧通道"特征以及从未加密的 TLS 握手消息中收集的特征进行构建。

(1) 流元数据

调查的第一组特征是围绕传统流数据建模的，传统流数据通常在配置为导出 IPFIX/NetFlow 的设备中收集。这些特征包括：入站字节数、出站字节数、入站数据包数，出站数据包数；源端口和宿端口；以秒为单位的流量总持续时间。这些特征被归一化为零均值和单位方差。

(2) 分组长度和时间的序列

分组长度和分组到达间隔时间(SPLT)的序列已有较多的研究。在开源软件实现中，用流的前 50 个数据包收集 SPLT 元素，忽略零长度有效载荷（例如 ACK）和重传。

马尔可夫链表示用于对 SPLT 数据建模。对于长度和时间，将值离散化为相同大小的二进制位，例如，对于长度数据，使用 150 字节的二进制位，其中 $[0,150)$ 范围内的任何数据包大小将进入第一个二进制位，任何数据包大小在 $[150,300)$ 范围内的将进入第二个二进制位。然后构造矩阵 A，其中每一项 $A[i,j]$，计算第 i 和第 j 个二进制位之间的转换次数。最后，对矩阵 A 的行进行归一化以确保正确的马尔可夫链。然后将 A 的所有项用作机器学习算法的特征。

(3) 字节分布

字节分布是长度为 256 的数组，它保持流中每个数据包的有效负载中遇到的每个字节值的计数。通过将字节分布计数除以在分组的有效载荷中的总字节数，可以容易地计算字节值概率。256 字节分布概率被机器学习算法用作特征。完整的字节分布提供了大量有关数据编码的信息。此外,字节分布可以提供有关报头到有效负载比率,应用程序报头的组成以及是否添加了任何不良实现的填充的信息。

(4) 未加密的 TLS 头信息

TLS 是一种为应用程序提供隐私的加密协议。TLS 通常在常见协议之上实现,例如用于 Web 浏览的 HTTP 或用于电子邮件的 SMTP。HTTPS 是使用 TLS over HTTP,这是保护 Web 服务器和客户端之间通信的最常用方式,并且受到大多数主要 Web 服务器的支持。HTTPS 通常使用端口 443。

从 Client Hello 消息中收集 TLS 版本,提供的密码组的有序列表以及支持的 TLS 扩展列表。从 Server Hello 消息中收集选定的密码套件和选定的 TLS 扩展。从 Certificate 消息中收集服务器的证书。客户端的公钥长度是从 Client Key Exchange 消息中收集的,并且是 RSA 密文或 DH/ECDH 公钥的长度,具体取决于密码组。与分组长度和时间序列类似,记录长度、时间和类型的序列是从 TLS 会话中收集的。

在该研究的分类算法中,使用了提供的密码组列表、广告扩展名列表以及客户端的公钥长度。在该研究的完整数据集中观察到 176 个密码组的十六进制代码,创建了长度为 176 的二进制向量,其中每一个被分配给提供的密码组列表中的每个密码组。类似地,该研究观察了 21 个唯一扩展,并创建了长度为 21 的二进制向量,其中每一个被分配给广告扩展列表中的每个扩展。最后,客户端的公钥长度表示为单个整数值。总共在分类算法中使用了 198 个基于 TLS 客户端的特征。在某些实验中,该研究使用额外的基于 TLS 服务器的二进制功能:证书是否是自签名的。

10.2.3 恶意软件家族和 TLS

虽然恶意软件使用 TLS 来保护其通信,但研究数据表明,对于研究中已分析的大多数家族,恶意软件对 TLS 的使用与企业网络的流量完全不同。本节将从 TLS 客户端的角度以及从 TLS 服务器的角度分析这些差异。

对于一般恶意软件和企业流量之间的比较,首先删除了所有提供与该研究的完整数据集中默认的 Windows XP SChannel 实现中的列表相匹配的有序密码组列表的 TLS 流。由于大约 40% 的来自恶意软件样本的 TLS 流量提供此列表,为了确保分析能够捕获恶意软件使用 TLS 而非底层操作系统的趋势,删除了所有这些流。在此过滤阶段之后,使用了数据集中的所有 TLS 流。从 2015 年 8 月到 2016 年 5 月,共收集了由成功协商完整 TLS 握手和发送应用程序数据的恶意程序发起的 133 744 个 TLS 流。2016 年 5 月和 6 月,使用相同的方法从企业网络收集了 1 500 005 个 TLS 流。

恶意软件数据收集过程可能会引入恶意软件家族表示方面的偏差,以及可以从收集的 TLS 参数中得出的结论。为了解决这个问题,该研究还分析了恶意软件使用的 TLS 客户端以及恶意软件连接的 TLS 服务器。在此分析中,该研究将突出显示使用默认 Windows TLS 库的系列以及包含其自己的 TLS 客户端的家族。该实验的数据列于表 10.4 中。

1) TLS 客户端

(1) 恶意软件与企业

图 10.6 说明了在过滤典型的 Windows XP 密码套件列表后,恶意软件和企业使用 TLS 与 TLS 客户端之间的差异。几乎 100％的企业 TLS 会话提供了 0x002f(TLS_RSA_WITH _AES_128_CBC_SHA)密码组和 0x0035(TLS_RSA_WITH_AES_256_CBC_SHA)密码组。另一方面,观察到的近 100％的恶意 TLS 会话提供:

0x000a(TLS_RSA_WITH_3DES_EDE_CBC_SHA)

0x0005(TLS_RSA_WITH_RC4_128_SHA)

0x0004(TLS_RSA_WITH_RC4_128_MD5)

这三个密码组被认为是弱的,尽管观察到的企业流量确实提供了这些密码套件,但它并没有提供与恶意流量相同的频率。

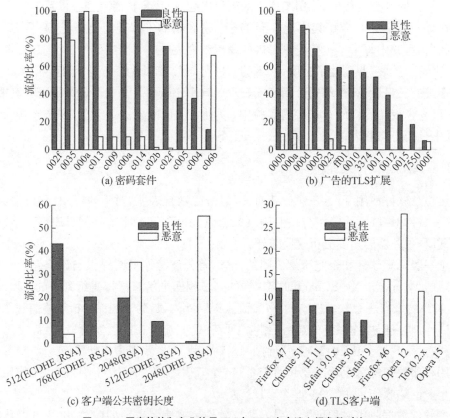

图 10.6　恶意软件和企业使用 TLS 与 TLS 客户端之间参数对比

当考虑到广告的 TLS 扩展时,恶意软件和企业的 TLS Client Hello 消息的差异变得更加明显。而且企业客户端广告的 TLS 扩展更加多样化。几乎一半的企业客户端会支持多达 9 个扩展,但恶意客户端只会一致地支持一个:0x000d(signature_algorithms),在大多数情况下都是 RFC 必需的。在大约 50％的企业流量中观察到以下四种扩展,并且在恶意流量中很少观察到：

0x0005(status_request)

0x0010(supported_groups)

0x3374(next_protocol_negotiation)

0x0017(extended_master_secret)

客户端的公钥长度取自 client key exchange 消息，具有辨别力。如图 10.6 所示，大多数企业流量使用 512 位(ECDHE_RSA)公钥。相比之下，恶意软件几乎只使用 2048 位(DHE_RSA)公钥。

最后，将 TLS 客户端参数映射到使用特定 TLS 库和配置的众所周知的客户端程序。这些信息可能是欺骗性的，但该研究认为这仍然是代表客户端的有价值且紧凑的方式。如图 10.6 所示，最受欢迎的恶意软件和企业 TLS 连接客户端差异显著。在企业环境中，该研究发现四种最常见的客户端配置类似于四种最流行的浏览器的最新版本：Firefox 47、Chrome 51、Internet Explorer 11 和 Safari 9。另一方面，恶意软件最常用的是 TLS 客户端参数与 Opera 12、Firefox 46 和 Tor 0.2.x 相匹配。

表 10.5　18 个恶意软件家族中最常用的 TLS 客户端参数

恶意软件家族	流数	最常用的TLS客户端	不同密码套件提供的向量数	最常见的广告扩展	客户端公共密钥
Bergat	332	IE 8*	1	None	2048-bit(RSA)
Deshacop	129	Tor Browser 4	3	SessionTicket TLS	2048-bit(RSA)
Dridex	103	IE 11	5	ec_point_formats supported_groups renegotiation_info	2048-bit(RSA)
Dynamer	372	Tor 0.2.2	10	SessionTicket TLS	512-bit(ECDHE_RSA)
Kazy	1 152	IE 8*	5	None	2048-bit(RSA)
Parite	275	IE 8*	11	None	2048-bit(RSA)
Razy	564	Tor Browser 4	8	None	2048-bit(RSA)
Sality	1 200	IE 8*	133	None	2048-bit(RSA)
Skeeyah	218	Tor 0.2.7	11	SessionTicket TLS	512-bit(ECDHE_RSA)
Symmi	2 618	Opera 15	19	ec_point_formats supported_groups	512-bit(ECDHE_RSA)
Tescrypt	205	IE 8*	6	None	2048-bit(RSA)
Toga	404	Tor 0.2.2	2	SessionTicket TLS ec_point_formats supported_groups	2048-bit(RSA)
Upatre	891	IE 8*	3	None	2048-bit(RSA)
Virlock	12 847	Opera 12	1	signature_algorithms	2048-bit(DHE_RSA)
Virtob	511	IE 8*	4	None	2048-bit(RSA)
Yakes	337	IE 8*	3	None	2048-bit(RSA)
Zbot	2 902	IE 8*	12	None	2048-bit(RSA)
Zusy	733	IE 8*	7	None	2048-bit(RSA)

（2）恶意软件家族

表 10.5 给出了访问过的 18 个恶意软件家族中每个家族最常用的 TLS 客户端参数。最受欢迎的 TLS 客户端是 Internet Explorer 8，18 个家族中有 10 个家族最常使用它。列出这些家族和客户端值是为了完整性，但是应该更准确地读取这些家族和客户端值作为使用底层 Windows 环境提供的 TLS 库。

Tor 客户端和浏览器在恶意软件家族中非常受欢迎，最受 Deshacop、Dynamer、Razy、Skeeyah 和 Toga 的欢迎。Dynamer、Skeeyah 和 Symmi 都使用 512 位（ECDHE_RSA）公钥而不是最流行的公钥：2048 位（RSA），它很可能是底层 Windows 环境的工件。

表 10.5 还列出了针对每个恶意软件家族观察到的不同密码组提供向量的数量。在此上下文中，如果客户端具有不同提供的密码套件和广告扩展，则该客户端将被视为唯一的。有些家族的独特客户端很少，例如 Bergat。另一方面，Sality 有大量不同的密码组提供向量。虽然 Sality 最常用的 TLS 客户端提供类似于 Internet Explorer 8 的参数，但它拥有数百种其他独特的密码套件和广告扩展组合。

2）TLS 服务器

（1）恶意软件与企业

图 10.7 说明了在过滤使用典型 Windows XP 密码套件列表的客户端后，恶意软件和企业 TLS 客户端连接的服务器之间的差异。已对服务器统计信息进行过滤，因为这些客户端对 Server Hello 消息中发送的内容有重大影响。

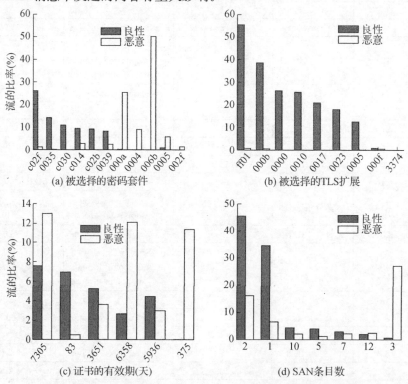

图 10.7　恶意软件和企业使用 TLS 与 TLS 服务器之间参数对比

如图 10.7 所示,对于大多数企业和恶意 TLS 会话,Server Hello 消息的选定密码组被严格划分。恶意软件与之通信的服务器中,大约有 90% 的服务器选择了以下四个密码组:

0x000a(TLS_RSA_WITH_3DES_EDE_CBC_SHA)

0x0004(TLS_RSA_WITH_RC4_128_MD5)

0x006b(TLS_DHE_RSA_WITH_AES_256_CBC_SHA256)

0x0005(TLS_RSA_WITH_RC4_128_SHA)

企业主机与之通信的服务器很少选择这些密码套件。TLS_RSA_WITH_RC4_128_MD5 和 TLS_RSA_WITH_RC4_128_SHA 被视为弱加密。

正如人们所预料的那样,恶意软件客户端缺乏广告的 TLS 扩展,恶意软件与之通信的服务器很少选择 TLS 扩展。另一方面,企业主机与之通信的服务器在所选 TLS 扩展中具有更大的多样性,其中 0xff01(renegotiation_info)和 0x000b(ec_point_formats)是最常见的。

该研究还分析了服务器证书中的信息。正如预期的那样,发现企业终端最常连接到具有以下证书主题的服务器:

*. google. com

api. twitter. com

*. icloud. com

*. g. doubleclick. net

*. facebook. com

这种证书主题的分发很长。恶意软件样本与之通信的服务器的证书主题也有长尾。这些证书主要由具有域名生成算法(DGA)特征的主题组成,例如 www. 33mhwt2j. net。虽然恶意软件主要与具有可疑证书主题的服务器通信,但很明显恶意软件与许多固有的良性服务器通信,例如 google. com 用于连接检查,或 twitter. com 用于命令和控制。以下证书主题是恶意软件发起的 TLS 流最常见的:

block. io

*. wpengine. com

*. criteo. com

baidu. com

*. google. com

由于类似 DGA 的证书主题被视为唯一,因此它们不会显示在此列表中。

图 10.7 突出显示了与服务器证书相关的另外两个有趣特征:证书的有效期(以天为单位)和 subjectAltName 条目的数量。有趣的是,与比特币钱包 block. io 的连接流行率很高,严重扭曲了恶意软件连接到的服务器证书的有效性(375 天)和 subjectAltName 条目数(3)。

注意使用自签名证书的 TLS 服务器的频率也很有趣。在企业数据中,1 500 005 个 TLS 会话中的 1 352 个(或大约 0.09%)使用了自签名证书。在恶意软件数据中,133 744 个

TLS 会话中的 947 个(或大约 0.7%)使用了自签名证书,该证书比企业案例大约高出一个数量级。

（2）恶意软件家族

表 10.6 列出了有关恶意软件最常连接的服务器的几个有趣统计信息。一些恶意家族连接到大量唯一的 IP 地址,例如 Symmi 和 Dynamer。流量最大的家族 Virlock 只连接到 block. io 拥有的 1 个唯一 IP 地址。

该研究观察了 10 个使用自签名证书的家族。ZBot 是最常见的罪犯,这些证书的主题是 tridayacipta. com,这是一个在 VirusTotal 上有很多检测的域名。

表 10.6　恶意软件最常连接的服务器

恶意软件家族	流量	唯一服务IP地址	自签名证书数量	被选择的密码套件	证书主题
Bergat	332	12	0	TLS_RSA_WITH_3DES_EDE_CBC_SHA	www. dropbox. com
Deshacop	129	38	0	TLS_RSA_WITH_3DES_EDE_CBC_SHA	*. onion. to
Dridex	103	10	89	TLS_RSA_WITH_AES_128_CBC_SHA	amthonoup. cy
Dynamer	372	155	3	TLS_ECDHE_RSA_WITH_AES_128_GCM_SHA256	www. dropbox. com
Kazy	1 152	225	52	TLS_RSA_WITH_3DES_EDE_CBC_SHA	*. onestore. ms
Parite	275	128	0	TLS_RSA_WITH_3DES_EDE_CBC_SHA	*. google. com
Razy	564	118	16	TLS_RSA_WITH_RC4_128_SHA	baidu. com
Sality	1 200	323	4	TLS_RSA_WITH_3DES_EDE_CBC_SHA	vastusdomains. com
Skeeyah	218	90	0	TLS_ECDHE_RSA_WITH_AES_128_GCM_SHA256	www. dropbox. com
Symmi	2 618	700	22	TLS_ECDHE_RSA_WITH_AES_256_CBC_SHA	*. criteo. com
Tescrypt	205	26	0	TLS_RSA_WITH_3DES_EDE_CBC_SHA	*. onion. to
Toga	404	138	8	TLS_RSA_WITH_3DES_EDE_CBC_SHA	www. dropbox. com
Upatre	891	37	155	TLS_RSA_WITH_RC4_128_MD5	*. b7websites. net
Virlock	12 847	1	0	TLS_DHE_RSA_WITH_AES_256_CBC_SHA256	block. io
Virtob	511	120	0	TLS_RSA_WITH_3DES_EDE_CBC_SHA	*. g. doubleclick. net
Yakes	337	51	0	TLS_RSA_WITH_RC4_128_SHA	baidu. com
Zbot	2 902	269	507	TLS_RSA_WITH_RC4_128_MD5	tridayacipta. com
Zusy	733	145	14	TLS_RSA_WITH_3DES_EDE_CBC_SHA	*. criteo. com

通用证书主题还允许人们对恶意软件家族使用的工具和家族支持的功能进行推断。例如,Deshacop 和 Tescrypt 将 *. onion. to 作为最常见的证书主题,并且如预期的那样,两者都有许多样本,这些样本具有 TLS 客户端配置,表明它们使用 Tor 浏览器。Tor 浏览器是 Deshacop 最流行的客户端,也是 Tescrypt 第二大流行客户端。Symmi 最常见的证书主题是 *. criteo. com,是一种广告服务。这可能表明 Symmi 有意进行点击欺诈。

10.2.4　加密流量分类

该研究使用逻辑回归分类器,对所有分类结果都有 L_1 惩罚。对于初始二元分类结果,该研究使用收集的不同数据特征子集训练了四个机器学习分类器。第一个分类器使用流元数据(Meta),分组长度和到达间隔时间(SPLT)的序列,以及字节分布(BD)。第二个分类器仅使用 TLS 信息(TLS)。第三个分类器使用与第一个分类器相同的特征进行训练,添加了TLS 客户端信息,特别是提供的密码套件,广告扩展名和客户端的公钥长度。第四个分类器使用所有数据进行了训练,还有一个额外的自定义特征:服务器证书是否为自签名(SS)。

1) 恶意软件与企业网络

为了在分类设置中演示其他 TLS 特征的价值,该研究使用十折交叉验证和 2015 年 8月至 2016 年 5 月收集的所有恶意 TLS 流,以及 2016 年 5 月和 6 月企业网络 TLS 流的随机子集。总共有 225 740 个恶意流和 225 000 个企业流用于此实验。该研究为了解释基于Windows XP 的沙箱可能引入的偏差,还在数据集上显示结果,该数据集仅包含未提供与默认 Windows XP SChannel 实现中的列表匹配的有序密码组列表的流:133 744 个恶意流和135 000 个企业 TLS 流。

表 10.7 中显示了上述问题的十折交叉验证结果。可看到使用所有可用的数据显著改善了结果。万分之一的错误发现率(FDR)定义为阳性类别的准确度,因为每 10 000 个真阳性仅允许 1 个误报。正如这些结果所示,不使用 TLS 头信息会导致性能明显下降,尤其是在固定的万分之一 FDR 的重要情况下。删除 Windows XP SChannel TLS 流对基于所有数据的分类器的总体准确性没有影响,但确实会使万分之一 FDR 的性能降低约 5%。

表 10.7　不同特征组合的分类结果

数据集	所有数据		No SChannel	
	Total Accuracy	0.01% FDR	Total Accuracy	0.01% FDR
Meta+SPLT+BD+TLS+SS	99.6%	92.6%	99.6%	87.4%
Meta+SPLT+BD+TLS	99.6%	92.8%	99.6%	87.2%
TLS	98.2%	63.8%	96.7%	59.1%
Meta+SPLT+BD	98.9%	1.3%	98.5%	0.9%

2) 恶意软件家族

为了确定受过训练的分类器能够检测到不同恶意软件家族生成的 TLS 流的程度,将首先在表 10.7 中的四个分类器进行了训练,使用上述相同的 225 000 个企业流作为负类别,2015 年 8 月和 9 月期间收集的 76 760 个恶意 TLS 流作为正类别。对其进行了 76 760 个恶意 TLS 流程。这些二元分类器应用于由 2015 年 10 月至 2016 年 5 月的 TLS 流量组成的测试数据。虽然该研究不删除提供与本实验中默认 Windows XP SChannel 实现中找到的列表匹配的有序密码组列表的流,但该研究确实明确了在大多数流中具有此偏差的家族。

表 10.8 列出了每个家族的四个分类器的分类准确度。由于仅使用恶意软件数据来测试经过训练的分类器误报不明确,所以未报告。在 2015 年 8 月和 9 月的恶意软件训练数据中,提供的恶意家族代表性很强,但没有任何确切的 SHA1 匹配。8 月或 9 月有四个家族分别是:Bergat、Yakes、Razy 和 Dridex。

在大多数情况下,结合传统的流元数据、典型的侧信道信息和 TLS 特定特征,可以获得性能最佳的机器学习模型。在所有家族中,所有数据视图分类器在 Deshacop 上表现最差,真阳性率为 96.1%。对于基于 Windows XP SChannel 的客户端使用的密码套件的恶意软件家族,所有数据视图分类器在 Tescrypt 上的表现最差,真阳性率为97.6%。这两个家族最常访问服务器证书主题为*.onion.to 的服务器,并使用指示为 Tor 浏览器的 TLS 客户端配置进行某些 TLS 连接。值得注意的是 Tor 浏览器的一个主要目标是维护其用户的隐私,这个特点类似于恶意软件家族。

表 10.8　恶意软件家族的四种分类器的分类准确度

Malware Family	Meta+SPLT+BD	TLS Only	Meta+SPLT+BD+TLS	All+SS
Bergat*	100.0%	100.0%	100.0%	100.0%
Kazy*	98.5%	99.5%	99.8%	100.0%
Parite*	99.3%	97.8%	99.6%	99.6%
Sality*	95.0%	94.1%	97.7%	98.0%
Tescrypt*	89.8%	95.6%	97.6%	97.6%
Upatre*	99.9%	98.7%	100.0%	100.0%
Virtob*	99.2%	98.8%	99.4%	99.4%
Yakes*	88.7%	98.5%	99.7%	99.7%
Zbot*	98.9%	99.6%	99.7%	100.0%
Zusy*	98.6%	88.7%	99.9%	99.9%
Deshacop	93.0%	63.6%	96.1%	96.1%
Dridex	16.5%	68.7%	78.5%	97.9%
Dynamer	95.4%	78.8%	95.7%	96.5%
Razy	91.5%	77.1%	95.9%	96.8%
Skeeyah	95.9%	82.1%	98.6%	98.6%
Symmi	99.1%	92.4%	99.8%	99.8%
Toga	100.0%	100.0%	100.0%	100.0%
Virlock	100.0%	100.0%	100.0%	100.0%

仅基于 TLS 数据的分类器能够在使用与基于 Windows XP SChannel 的客户端匹配的 TLS 客户端配置的恶意软件家族上表现良好,但如果恶意软件在另一个操作系统上运行,则无法保证此结果。除了 Toga 和 Virlock,仅使用 TLS 的分类器在大多数使用与基于 Windows XP SChannel 的客户端不匹配的 TLS 客户端配置的家族上表现最差。这两个系列在该研究的数据集中改变 TLS 客户端参数方面表现不佳,并且它们都使用了 TLS 客户端参数来指示旧版本的客户端:Toga→Tor 0.2.2 和 Virlock→Opera 12。

除了 Dridex 之外,机器学习分类器能够在大多数恶意软件家族上合理地执行。Dridex 是四个在训练数据中没有任何代表的家族之一。分类器对于其他三个家族(Bergat、Yakes 和 Razy),总准确率为 96%~100.0%。在 Bergat 和 Yakes 的情况下,这些家族提供了一个与默认的 Windows XP SChannel 实现中的列表相匹配的有序的密码组列表。

图 10.8 显示了 Dridex 从客户端角度使用 TLS。与大多数其他家族不同,Dridex 最常选择:0x002f(TLS_RSA_WITH_AES_128_CBC_SHA)。

图 10.7 显示了这种密码套件对于企业 TLS 会话来说并不罕见。Dridex 还支持了几个

TLS 扩展,并在 Client Hello 消息中提供了许多当前的密码套件。

　　图 10.8 还将 Dridex 的 TLS 使用情况与 Virlock 的使用情况进行了比较。Virlock 是恶意家族的一个例子,它对该研究观察到的每个样本都使用相同的 TLS 客户端,并且能够很容易地分类,即所有四个分类器都达到了 100% 的准确度。虽然 Dridex 提供各种强大的密码套件,但 Virlock 提供了一套较小的过时密码套件。Virlock 也只支持 signature_algorithms TLS 扩展。这两个家族之间的另一个显著差异是 Virlock 在该研究的整个数据集中没有改变其 TLS 客户端的行为。Virlock 总是使用与 Opera 12 类似的相同客户端参数。Virlock 缺乏适应性使得机器学习或基于规则的系统分类变得微不足道。Dridex 使用多个 TLS 客户端在检测效率方面产生了显著差异。

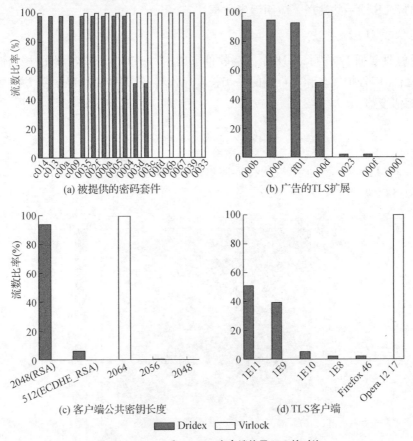

图 10.8　Dridex 和 Virlock 客户端使用 TLS 的对比

　　正如该研究现在所表明的那样,对自签名证书的认识至关重要。使用 Meta＋SPLT＋BD＋TLS(78.5%)对 Dridex 进行分类并不能激发人们对用于检测恶意加密流量的系统的信心。尽管 Dridex 改变了其 TLS 客户端的行为,但 Dridex 与之通信的服务器可能存在不变性,这使得能够更容易地对这些加密流量进行分类。通过提供一个二进制特征,指示服务器证书是否是自签名的(SS),并使用此新特征重新训练机器学习分类器。对训练数据的十折交叉验证结果几乎相同。通过自签名特征,具有所有数据源的新分类器在 Dridex 上实现了 97.9% 的准确性。

10.2.5 家族归属

能够将恶意软件样本准确地归属于已知家族是非常有价值的。在开始对恶意软件样本进行反向工程之前,归属为事件响应者提供可操作的先验信息。从网络的角度来看,这种归属可以帮助确定事件响应者时间的优先级,即应该分配可用资源来调查更严重的感染。在这些结果中,没有企业样本,只考虑恶意样本及其相关家族。

为了分析不同恶意软件家族使用的 TLS 参数之间的差异,使用了 2015 年 10 月至 2016 年 5 月的恶意软件样本,这些样本具有可识别的名称。该过程将最初的 20 548 个样本修剪为 18 个家族的 5 623 个独特样本。这些样本生成了 25 793 个 TLS 加密流,这些流成功协商了完整的 TLS 握手并发送了应用程序数据。

1) 相似的 TLS 用法

图 10.9(见彩插 17)显示了 18 个恶意软件家族相对于其 TLS 客户端的相似性矩阵。提供的密码套件、广告扩展名和客户端的公钥长度用作特征,并使用标准的平方指数相似度函数来计算相似度值:

$$\exp\left(-\lambda \sum_{i,j} (x_i - x_j^2)^2\right) \tag{10.10}$$

如果设 $\lambda=1$,x_i 是第 i 个家族的特征向量的平均值,矩阵的对角线将为 1.0,则每个家族都将完全自相似。

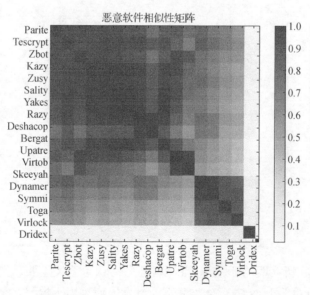

图 10.9 恶意软件与一般 TLS 客户端 TLS 参数的相似性矩阵

图 10.9 中有很多结构,左上方的块由具有一定数量的流的家族组成,这些流使用默认的 Windows XP TLS 库。Skeeyah、Dynamer、Symmi 和 Toga 都大量使用提供的密码套件和表明为 Tor 0.2.x 的广告扩展。Dridex 和 Virlock 是两个最不相似的恶意软件家族。虽然 Dridex 难以准确分类,但 Virlock 很琐碎。

2) 多类别分类

为了评估 TLS 流的恶意软件家族归属潜力，Anderson 等人使用了表 10.4 中列出的数据，并没有删除提供与本实验中默认 Windows XP SChannel 实现中找到的列表匹配的有序密码组列表的样本，因为所有样本会有相同的偏差。并且将恶意 TLS 流归属于已知恶意软件家族的问题定位为多类别分类问题。Anderson 等人使用第 10.2.3 节中描述的所有恶意软件家族和数据特征。与第 10.2.4 中的企业与恶意软件结果类似，该方法使用了十折交叉验证和 L_1 多项逻辑回归。该方法不仅在整体分类准确性方面呈现该研究的结果，而且还作为混淆矩阵显示每个家族分解的真实阳性和误报。

使用所有可用的数据特征可获得最佳的交叉验证性能，使用单个加密流的 18 类分类问题的总准确度为 90.3%。该问题的混淆矩阵如图 10.10（见彩插 18）所示，对于混淆矩阵中的给定行（族），列项表示被识别为该特定家族的样本的百分比。完美的混淆矩阵将其所有权值都集中在对角线上。作为一个例子，第一行大多数 Kazy 的 TLS 流，第一列为被确定为 Kazy 家族。一些 Kazy 的 TLS 流也被确定为 Symmi（第 2 列）、Yakes（第 4 列）、Razy（第 5 列）和 Zbot（第 8 列）。

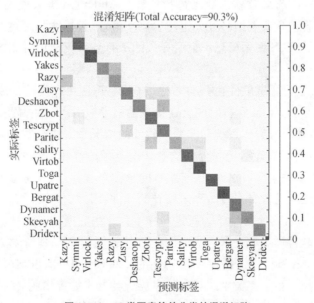

图 10.10　18 类恶意软件分类的混淆矩阵

大多数 TLS 流量归属于适当的家族，准确度为 80%～90%。同样，两个例外是 Dridex 和 Virlock。这两个家族的归属是微不足道的，这在很大程度上是因为与其他恶意家族相比，它们对 TLS 的独特使用。

多类别分类算法对两组各两个家族存在区分问题。第一组是 Bergat 和 Dynamer，Bergat 使用了类似 Windows XP SChannel 的 TLS 客户端，但是 Dynamer 使用了类似 Tor 0.2.2 的 TLS 客户端。混淆来自其他数据视图，特别是分组长度的序列。这两个家族通常都连接到 www.dropbox.com 上的服务器，并且具有相似的通信模式。Yakes 和 Razy 是另外两个恶意家族，多类别分类器无法区分。与 Bergat 和 Dynamer 一样，Yakes 和 Razy 最常连接到 baidu.com 上的服务器。事实上,这两个家族是 Ramnit 家族的子家族,Yakes 和 Razy 的网络行为大致相同。

基于单个加密流确定恶意软件家族是不必要的难题。在 Anderson 等人的数据集中,恶意软件样本通常会创建许多可用于归属的加密流。可以在给定主机的 5 min 滑动窗口中对所有流进行分类,并使用可疑流来执行家族归属。首先训练了一个单流的多类别分类器。然后,对于测试集中的每个窗口,对每个流进行分类,并使用多数投票来对窗口内的所有流进行分类。这类似于机器学习中的集成方法。由此问题的十折交叉验证产生的混淆矩阵看起来与图 10.10 中所示非常相似。多类问题的准确性从使用单个加密流的 90.3% 增加到使用简单多流算法的 93.2%。虽然有几个家族的性能有所提高,但这种简单的多流方案显著提高了 Yakes 和 Razy 的准确性。

10.2.6　方法局限性

Anderson 等人[2]使用商业沙箱环境来收集恶意软件样本网络活动的前 5 min。从这些样本中收集了数以万计的独特恶意软件样本和数十万个恶意加密流,从企业网络收集了数百万个 TLS 加密流,以与恶意软件数据进行比较。Anderson 等人使用一个开源项目来收集数据并将其转换为包含典型网络五元组的 JSON 格式、包长度和到达间隔时间的顺序、字节分布以及未加密的 TLS 握手信息。最后完成的所有分析仅使用网络数据,并不假设端点存在。

Anderson 等人收集恶意软件数据的方法很简单,并且允许快速生成大量网络数据,但是依赖 Windows XP 和 5 min 运行时间会在呈现的结果中引入一些偏差。Anderson 等人通过专门考虑 TLS 特征反映操作系统而非恶意软件的情况来解决这些偏差,并且在拆除这些情况时分析数据,或者明确地标记和分析这些情况。考虑沙箱引起的偏差对于理解实际使用 TLS 的恶意软件至关重要。然而,从实践者的角度来看,有时候考虑原始的、有偏差的数据是值得的。恶意软件通常针对过时和未修补的软件,因为它易受攻击,与沙箱的偏差方向相同。Anderson 等人在多个环境下运行这些样本并收集数据。

在名称与恶意软件样本相关联之后,使用 TLS 的原始 20 548 个样本集合被减少为 18 个家庭中的 5 623 个独特样本。即使在结构化的沙箱设置中,也很难可靠地确定与恶意软件样本相关联的家族。虽然多类别恶意软件家族分类器未能提供约 3/4 恶意软件样本的归属,但这一事实反映了动态分析环境中家族归属的困难,而不是对基础方法的限制。训练数据的恶意软件家族可以通过强大的聚类算法来确定,而不是依赖于 VirusTotal 的共识投票。

像几乎所有其他威胁检测方法一样,有动机的威胁行为者可能会试图通过模仿企业流量的特征来逃避检测。例如,可能采取尝试提供与流行的 Firefox 浏览器相同的 TLS 参数并使用由信誉良好的证书颁发机构颁发的证书的形式。但是,虽然逃避原则上总是可行的,但实际上它对恶意软件运营商提出了挑战。模仿流行的 HTTPS 客户端实现需要持续且非平凡的软件工程工作;如果客户提供实际上不支持的 TLS 密码套件或扩展,则会话不太可能完成。在服务器端,证书必须模仿发行者、subjectAltName、发布时间和良性服务器的有效期。在任何一种情况下,Anderson 等人概述的检测方法并不是详尽无遗的,并且在健壮的系统中,这些方法只是最终解决方案的一个方面。扩展此方法稳健性的一个示例是基于未加密的 HTTP 流中公布的 user-agent 字符串为端点构建配置文件。如果 TLS 参数指示在端点上未观察到的用户代理,则这可能是一个妥协信号。

Anderson 等人提出的所有分类结果都使用了十折交叉验证和 L_1 逻辑回归。研究发现这种分类器非常有效,并且对网络数据特征分类表现非常好。该模型报告概率输出,允许人们轻松改变分类器的阈值。Anderson 等人确实将 L_1 逻辑回归与支持向量机(高斯核,通过 CV 调整的宽度)进行比较,并且发现在 5% 显著性水平下使用十折配对 t-test 没有统计学显著性改善。由于训练 SVM 所需的额外计算资源和所选模型对过度拟合的稳健性,最后只报告了 L_1 逻辑回归结果。

恶意软件使用 TLS 对于开发适当的技术以识别威胁并相应地响应这些威胁至关重要。Anderson 等人从样本的 TLS 客户端和与之通信的 TLS 服务器的角度审查了恶意软件通常使用的 TLS 参数。考虑到底层沙箱操作系统造成的偏差,发现恶意软件通常提供并选择弱密码套件,并且不提供在企业客户端中看到的各种扩展。

Anderson 等人还分析了基于每个家族的恶意软件的 TLS 使用情况。确定了最有可能使用 TLS 客户端参数的恶意软件家族,这些参数与 Windows XP 沙箱的底层操作系统,(例如 Bergat 和 Yakes)提供的 TLS 库相匹配;除了数百种其他 TLS 客户端配置(例如 Sality)之外,使用与底层操作系统提供的 TLS 库匹配的 TLS 客户端参数的恶意软件家族以及专门使用与底层操作系统提供的 TLS 库不匹配的 TLS 客户端配置的家族,例如 Virlock。Anderson 等人发现积极发展 TLS 使用的家族更难以分类,发现了一个恶意软件系列 Dridex,它使用的 TLS 参数与企业网络中的参数类似,并且难以分类。但是,如果利用额外的特定于域名的知识,例如 TLS 证书是否是自签名的,可以显著提高分类器的性能(见表 10.9)。

Anderson 等人发现,恶意软件家族如何使用 TLS 的差异可用于将恶意加密网络流归属于特定恶意软件家族。该研究还观察到一些恶意软件家族以完全相同的方式使用 TLS,例如 Yakes 和 Kazy,它们通常提供与默认 Windows XP SChannel 实现中找到的列表匹配的有序密码组列表。当限制为单个加密流时,证明了家族归属问题的准确率为 90.3%,当在 5 min 窗口内使用所有加密流时,准确度为 93.2%。

最后,在 TLS 中被动观察的数据特征提供了有关客户端和服务器软件及其配置的信息,此数据可用于通过规则或分类器检测恶意软件并执行家族归属。从沙箱获取的恶意软件的 TLS 数据特征存在偏差,在使用这些特征时,必须了解并解释这种偏差。

表 10.9 密码套件对应的编码

Hex Code	Ciphersuite
0x0004	TLS_RSA_WITH_RC4_128_MD5
0x0005	TLS_RSA_WITH_RC4_128_SHA
0x000a	TLS_RSA_WITH_3DES_EDE_CBC_SHA
0x002f	TLS_RSA_WITH_AES_128_CBC_SHA
0x0033	TLS_DHE_RSA_WITH_AES_128_CBC_SHA
0x0035	TLS_RSA_WITH_AES_256_CBC_SHA

Hex Code	Ciphersuite
0x0039	TLS_DHE_RSA_WITH_AES_256_CBC_SHA
0x003c	TLS_RSA_WITH_AES_128_CBC_SHA256
0x003d	TLS_RSA_WITH_AES_256_CBC_SHA256
0x0067	TLS_DHE_RSA_WITH_AES_128_CBC_SHA256
0x006b	TLS_DHE_RSA_WITH_AES_256_CBC_SHA256
0x00fd	unassigned
0xc009	TLS_ECDHE_ECDSA_WITH_AES_128_CBC_SHA
0xc00a	TLS_ECDHE_ECDSA_WITH_AES_256_CBC_SHA
0xc013	TLS_ECDHE_RSA_WITH_AES_128_CBC_SHA
0xc014	TLS_ECDHE_RSA_WITH_AES_256_CBC_SHA
0xc02b	TLS_ECDHE_ECDSA_WITH_AES_128_GCM_SHA256
0xc02f	TLS_ECDHE_RSA_WITH_AES_128_GCM_SHA256
0xc030	TLS_ECDHE_RSA_WITH_AES_256_GCM_SHA384

10.3　基于背景流量的恶意流量检测方法

随着越来越多的加密网络流量,确定其可信度对于大多数事件响应团队而言变得过于繁重。传统识别威胁的方法(例如深度数据包检查和签名)不适用于加密流量。解密网络流量的解决方案会削弱用户的隐私,不适用于所有加密,并且计算密集。此外,这些解决方案依赖于协作端点的配置使得部署具有挑战性并限制其适用性。

本节将介绍 Anderson 等人在 10.2 节研究的基础上提出的另一类方法[3],即不建议解密网络流量,而是专注于通过被动监控,相关数据特征的提取以及基于大型沙箱恶意软件样本和大型企业网络收集的数据的监督机器学习方法来识别加密流量中的恶意软件通信。该方法主要包括两个方面内容:

(1) 提供了利用上下文信息(即 DNS 响应和 HTTP 标头)识别加密流量中的威胁的首次结果。

(2) 对于 0.00% 的错误发现率,证明了对这些数据进行操作的机器学习算法的高度准确性。

鉴于加密流量上的威胁检测所带来的独特挑战,以及希望开发尽可能健壮的机器学习模型,很自然的考虑包括与加密流相关的所有可能数据视图,Anderson 等人将此观点称为 data omnia 方法。从概念上讲,这可以通过扩展流记录以包含有关流的所有元数据(例如未加密的 TLS 握手信息)和指向"上下文"流的指针来实现。Anderson 等人将 DNS 上下文流定义为基于目标 IP 地址与 TLS 流相关的 DNS 响应,并将上下文 HTTP 流定义为源自 5 min 窗口内的相同源 IP 地址的 HTTP 流。此方法不同于现有的多流技术,因为它使用有关流和上下文流的详细信息,而不仅仅是流元数据。例如,图 10.11 举例说明了如何将 DNS 流与 TLS 流相关联,以及此方法提供的其他信息的类型。

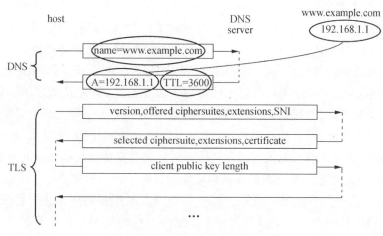

图 10.11　TLS 和 DNS 的关联方式

　　Anderson 等人提供了对 TLS 握手元数据和两种上下文流类型的深入分析，该研究发现这些上下文流类型与识别加密流量中的威胁存在特别的相关性，对恶意流量和良性流量之间的协议特征值进行了详细分析。将这些观察结果公之于众的动机是任何有动力的威胁行动者，可以观察到良性流量并试图修改他们的服务器和客户端以模仿观察到的行为，给出的特征类型在大多数情况下已公布在公开文献中。另一方面，通过混淆特征值，Anderson 等人增加了事件响应者编写和部署折中指标的难度。

　　Anderson 等人分析的第一种上下文流是 DNS 响应，它提供加密流使用的地址，以及与名称关联的 TTL。拥有 IP 地址的域名可以自行提供大量有意义的信息。在 TLS 流中，有时可以从服务器名称指示扩展或服务器证书的主题收集信息。SNI 扩展是可选的，并且在 TLS 恢复的情况下将没有服务器证书，在这些情况下，上下文 DNS 流有可能提供不可用的信息。此外，恶意 DNS 响应具有可以将其与良性 DNS 响应区分开的特征，并且可以使用此信息更准确地对相应的 TLS 加密流进行分类。

　　除了可以直接与 TLS 加密流相关的 DNS 流之外，Anderson 等人还分析了 HTTP 上下文流的 HTTP 头。已经有几个基于规则的系统和机器学习分类器利用 HTTP 数据，而 Anderson 等人通过利用 HTTP 头信息帮助对加密流进行分类来构建这些研究。还可以通过将 HTTP 数据与未加密的 TLS 握手元数据相关联来进行一些有趣的基于规则的推断。例如，TLS 提供的密码组列表和扩展可用于推断使用中的加密库和版本，而后者又可用于推断启动流的 user-agent。查找流在其 HTTP 字段中通告的 user-agent 与从相邻的加密流的 TLS 参数推断的 user-agent 之间的差异是折中的有用指标。

　　Anderson 等人编写了一个基于 libpcap 的自定义工具，用于从实时流量中捕获数据特征，以及处理恶意软件报文捕获文件。此工具在 2016 年 1 月至 2016 年 4 月期间从商业沙箱环境 ThreatGRID 收集的恶意数据包文捕获文件上运行，此工具也于 2016 年 4 月在大型企业网络的 DMZ 上运行了 5 天，此过程获取了数千万的恶意流量和良性流量。虽然 DMZ 流量确实包含少量恶意软件流量，但出于研究方便，仍将此流量称为良性流量。Anderson 等人的分析工具基于 Python 和 Scikit-learn。

Anderson 等人的研究表明 data omnia 方法既实用又有价值。对于 Anderson 等人的机器学习应用程序,采用自下而上的方法。根据收集的数据,首先确定具有最大辨别力的 TLS、DNS 和 HTTP 的数据特征。然后,可以使用这些数据特征定义机器学习算法,这些特征可以正确地分类它们各自的流类型。最后,利用 HTTP 和 DNS 流提供的上下文来帮助对 TLS 加密的网络流进行分类。当每天处理数千万个流时,即使是适度的错误发现率,高的总体准确度也会让分析师感到压力。出于这个原因,Anderson 等人将结果集中在 0.00% 错误发现率的准确度上,而不是总准确度,即具有四个有效数字的 FDR 为零。为了进一步验证提出的假阳性率,并确认结果不仅仅是由于对初始数据集和特征集的过度拟合,Anderson 等人还对初始良性数据集后大约 4 周内收集的其他验证数据集进行了实验验证。

Anderson 等人采用有监督的机器学习作为使用以前观察到的恶意软件通信来检测加密恶意软件通信的最佳方式。机器学习分类器提供了构建检测器的最直接方式,并且还可以提供概率估计。与异常检测不同,监督学习提供了基础且易于解释的结果。在分类器训练期间可以使用正则化来选择具有最大辨别力的数据特征,这对于 data omnia 方法是必不可少的。最后,有一些分类器可以抵抗过度拟合,通过使用这些来避免这个陷阱。在 10.3.4 节中,将通过证明有效算法与此数据上的低效黑盒模型具有相同的性能,进一步证明了这些声明。

10.3.1　恶意软件与 DNS

Anderson 等人系统地将恶意软件的 DNS 使用与良性软件的 DNS 使用进行比较。使用与上一节相同的数据源,该实验收集了 6 906 627 个恶意和 8 060 064 个良性 DNS 响应。该实验将执行恶意软件报文捕获文件并实时进行 DMZ 数据的 DNS 解析。

从签名的角度来看,DNS 提供域名的动态性低于关联的 IP 地址,这样可以提供更强大的黑名单,此信息还提供了在许多情况下缺失的加密流的可见性。在某些情况下,服务器名称指示(SNI)TLS 扩展和服务器证书中的主题/主题备用名称(SAN)可以提供此信息。在 TLS 会话恢复的情况下,证书将不存在,并且随着 TLS 1.3 的发布,服务器证书很可能被加密。此外,在 Anderson 等人的研究中,发现恶意软件仅在观察到的 TLS 流量的约 27% 中利用了 SNI 扩展。另一方面,DNS 响应可用于数据集中约 78% 的恶意 TLS 流,并且可用于缺少 SNI 扩展的约 73% 的恶意 TLS 流。

域名生成算法(DGA)为恶意软件生成大量域名以尝试与之通信,此过程为恶意软件提供了一种更强大的方法来联系其命令和控制服务器。通常情况是这些算法具有隐式或显式偏差可用于检测 DGA 域名。Anderson 等人检查了一些关于域名和完全限定域名(FQDN)的简单统计信息,以帮助进行这些推断,更一般地确定良性和恶意域名的差异。图 10.12 显示了数据集中域名字符数的直方图,该分析也在 FQDN 上完成。对于域名长度,良性域名具有以 6/7 为中心的粗略高斯形状,恶意域名和 FQDN 分别在 6 和 10 处有一个尖峰,在手动检查名称和相关的 pcaps 之后。很明显,这种现象是由于 DGA 活动造成的,即每个样本有很多这种具有相同长度的随机 DNS 响应。与最初的直觉相反,似乎良性域名对于 FQDN 中的字符数具有更长的尾部,这是跟基于云的服务如何构建其 FQDN 有关。

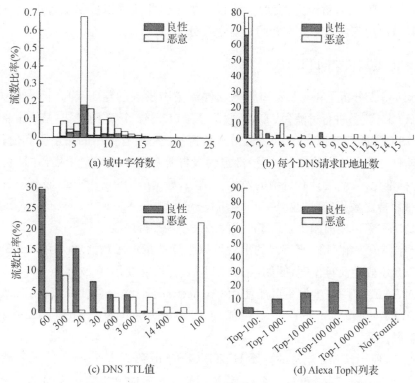

图 10.12 数据集中与 TLS 相关的 DNS 流相关信息统计

在 FQDN 上检查了另外两个指标：数字字符的百分比和非字母数字字符的百分比。与 Callegati 的结论相比，发现良性 DNS 响应的数字字符百分比更高，13.44%对 0.85%，非字母数字字符的百分比更高，为 16.36%对 9.61%，非字母数字字符包括通配符和句点。大量访问云服务和 CDN 的良性流量可能导致与 Callegati 的结论的差异。

除了 FQDN 之外，DNS 响应还提供其他有趣的数据元素。图 10.12 显示了返回的不同 IP 地址的数量，大多数 DNS 响应为恶意和良性响应返回 1 个 IP 地址，除了这些情况之外，还有一些有趣的结构，例如可以看到更多的良性响应返回 2 和 8 个 IP 地址，并且显示更多的恶意软件响应返回 4 和 11 个 IP 地址。

图 10.12 还显示了恶意软件和良性 DNS 响应之间不同 TTL 值的普遍程度。良性 DNS 响应的四个最常见的 TTL 值依次为 60、300、20 和 30。TTL 值 300 是恶意软件第二大常见的，但很少观察到 TTL 值是 20 或 30。值得注意的是，约 22%的恶意软件 DNS 响应使用的 TTL 值为 100，这是 DMZ 数据中未观察到的值。

Alexa 根据页面浏览量和唯一 IP 地址数量对网站进行排名。Anderson 等人在 2016 年 4 月记录了来自 Alexa 的前 1 000 000 个网站，并使用此列表为域名创建了 6 个类别：目标域名是否位于前 100 名、前 1 000 名、前 10 000 名、前 100 000 名、超过 1 000 000 名或在 Alexa 列表中找不到。图 10.13 显示了针对恶意软件和 DMZ 流量的 Alexa 列表的域名分布，正如预期的那样，在 Alexa 排名前 1 000 000 的列表中大约 86%的恶意软件样本所查找的域名都找不到，另一方面，图 10.12 显示 DMZ 流量的大部分域名都在前 1 000 000 中。很明显

DNS 提供了有价值的、有辨识力的信息,可以与加密流相关联以提供额外的上下文来提高可见性,并且可以用于创建高度准确的机器学习分类器。

10.3.2　恶意软件与 HTTP

Anderson 等人分析了在 DMZ 和恶意软件流量中发现的与 HTTP 标头相关的差异。对端口 80 HTTP 流量进行过滤,从 DMZ 收集了 1 743 842 个 HTTP 流,从 ThreatGRID 收集了 1 004 798 个 HTTP 流。Anderson 等人解析了流中所有可用的头字段和值,从而保留了 Web 代理日志丢弃的完整信息,这些日志仅报告所有标头的固定子集,并且它们会对报告的值进行标准化,从而丢弃有价值的数据。例如,导出的 IIS 6.0 Web 服务器日志中唯一可用的 HTTP 特定数据特征是 Method、URI、code、User-Agent、Referer、Cookie 和 Host。其中,默认情况下只启用前四个,HTTP 字段的大小写和排序。

HTTP 字段或一组 HTTP 字段的出现可以很好地指示恶意活动。图 10.13 列出了一些入站 HTTP 字段的流行程度,例如,恶意 HTTP 更可能使用 Server、Set-Cookie 和 Location 字段,而 DMZ HTTP 流量更可能使用 Connection、Expires 和 Last-Modified 字段。对于出站 HTTP 字段,DMZ HTTP 更可能使用 User-Agent、Accept-Encoding 和 Accept-Language 字段。

如图 10.13 所示,DMZ 流量的主要 HTTP Content-Type 是 image/*,恶意软件流量主要是 text/*。Content-Type 也是一个示例,说明为什么不应该规范化这些字段的值。恶意软件的第二和第三常见内容类型是 text/html; charset=UTF-8 和 text/html; charset=utf-8。这些微妙的差异在检测和归属方面具有令人难以置信的价值,不应该被丢弃。

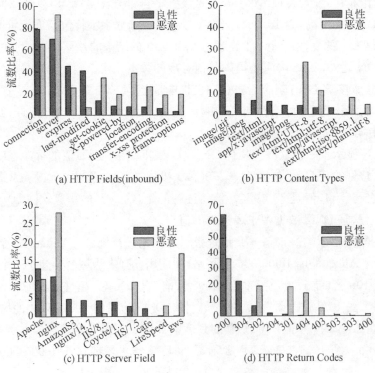

(a) HTTP Fields(inbound)　　　　(b) HTTP Content Types

(c) HTTP Server Field　　　　(d) HTTP Return Codes

图 10.13　TLS 流相关的 HTTP 流的统计信息

图 10.13 还显示了 Server 和 code 在入站 HTTP 字段的值。恶意软件通常说它使用的是无版本的 nginx 服务器，而良性流量通常表示它使用的是无版本的 Apache 或 nginx 服务器。在有趣的服务器方面，AmazonS3 和 nginx/1.4.7 几乎全部由良性服务器公布，而 LiteSpeed 和 gws 几乎全部由恶意服务器公布。

出站的 User-Agent 字段有一个很长的尾部，两个数据集中有数千个唯一的字符串。对于恶意软件数据，最常见的 User-Agent 字符串是 Opera/9.50(WindowsNT6.0；U；en)，后面是 Mozilla/5.0 和 Mozilla/4.0 的几种变体。DMZ 数据中的所有顶级 User-Agent 字符串都是 Mozilla/5.0 的 Windows 和 OS X 变体，这个字段也有观察到的最多样化的有价值集合：

User-Agent；

user-agent；

User-agent；

USER-AGENT；

User-AgEnt

User-Agent 字段也是加密流量环境中这些字段特征的一个示例。找出端点上使用的软件与端点通告的软件之间的差异是一个折中指标。通过将 HTTP 和 TLS 数据特别是 User-Agent 字段与 TLS 库相关联，可以进行有用的推断。例如，可以通过观察 TLS 元数据，推断 TLS 库，然后将 TLS 库与可能的浏览器或一组浏览器相关联来合理估计正在使用的浏览器。

10.3.3　实验数据

本节介绍了该研究工作的数据收集策略，并描述了在前面部分中探索的每个数据特征如何表示为机器学习算法。Joy 用于将所有数据（从数据包捕获文件或实时收集）转换为方便的 JSON 格式。

1）恶意数据

恶意数据集是从 2016 年 1 月到 4 月从接收用户提交的商业沙箱环境收集的。允许每次提交运行 5 min，并收集所有网络活动以进行分析。从这一组中，有 21 417 个成功的 TLS 流，每个流都完成了完全握手，并收集了来自 Client Hello、Server Hello、Certificate 和 Client Key Exchange 消息的 TLS 数据。

图 10.14 给出了同样存在的其他上下文数据特征的百分比。在 TLS 流中有 16 691 个具有关联的 DNS 查找，并且在沙箱运行期间有 18 144 个具有活动的 HTTP 会话，13 542 个（约 63%）恶意 TLS 流拥有所有可用数据。为了根据不同的数据视图准确地比较分类器，在 10.3.4 节中使用了这组数据。

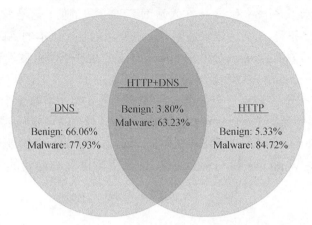

图 10.14　与 TLS 流同时存在的上下文(DNS/HTTP)流量的比率

2）良性数据

良性数据集是从 2016 年 4 月的 5 天内在大型企业网络的 DMZ 中收集,收集所有成功完成 TLS 握手并具有所有相关消息的 TLS 流,共有 1 130 386 个这样的流量。

如图 10.14 所示,746 723 或约 66%的 TLS 流具有相关的 DNS 响应。但是,在 TLS 流的 5 min 窗口内,只有 60 285 或约 5%的 TLS 流具有来自相同源 IP 地址的任何 HTTP 流。HTTP 上下文本身就是一个有趣的指标,随着更多的 Alexa 排名前 1 000 000 的网站转换为 HTTPS,上下文信号将更加有效,共有 42 927 个 TLS 流同时具有 DNS 和 HTTP 上下文。作为对结果的额外验证,Anderson 等人在 2016 年 5 月收集了来自同一企业 DMZ 的另一个数据集:收集初始数据集后的大约 4 周时间,采用相同的数据收集和过滤策略,在此期间,共有 35 699 个 TLS 流同时具有 DNS 和 HTTP 上下文。

3）数据特征

(1)可观察的元数据

使用基于可观察元数据的特征,例如包长度和到达间隔时间的序列,并将其建模为马尔可夫链。通过跟踪 TCP 序列号,从数据中排除 TCP 重传,数据包长度被视为 UDP、TCP 或 ICMP 数据包有效负载的大小,如果数据包文不是这三种类型之一,则将长度设置为 IP 数据包的大小,到达间隔时间的分辨率为毫秒级。

对于长度和时间,将值离散化为相同大小的箱子,长度数据马尔可夫链有 10 个箱子,每个 150 字节,假设一个 1 500 字节的 MTU,并且观察到的大小超过 1 350 字节的任何数据包被放入同一个箱子中。时间数据马尔可夫链使用 50 ms 级别的 10 个箱子用于总共 100 个特征,任何大于 450 ms 的数据包间隔时间都落入同一个箱子中,转移概率被用作机器学习算法的特征。

另一种形式的可观察元数据,即字节分布,表示为长度为 256 的数组,其保持在被分析流的报文的有效载荷中遇到的每个字节值的计数。给定字节分布,通过将字节分布计数除以在报文有效载荷中找到的总字节数,可以容易地计算流的字节值概率,机器学习算法使用的特征是 256 字节分布概率。

(2) TLS 数据

Anderson 等人分类算法中使用的基于客户端的特定 TLS 特征是列出的密码套件列表、通告的扩展名列表以及客户端的公钥长度。Anderson 等人在提供的密码组列表中观察到 176 个唯一的十六进制代码，并创建了一个长度为 176 的二进制向量，每一个向量分配给样本提供的密码组列表中的每个十六进制代码。类似地，长度为 21 的二进制向量用于表示 TLS 扩展。最后，使用单个整数值来表示公钥长度。

基于服务器的 TLS 特定特征包括选定的密码套件、支持的扩展、证书数量、SAN 名称数量、有效天数以及是否有自签名证书。

(3) DNS 数据

根据 TLS 流的关联 DNS 响应，Anderson 等人收集域名 FQDN 的长度，40 个最常见后缀的列表，并为每个后缀和"其他"提供了二进制特征。同样，亦收集了 32 个最常见的 TTL 值列表和一个"其他"选项。该数据还具有数字字符数，非字母数字字符数以及 DNS 响应返回的 IP 地址数的特征。最后，该数据中有六个二进制特征，表示域名是否在 Alexa 列表的前 100 名、前 1 000 名、前 10 000 名、前 100 000 名、前 1 000 000 名或不在列表中，为每个域名选择相应的类别。

(4) HTTP 数据

对于每个 TLS 流，收集在 TLS 流的 5 min 窗口内来自相同源地址的所有 HTTP 流。有一个二进制变量的特征向量表示所有观察到的 HTTP 头，如果任何 HTTP 流具有特定的标头值，则无论其他 HTTP 流如何，该特征都将为 1。

Anderson 等人使用了 HTTP 数据中的七种类型的特征，对于每个特征，选择了至少 1% 的恶意软件或良性样本和"其他"类别使用的所有特定值，这些类型包括出站和入站 HTTP 字段、Content-Type、User-Agent、Accept-Language、Server 和 Code。

10.3.4　加密流量分类

本节概述了从 data omnia 角度查看加密数据时可以实现的结果类型。该研究不仅表明使用所有可用数据以 0.00% 的错误发现率实现令人难以置信的准确分类器，还展示了这些机器学习模型是如何解释的。证据表明关联未加密的元数据可以为加密流带来有用且有趣的折中指标。最后，在更真实的数据上验证该研究的方法，即从初始训练、模型和特征调整中提取的数据。

1) 分类结果

对于这些结果，使用了包含 DNS 和 HTTP 上下文的 13 542 个恶意和 42 927 个良性 TLS 流的集合。所有结果都使用十折交叉验证和 L_1-logistic 回归。该结果将证明这个分类器对该研究的任务表现得非常好，并且具有易于解释的额外好处。该模型还报告概率输出，允许人们轻松更改分类器的阈值。将 L_1-logistic 回归与支持向量机（高斯核，通过 CV 调整的宽度）进行比较，发现在 5% 显著性水平下使用十折配对 t-test 没有统计学上显著的改善。由于训练 SVM 所需的额外计算资源和可解释性的丧失，所以只强调 L_1-logistic 回归结果。最后，将所有数据特征归一化为零均值和单位方差。

　　表 10.10 给出了不同特征集组合的十折 L_1-logistic 回归分类结果，表中数据包括 SPLT/BD(包长度、时间和字节分布的序列)、TLS、HTTP 和 DNS。仅使用来自加密流本身 SPLT＋BD＋TLS 的信息，能够实现 99.933％的总精度。即使是在适度大小的网络上看到的加密流量，总精度也意味着很小，因为即使是 99.99％总准确度的分类器也是可能有数以万计的误报，因此，Anderson 等人关注的是 0.00％的错误发现率。

表 10.10　不同特征组合的分类结果

Dataset	Total Accuracy	0.00% FDR	Avg # of Model Parameters
SPLT＋BD＋TLS＋HTTP＋DNS	99.993％	99.978％	189.7
SPLT＋BD＋TLS＋HTTP	99.983％	99.956％	209.8
SPLT＋BD＋TLS＋DNS	99.968％	98.666％	197.1
TLS＋HTTP＋DNS	99.988％	99.889％	129.3
SPLT＋BD＋TLS	99.933％	77.881％	250.7
HTTP＋DNS	99.985％	99.956％	109.2
TLS＋HTTP	99.955％	99.660％	109.3
TLS＋DNS	99.883％	96.849％	89.4
HTTP	99.945％	98.996％	87.5
DNS	99.496％	94.654％	50.2
TLS	96.335％	62.857％	51.6

　　在数据集中约有 55 000 个样本，不可能给出真正的强大的 0％错误发现率。有了这个警告，该研究会为分类器报告 0％或 0.00％的错误发现率。相比之下，SPLT＋BD＋TLS 分类器的性能在此指标下具有 77.881％的准确度。但是，一旦利用额外的 HTTP 和 DNS 上下文，0.00％的错误发现率变为 99.978％，这是一个显著的改进。当分析真实的验证数据集时，将进一步保证误报率。

　　表 10.10 中的结果清楚地显示了利用上下文 DNS 和 HTTP 信息对 TLS 加密流进行分类的好处。虽然从 DMZ 收集的许多 TLS 流中不存在 HTTP 上下文，但 66％的 TLS 流确实具有 DNS 信息，只有 TLS 和 DNS 数据在 0.00％FDR 时仍能提供 98.666％的准确率。

　　2) 模型可解释性

　　在操作设置中，具有返回 0/1 响应的黑盒分类器是次优的。在执行适当的响应方面，具有向分类决策添加上下文的能力是非常重要的。Anderson 等人使用的 L_1-logistic 回归分类器非常准确，并且具有易于解释的参数，可用于帮助解释分类器对事件响应者的决策。此外，L_1 惩罚将大多数参数缩小为 0，从而创建更稀疏的模型，这些模型甚至可以更好地解释和概括。表 10.10 中显示了每个学习模型的参数数量，在交叉验证上取平均值。值得注意的是，具有所有可能数据特征的模型实际上比具有较少数据特征的其他模型具有更少的模型参数。例如，所有特征的平均值为 189.7，SPLT＋BD＋TLS 的平均值为 250.7。

　　表 10.11 列出了影响正确识别恶意软件的前 5 个参数以及影响错误识别恶意软件的前 5 个参数。这个 L_1-logistic 回归分类器是使用所有可用的数据源构建的，来自 TLS、DNS 和

HTTP 的数据特征都显示在前 5 个列表中的一个或两个中。

表 10.11 与 TLS/DNS/HTTP 分类器最相关的特征权重

权重	特征
3.38	DNS Sux org
2.99	DNS TTL 3600
2.62	TLS Ciphersuite TLS_RSA_WITH_RC4_128_SHA
2.28	HTTP Field accept-encoding
1.95	TLS Ciphersuite SSL_RSA_FIPS_WITH_3DES_EDE_CBC_SHA
1.78	HTTP Field location
1.38	DNS Alexa:None
1.21	TLS Ciphersuite TLS_RSA_WITH_RC4_128_MD5
1.12	HTTP Server nginx
1.11	HTTP Code 404
−2.16	TLS Extension extended_master_secret
−1.65	HTTP Content Type application/octet-stream
−1.61	HTTP Accept Language en-US,en;q=0.5
−1.35	TLS Ciphersuite TLS_DHE_RSA_WITH_DES_CBC_SHA
−1.10	HTTP Content Type text/plain;charset=UTF−8
−0.97	HTTP Server Microsoft-IIS/8.5
−0.95	DNS Alexa:top-1,000,000
−0.91	HTTP User-Agent Microsoft-CryptoAPI/6.1
−0.88	TLS Ciphersuite TLS_ECDHE_ECDSA_WITH_RC4_128_SHA
−0.85	HTTP Content Type application/x-gzip

大多数这些值很容易理解。例如,DNS 特征 Alexa:None 是恶意软件定罪的前十大贡献者之一,Anderson 等人处理的大多数恶意样本都没有与 Alexa 排名前 1 000 000 的域名通信。DNS 特征 Alexa:前 1 000 000 是唯一一个有助于良性分类的 Alexa 特征,即 Alexa:top-100 的权重为 0,这可以用一个非平凡的百分比来解释。恶意软件样本对热门网站(如 www.google.com)执行连接检查,但连接到 10 000 至 1 000 000 范围内网站的恶意软件样本相对较少。

TLS 密码套件 TLS_RSA_WITH_RC4_128_SHA 与恶意软件相关。据观察,提供此密码套件的恶意软件流量明显多于企业流量。同样,这些模型参数和样本的特征向量可用于解释为什么分类器将流分类为恶意或良性。

3) 二阶相关

除了创建机器学习模型之外,Anderson 等人收集的数据对于基于规则的折中指标也很有用,检测恶意行为的差异性。Client Hello 消息中提供服务器名称指示(SNI)TLS 扩展,并指示客户端尝试连接的服务器的主机名。subject Alt Name(SAN)X. 509 扩展在 certificate 消息中可用,并允许服务器列出其他名称,包括其他 DNS 名称。

Anderson 等人分析了 21 417 个恶意和 1 130 386 个良性 TLS 会话,这些会话有的具有服务器证书,用于查找 SAN 和 SNI 存在的实例,约 0.01% 的良性流量和约 8.25% 的恶意流量存在差异。良性案例主要是 SNI 和*. whatsapp. net 中列出的 IP 地址以及列为 SAN 的变体,这种差异不仅在恶意数据集中更为突出,在许多情况下,它也是一种与良性案例非常不同的差异类型。大多数恶意软件差异的格式包括 SNI 和 SAN 中类似 DGA 的行为,例如 SNI:bbostybfmaa. org 和 SAN:giviklorted. at。

也可以使用收集的数据源分析更高级的差异,查找 TLS 相邻 HTTP 流通告的 User-Agent 与从 TLS 提供的密码和通告扩展推断的 User-Agent 之间的差异是另一个有用的折中指标。作为示例,可观察到 125 个恶意 TLS 流,其具有与 User-Agent 字符串＝Firefox/31. 0 相关联的 HTTP 流。此集合中的所有 TLS 流都提供了原型的 Windows XP 密码组列表。

Anderson 等人还发现了 97 个 DMZ TLS 流,它们具有与 User-Agent 字符串＝Firefox/31. 0 相关联的 HTTP 上下文。这些 TLS 流提供了一个有序的密码组列表,与真实版本的 Firefox/31. 0 相匹配。这种思路不能免于误报,但它确实提供了一种独特的方法来确定在关联不同类型的数据时出现的妥协指标。

4) 真实数据的结果

在具有有限数据的研究环境中,通常难以避免将机器学习算法过度拟合到特定数据集。即使采用适当的交叉验证方法,隐式偏差也可能出现在元参数中,例如机器学习算法或数据特征的选择。除了交叉验证的结果之外,现在还在其他验证数据集上显示结果,该数据是在初始数据集后约 4 周从同一企业 DMZ 4 天内收集的。机器学习算法仅在原始数据集上训练,然后应用于此新数据,没有对算法或特征进行任何更改,具有 DNS/HTTP 上下文的 35 699 个 TLS 流,具有 HTTP 上下文的 51 113 个 TLS 流,具有 DNS 上下文的 655 906 个 TLS 流,以及该验证集中总共 988 105 个 TLS 流。

表 10.12 列出了不同阈值下每组数据特征的警报数,“所有”分类器对具有 HTTP 和 DNS 上下文信息的 TLS 流进行分类,“所有可用”分类器对所有 TLS 流进行分类,但使用了可用的任何上下文流信息。L_1-logistic 回归分类器报告恶意概率,可以使用此概率轻松调整引发的警报数量。例如,在默认的 0.5 阈值处,仅 TLS 分类器具有 20 186 个警报,将阈值调整为 0.99,在此 4 天期间仅发出 465 个警报。

表 10.12　不同特征集合和阈值的识别警报数

阈值	所有	TLS＋HTTP	TLS＋DNS	TLS	所有可用
0.0	35 699	51 113	655 906	988 105	988 105
0.5	86	312	4 207	20 186	4 602
0.9	25	130	982	4 718	2 004
0.95	18	97	855	3 014	1 644
0.99	4	67	621	465	1 056

不出所料,使用 DNS 和 HTTP 上下文信息的分类器在验证数据集上表现最佳。该分类器具有 76 个总警报,其中有 29 个唯一目标 IP 地址和 47 个唯一源 IP 地址,其中 42 个警报似乎是误报。在几乎所有这 42 个案例中,TLS 流都与 Google 或 Akamai 服务器通信,但具有与可疑域名通信的上下文 HTTP 流。"可疑"是通过提取 host HTTP 字段并检查 VirusTotal 是否在其源代码中嵌入了具有该域名的已定罪可执行文件来确定的。在这种情况下,超过 50% 的 VirusTotal 检测器将可执行文件标记为恶意,这些 host HTTP 字段未显示在 Alexa 列表中。

将 TLS+HTTP+DNS 分类器的阈值调整为 0.95 可将此 4 天期间的警报数量减少到 18,将唯一目标 IP 地址的数量减少到 7。人工检查每个 IP 地址,如果由 VirusTotal 确定的可执行文件在收集数据的相同日期与目标 IP 地址通信,则这些加密流被认为是真正的恶意。在 TLS+HTTP+DNS 分类器的阈值设为 0.95 时,使用此方法确认 18 个中的 16 个的警报是恶意的。同样,无法将这些 IP 地址与 Alexa 排名前 1 000 000 中列出的域名相关联,例如,没有解析为 google.com 的 IP 地址。

10.3.5 小结

Anderson 等人[3]采用 data omnia 方法,收集和关联 TLS、DNS 和 HTTP 元数据,可以用于准确地分类恶意的 TLS 网络流。该方法首先确定了 TLS 协议的特征,以及具有可辨别信息的上下文流的 DNS 和 HTTP 特征,并且展示了如何发现未加密元数据中的差异可用于找到有趣的折中指标,例如不匹配的 SNI 和 SAN 字段;然后提出一个 L_1-logistic 回归模型,在 0.00%FDR 时能够达到 99.978% 的准确度,该模型还提供了易于解释的结果,这些结果非常好地推广到初始数据集后大约 4 周收集的新数据集。

参 考 文 献

[1] Chen Y C, Li Y J, Tseng A, et al. Deep learning for malicious flow detection [C]//IEEE 28th Annual Internatonal Symposium on PIMRC,2017.

[2] Anderson B, Paul S, Mcgrew D. Deciphering malware's use of TLS(without decryption)[J]. Journal of Computer Virology & Hacking Techniques , 2016(1):1-17.

[3] Anderson B, Mcgrew D. Identifying encrypted malware traffic with contextual flow data [C]//ACM Workshop on Artificial Intelligence & Security. ACM, 2016.

彩　插

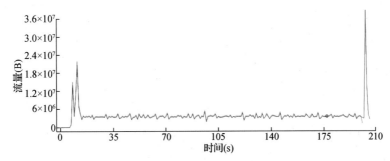

彩插1(图4.13)　采集直播视频产生的 ESP 流量与普通流量的对比

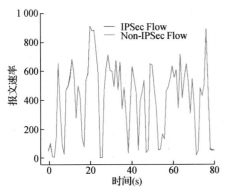

（a）报文到达速率（每秒报文数）：网页浏览流量♯1

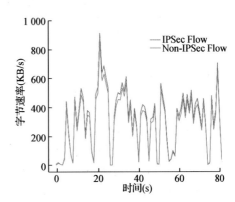

（b）字节到达速率（每秒千字节数）：网页浏览流量♯1

彩插2(图4.14)　IPSec 流量报文到达速率折线图

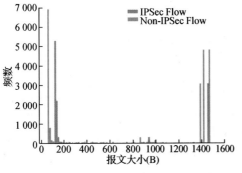

（a）报文大小分布（Bytes）：网页浏览流量♯2

（b）报文到达间隔分布（双向）：网页浏览流量♯2

彩插3(图4.15)　IPSec 流量报文大小与到达间隔分布直方图

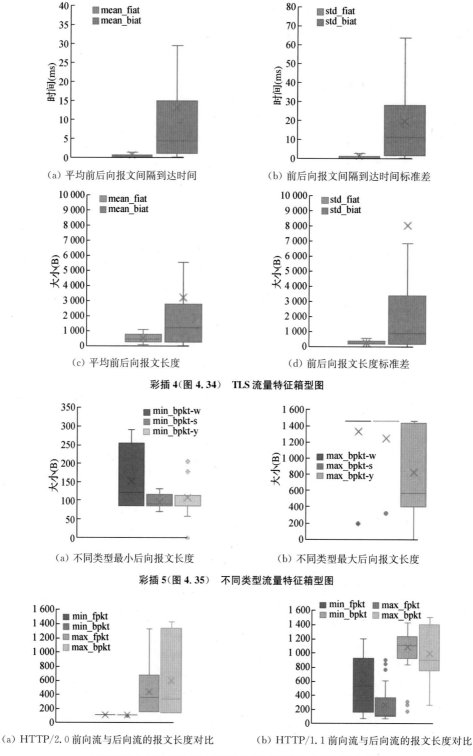

（a）平均前后向报文间隔到达时间　　　　（b）前后向报文间隔到达时间标准差

（c）平均前后向报文长度　　　　（d）前后向报文长度标准差

彩插 4（图 4.34）　TLS 流量特征箱型图

（a）不同类型最小后向报文长度　　　　（b）不同类型最大后向报文长度

彩插 5（图 4.35）　不同类型流量特征箱型图

（a）HTTP/2.0 前向流与后向流的报文长度对比　　　　（b）HTTP/1.1 前向流与后向流的报文长度对比

彩插 6（图 4.59）　不同版本 HTTPS 前向流与后向流报文长度对比

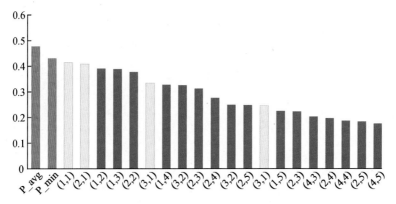

彩插 **7**（图 **5.6**）　各特征对分类的影响评估

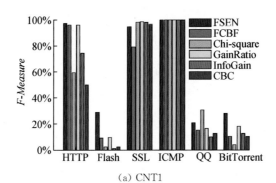

（a）CNT1

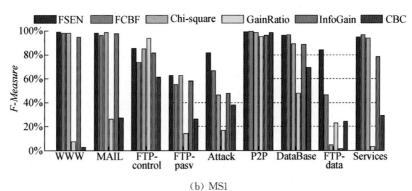

（b）MS1

彩插 **8**（图 **6.4**）　综合评价 *F-Measure*

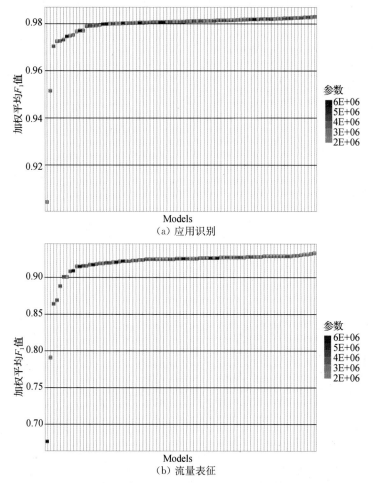

彩插 9（图 6.25）　1D-CNN 的网格搜索超参数结果

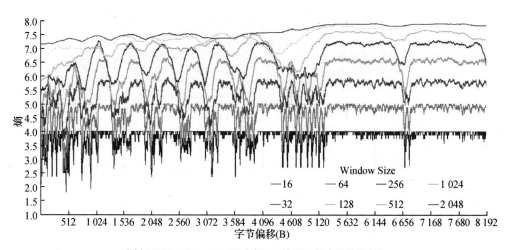

彩插 10（图 6.29）　不同滑动窗口下的 TLS 样本流量熵变化

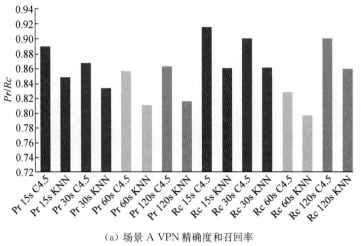

（a）场景 A VPN 精确度和召回率

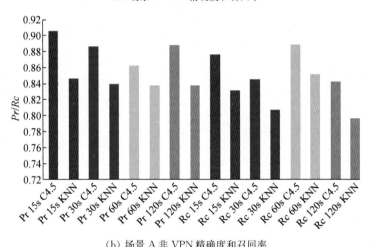

（b）场景 A 非 VPN 精确度和召回率

彩插 11（图 6.35）　场景 A-1：VPN 检测

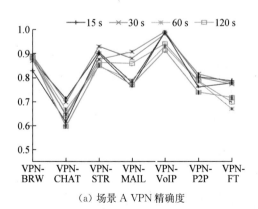

（a）场景 A VPN 精确度

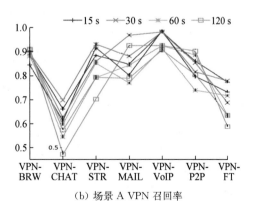

（b）场景 A VPN 召回率

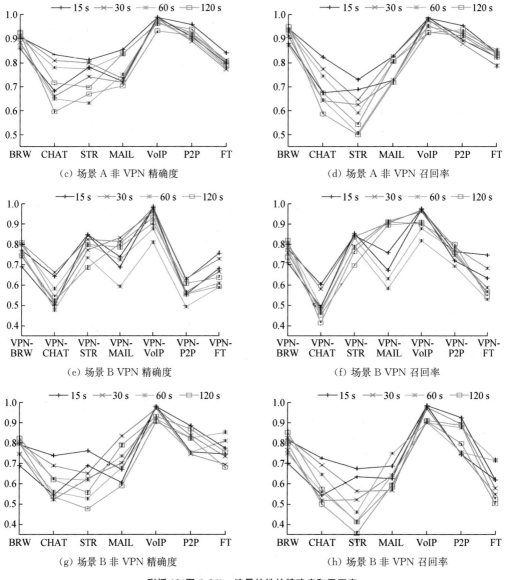

(c) 场景 A 非 VPN 精确度　　　　　　　　(d) 场景 A 非 VPN 召回率

(e) 场景 B VPN 精确度　　　　　　　　　(f) 场景 B VPN 召回率

(g) 场景 B 非 VPN 精确度　　　　　　　　(h) 场景 B 非 VPN 召回率

彩插 12（图 6.36）　流量特性的精确度和召回率

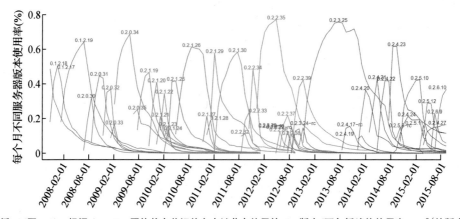

彩插 13（图 7.9）　根据 CollecTor 网络状态共识信息中继节点使用的 Tor 版本（不包括峰值使用率＜10%的版本）

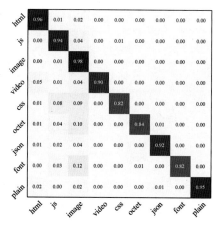

（a）chrome_h

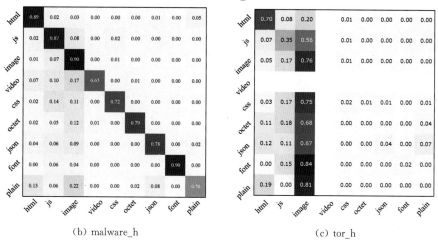

（b）malware_h　　　　　　　　　　　（c）tor_h

彩插 14（图 8.12）　HTTP/1.1 响应报文 Content-Type 字段值识别结果的混淆矩阵

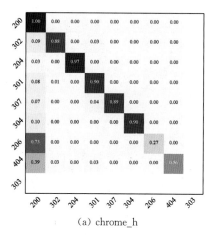

（a）chrome_h

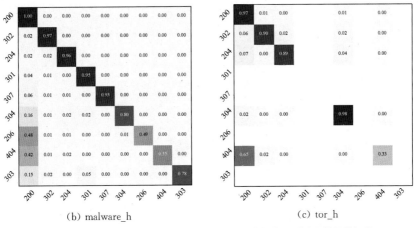

（b）malware_h   （c）tor_h

彩插 15（图 8.13） HTTP/2.0 报文 status-code 字段值识别结果的混淆矩阵

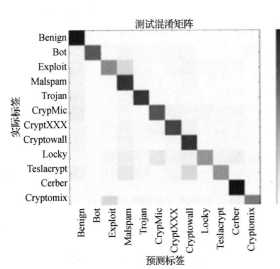

彩插 16（图 10.3） TSDNN 的混淆矩阵

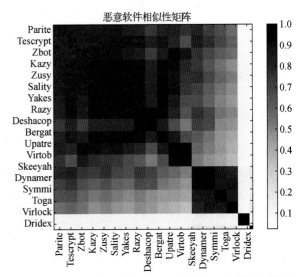

彩插 17（图 10.9） 恶意软件与一般 TLS 客户端 TLS 参数的相似性矩阵

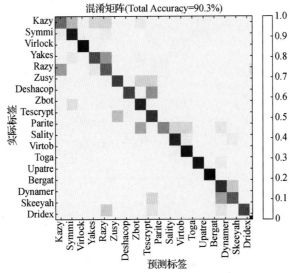

彩插 18（图 10.10） 18 类恶意软件分类的混淆矩阵